"十二五"江苏省高等学校重点教材

高职高专"十三五"规划教材

机电专业系列

编号：2014-1-047

机械制图

主　　编　安淑女　闫照粉
主　　审　史俊青
副 主 编　徐海元　关天富
参编成员　苗磊刚　王连洪　吴虎城
　　　　　李爱民　程　琼　戴珊珊

南京大学出版社

图书在版编目(CIP)数据

机械制图 / 安淑女，闫照粉主编. —南京：南京大学出版社，2016.8

高职高专“十三五”规划教材. 机电专业系列

ISBN 978-7-305-16732-4

Ⅰ. ①机… Ⅱ. ①安… ②闫… Ⅲ. ①机械制图—高等职业教育—教材 Ⅳ. ①TH126

中国版本图书馆 CIP 数据核字(2016)第 088176 号

出版发行 南京大学出版社
社　　址 南京市汉口路 22 号　　邮　　编 210093
出 版 人 金鑫荣

丛 书 名 高职高专“十三五”规划教材·机电专业系列
书　　名 机械制图
主　　编 安淑女 闫照粉
责任编辑 杨 坤 吴 华　　编辑热线 025-83596997

照　　排 南京理工大学资产经营有限公司
印　　刷 南京人文印务有限公司
开　　本 787×1 092 1/16 印张 15 字数 360 千
版　　次 2016 年 8 月第 1 版 2016 年 8 月第 1 次印刷
ISBN 978-7-305-16732-4
定　　价 34.00 元

网　　址：http://www.njupco.com
官方微博：http://weibo.com/njupco
微信服务号：njuyuexue
销售咨询热线：(025)83594756

前　言

本教材从高等职业技术教育的特点出发，遵循绘制与识读机械工程图能力培养的基本规律，在投影理论、制图标准与图样表达上有机衔接，理论描述与绘图训练有机结合，二维视图与实体建模相互融合，使学生在掌握基本知识和基本技能的同时，不断提高空间思维能力与创造力。

近年来，由于计算机与 CAD 技术的飞速发展与应用，不但对图学理论产生了巨大影响，而且对机械工程图的生成与绘制的方法和手段也发生了全新的变革。为适应现代企业生产对人才培养的需要，《机械制图》作为机电类各专业重要的专业基础课程，在教学改革中不仅仅需要内容上的变化，还需要教学理念、教学手段、教育思想的更新，不但要培养学生的图形绘制与识别的能力，还应注重学生素质与创造力的培养。

本教材的主要特点：

(1) 本教材采用"任务驱动"型教材结构模式，由传统教材模式转变为以绘图任务为中心，让学生在完成具体绘图与识图任务的过程中，学会专业要求的知识与技能，为后继课程的学习与职业发展打下基础。

(2) 尽管 AutoCAD 软件绘制二维机械工程图的功能，完全可以取代图板、仪器绘制工程图，但为了提高学生绘图与识图的实际技能，仍把图板、仪器绘图作为教材的主要方法与技能。对 AutoCAD 软件二维绘图的基本功能作简单介绍，同时吸收 AutoCAD 软件三维建模的基本方法，加强学生的空间思维训练，提高学生对形体结构与视图表达的理解能力。

(3) 在教材的编写中，查阅了最新公布的《机械制图》、《技术制图》国家标准，结合高职高专学生特点，精选教学内容。

(4) 为方便教学与学生自学，设计并制作了大量电子版教学资源，可到"http://kjx.jsjzi.edu.cn/""下载专区"下载，在制图课程教学学时数越来越少的今天，可大大提高教学效率与效果。

(5) 与本书配套的《机械制图习题集》有纸质与电子两种版本，以适应现代制图技术对高技能人才培养的需要。

参加本书撰稿的有江苏建筑职业技术学院闫照粉、安淑女、苗磊刚、王连洪、吴虎城、程琼、李爱民、戴珊珊以及重庆三峡职业学院徐海元、广东工贸职业技术学院关天富等。全书由安淑女、闫照粉任主编，徐海元、关天富任副主编，由史俊青主审。在本书的编写过程中，受到徐州工程集团宋玉平高级工程师、徐州锻压机械设备集团胡志刚高级工程师的热心指导；得到江苏建筑职业技术学院、重庆三峡职业学院、广东工贸职业技术学院等单位领导的大力支持，在此一并表示感谢。

在教材的编写过程中，参考了一些国内近年出版的同类著作，在此向有关作者表示感谢。由于编者水平有限，书中肯定有许多疏漏与不妥之处，敬请读者批评指正。

编　者

2015 年 7 月

目　　录

项目1　平面图形绘制

【学习目标】

1. 掌握国家标准中有关机械制图的一般规定,包括图纸幅面、比例、字体、图线与尺寸标注等。

2. 掌握使用仪器绘制常见几何图形的方法与技能。

3. 掌握使用仪器绘制平面图形的方法与技能。

4. 了解使用AutoCAD绘图软件设置图幅、线型、线宽,绘制平面图形并注写工程字体、标注图形尺寸的方法与技能。

任务一　简单几何图形的绘制

【任务引入】参见教材配套习题集第1、2页,按要求绘制图线和几何图形、注写文字、标注尺寸。

【相关知识】

1.1　制图标准的基本规定

为了使图样画法达到统一,国家标准《技术制图》、《机械制图》对机械图样的图线画法、图纸幅面格式、文字与尺寸标注等作出了统一规定。

1.1.1　图纸的幅面与格式

1. 图纸幅面尺寸

标准中规定图纸的基本幅面大小有五种,其尺寸见表1-1,绘制图样时应优先采用这些幅面大小的图纸。必要时可以沿幅面加长、加宽,加长幅面尺寸在GB/T 14689—1993中另有规定。

表1-1　图纸幅面与格式

幅面代号 / 尺寸代号	A0	A1	A2	A3	A4
$B\times L$	841×1189	594×841	420×594	297×420	210×297
a	25				
c	10			5	
e	20		10		

从表 1-1 中可以看出，A3 号图纸的幅面是 A2 号图纸的幅面对开，即 A3 号图纸的宽边 B 等于 A2 号图纸的长边 L 的一半，A3 号图纸的长边 L 等于 A2 号图纸的宽边 B，其余类推。

2. 图框

为了图纸的保存，每张图纸都应画出图框。图框有两种格式，一种留有装订边，另一种不留装订边。

留有装订边的图纸，其图框如图 1-1 所示，装订边宽度 a 为 25 mm，其他三边宽度 c 可依幅面代号从表 1-1 查出(一般采用 A3 幅面横装或 A4 幅面竖装形式)。图框线用粗实线绘制。

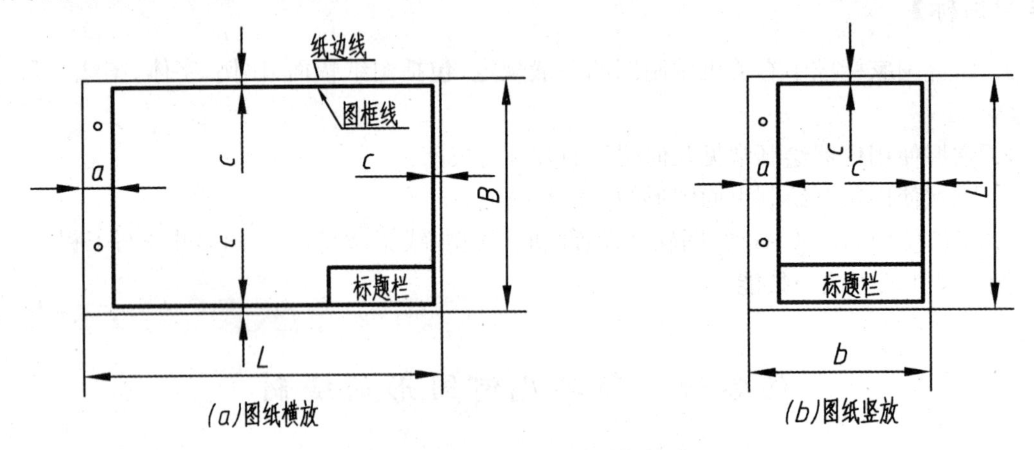

图 1-1　留有装订边的图框格式

当图纸不需要装订时，画图框可不留装订边，此时各边宽度相等，e 值可依幅面代号从表 1-1 查出。

3. 标题栏

绘制工程图样时，应在图纸上绘制标题栏，一般位于图纸的右下角，看图方向与标题栏的文字方向一致，如图 1-1 所示。

国家标准对标题栏的内容、格式与尺寸作了规定，如图 1-2 所示。制图作业的标题栏建议采用图 1-3 所示的格式。外框线为粗实线，分格线为细实线。

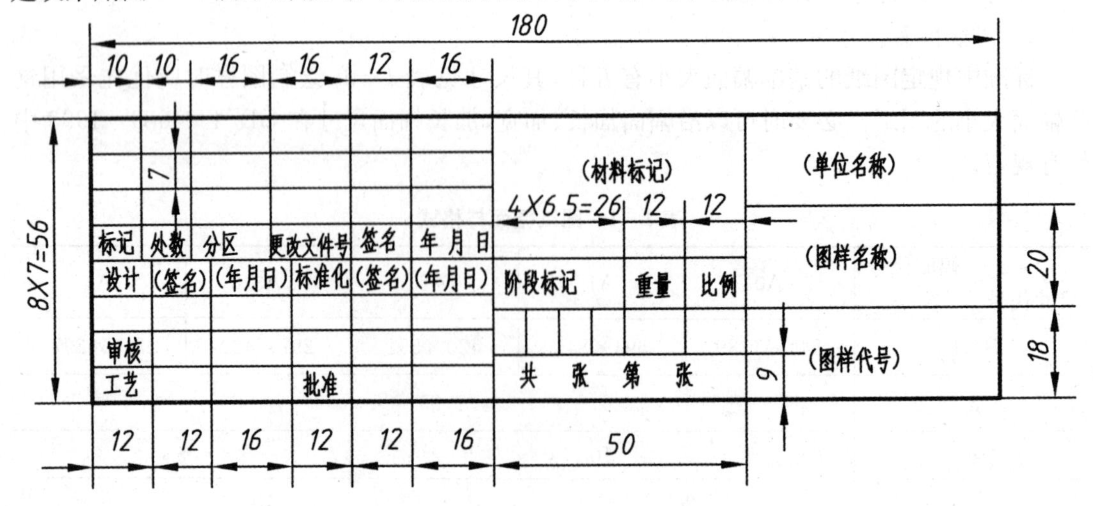

图 1-2　国家标准规定的标题栏格式

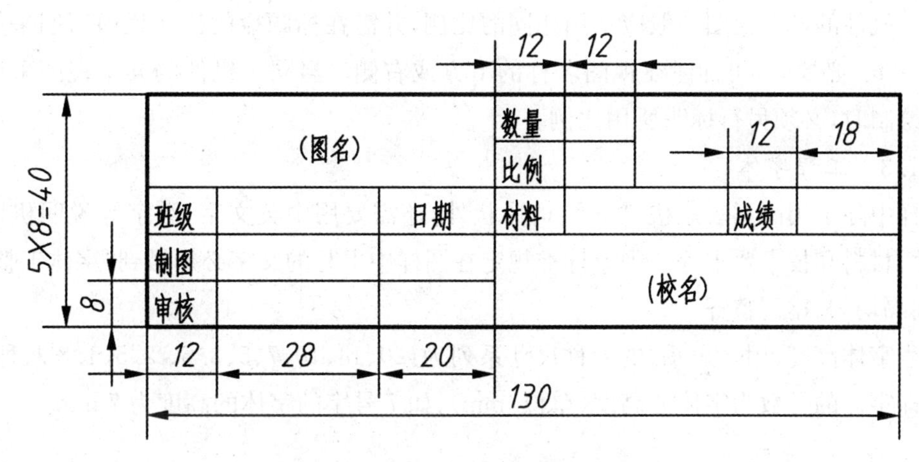

图 1－3　制图作业的简化标题栏格式

1.1.2　比例

图样中机件要素的线性尺寸与实际机件要素的线性尺寸之比称为比例。图 1－4 为不同比例绘制的图形比较。

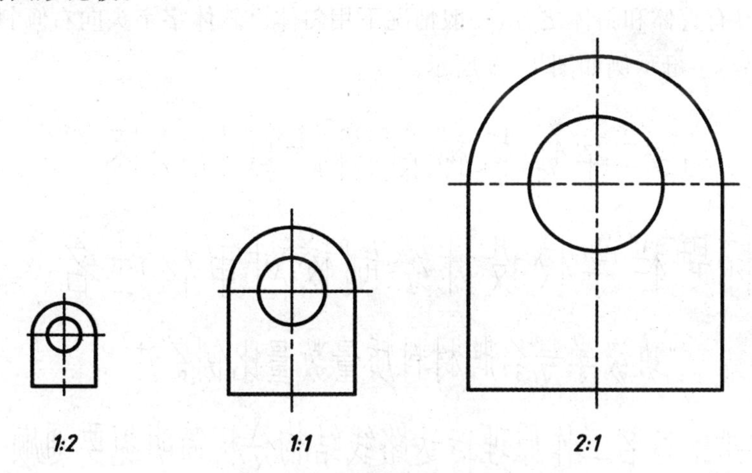

图 1－4　不同比例绘制的图形比较

绘制图样时，优先选择表 1－2 规定的系列中不带括号的适当比例，必要时也允许选取带括号的比例。

表 1－2　图样的比例系列

原值比例	1∶1
缩小比例	(1∶1.5)　1∶2　(1∶2.5)　(1∶3)　(1∶4)　1∶5　(1∶6) 1∶1×10^n　(1∶1.5×10^n)　1∶2×10^n　(1∶2.5×10^n)　(1∶3×10^n) (1∶4×10^n)　1∶5×10^n　(1∶6×10^n)
放大比例	2∶1　(2.5∶1)　(4∶1)　5∶1　1×10^n∶1　2×10^n∶1 (2.5×10^n∶1)　(4×10^n∶1)　5×10^n∶1

注：n 为正整数

同一机件的各个视图一般应采用相同的比例，并需在标题栏的比例栏内写明采用的比例，如 1∶1。必要时，可标注在视图名称的下方或右侧。当同一机件的某个视图采用了不同比例绘制时，必须另行标明所用比例。

1.1.3 工程字体

图样中除了用图形表达机件的结构形状外，还需要用中英文字、数字等说明机件的名称、尺寸、材料和技术要求等。国家标准规定在图样中书写的文字必须做到“字体工整、笔画清楚、间隔均匀、排列整齐”。

工程字体高度(用 h 表示)的公称尺寸系列为：20、14、10、7、5、3.5、2.5、1.8 八种，称为字号。即字体的号数为字体的高度(单位：mm)，如 7 号字的字体的高度为 7 mm。

1. 汉字

图样上的汉字应写成长仿宋体，并应采用国家正式公布推行的简化字。汉字的高度不应小于 3.5，字宽一般为字高的 $h/\sqrt{2}$。汉字字体示例如图 1-5 所示。

2. 阿拉伯数字、罗马数字、拉丁字母和希腊字母

数字和字母有直体和斜体之分，一般情况下用斜体。斜体字字头向右倾斜，与水平基准线成 75°。数字与字母示例如图 1-5 所示。

工程字体机械制图计算机绘图

标题栏学校设计绘制校对审核姓名

班级学号名牌材料质量数量比例备注

共第张签名工作原理传达路线结构分析简明扼要通顺

ABCDEFGHIJKLMNOPQRSTUVWXYZ

abcdefghijklmnopqrstuvwxyz 1234567890 Ø50 145°

图 1-5 工程字体示例

1.1.4 图线

图线是图样的重要内容，用以表示机件的形状。在绘制图样时，有关图线的画法应遵循国家标准 GB/T 4457.4—2002 中的规定。

1. 图线的线型及应用

在机械制图中常用的线型及一般应用如表 1-3 所示，图线的应用举例如图 1-6 所示。

表 1－3　图线的线型及一般应用

No	线　型		名　称	图线宽度	在图上的一般应用
01	实线		粗实线	d	可见轮廓线
			细实线	约 $d/2$	(1) 尺寸线及尺寸界线 (2) 剖面线 (3) 重合断面的轮廓线 (4) 螺纹的牙底线及齿轮的齿根线 (5) 指引线 (6) 分界线及范围 (7) 过渡线
			波浪线	约 $d/2$	(1) 断裂处的边界线 (2) 剖与未剖部分的分界线
			双折线	约 $d/2$	(1) 断裂处的边界线 (2) 局部剖视图中剖与未剖部分的分界线
02			细虚线	约 $d/2$	不可见的轮廓线
03			细点画线	约 $d/2$	(1) 轴线 (2) 对称线和中心线 (3) 齿轮的节圆和节线
			粗点画线	d	限定范围的表示线
04			细双点画线	约 $d/2$	(1) 相邻辅助零件的轮廓线 (2) 极限位置的轮廓线 (3) 假想投影轮廓线 (4) 中断线

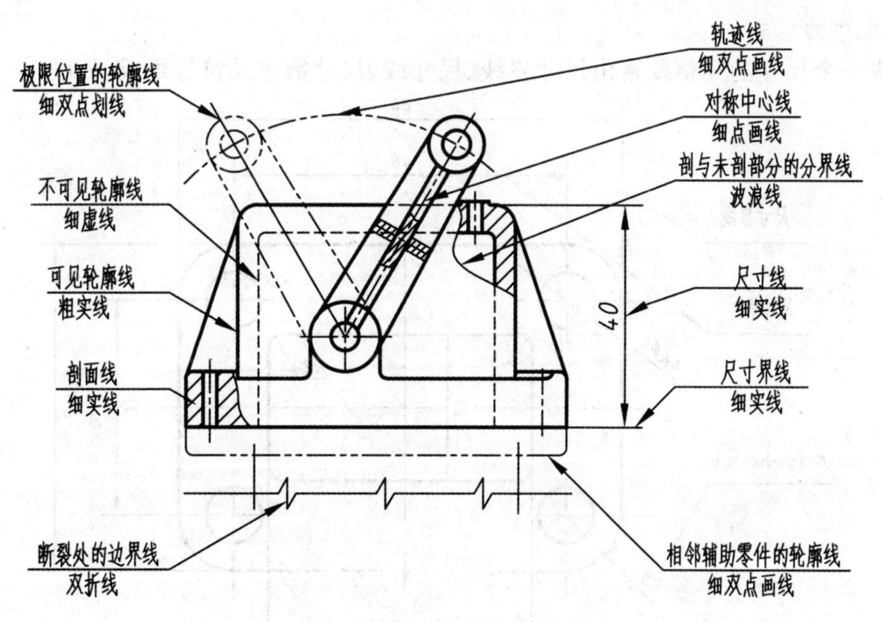

图 1－6　图线应用示例

2. 图线的线宽

图线宽度 d 应按图样的类型和尺寸大小在下列线宽系列中选择：0.13 mm，0.18 mm，0.25 mm，0.35 mm，0.5 mm，0.7 mm，1 mm，1.4 mm，2 mm。

线宽系列中，相邻线宽的公比为 $1:\sqrt{2}$ 。粗线与细线的宽度比例为 2∶1。

3. 图线的画法规定

(1) 在同一图样中，同类图线的宽度应一致。虚线、点画线及细双点画线的线段长度和间隔应各自大致相等；点画线、细双点画线的首末两端应是长画，而不是短画。

(2) 两条平行图线之间的最小间隙不得小于 0.7 mm。

(3) 绘制圆时，一般应用两条相交的细点画线(称为中心线)表示其中心位置，圆心应为长画的交点。细点画线的长度应为 8 mm～15 mm，细点画线的两端应超出轮廓线 2 mm～5 mm；当圆的直径较小，绘制点画线有困难时，允许用细实线代替细点画线。

1.1.5 尺寸注法

图样中的图形只表明机件的结构形状，而机件的大小是由图样中的尺寸所决定的，所以尺寸是图样的重要内容之一。

图样上标注的尺寸应做到完整、清晰、合理。标注尺寸时，必须认真细致，尽量避免错误或遗漏。

1. 尺寸标注的基本规则

(1) 图样上所注的尺寸数值是机件的真实大小尺寸，且是机件的最后完工尺寸，与绘图的比例和绘图的精确度无关。

(2) 图样中的尺寸以毫米为单位时，不需要标注单位的符号或名称，如采用其他单位，则必须注明相应的单位符号。

(3) 对机件的每一尺寸，一般只标注一次，且应标注在反映该结构最清晰的图形上。

2. 尺寸的组成

组成一个尺寸的完整要素由尺寸界线、尺寸线、尺寸数字及符号组成，如图 1-7 所示。

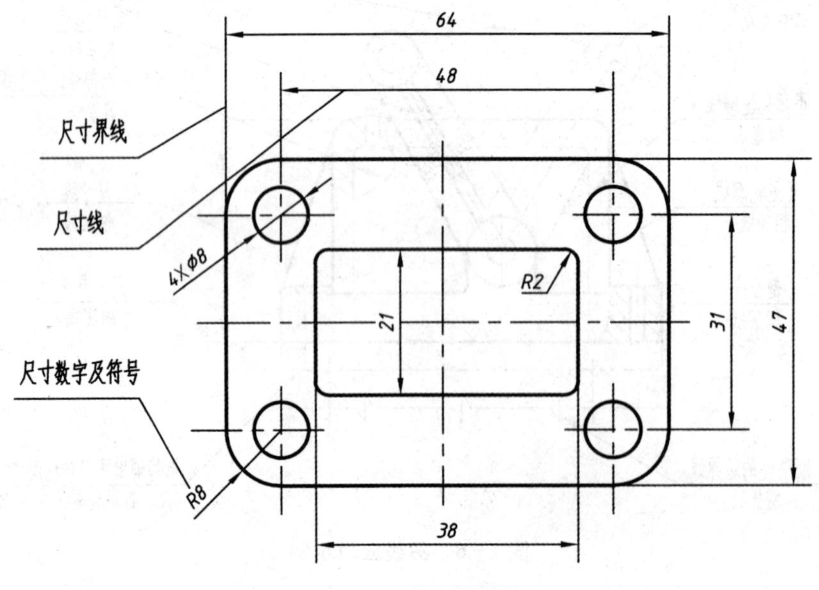

图 1-7　尺寸的组成

(1) 尺寸界线　尺寸界线用细实线绘制，并从图形的轮廓线、轴线、对称中心线引出；图形的轮廓线、轴线、对称中心线也可直接作为尺寸界线；尺寸界线一般应与尺寸线垂直，超出尺寸线 2～3 mm。

(2) 尺寸线　尺寸线只能用细实线绘制，必须单独画出，不能用其他图线代替，也不能与其他图线重合或画在其他图线的延长线上。

尺寸线的终端有两种形式：箭头和斜线，在同一张图中箭头和斜线只能采用一种，机械图样一般采用箭头形式，建筑图样中多采用斜线形式。同一张图上箭头(或斜线)大小要一致。箭头尖端应与尺寸界线接触。尺寸线终端的画法如图 1－8 所示。

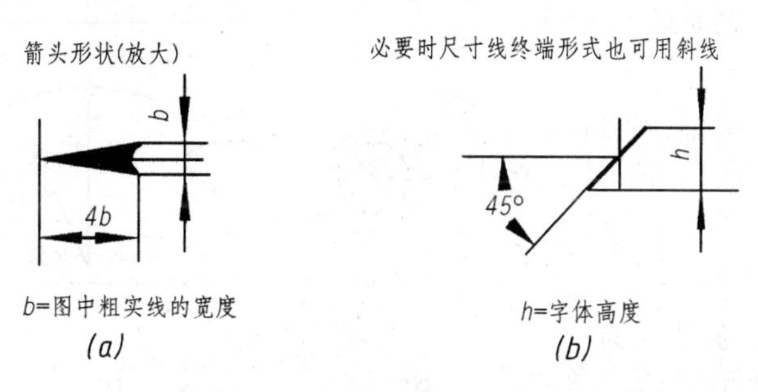

图 1－8　尺寸线的终端形式

(3) 尺寸数字及符号　尺寸数字一般注写在尺寸线的上方，也允许注写在尺寸线的中断处，同一张图纸上尺寸数字的字高要一致。尺寸数字在图中遇到图线时，须将图线断开。如果图线断开影响图样表达，须调整该尺寸的标注位置。

在标注线性尺寸时，若尺寸线是水平方向的，则尺寸数字向上；若尺寸线是竖直方向的，则尺寸数字的向左；若尺寸线是其他倾斜方向的，尺寸数字要有向上的趋势，以免看图时读错数据，如图 1－9 所示。

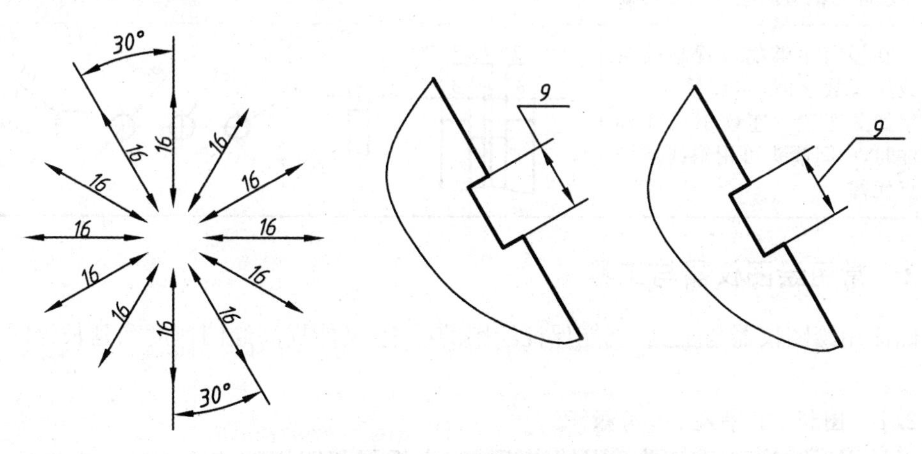

图 1－9　尺寸数字的方向

角度的尺寸数字一律向上书写，一般注写在尺寸线的中断处，必要时也可以用指引线引出注写。

尺寸标注常用的符号有 ϕ(直径)、R(半径)、$S\phi$(球直径)、SR(球半径)、EQS(均布)、t(厚度)、□(正方形)等。

3. 常见尺寸标注的规定及示例

表1-4对常见尺寸的标注法作了进一步说明。

表1-4 尺寸标注的规定及示例

项目	规定	示例
线性尺寸	线性尺寸的尺寸线与所标注线段平行；连续尺寸的尺寸线应对齐；平行尺寸的尺寸线间距相等，且遵循“小尺寸在里，大尺寸在外”的原则	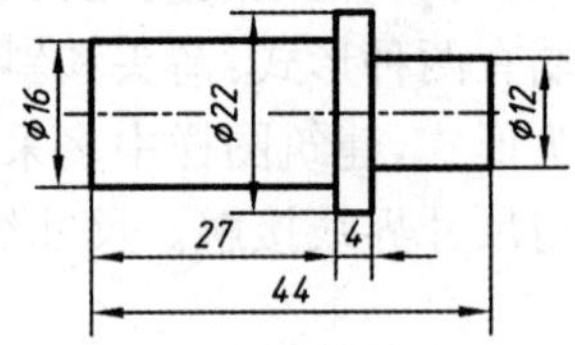 ø16 ø22 ø12 27 4 44
圆弧尺寸	整圆和大于半圆的圆弧标注直径；小于或等于半圆的圆弧标注半径	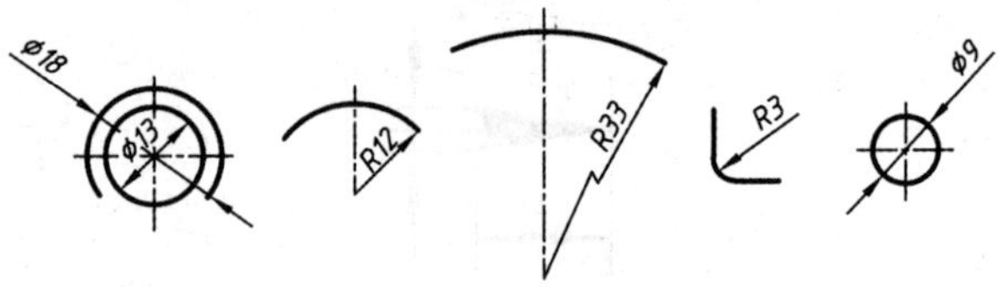 ø18 ø13 R12 R33 R3 ø9
角度尺寸	标注角度时，尺寸线为圆弧，其圆心为该角的顶角。角度数字一律水平书写，一般注写在尺寸线的中断处或如图所示	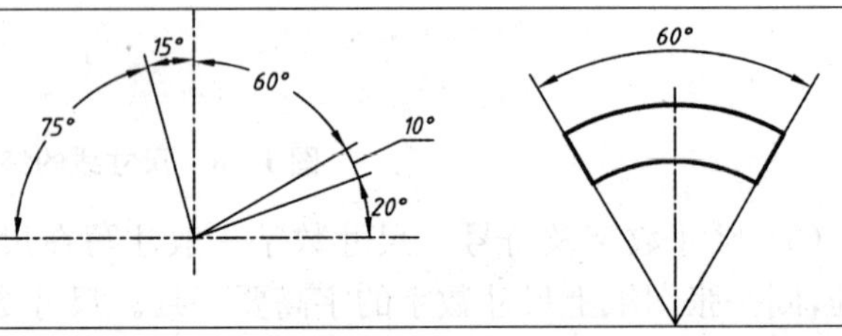 15° 60° 75° 10° 20° 60°
斜度和锥度	斜度用两直线（或平面）间夹角的正切表示；锥度用圆锥体大小端直径之差与锥体高度之比，均化为1∶n的形式；斜度、锥度符号的方向应与图形一致	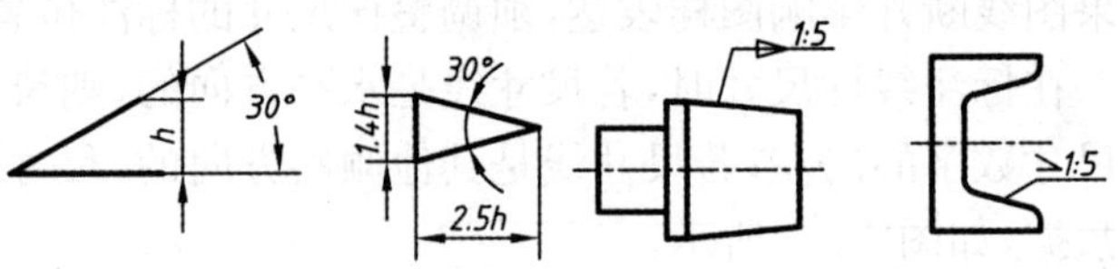 h 30° 1.4h 30° 2.5h 1:5 1:5
小尺寸	在没有足够的位置画箭头或注写数字时，可将箭头、数字如图布置。连续小尺寸标注时，中间箭头可用斜线或圆点代替	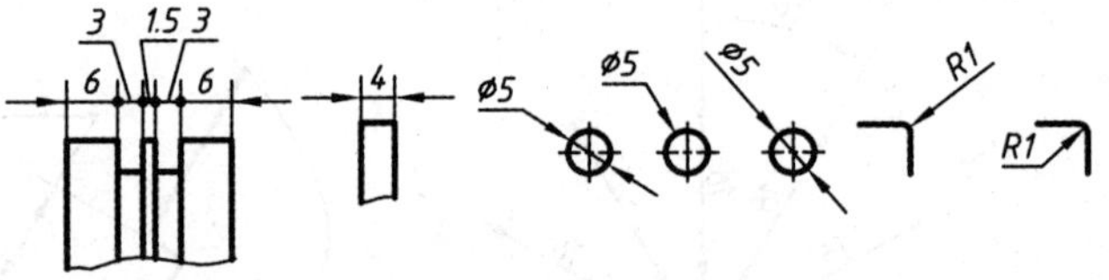 3 1.5 3 6 6 4 ø5 ø5 ø5 R1 R1

1.2 常用绘图仪器与工具

正确使用绘图仪器与工具，既能保证绘图的质量，又能提高绘图速度和延长绘图工具使用寿命。

1.2.1 图板、丁字尺、三角板

图板是用于铺放和固定图纸用的木板。它由板面和四周的边框组成，板面应平整光滑，左右两导边必须平直。图纸可用胶带纸固定在图板上，如图1-10(a)所示。使用时注意图板不能受潮与刻画，不要用图钉固定图纸，更不能在图板上裁切图纸。

常用图板规格有0号、1号和2号，可以根据图纸幅面的大小选择图板。

丁字尺由尺头和尺身组成，尺头和尺身的结合处必须牢固，尺头的内侧面必须平直。丁字尺主要用来画水平线。使用时左手把住尺头，靠紧图板左侧导边（不能用其余三边），上下

移动丁字尺，自左向右画不同位置的水平线。

三角板由45°和30°(60°)两块组成为一副。三角板与丁字尺配合使用可画竖直线和15°倍角的斜线，比如30°、45°、60°，如图1-10(a)所示。两块三角板互相配合，可以画出任意直线的平行线和垂线，以及画与水平线成15°，75°倾斜线，如图1-10(b)所示。三角板和丁字尺要经常用细布揩拭干净。

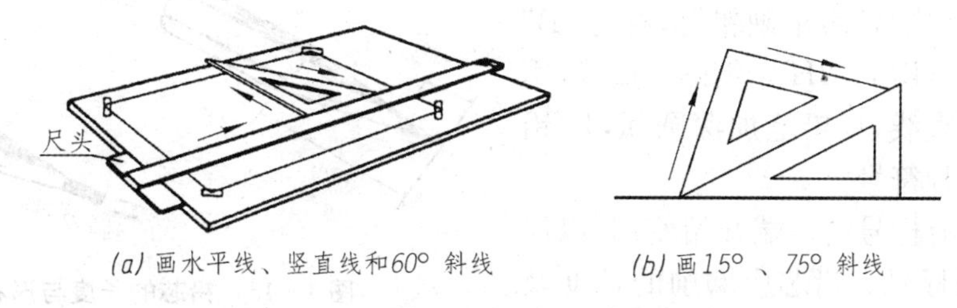

图1-10 图板、丁字尺和三角板的用法

1.2.2 圆规和分规

圆规是画圆或圆弧的工具。为了扩大圆规的功能，圆规一般配有铅笔插腿(画铅笔线圆用)、鸭嘴插腿(画墨线圆用)、钢针插腿(代替分规用)三种插腿和一支延长杆(画大圆用)。圆规钢针有两种不同的针尖。画圆或圆弧时，应使用有台阶的一端，并把它插入图板中。使用圆规时需注意，圆规的两条腿应该垂直于纸面，如图1-11所示。

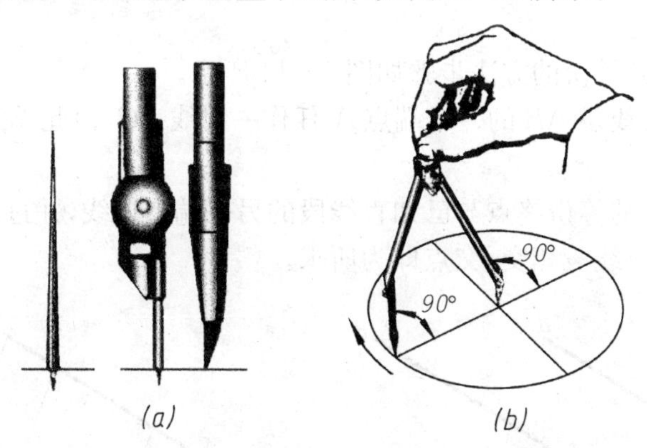

图1-11 圆规的用法

分规是等分线段、移置线段及从尺上量取尺寸的工具，如图1-12(a)所示。如图1-12(b)所示，用分规三等分已知线段AB的等分方法：首先将分规两针张开约线段AB的三分之一长，在线段AB上连续量取三次。若分规的终点C落在B点之外，应将张开的两针间距缩短线

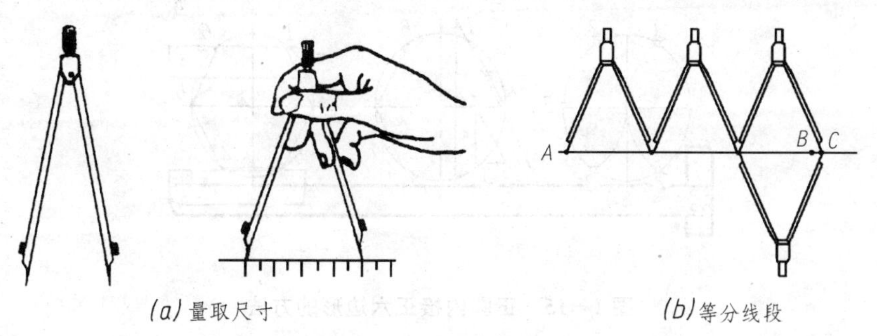

图1-12 分规及其使用方法

段 BC 的三分之一;若终点 C 落在 B 点之内,则将张开的两针间距增大线段 BC 的三分之一,重新量取,直到 C 点与 B 点重合为止。此时分规张开的距离即可将线段 AB 三等分。等分圆弧的方法类似于等分线段的方法。使用分规时需注意:分规的两针尖并拢时应对齐。

1.2.3 铅笔

铅笔是画线用的工具。绘图用的铅芯软硬不同。标号"H"表示硬铅芯,标号"B"表示软铅芯。常用 H、2H 铅笔画底稿线,用 HB 铅笔加深直线,B 铅笔加深圆弧,H 铅笔写字和画各种符号。

铅笔从没有标号的一端开始使用,以保留铅芯硬度的标号。铅芯应磨削的长度及形状如图 1-13 所示,注意画粗、细线的笔尖形状的区别。

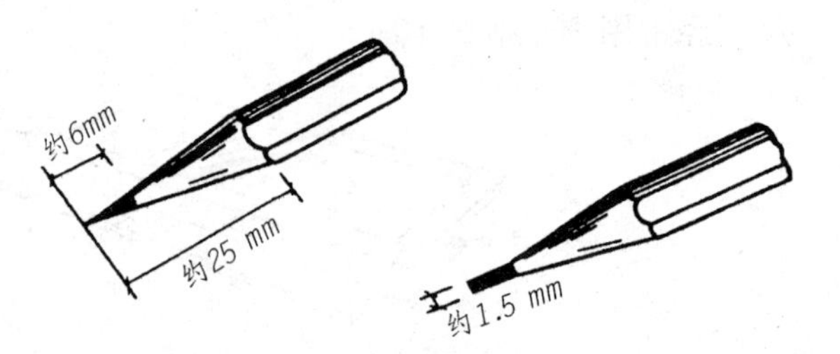

图 1-13 铅芯的长度与形状

1.3 基本几何图形

虽然机械图样的图形是多种多样的,但它们基本上都是由直线、圆弧和其他一些曲线所组成的几何图形。因此,为了正确地画出图样,必须掌握各种几何图形的作图方法。

1.3.1 等分线段

分割一条线段为几等份的方法步骤如图 1-14 所示。

第一步:过已知直线段 AB 的一个端点 A 任作一射线 AC,由此端点起在射线上以任意长度截取几等份;

第二步:将射线上的等份终点与已知直线段的另一端点连线,并过射线上各等份点作此连线的平行线与已知直线段相交,交点即为所求。

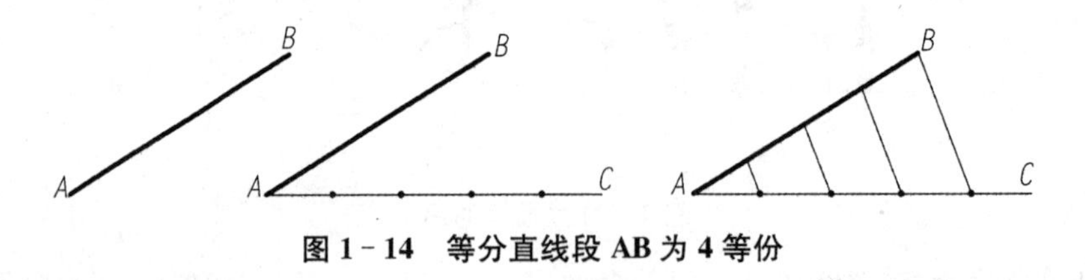

图 1-14 等分直线段 AB 为 4 等份

1.3.2 作圆的内接正六边形

用绘图仪器作圆的内接正六边形的方法有两种,如图 1-15 所示。

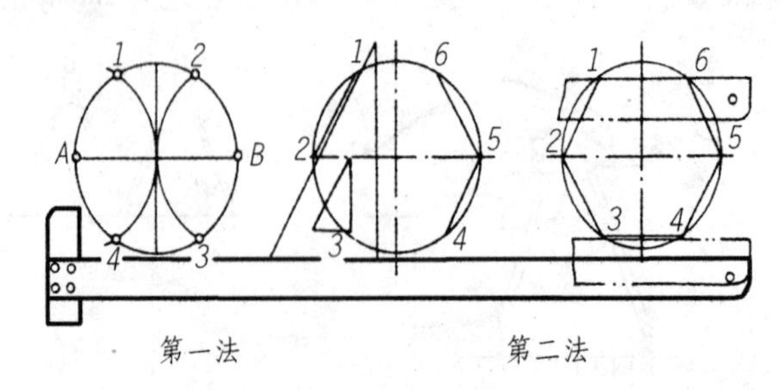

图 1-15 正圆内接正六边形的方法

方法一：以点 A、B 为圆心，以原圆的半径为半径画圆弧，截圆于 1、2、3、4，即得圆周六等分点；

方法二：用 60°三角板自 2 作弦 21，右移至 5 作弦 45，旋转三角板作弦 23 和弦 65。用丁字尺连接 16 和 34，即得正六边形。

1.3.3　斜度

斜度是一直线对另一直线或一平面对另一平面的倾斜程度。其大小是以它们之间夹角的正切表示，如图 1-16(a)所示，并把比值化为 1∶n 的形式，即

$$S=\tan\alpha=H:L=1:(L:H)=1:n$$

斜度符号如图 1-16(b)所示，符号的斜度方向应与斜度方向一致。图 1-16(c)所示工字翼缘的斜度为 1∶6。

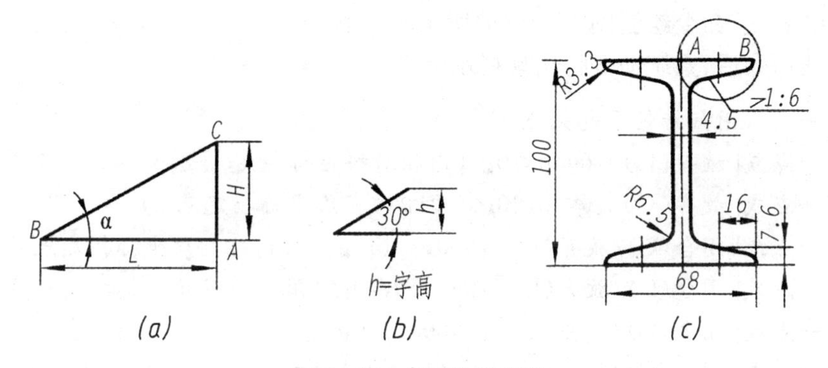

图 1-16　斜度及其符号

1.3.4　锥度

锥度是指正圆锥的底圆直径与圆锥高度之比，即 $D:H$。而圆台锥度就是两个底圆直径之差与圆台高度之比，如图 1-17(a)所示，即

$$锥度\ C=(D-d)/L=2\tan(\alpha/2),$$

锥度也转化成 1∶n 的形式表示。锥度符号按图 1.17(b)绘制，符号方向应与锥度方向一致。锥度标注在与指引线相连的基准线上，如图 1-17(c)所示。

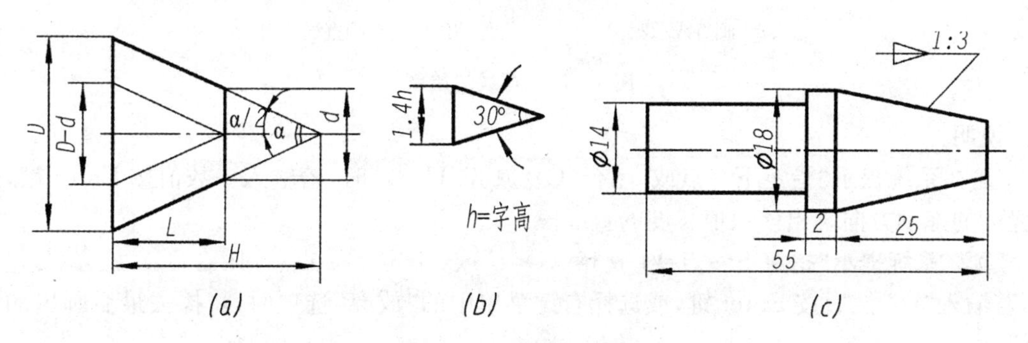

图 1-17　锥度及其符号

【任务实施】完成教材配套习题集第 1、2 页的练习。

【知识拓展】

1.4 AutoCAD 绘制几何图形

在 AutoCAD 中绘制基本图形，可用绘图类命令实现。绘图类命令常常从绘图工具栏输入，如图 1－18 所示。

图 1－18 绘图工具栏

1.4.1 直线画法

在使用 AutoCAD 绘制工程图样时，直线是我们经常要绘制的图线。

【例 1－1】 打开配套教学素材中"教学用图或模型\第一章\"目录下的"图 1－19.dwg"图形文件，用"直线"命令绘制图 1－19(a)所示的图形。

输入直线命令后，系统命令行出现提示信息：

指定第一点：(用鼠标拾取起始点 1)
指定下一点或[放弃(U)]：@60<0↙(用相对极坐标指定点 2)
指定下一点或[放弃(U)]：@50,40↙(用相对直角坐标指定点 3)
指定下一点或[闭合(C)/放弃(U)]：@0,－140↙(用相对直角坐标指定点 4)
指定下一点或[闭合(C)/放弃(U)]：@－50,40↙(用相对直角坐标指定点 5)
指定下一点或[闭合(C)/放弃(U)]：@60<180↙(用相对极坐标指定点 6)
指定下一点或[闭合(C)/放弃(U)]：↙(按回车键结束命令)

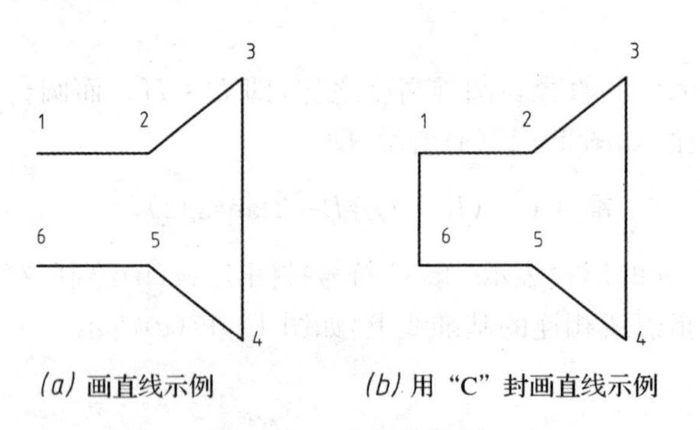

(a) 画直线示例　　(b) 用"C"封画直线示例

图 1－19 直线的绘制

说明：

① 在系统提示"指定下一点或[闭合(C)/放弃(U)]："时，若输入一数值按 Enter 键，则按光标的拖动方向画出该数值长度的直线段。

② 在系统提示"指定下一点或[放弃(U)]："或"指定下一点或[闭合(C)/放弃(U)]："时，若输入"U" 然后按 Enter 键，或选择右键菜单中的"放弃"选项时，将擦去最后画出的一条线。

③ 在系统提示"指定下一点或[闭合(C)/放弃(U)]："时，若输入"C"然后按 Enter 键，或选择右键菜单中的"闭合"选项时，图形将首尾闭合并结束命令，结果如图 1－19(b)所示。

④ 用直线命令绘制的每一条线段都是一个独立的实体，可进行单独编辑。

1.4.2　圆的画法

在AutoCAD中，有6种方法画圆，如图1－20所示。

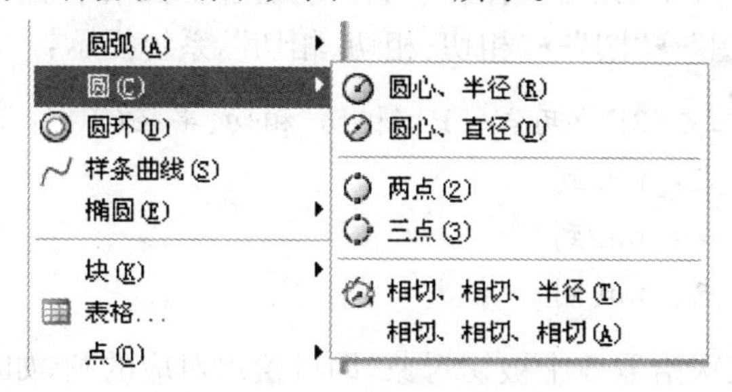

图1－20　绘制圆的六种方式

如从【绘图】菜单输入画圆命令，须直接选取画圆的方式。如果从键盘与工具栏输入画圆的命令，系统会出现如下提示信息：

指定圆的圆心或[三点(3P)/两点(2P)/相切、相切、半径(T)]：

此时，选择不同的选项可进入不同的画圆方式，但在绘制工程图样时，常用的画圆方式有三种。

1. "圆心、半径"方式

此种方式是绘制圆的默认选项，发出画圆命令后，AutoCAD作如下提示：

指定圆的圆心或[三点(3P)/两点(2P)/相切、相切、半径(T)]：(指定圆心位置)
指定圆的半径或[直径(D)]：(输入半径值或直接用鼠标拖动确定圆的大小)

2. "相切、相切、半径"方式

绘制与已有的两个对象相切且半径为指定值的圆。相切对象可以是直线、圆或圆弧等。执行绘制圆命令后，系统提示：

指定圆的圆心或[三点(3P)/两点(2P)/相切、相切、半径(T)]：T↙(选择"相切、相切、半径"方式)
指定对象与圆的第一个切点：(用鼠标拾取第1个相切目标对象)
指定对象与圆的第二个切点：(用鼠标拾取第2个相切目标对象)
指定圆的半径：60↙(输入半径值)

结果如图1－21(a)、(b)所示。

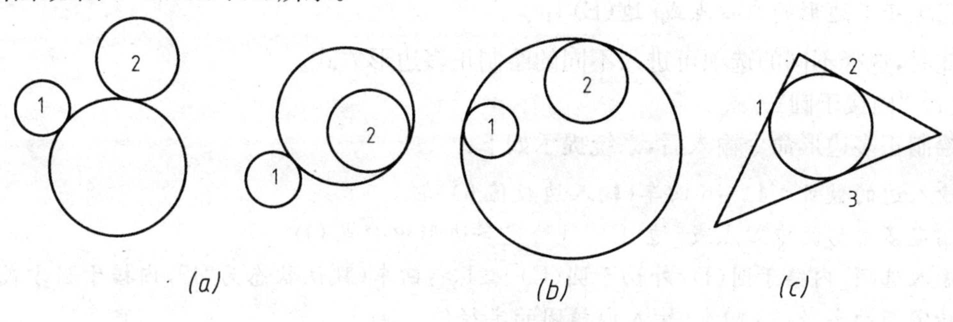

图1－21　用相切、相切、半径方式绘制圆

3. “相切、相切、相切”方式

绘制与三个目标对象相切的公切圆，一般只能通过下拉菜单输入命令。

单击下拉菜单“绘图”→“圆”→“相切、相切、相切”，系统提示：

指定圆的圆心或[三点(3P)/两点(2P)/相切、相切、半径(T)]:_3P↙

指定圆上的第一个点:_tan 到

指定圆上的第二个点:_tan 到

指定圆上的第三个点:_tan 到

在上面的提示下依次拾取3个被切对象，即可绘出对应的圆，如图1-21(c)所示。

注意：

① 采用“相切、相切、半径”方式绘制圆时，AutoCAD总是在距拾取点最近的位置绘制相切的圆。因此，拾取相切对象时，拾取位置不同，得到的结果也不同，如图1-21(a)所示。

② 绘制内切圆时，内切圆半径应大于两切点距离的1/2；否则，系统提示“圆不存在”。

1.4.3 圆弧的画法

采用【绘图】菜单输入命令时，可直接选取绘制圆弧的方式，如图1-22所示，AutoCAD提供了11种绘制圆弧的方式，用户可根据绘图需要进行选择。

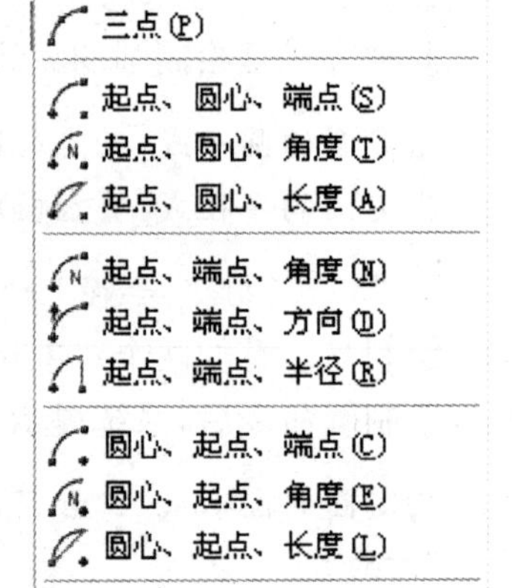

图1-22 绘制圆弧的11种方式

采用其他方式输入绘制圆弧命令时，系统会出现如下提示信息：

指定圆弧的起点或[圆心(C)]:

此时，根据已知圆弧的三个参数选择不同的选项，可进入相应的绘制圆弧方式。

1.4.4 正多边形画法(POLYGON)

“正多边形”⬠命令用于绘制3～1024边的正多边形。AutoCAD提供了3种绘制正多边形的方式：内接于圆方式(I)、外切于圆方式(C)、边方式(E)。

输入绘制正多边形命令后，命令行信息如下：

输入边的数目<4>:(输入多边形边数)

指定正多边形的中心点或[边(E)]:

此时，选择不同的选项可进入不同的绘制正多边形方式。

(1) “内接于圆”方式

绘制正多边形命令输入后，系统提示如下：

输入边的数目<4>:6 回车(输入边数值6)

指定多边形的中心点或[边(E)]:(给定多边形中心点O)

输入选项[内接于圆(I)/外切于圆(C)]<I>:回车(默认状态为“I”，内接于圆方式)

指定圆的半径:38 回车(输入内接圆的半径值)

结果如图 1－23 所示。

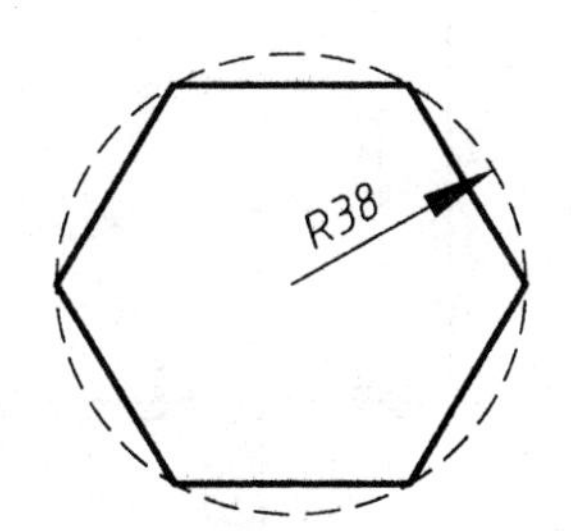

图 1－23　用内接于圆方式绘制正多边形

(2) “外切于圆”方式

绘制正多边形命令调用后，系统提示如下：

输入边的数目<6>:5 回车(输入边数值 5)
指定多边形的中心点或[边(E)]:(指定多边形中心点 O)
输入选项[内接于圆(I)/外切于圆(C)]<I>:C 回车(选择外切于圆方式)
指定圆的半径:28 回车(输入外切圆的半径值)

结果如图 1－24 所示。

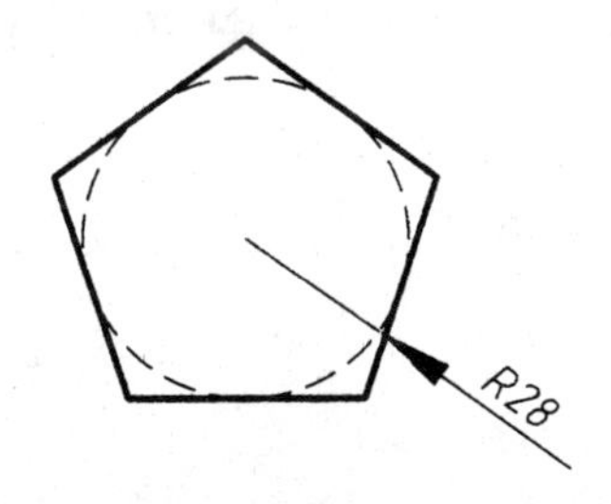

图 1－24　用外切于圆方式绘制正多边形

【例 1－2】打开配套教学素材中“教学用图或模型\第一章\”目录下的“图 1－25. dwg”图形文件，按图 1－25(a)所示的尺寸绘制图形。

操作次序如下：

第一步：从【格式】菜单选择→“点样式”打开点样式对话框，并设置一种可显示的点样式。

第二步：以左下角为起点适当长度绘制两条相交直线，然后从【绘图】菜单选择→“点”→“定距等分”命令，以线段长度值为 5 个图形单位把两条直线定距等分，如图 1－25(b)所示。

第三步：连接垂直方向第 1 个与水平方向第 6 个等分点得斜度为 1∶6 的直线，如图 1－25(c)所示。

第四步：把点样式设置为不可显示擦除点符号。使用给定距离的偏移方式按尺寸完成图形的其他部分并作适当的修剪与整理，如图 1－25(d)所示。

第五步：使用通过点的偏移方式过点 *A* 作 1∶6 直线的平行线，如图 1－25 (e)所示。

第六步：使用样条曲线命令绘制左上方的波浪线；使用圆角命令绘制半径为 2、4 的圆角；修剪并整理完成全图，如图 1－25(f)所示。

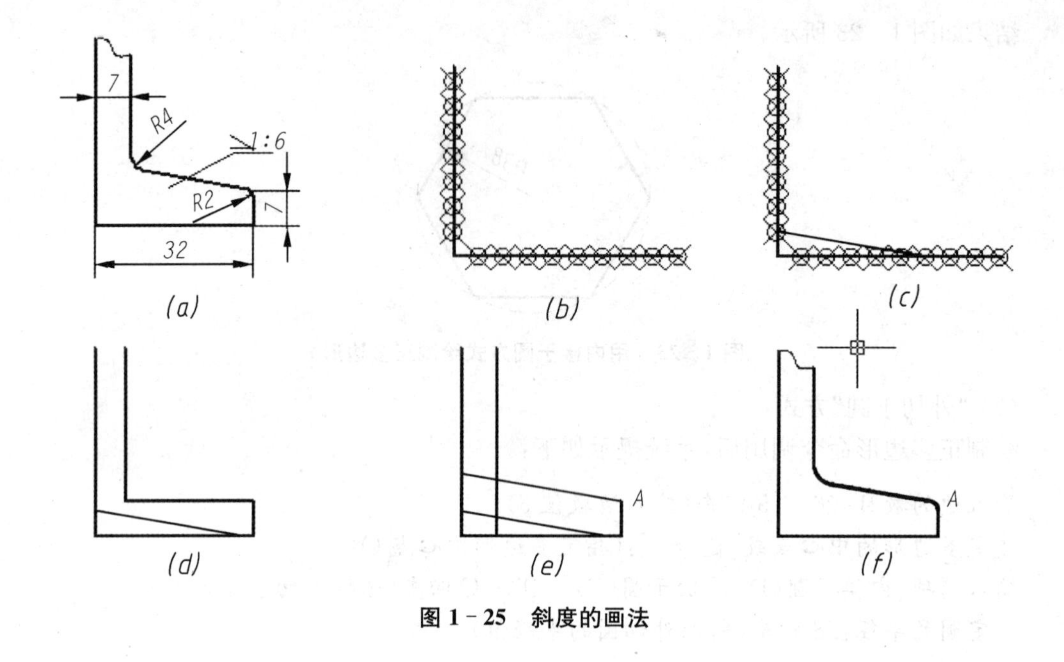

图 1－25 斜度的画法

任务二 平面图形的绘制

【任务引入】参见教材配套习题集第 3、4、5 页，按要求绘制平面图形。

【相关知识】

1.5 圆弧连接

在绘制机械图样时，经常需要用一个已知半径的圆弧来光滑连接（即相切）两个已知线段（直线段或曲线段），称为圆弧连接。此圆弧称为连接圆弧，两个切点称为连接点。为了保证光滑连接，必须正确地作出连接弧的圆心和两个连接点，且保证两个被连接的线段都要正确地画到连接点为止，如图 1－26 所示。

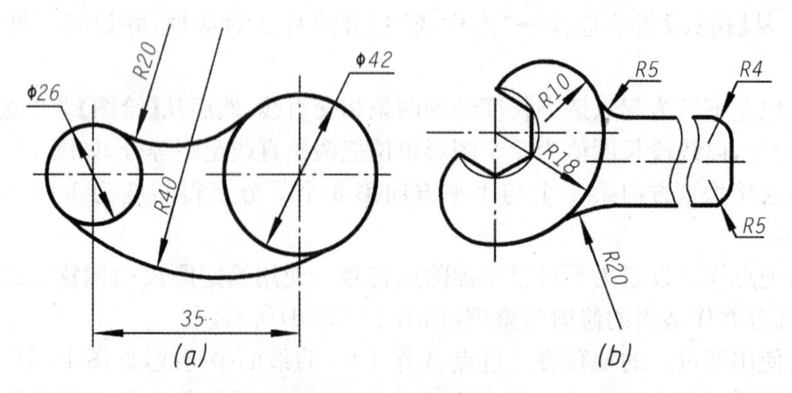

图 1－26 圆弧连接

画连接弧时，需要用到平面几何中以下两条原理：

① 与已知直线相切且半径为 R 的圆弧，其圆心轨迹为与已知直线平行且距离为 R 的两直线，连接点为圆心向已知直线所作垂线的垂足，如图 1－27(a)所示。

② 与已知圆弧相切的圆弧，其圆心轨迹为已知圆弧的同心圆，其半径分两种情况：外切时(如图1－27(b)所示)，半径为连接圆弧与已知圆弧的半径之和；内切时(如图 1－27(c)所示)，半径为连接圆弧与已知圆弧的半径之差。连接点也分两种情况：外切时，连接点为连心线与已知圆弧的交点；内切时，连接点为连心线的延长线与已知圆弧的交点。

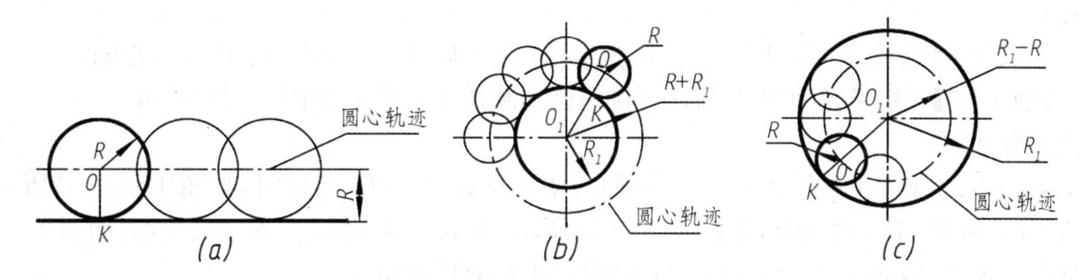

图 1－27　求连接圆弧的圆心和切点的基本作图原理

【例 1－3】　用半径为 R 的圆弧连接两直线 AB 和 BC，如图 1－28 所示。

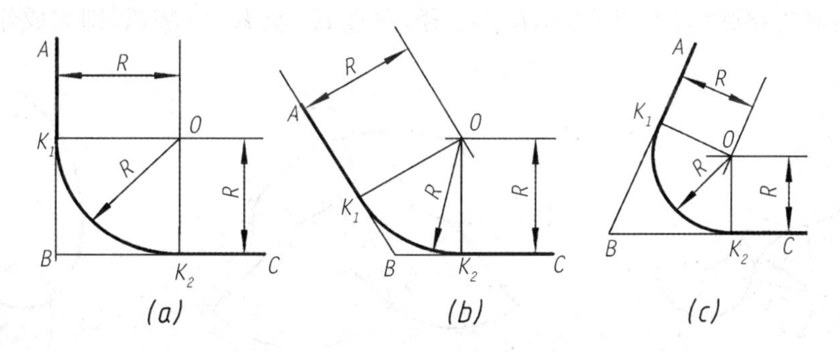

图 1－28　用圆弧连接两直线

作图步骤如下：

第一步：求圆心：分别作与已知直线 AB、BC 相距为 R 的平行线，其交点 O 即为连接弧(半径 R)的圆心；

第二步：求切点：自点 O 分别向直线 AB 及 BC 作垂线，得到的垂足 K_1 和 K_2 即为切点；

第三步：画连接弧：以 O 为圆心，R 为半径，自点 K_1 至 K_2 画圆弧，即完成作图。

【例 1－4】　用半径为 R 的圆弧连接已知直线 AB 和圆弧(半径为 R_1)，如图 1－29 所示。

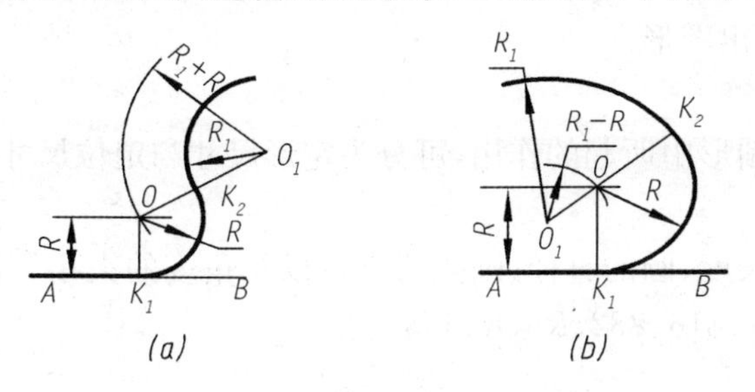

图 1－29　用圆弧连接直线和圆弧

作图步骤如下：

第一步：求圆心：作与已知直线 AB 相距为 R 的平行线，再以已知圆弧（半径 R_1）的圆心 O_1 为圆心，R_1+R（外切时，如图 1-29(a)所示）或 R_1-R（内切时，如图 1-29(b)所示）为半径画弧，此弧与所作平行线的交点 O 即为连接弧（半径 R）的圆心；

第二步：求切点：自点 O 向直线 AB 作垂线，得垂足 K_1，再作两圆心连线 O_1O（外切时）或两圆心连线 O_1O 的延长线（内切时），与已知圆弧（半径 R_1）相交于点 K_2，则 K_1、K_2 即为切点；

第三步：画连接弧：以 O 为圆心、R 为半径，自点 K_1 至 K_2 画圆弧，即完成作图。

【例 1-5】 用半径为 R 的圆弧连接两已知圆弧（R_1、R_2），如图 1-30 所示。

作图步骤如下：

第一步：求圆心：分别以 O_1、O_2 为圆心，R_1+R 和 R_2+R（外切时，如图 1-30(a)所示）或 $R-R_1$ 和 $R-R_2$（内切时，如图 1-30(b)所示）或 R_1-R 和 R_2+R（内、外切，如图 1-30(c)所示）为半径画弧，得交点 O，即为连接弧（半径 R）的圆心；

第二步：求切点：作两圆心连线 O_1O、O_2O 或 O_1O、O_2O 的延长线，与两已知圆弧（半径 R_1、R_2）相交于点 K_1、K_2，则 K_1、K_2 即为切点；

第三步：画连接弧：以 O 为圆心，R 为半径，自点 K_1 至 K_2 画圆弧，即完成作图。

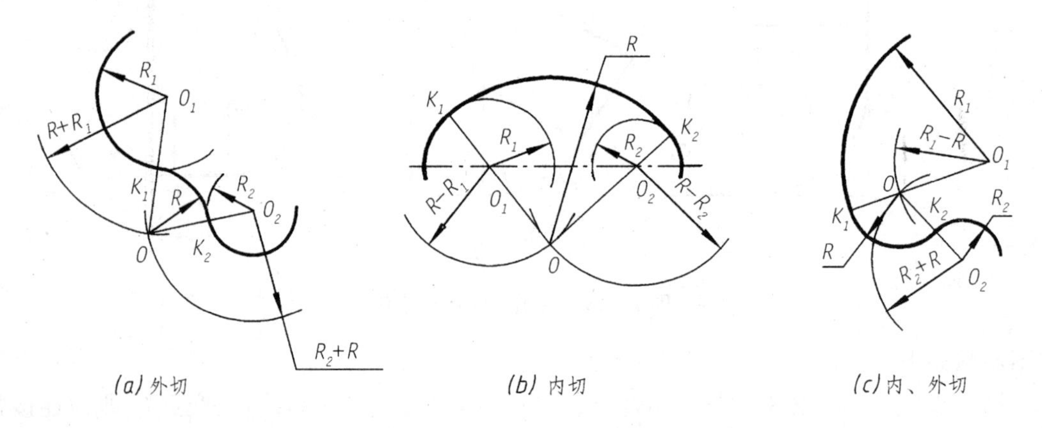

图 1-30 用圆弧连接两圆弧

1.6 平面图形的尺寸分析与线段分析

平面图形是由许多线段连接而成的，而这些线段之间的相对位置和连接关系由给定的尺寸确定。在绘制图形时，首先要进行尺寸分析和线段分析关系，才能弄清画图的顺序和方法，以便快速准确地画出图形。

1.6.1 尺寸分析

根据尺寸在平面图形中所起的作用，可分为定形尺寸与定位尺寸两大类。

1. 定形尺寸

用于确定线段的长度、圆的直径、圆弧的半径以及角度的大小等的尺寸称为定形尺寸，如图 1-31 中的 56、11、ϕ16、ϕ32、R8、R16 等。

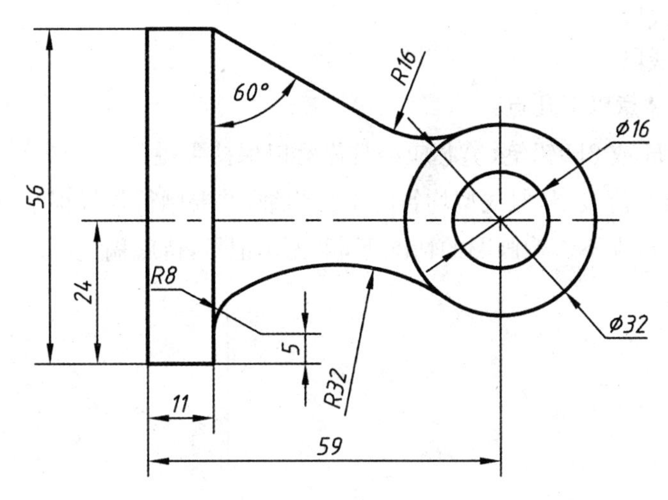

图1-31　平面图形的尺寸

2. 定位尺寸

用于确定线段在平面图形中所处位置的尺寸，称为定位尺寸，如图1-31中的尺寸5、24、59。

3. 尺寸基准

在标注定位尺寸时，尺寸界线应从基准出发标注，平面图形的尺寸基准多为图形的对称线、较大圆的中心线或图形的轮廓边线等。

1.6.2　线段分析

平面图形中的线段常常由直线和圆弧组成，根据尺寸是否完整，可分为三类。

1. 已知线段

定形尺寸和定位尺寸都齐全的线段。

2. 中间线段

只有定形尺寸和一个定位尺寸，缺少一个定位尺寸，但有一个连接关系的线段，如图1-31中$R8$的圆弧。

3. 连接线段

缺少定位尺寸，只有定形尺寸和两个连接关系的线段，如图1-31中$R16$、$R32$的圆弧。

画图时应先画已知线段，再画中间线段，最后画连接线段。

1.7　绘图的方法和步骤

1.7.1　准备工作

1. 分析图形的尺寸及其线段；
2. 确定比例，选择图幅，固定图纸；
3. 拟定具体的作图顺序。

1.7.2　绘制底稿

画底稿的步骤如图1-32所示：

1. 画出基准线，并根据各个封闭图形的定位尺寸画出定位；
2. 画出已知线段；

3. 画出中间线段；

4. 画出连接线段。

画底稿时，应注意以下几点：

① 画底稿用 H 或 2H 铅笔，笔芯应经常修磨以保持尖锐；

② 底稿上，要分清线型，但线型均暂时不分粗细，并要画得很轻很细，作图力求准确；

③ 画错的地方，在不影响画图的情况下，可先作记号，待底稿完成后一起擦掉。

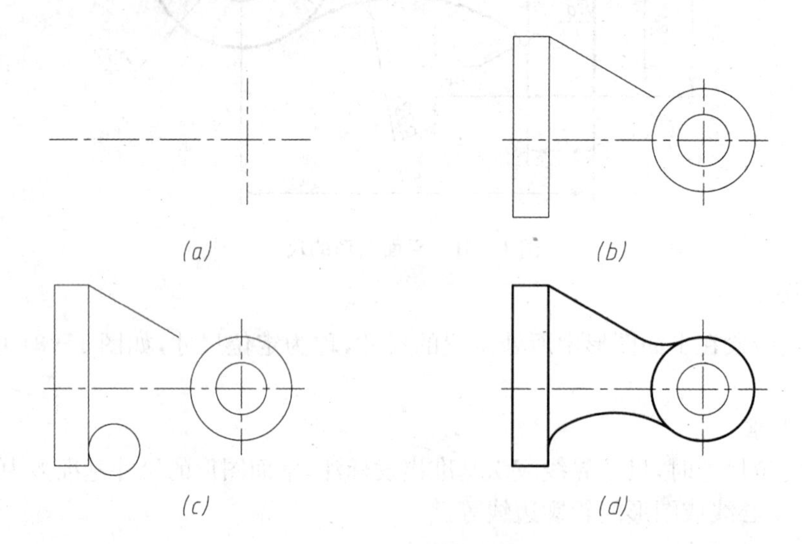

图 1－32　画图的步骤

1.7.3　铅笔描深底稿

在铅笔描深以前，应先检查底稿，把画错的线条及作图辅助线用软橡皮轻轻擦净。加深后的图纸应整洁、没有错误，线型层次清晰，线条光滑、均匀并浓淡一致。

加深步骤：应先曲后直、先粗后细；先用丁字尺画水平线，后用三角板画竖、斜的直线；最后画箭头、填写尺寸数字、标题栏等。

【任务实施】完成习题集第 3、4、5 页平面图形的绘制练习。

【知识拓展】

1.8　AutoCAD 绘制平面图形

下面我们举一个使用 AutoCAD 2014 绘图软件绘制简单平面图形(图 1－33 所示)的例子，通过本例，大家可以对 AutoCAD 绘图过程有一个大概的了解。

第一步：启动 AutoCAD 2014，并建立新的图形文件

1. 以任一种方式启动 AutoCAD 2014 。

2. 输入“新建”命令，在对话框中选择 acadiso. dwt 作为样板图，建立新的图形文件。

3. 输入“存盘”命令，把该图形文件以“平面图形 1. dwg”为图名存入指定的文件夹。

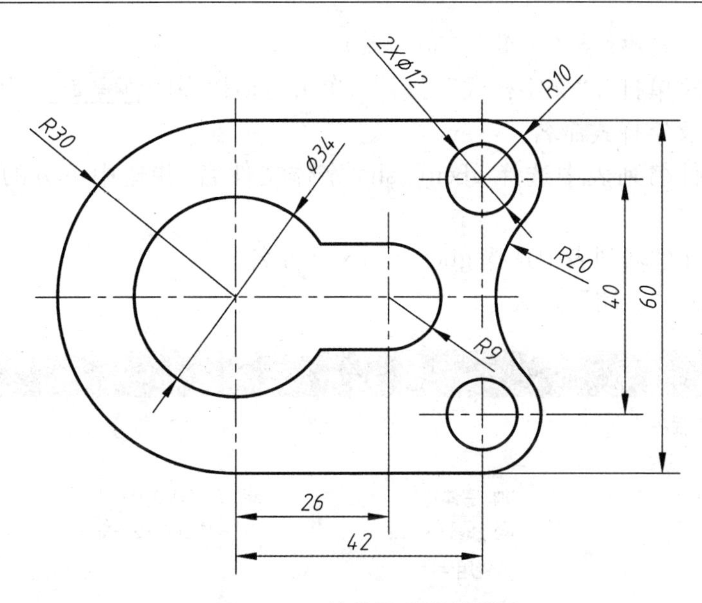

图 1-33　简单图形绘制举例

第二步:绘图前必要的设置

1. 有关图层的建立与设置(如图 1-34 所示)

① 打开“图层特性管理器”(界面第四行图层图标),建立绘制图形所必要的若干个图层,并根据图层所放置对象的内容对各图层进行命名。

② 为了在绘图中便于区分不同图层上的实体,每一图层可赋予不同颜色。

③ 例题图中除了有实线以外,还有点画线,因而要先加载点画线(center2)线型,然后把点画线层的线型改变为 center2。

④ 把粗实线层的线宽设置为 0.5 mm,其他层的线型仍为默认线宽(默认线宽初始值为 0.25 mm)。

设置完成后,点击【图层特性管理器】窗口的左上角的×按钮,关闭窗口。

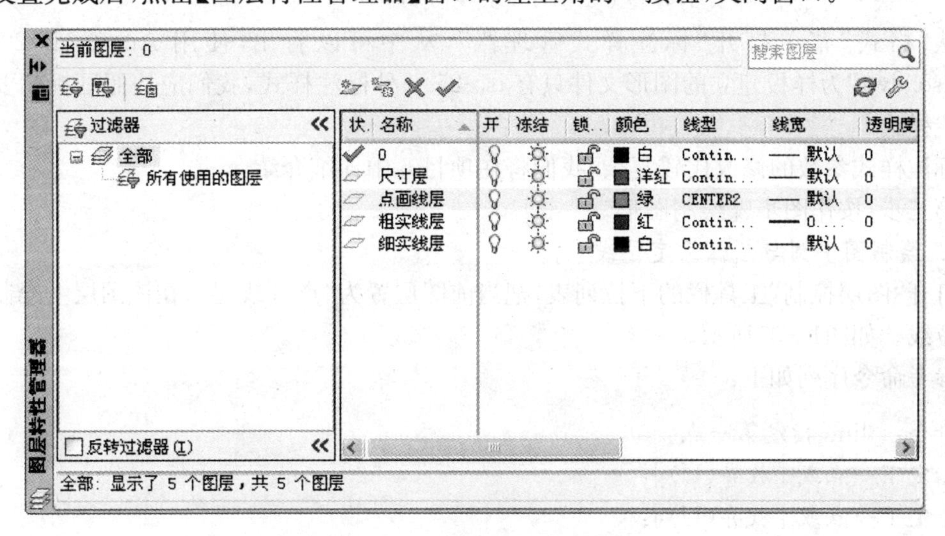

图 1-34　图层的建立与设置

2. 有关文字样式的创建(如图 1-35 所示)

① 从"格式"菜单打开"文字样式"对话框,单击对话框中的 新建(N)... 按钮,以"工程字体"对将要建立的文字样式命名。

② 在字体文件名列表中选择 gbeitc. shx 字体文件名;并选中下方的使用大字体复选框。

③ 在大字体文件名列表中选择 gbcbig. shx 文件名。

④ 单击"应用"、"关闭"按钮。

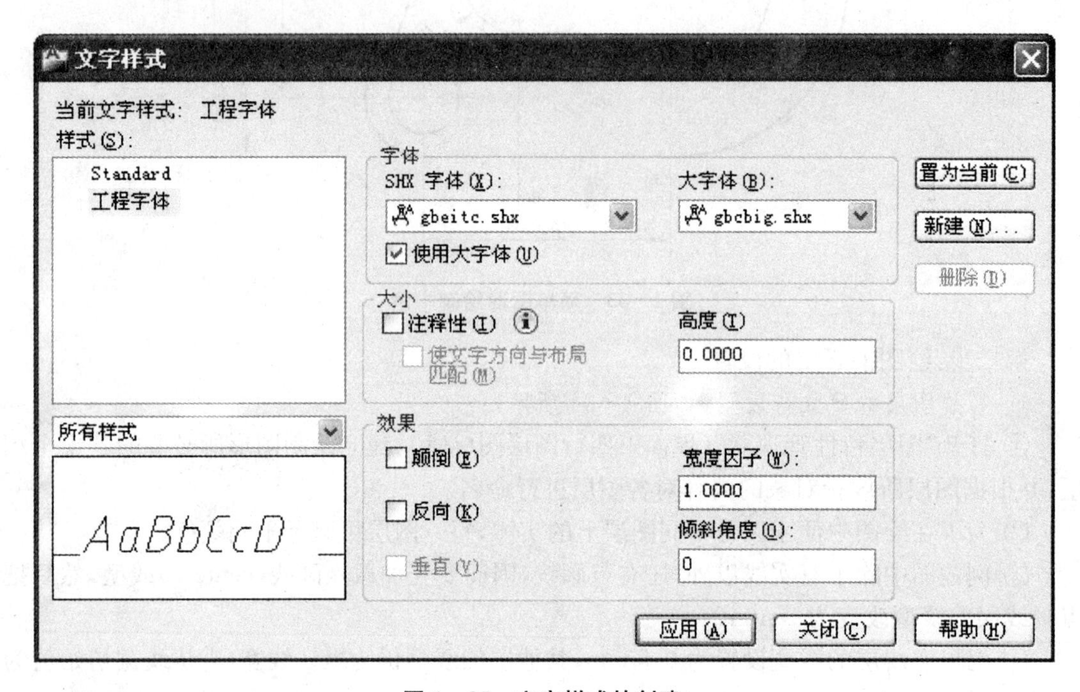

图 1-35　文字样式的创建

3. 有关尺寸标注样式的建立(如图 1-36 所示)

从"格式"菜单打开"标注样式管理器",从中可以看出,使用 AutoCAD 2014 的"acadiso. dwt"为样板建立的图形文件只有 iso-25 一种标注样式,我们应按照国标的要求建立标注样式。

标注样式参数的修改比较复杂,我们将在项目 6 中详细介绍。

第三步:按作图步骤绘制图形

1. 绘制图中圆与圆弧的定位线

打开"图层控制"工具栏的下拉列表,把当前图层置为"点画线层",在该图层上绘制图形的定位线。如图1-37所示。

参考命令序列如下:

命令:_line 指定第一点:
指定下一点或[放弃(U)]:
指定下一点或[放弃(U)]:
命令:_line 指定第一点:

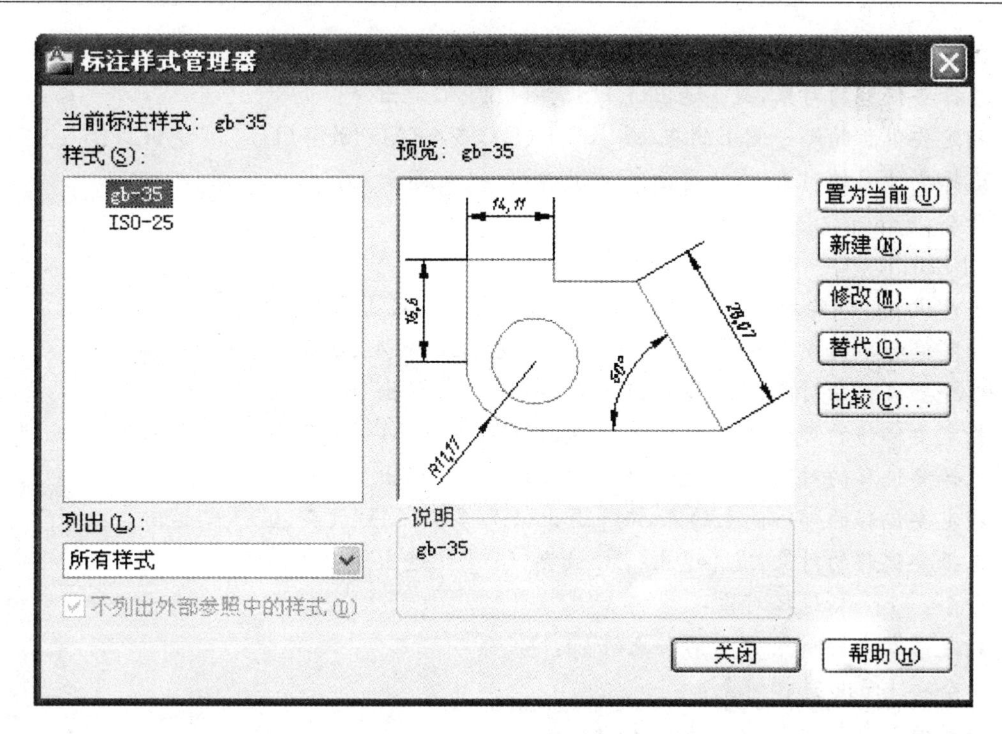

图1-36　标注样式管理器

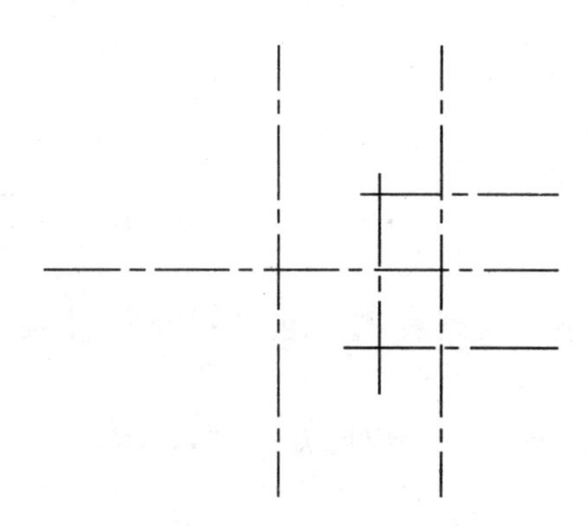

图1-37　绘制定位线

指定下一点或［放弃(U)］：
指定下一点或［放弃(U)］：
命令：_offset
当前设置：删除源＝否　图层＝源　OFFSETGAPTYPE＝0
指定偏移距离或［通过(T)/删除(E)/图层(L)］<通过>：26
选择要偏移的对象，或［退出(E)/放弃(U)］<退出>：
指定要偏移的那一侧上的点，或［退出(E)/多个(M)/放弃(U)］<退出>：
选择要偏移的对象，或［退出(E)/放弃(U)］<退出>：
命令：
OFFSET
当前设置：删除源＝否　图层＝源　OFFSETGAPTYPE＝0

指定偏移距离或［通过(T)/删除(E)/图层(L)］＜26.0000＞:42
选择要偏移的对象,或［退出(E)/放弃(U)］＜退出＞:
指定要偏移的那一侧上的点,或［退出(E)/多个(M)/放弃(U)］＜退出＞:
选择要偏移的对象,或［退出(E)/放弃(U)］＜退出＞:
命令:
OFFSET
当前设置:删除源=否　图层=源　OFFSETGAPTYPE=0
指定偏移距离或［通过(T)/删除(E)/图层(L)］＜42.0000＞:20
选择要偏移的对象,或［退出(E)/放弃(U)］＜退出＞:
指定要偏移的那一侧上的点,或［退出(E)/多个(M)/放弃(U)］＜退出＞:
选择要偏移的对象,或［退出(E)/放弃(U)］＜退出＞:
指定要偏移的那一侧上的点,或［退出(E)/多个(M)/放弃(U)］＜退出＞:
选择要偏移的对象,或［退出(E)/放弃(U)］＜退出＞:
命令:_break 选择对象:
指定第二个打断点 或［第一点(F)］:
命令:_break 选择对象:
指定第二个打断点 或［第一点(F)］:
命令:_break 选择对象:
指定第二个打断点 或［第一点(F)］:
命令:_break 选择对象:
指定第二个打断点 或［第一点(F)］:

2. 绘制图形轮廓线

打开“图层控制”工具栏的下拉列表,把当前图层置为“粗实线层”,在该图层上绘制图形的轮廓线。

(1) 按尺寸画已知线段。图中应画出已知的圆,位置与半径大小确定的圆弧一般先按整圆画出。如图 1-38 所示。

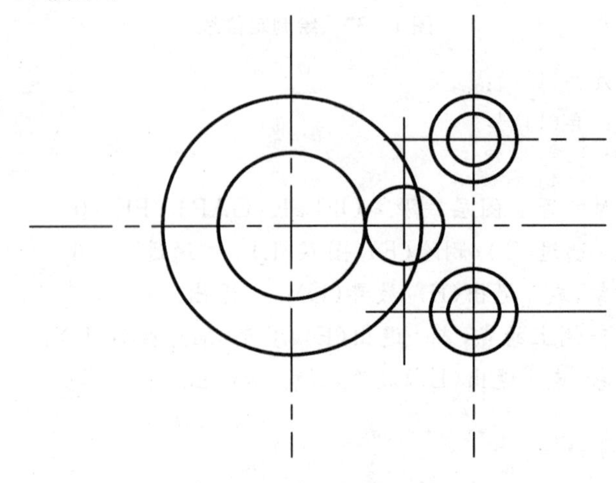

图 1-38　绘制已知线段

参考命令序列如下：

命令：_circle 指定圆的圆心或［三点(3P)/两点(2P)/相切、相切、半径(T)］:
指定圆的半径或［直径(D)］＜17.0000＞：30
命令：_circle 指定圆的圆心或［三点(3P)/两点(2P)/相切、相切、半径(T)］:
指定圆的半径或［直径(D)］＜30.0000＞：17
命令：_circle 指定圆的圆心或［三点(3P)/两点(2P)/相切、相切、半径(T)］:
指定圆的半径或［直径(D)］＜17.0000＞：9
命令：_circle 指定圆的圆心或［三点(3P)/两点(2P)/相切、相切、半径(T)］:
指定圆的半径或［直径(D)］＜9.0000＞：10
命令：_circle 指定圆的圆心或［三点(3P)/两点(2P)/相切、相切、半径(T)］:
指定圆的半径或［直径(D)］＜10.0000＞：6
命令：_circle 指定圆的圆心或［三点(3P)/两点(2P)/相切、相切、半径(T)］:
指定圆的半径或［直径(D)］＜6.0000＞：
命令：_circle 指定圆的圆心或［三点(3P)/两点(2P)/相切、相切、半径(T)］:
指定圆的半径或［直径(D)］＜6.0000＞：10

(2) 把图中圆修剪为圆弧(图1-39)。

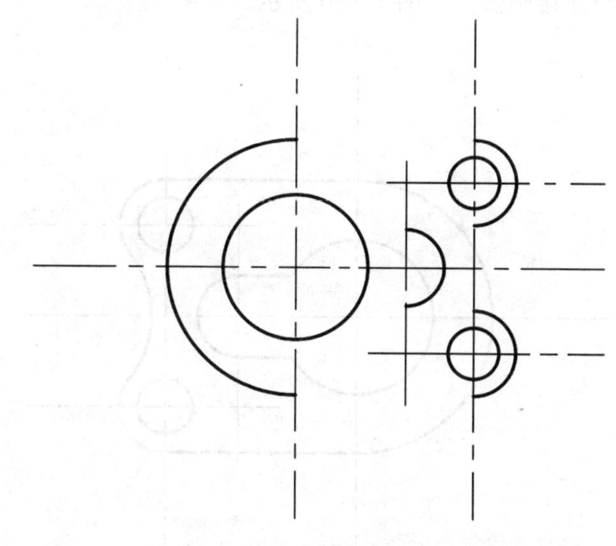

图1-39　进行必要的修剪

参考命令序列如下：

命令：_trim
当前设置：投影=UCS，边=无
选择剪切边...
选择对象或＜全部选择＞：找到1个
选择对象：
选择要修剪的对象，或按住Shift键选择要延伸的对象，或
［栏选(F)/窗交(C)/投影(P)/边(E)/删除(R)/放弃(U)］:

选择要修剪的对象,或按住 Shift 键选择要延伸的对象,或
[栏选(F)/窗交(C)/投影(P)/边(E)/删除(R)/放弃(U)]:
命令:_trim
当前设置:投影=UCS,边=无
选择剪切边...
选择对象或 <全部选择>:找到 1 个
选择对象:
选择要修剪的对象,或按住 Shift 键选择要延伸的对象,或
[栏选(F)/窗交(C)/投影(P)/边(E)/删除(R)/放弃(U)]:
选择要修剪的对象,或按住 Shift 键选择要延伸的对象,或
[栏选(F)/窗交(C)/投影(P)/边(E)/删除(R)/放弃(U)]: 指定对角点:
窗交窗口中未包括任何对象。
选择要修剪的对象,或按住 Shift 键选择要延伸的对象,或
[栏选(F)/窗交(C)/投影(P)/边(E)/删除(R)/放弃(U)]:
选择要修剪的对象,或按住 Shift 键选择要延伸的对象,或
[栏选(F)/窗交(C)/投影(P)/边(E)/删除(R)/放弃(U)]:

(3) 画中间线段与连接圆弧。如图 1-40 所示。

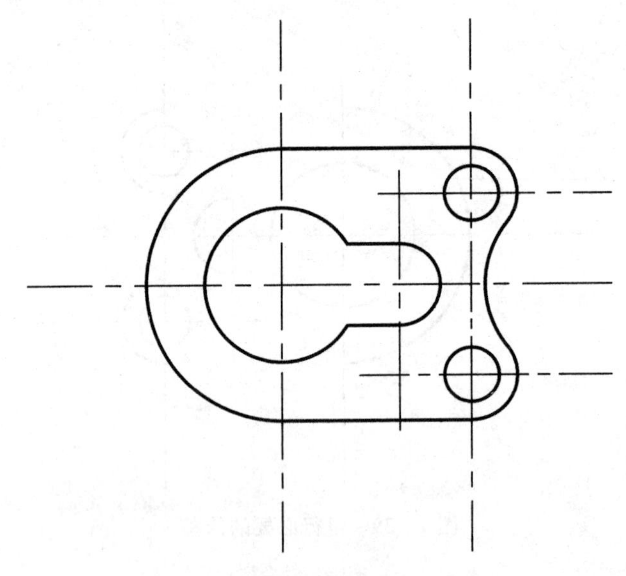

图 1-40 画中间线段与连接圆弧

参考命令序列如下:

命令:_line 指定第一点:
指定下一点或 [放弃(U)]:
指定下一点或 [放弃(U)]:
命令:_line 指定第一点:
指定下一点或 [放弃(U)]:

指定下一点或［放弃(U)］：
命令：_line 指定第一点：
指定下一点或［放弃(U)］：
指定下一点或［放弃(U)］：
命令：_line 指定第一点：
指定下一点或［放弃(U)］：
指定下一点或［放弃(U)］：
命令：_trim
当前设置：投影＝UCS，边＝无
选择剪切边...
选择对象或＜全部选择＞： 找到 1 个
选择对象：
选择要修剪的对象，或按住 Shift 键选择要延伸的对象，或
［栏选(F)/窗交(C)/投影(P)/边(E)/删除(R)/放弃(U)］：
选择要修剪的对象，或按住 Shift 键选择要延伸的对象，或
［栏选(F)/窗交(C)/投影(P)/边(E)/删除(R)/放弃(U)］：
命令：_trim
当前设置：投影＝UCS，边＝无
选择剪切边...
选择对象或＜全部选择＞： 找到 1 个
选择对象：找到 1 个，总计 2 个
选择对象：
选择要修剪的对象，或按住 Shift 键选择要延伸的对象，或
［栏选(F)/窗交(C)/投影(P)/边(E)/删除(R)/放弃(U)］：
选择要修剪的对象，或按住 Shift 键选择要延伸的对象，或
［栏选(F)/窗交(C)/投影(P)/边(E)/删除(R)/放弃(U)］：
命令：_fillet
当前设置：模式 ＝ 修剪，半径 ＝ 0.0000
选择第一个对象或［放弃(U)/多段线(P)/半径(R)/修剪(T)/多个(M)］：r
指定圆角半径＜0.0000＞：20
选择第一个对象或［放弃(U)/多段线(P)/半径(R)/修剪(T)/多个(M)］：
选择第二个对象，或按住 Shift 键选择要应用角点的对象：

3. 检查、整理图形并标注尺寸

在标注尺寸前，应对图形进行检查、修改、整理，擦除多余的对象，对画长的线可使用打断命令或夹点功能修整。

然后打开“图层控制”工具栏的下拉列表，把当前图层置为“尺寸层”，把尺寸标注在“尺寸层”上；打开“标注”工具栏，在工具栏的标注样式列表中选择“GB—35”标注样式，并选择线性标注、半径标注、直径标注等标注图形的尺寸。

项目 2　简单形体三视图的绘制

【学习目标】

1. 了解投影法的基本概念与分类。
2. 掌握绘制简单形体三视图的方法与技能。
3. 掌握点、直线、平面的投影特性与投影图画法。
4. 掌握基本几何体的投影图画法。
5. 了解基本体表面取点的方法。

任务一　简单形体三视图的绘制

【任务引入】参见教材配套习题集第 6、7 页，按要求绘制简单形体的三视图。

【相关知识】

2.1　投影法及其分类

2.1.1　投影法的概念

生活中，物体在光线照射下，就会在地面或墙壁上产生影子。影子在某些方面反映出物体的形状特征，这就是常见的投影现象。人们根据生产活动的需要，对这种现象加以抽象和总结，逐步形成了投影法。

所谓投影法，就是一组投射线通过物体射向预定平面上得到图形的方法。预定平面 P 称为投影面，在 P 面上所得到的图形称为投影，如图 2－1 所示。

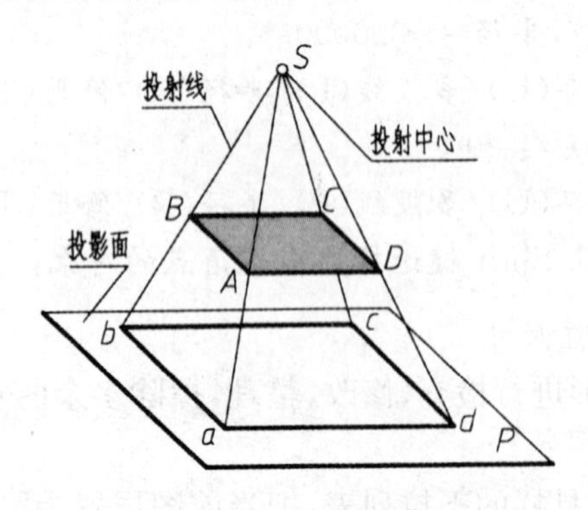

图 2－1　中心投影法

2.1.2　投影法的分类

工程上常见的投影法有中心投影法和平行投影法。

1. 中心投影法

投射线汇交于一点的投影法称为中心投影法，如图 2-1 所示。由图可见，空间四边形 $ABCD$ 比其投影四边形 $abcd$ 小。所以，中心投影法所得投影不能反映物体的真实形状和大小，因此在机械图样中很少使用。

2. 平行投影法

若将图 2-1 的投射中心 S 移至无穷远处，则投射线互相平行，如图 2-2 所示。这种投射线互相平行的投影法称为平行投影法。

(1) 斜投影法——投射线与投影面斜交。根据斜投影法所得到的图形，称为斜投影图，如图 2-2 所示。

(2) 正投影法——投射线与投影面垂直。根据正投影法所得到的图形，称为正投影图或正投影，如图 2-3 所示。

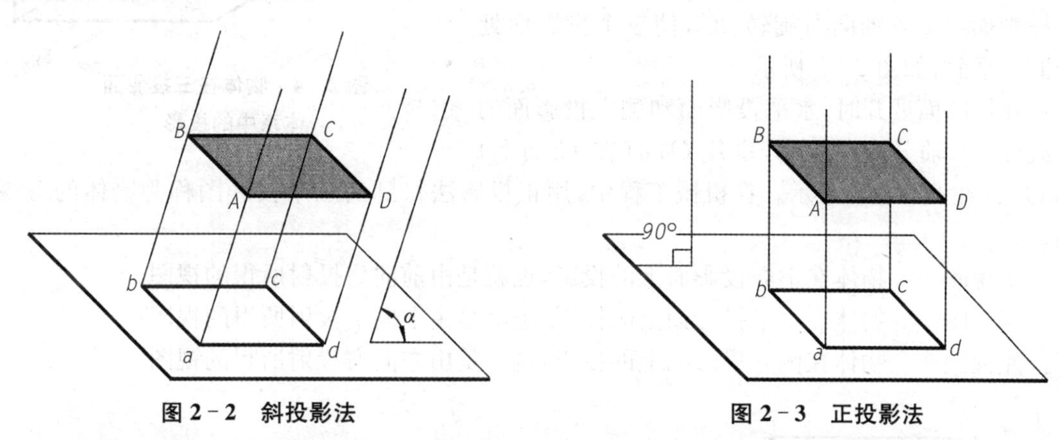

图 2-2　斜投影法　　　　**图 2-3　正投影法**

由于正投影法的投射线相互平行且垂直于投影面，正投影在投影图上容易如实表达空间物体的形状和大小，作图比较方便，因此绘制机械图样主要采用正投影法，并将正投影简称为投影。

2.1.3　正投影特点

1. 真实性：当直线或平面与投影面平行时，直线的投影为反映空间直线实长的直线段，平面投影为反映空间平面实形的图形，正投影的这种特性称为真实性。

2. 积聚性：当直线或平面与投影面垂直时，直线的投影积聚成一点，平面的投影积聚成一条直线，正投影的这种特性称为积聚性。

3. 类似性：当直线或平面与投影面倾斜时，直线的投影为小于空间直线实长的直线段，平面的投影为小于空间实形的类似形，正投影的这种特性称为类似性。

2.2　三视图及其画法

2.2.1　三视图的形成

物体一个方向的投影不能确切地表达其形状。

在空间建立三个互相垂直的投影面，这三个投影面称为三投影面体系，如图 2-4 所示。三个投影面分别为

正立投影面，简称正面，用 V 表示；

水平投影面，简称水平面，用 H 表示；

侧立投影面，简称侧面，用 W 表示。

每两个投影面的交线称为投影轴，如 OX、OY、OZ，分别简称为 X 轴、Y 轴和 Z 轴。三根投影轴相互垂直，其交点 O 称为原点。

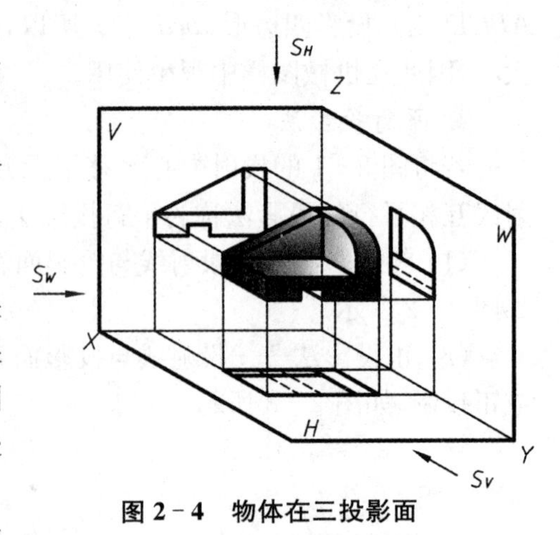

图 2－4　物体在三投影面体系中的投影

将物体正放于三投影面体系中，用正投影法分别向三个投影面投射，即可得到物体的正面投影、水平投影和侧面投影，如图 2－4 所示。

为了画图方便，应将相互垂直的三个投影面展平于同一个平面上。展开的方法为：正立投影面保持不动，将水平投影面绕 OX 轴向下旋转 90°，将侧立投影面绕 OZ 轴向右旋转 90°，使三个投影面处于同一平面，如图 2－5 所示。

在投影面展开时，水平投影面和侧立投影面的交线即 OY 轴分为两处，分别用 OY_H（在 H 面上）和 OY_W（在 W 面上）表示。在机械工程中，用正投影法得到的三个投影图称为物体的三视图。即

主视图——物体在正立投影面上的投影，也就是由前向后投射所得的视图；

俯视图——物体在水平投影面上的投影，也就是由上向下投射所得的视图；

左视图——物体在侧立投影面上的投影，也就是由左向右投射所得的视图。

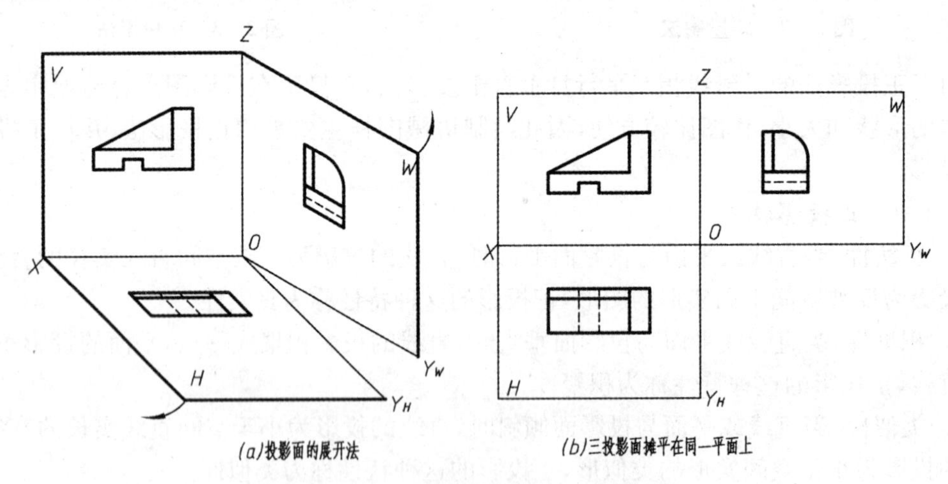

(a)投影面的展开法　　(b)三投影面摊平在同一平面上

图 2－5　三投影面的展开与三视图形成

2.2.2　三视图之间的对应关系

由图 2－5 可知，三个视图分别反映物体在三个不同方向上的形状和大小。若物体和投影面不动，假想人的视线是相互平行的，从三个不同的方向来观看物体。

1. 配置关系

三视图的配置以主视图为准，将俯视图放置于它的正下方，将左视图置于其的正右方。

2. 尺寸关系

物体长、宽、高三个方向的尺寸在三视图上的对应关系：主视图反映物体的长度(X)和高度(Z)；俯视图反映物体的长度(X)和宽度(Y)；左视图反映物体的高度(Z)和宽度(Y)。

分析三视图的形成过程，可归纳出三视图间的投影规律即“三等”关系如图 2－6 所示：

主、俯视图——长对正；

主、左视图——高平齐；

俯、左视图——宽相等。

在画图时应当特别注意：无论是物体的整体还是物体的局部，其三视图之间都必须符合“长对正，高平齐，宽相等”的“三等”规律。

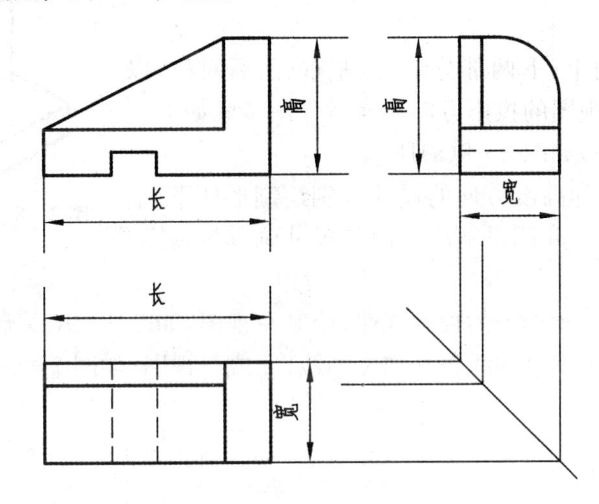

图 2－6　三视图的尺寸关系

3. 方位关系

物体有前后、左右和上下的六个方位。一旦物体在三投影面体系中的位置确定之后，三视图上就会明确地反映它的方位关系，如图 2－7 所示。物体的六个方位：

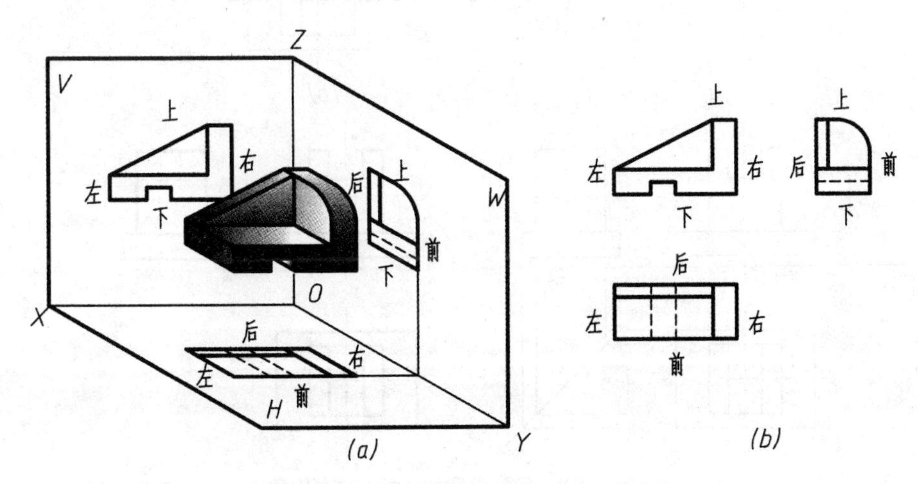

图 2－7　三视图表示物体的方位关系

主视图——反映物体的上、下和左、右；

俯视图——反映物体的左、右和前、后；

左视图——反映物体的上、下和前、后。

俯、左视图靠近主视图的一边(里边)，均表示物体的后面；远离主视图的一边(外边)，均表示物体的前面。

一般将三视图中任意两个视图组合起来看，才能完全看清物体的上、下、左、右、前、后六个方位的相对位置。其中物体的前后位置在左视图中最容易弄错。

左视图中反映了物体的后和前，不要误认为是物体的左和右。

2.2.3 三视图画法

【例 2-1】 根据如图 2-8 所示的简单立体的轴测图，绘制其三视图。

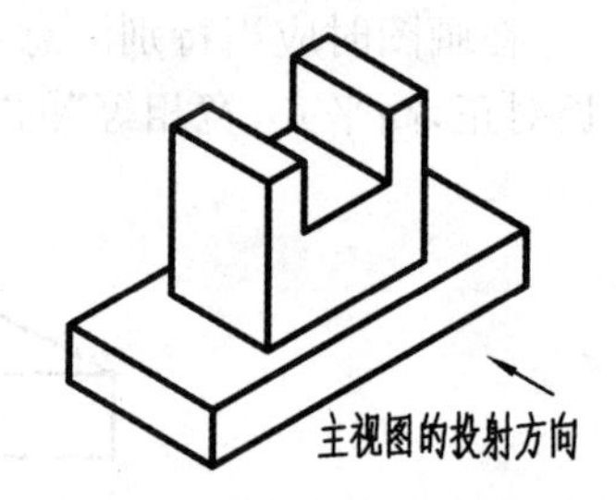

图 2-8 简单形体的轴测图

分析：图示形体由上、下两部分组成，左右、前后对称，以图中箭头方向作为主视图的投影方向。参考作图步骤如下：

第一步：画基准线，如图 2-9(a)所示。

第二步：按照长度和高度方向的尺寸分别绘制形体下、上两部分的主视图，长对正并测量宽度方向的尺寸画其俯视图，如图 2-9(b)。

第三步：按高平齐、宽相等的投影规律，绘制左视图，如图 2-9(c)所示。

第四步：检查、擦去多余的线条并加深图线，完成三视图，如图 2-9(d)所示。

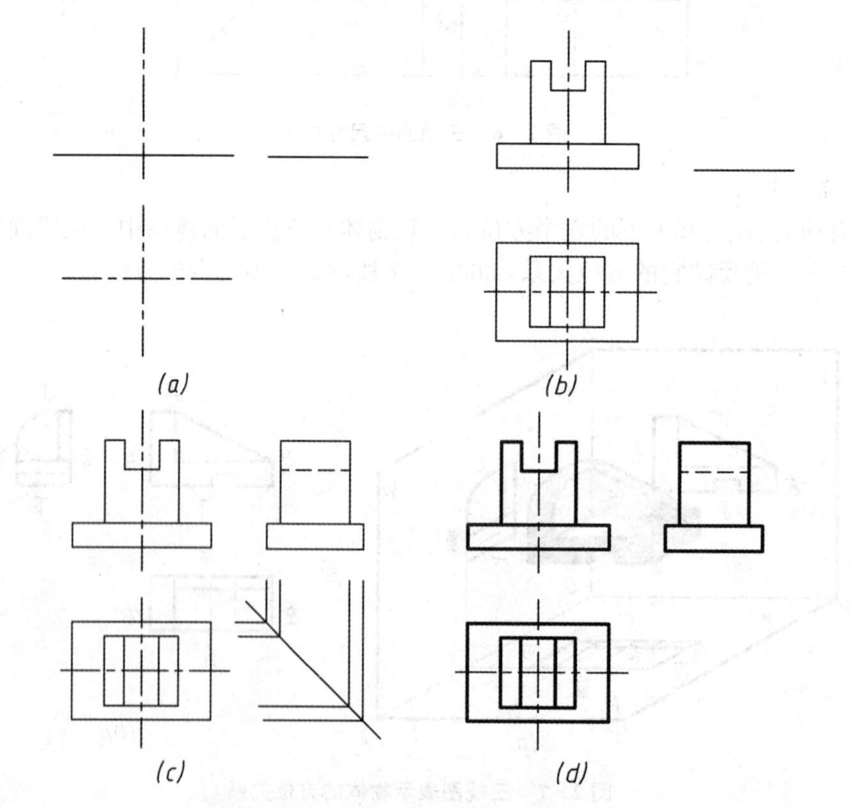

图 2-9 简单形体三视图的画图步骤

【任务实施】完成教材配套习题集第 6、7 页简单形体三视图绘图练习。

任务二　点、直线、平面的投影图绘制

【任务引入】参见教材配套习题集第 8、9 页，按要求绘制点、直线、平面的投影图。

【相关知识】

2.3　点的投影

点、直线、平面是组成空间物体的基本几何元素。要想正确地分析、绘制较复杂物体的视图，应熟悉点的投影规律、直线与平面的投影特性，学会分析与绘制点、直线、平面的投影图。

2.3.1　点的投影及规定标记

如图 2－10(a)所示，将空间点 S 放置于三投影面体系中，自点 S 分别向三个投影面作垂线，则其垂足表示为 s、s'、s''，即点 S 在 H 面、V 面、W 面上的投影。在工程图学中，空间点及其投影的标记，我们约定：空间点用大写字母，如 A、B、C、…；水平投影用相应的小写字母，如 a、b、c、…；正面投影用相应的小写字母加一撇，如 a'、b'、c'、…；侧面投影用相应的小写字母加两撇，如 a''、b''、c''、…。

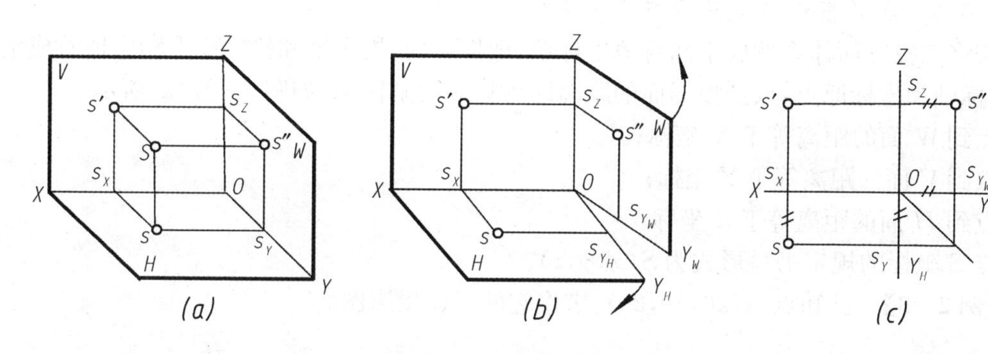

图 2－10　点的三面投影

2.3.2　点的三面投影规律

如图 2－10(b)所示，将 H 面、W 面按箭头所指的方向展开，使其与 V 面处于同一个平面，便得到点 S 的三面投影图(图 2－10(c))。图中 s_X、s_{Y_H}、s_{Y_W}、s_Z 分别为点的投影连线与投影轴 X、Y、Z 的交点。

由点的三面投影图的形成过程，可总结出如下点的投影规律：

(1) 点的正面投影与水平投影的连线垂直于 OX 轴(即 $s's \perp OX$)，点的正面投影与侧面投影的连线垂直于 OZ 轴，即 $s's'' \perp OZ$。

(2) 点的投影到投影轴的距离，等于空间点到相应的投影面的距离，即

$s's_x = s''s_y = S$ 点到 H 面的距离 Ss；

$ss_x = s''s_z = S$ 点到 V 面的距离 Ss'；

$ss_y = s's_z = S$ 点到 W 面的距离 Ss''。

(3) 点的水平投影到 OX 轴的距离等于点的侧面投影到 OZ 轴的距离，即 $ss_x = s''s_z$。如图 2-10(c)所示，用 135°方向线表明了这种相等的关系。

显然，点的投影规律与上一节所述的三视图"长对正、高平齐、宽相等"的三等关系是一致的。根据点的投影规律，可由点的两个投影作出第三投影。

【例 2-2】 如图 2-11(a)所示，已知点 A 的正面投影和侧面投影，求作其水平投影。

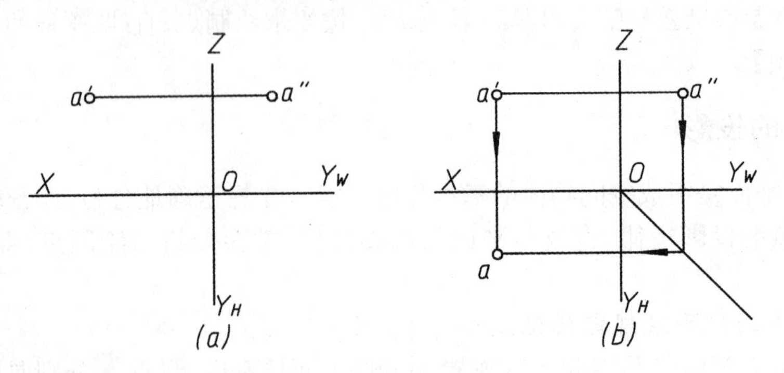

图 2-11 求点的第三个投影

根据点的投影规律，作图步骤如下：

如图 2-11(b)所示，自正面投影 a' 作 OX 轴的垂线，过侧面投影 a'' 作 OY_W 垂线并延长交一45°线于一点，过该点作 OY_H 的垂线，与 a' 所引的垂线交于 a，即得点 A 的水平投影。

2.3.3 点的投影与直角坐标的关系

若将三投影面体系看成空间直角坐标系，把投影面、投影轴和投影原点相应地看成坐标面、坐标轴和坐标原点，点到投影面的距离即为相应的坐标值，如图 2-12(a)所示。

点到 W 面的距离等于 X 坐标；

点到 V 面的距离等于 Y 坐标；

点到 H 面的距离等于 Z 坐标。

点 S 坐标的规定书写形式为 $S(x,y,z)$。

【例 2-3】 已知点 $A(20,10,25)$，求作它的三面投影图。

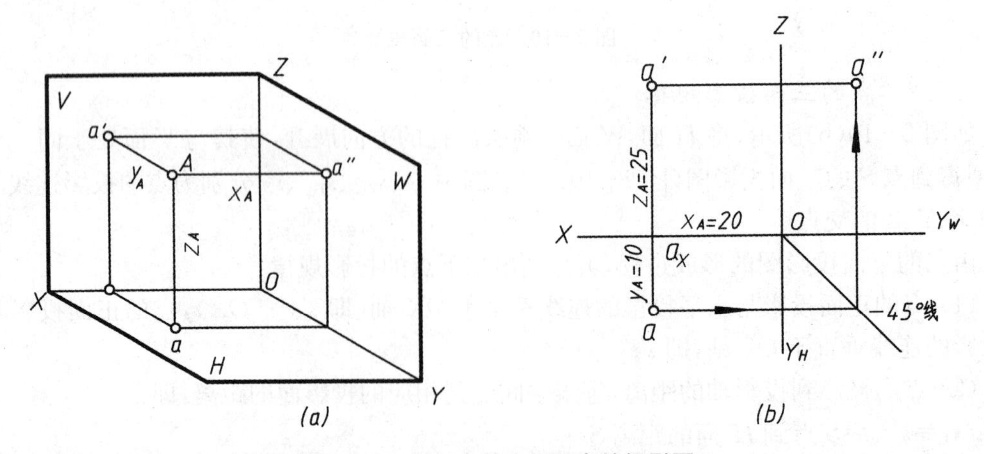

图 2-12 已知点的坐标作点的投影图

如图 2-12(b)所示，作图步骤如下：

第一步：作投影轴及－45°斜线；

第二步：在 OX 轴上由 O 向左量取 20，得 a_x；

第三步：过 a_x 作 OX 轴的垂线，并沿垂线向下量取 $a_xa=10$，得水平投影 a，向上量取 $a_xa'=25$，得正面投影 a'；

第四步：根据 a、a'，求出侧面投影 a''。

2.3.4　两点的相对位置

1. 两点的相对位置关系的判断

空间两点的相对位置，是指沿平行于投影轴方向的左右、前后和上下的相对位置关系，可由两点的坐标差来确定。两点的左、右相对位置由 x 坐标差确定；两点的前、后相对位置由 y 坐标差确定；两点的上、下相对位置由 z 坐标差确定。

如图 2－13 所示，要判断点 A、B 的空间位置关系，可以选定点 A（或 B）为基准，然后将点 B 的坐标与点 A 比较。

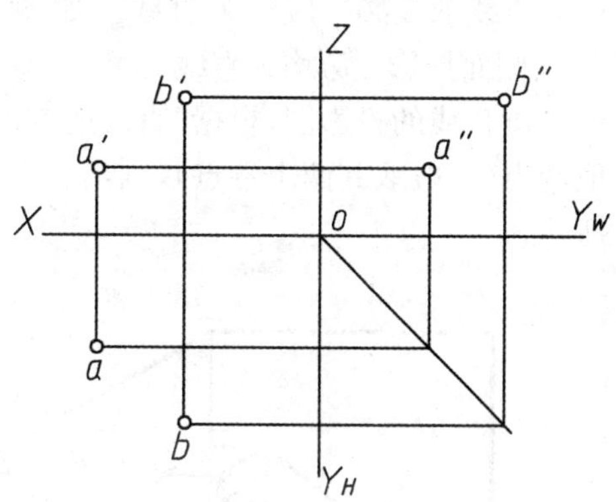

图 2－13　A、B 两点的相对位置

$x_B<x_A$，表示点 B 在点 A 之右或点 A 在点 B 之左；

$y_B>y_A$，表示点 B 在点 A 之前或点 A 在点 B 之后；

$z_B>z_A$，表示点 B 在点 A 之上或点 A 在点 B 之下。

在投影图中，两点的上下、左右关系反映明显，同时应注意，前后关系反映在水平投影与侧面投影中，靠近外侧为前，里侧为后。

2. 重影点

位于同一投射线上的两点，由于它们在与该投射线垂直的投影面上的投影是重合的，所以叫作重影点。重影点必定有两个坐标是相等的。如图 2－14 所示，E、F 两点位于垂直 V 面的投射线上，e'、f' 重合，则称 E、F 为相对于 V 面的重影点。E、F 两点的 x、z 坐标相等，但 y 坐标不等，且 $y_E>y_F$，表示点 E 位于点 F 的正前方。

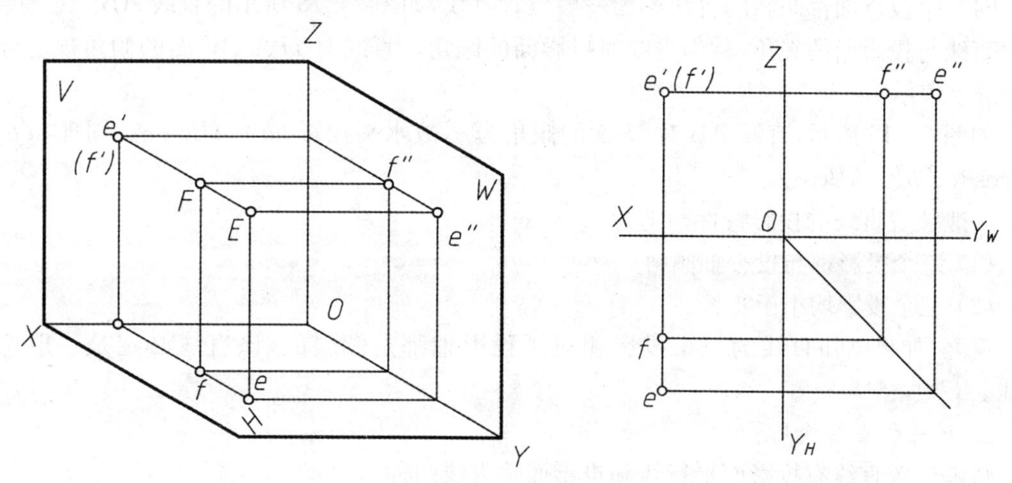

图 2－14　重影点及其可见性的判别

利用这对不等的坐标值，可以判断重影点的可见性。对 H 面的重影点从上向下观察，z 坐标值大者可见；对 V 面的重影点从前向后观察，y 坐标值大者可见；对 W 面的重影点从左向右观察，x 坐标值大者可见。

如图 2-14 所示，因 $y_E > y_F$，故 e' 可见而 f' 不可见，通常不可见的投影另加圆括弧表示，如图中的(f')。

2.4 直线的投影

2.4.1 直线投影图的画法

直线的投影一般仍为直线。如图 2-15(a)所示，直线 AB 的水平投影 ab、正面投影 $a'b'$、侧面投影 $a''b''$ 均为直线。

画直线的投影图，根据"直线的空间位置由线上任意两点决定"的几何性质，在直线上任取两点(一般取其两个端点)，画出它们的投影图后，再将各组同面投影连线，如图 2-15(b)所示。

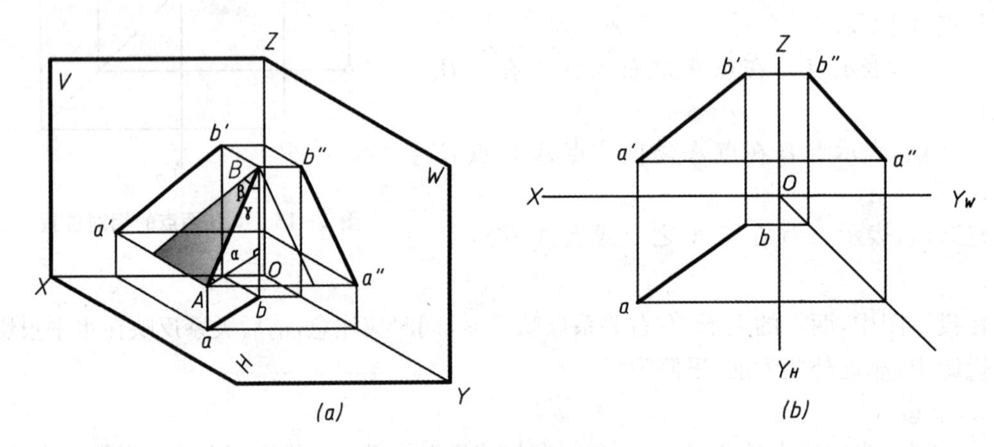

图 2-15 直线的投影图

2.4.2 各种位置直线的投影特性

1. 一般位置直线

对三个投影面都倾斜的直线称为一般位置直线，如图 2-15 所示的直线 AB。

直线与投影面的夹角，称为直线对投影面的倾角。直线对 H、V、W 面的倾角规定分别用 α、β、γ 表示。

如图 2-15 所示，直线 AB 对 H 面的倾角为 α，故水平投影 $ab=AB\cos\alpha$。同理，$a'b'=AB\cos\beta$，$a''b''=AB\cos\gamma$。

一般位置直线的投影特性归纳为

(1) 三个投影都与投影轴倾斜；

(2) 三个投影均小于实长。

反之，如果已知直线的三个投影相对于投影轴都是倾斜的，该直线必定是一般位置直线。

2. 特殊位置直线

特殊位置直线有投影面平行线和投影面垂直线两种。

(1) 投影面平行线：平行于一个投影面而对另外两个投影面倾斜的直线称为投影面平行线。该类直线又有三种位置，即水平线（$//H$ 面）、正平线（$//V$ 面）和侧平线（$//W$ 面）。下面以正平线为例，分析投影面平行线的投影特性。

如图 2－16 所示，由于 $AB//V$ 面，$a'b'=AB$，即正面投影反映实长；直线上各点到 V 面的距离相等，即水平投影、侧面投影分别平行于 X 轴与 Z 轴；反映实长的投影 $a'b'$ 与 OX 轴的夹角等于直线 AB 对 H 面的倾角 α，$a'b'$ 与 OZ 轴的夹角等于直线 AB 对 W 面的倾角 γ。

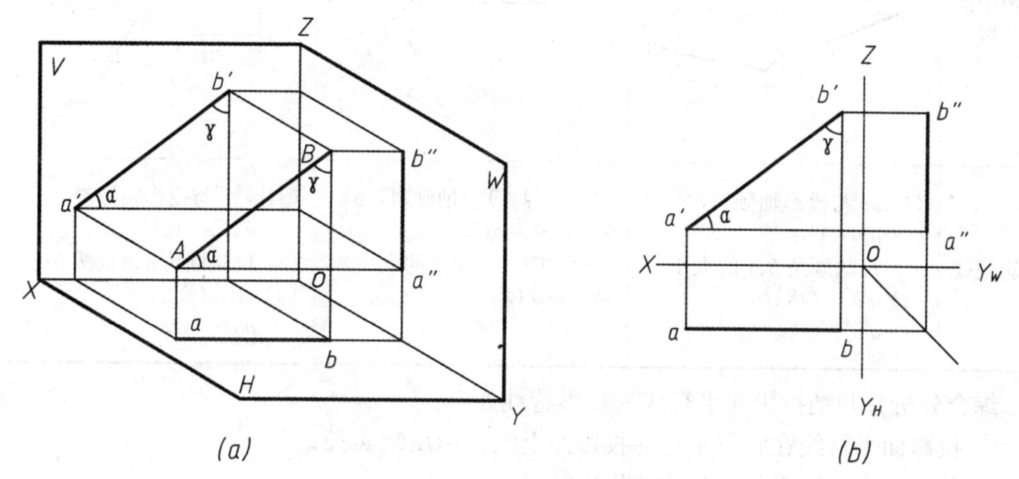

图 2－16　正平线的投影特性

水平线和侧平线具有与正平线类似的投影特性，见表 2－1。

表 2－1　投影面平行线的投影特性

名称	水平线（$AB//H$ 面）	正平线（$AC//V$ 面）	侧平线（$AD//W$ 面）
立体图	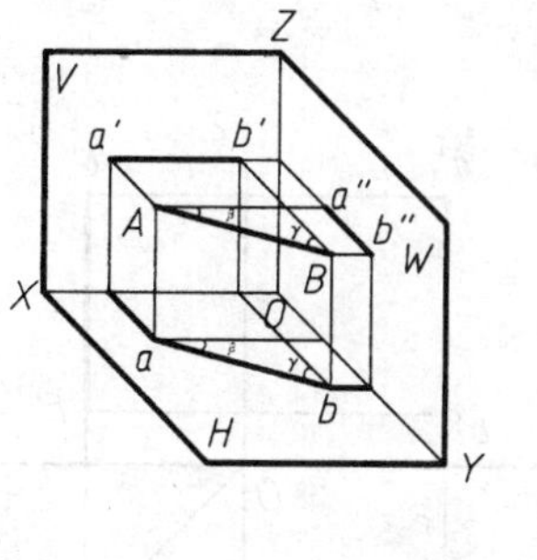	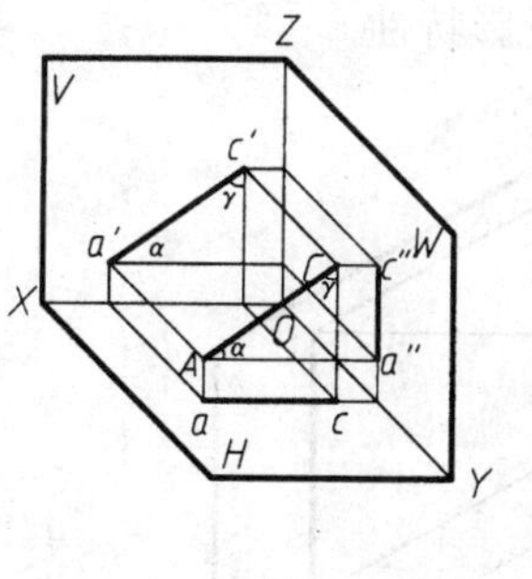	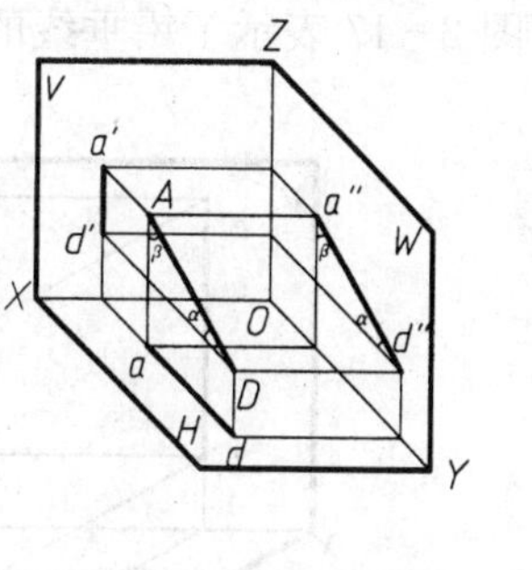
投影图	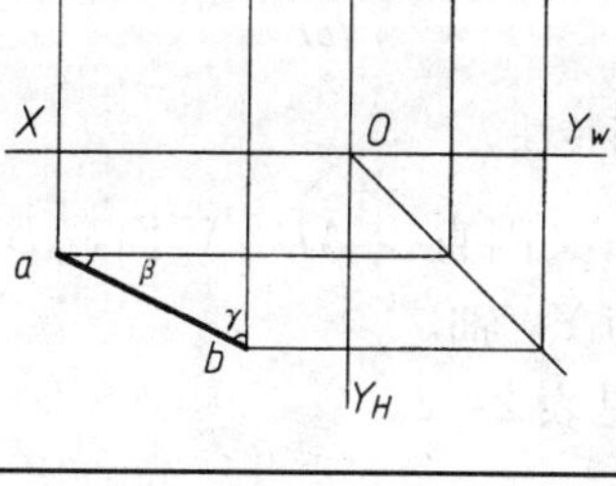	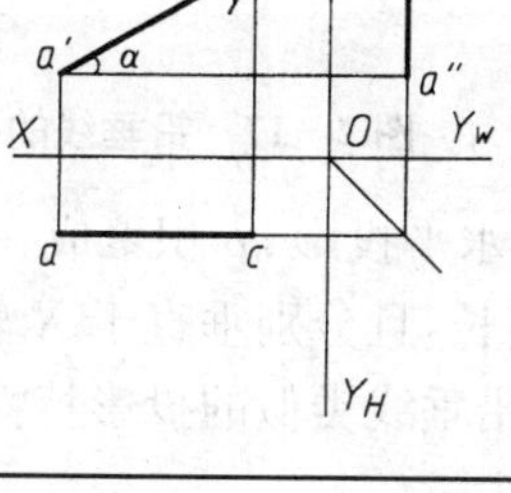	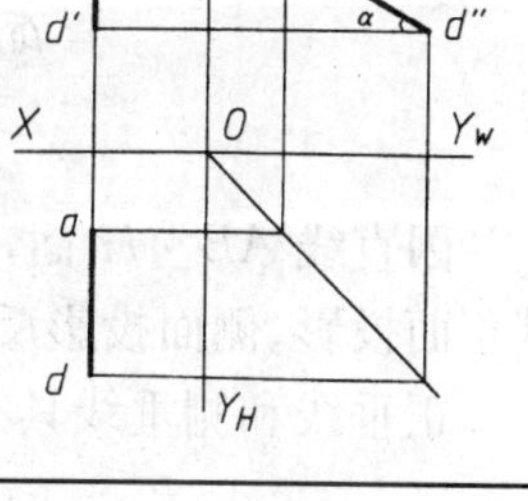

续表

名称	水平线（$AB/\!/H$ 面）	正平线（$AC/\!/V$ 面）	侧平线（$AD/\!/W$ 面）
在形体投影图中的位置			
投影规律	（1）ab 与投影轴倾斜， $ab=AB$； 反映倾角 β、γ 的大小 （2）$a'b'/\!/OX$； $a''b''/\!/OY_W$	（1）$a'c'$ 与投影轴倾斜， $a'c'=AC$； 反映倾角 α、γ 的大小 （2）$ac/\!/OX$； $a''c''/\!/OZ$	（1）$a''d''$ 与投影轴倾斜， $a''d''=AD$； 反映倾角 α、β 的大小 （2）$ad/\!/OY_H$； $a'd'/\!/OZ$

综合分析并归纳投影面平行线的投影特性如下：

① 投影面平行线在它所平行的投影面上的投影反映实长；

② 其他两个投影平行于相应的投影轴；

③ 反映直线实长的投影与投影轴的夹角等于直线对相应投影面的倾角。

反之，如果已知直线的三个投影与投影轴的关系是一斜两平行，则其必定是投影面平行线，哪个投影是斜的，则平行于该投影面。

（2）投影面垂直线：垂直于一个投影面（必定与另外两个投影面平行）的直线，称为投影面垂直线。该类直线也有三种位置：铅垂线（$\perp H$ 面）、正垂线（$\perp V$ 面）和侧垂线（$\perp W$ 面）。图 2－17 表示了铅垂线的投影特性。

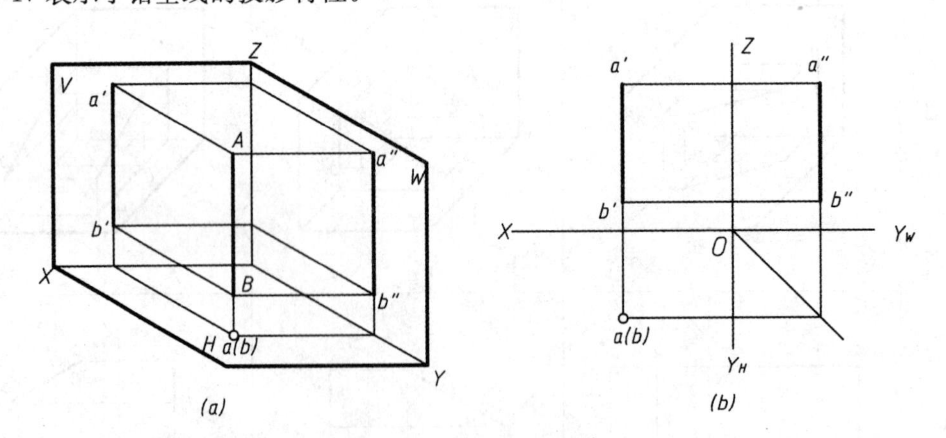

图 2－17　铅垂线的投影特性

因直线 $AB\perp H$ 面，故其水平投影 ab 积聚成一点；又因直线 $AB/\!/V$ 面，$AB/\!/W$ 面，故其正面投影、侧面投影反映实长，且分别垂直于 X 轴与 Y_W 轴。

正垂线和侧垂线具有与铅垂线类似的投影特性，见表 2－2。

表 2－2　投影面垂直线的投影特性

名称	铅垂线($AB\perp H$ 面)	正垂线($AC\perp V$ 面)	侧垂线($AD\perp W$ 面)
立体图	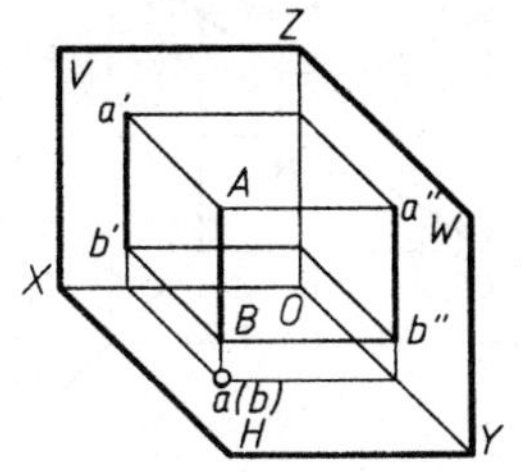	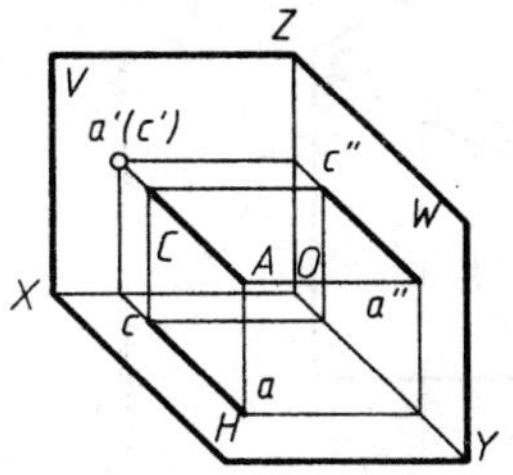	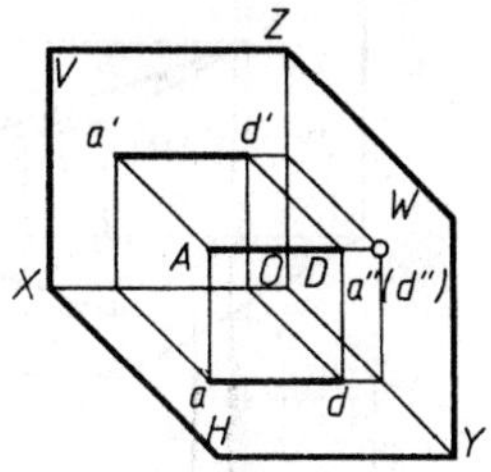
投影图	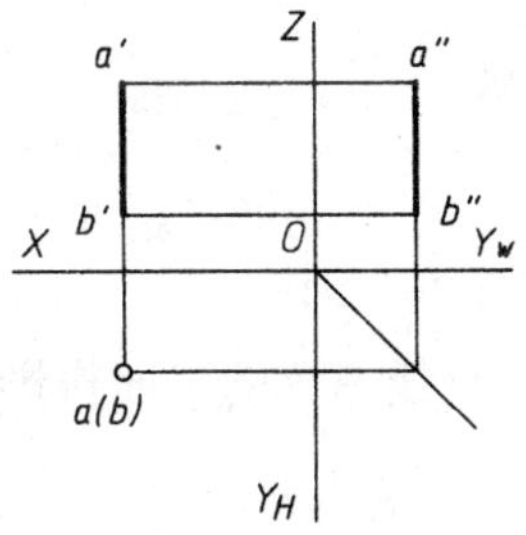	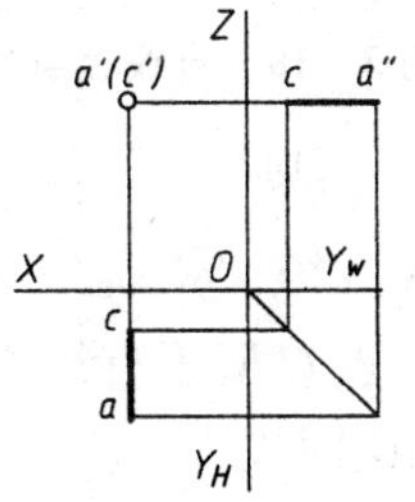	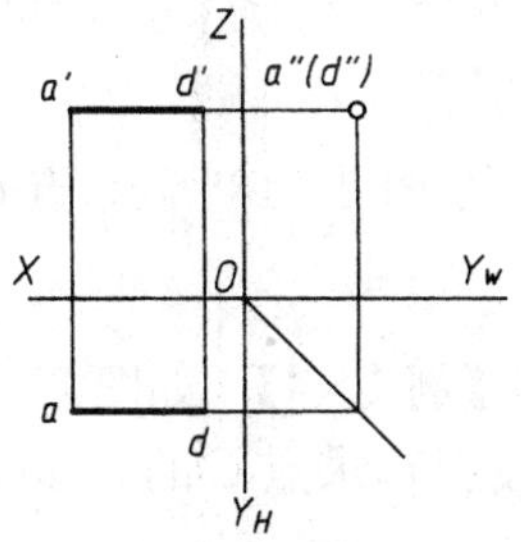
在形体投影图中的位置	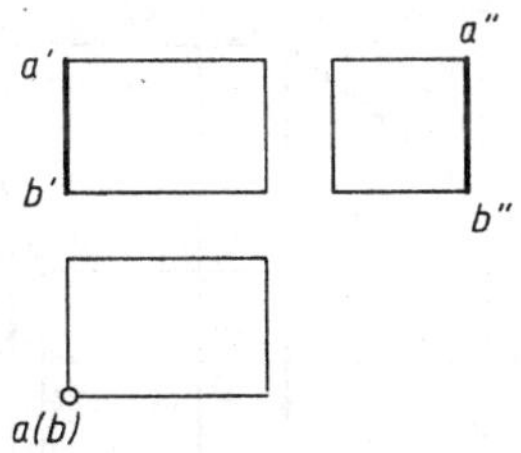	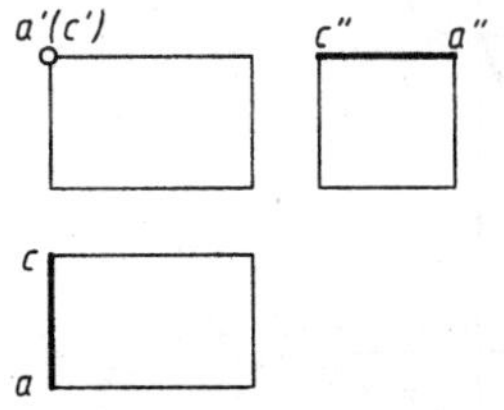	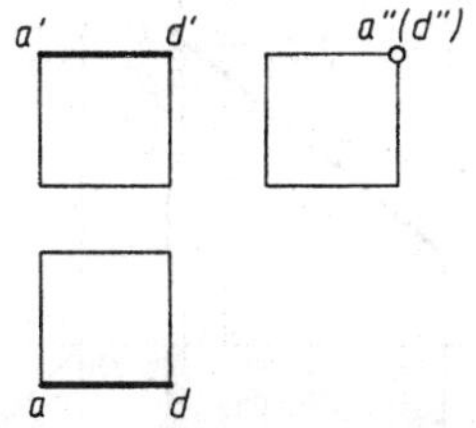
立体图中的位置	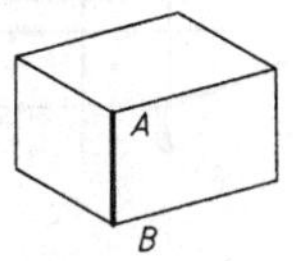	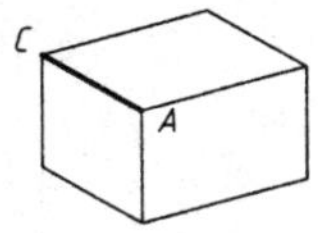	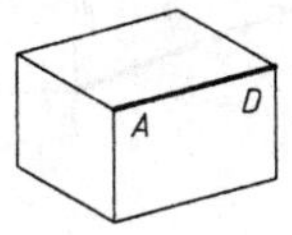
投影规律	(1) ab 积聚为一点 (2) $a'b'\perp OX$;$a''b''\perp OY_W$ (3) $a'b'=a''b''=AB$	(1) $a'c'$积聚为一点 (2) $ac\perp OX$;$a''c''\perp OZ$ (3) $ac=a''c''=AC$	(1) $a''d''$积聚为一点 (2) $ad\perp OY_H$;$a'd'\perp OZ$ (3) $ad=a'd'=AD$

综合分析并归纳投影面垂直线的投影特性如下：

① 投影面垂直线在它所垂直的投影面上的投影积聚成一点；

② 其他两个投影反映实长，且垂直于相应的投影轴。

反之，如果已知直线的投影有一个积聚为点，则直线必定是该投影面的垂直线。

2.4.3　直线上点的投影

直线上的点具有如下两个特点：

① 点在直线上，则点的投影均在该直线的同面投影上。如图 2－18 所示，点 C 在 AB 上，c、c'、c''分别在 ab、$a'b'$、$a''b''$上。注意 $cc'\perp OX$，$c'c''\perp OZ$，c 到 X 轴的距离等于 c''到 Z 轴的距离。

② 点在直线上，该点分线段及其投影成定比。

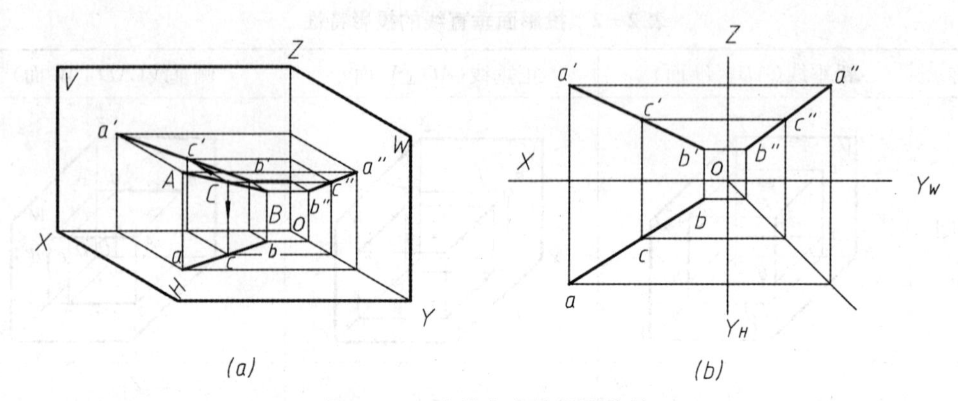

图 2-18　直线上点的投影特性

如图 2-18 所示，点 C 在 AB 上，则

$$ac : cb = a'c' : c'b' = a''c'' : c''b'' = AC : CB$$

【例 2-4】　如图 2-19 所示，点 C 属于直线 AB，已知直线 AB 的三面投影和点 C 的水平投影 c，求点 C 的正面投影 c' 和侧面投影 c''。

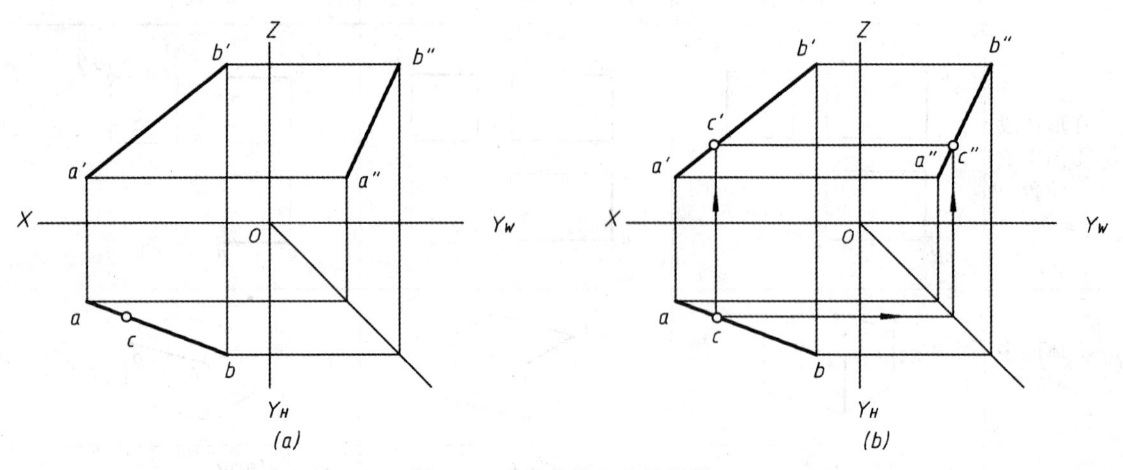

图 2-19　求直线上点的投影

求解方法如图 2-19(b)所示。

2.5　平面的投影

2.5.1　平面的投影图

在投影图上表示平面就是画出确定平面位置的几何元素的投影。根据立体几何知识，不在同一直线上的三点可确定一平面，因此，平面可以用如图 2-20 所示的任何一组几何要素的投影来表示。

根据几何知识，如图 2-20 所示的各组几何元素所表示的平面是可以互相转化的。在投影图中，常常以平面图形来表示空间的平面。

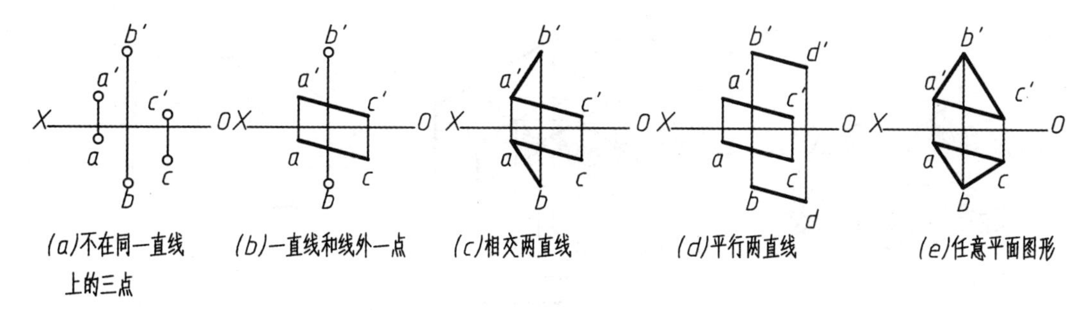

图 2 - 20　用几何元素表示平面

2.5.2　各种位置平面的投影特性

1. 一般位置平面

对三个投影面都倾斜的平面，称为一般位置平面。如图 2 - 21 所示，三棱锥的棱面△*SAB* 对三个投影面都是倾斜的，所以，三个投影面上的投影仍是三角形（类似形），且都不反映实形（面积缩小）。

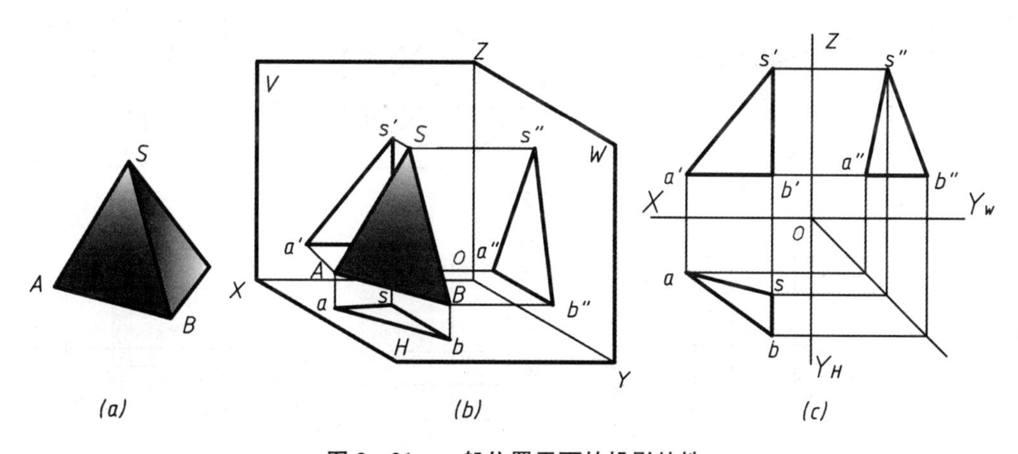

图 2 - 21　一般位置平面的投影特性

2. 特殊位置平面

特殊位置平面有投影面垂直面和投影面平行面两种。

(1) 投影面垂直面：垂直于一个投影面而对其他两个投影面倾斜的平面，称为投影面垂直面。垂直于 *H* 面的平面，称为铅垂面；垂直于 *V* 面的平面，称为正垂面；垂直于 *W* 面的平面，称为侧垂面。

我们以如图 2 - 22 所示的正垂面为例来分析投影面垂直面的投影特性。由于平面 *ABCD* 垂直于 *V* 面，对 *H*、*W* 面倾斜，所以其正面投影 *a′b′c′d′* 积聚成一条倾斜于投影轴的直线，其水平投影 *abcd* 和侧面投影 *a″b″c″d″* 均为小于实形的类似形。且正面投影与 *OX* 轴和 *OZ* 轴的夹角分别反映平面 *ABCD* 对 *H* 面和 *W* 面的倾角 α、γ。

铅垂面和侧垂面具有与正垂面类似的投影特性，见表 2 - 3。

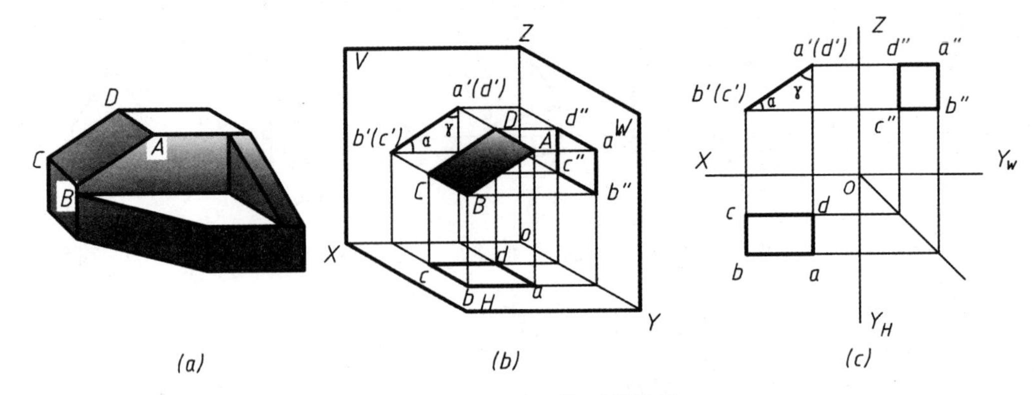

图 2－22　正垂面的投影特性

表 2－3　投影面垂直面的投影特性

名称	铅垂面($A \perp H$)	正垂面($B \perp V$)	侧垂面($C \perp W$)
立体图	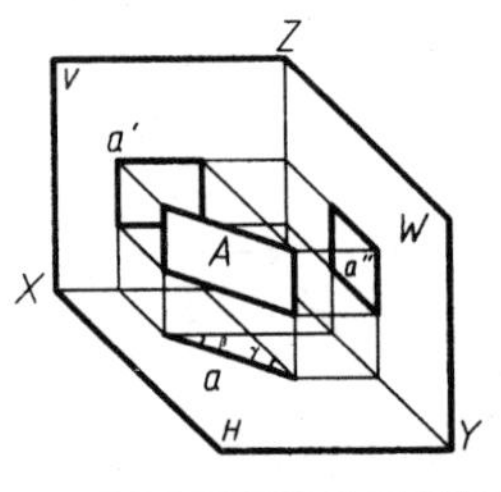	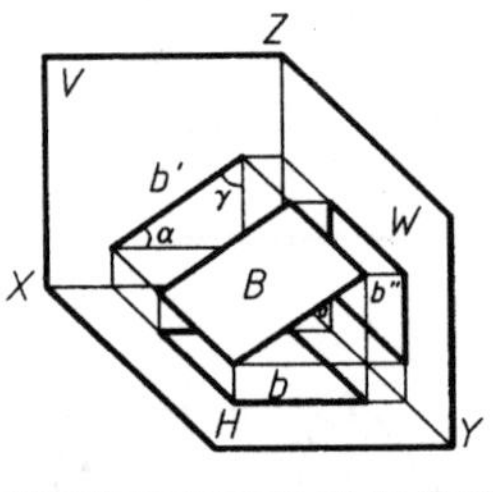	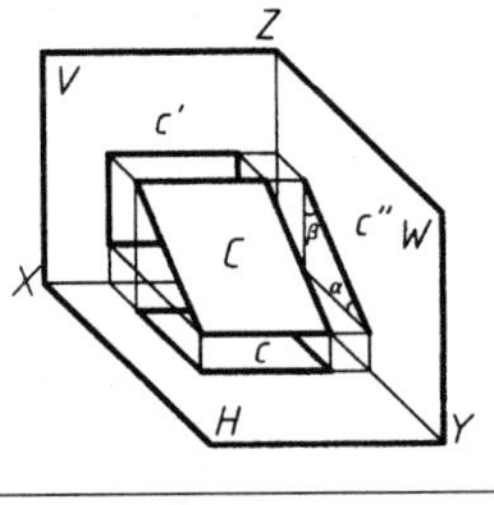
投影图	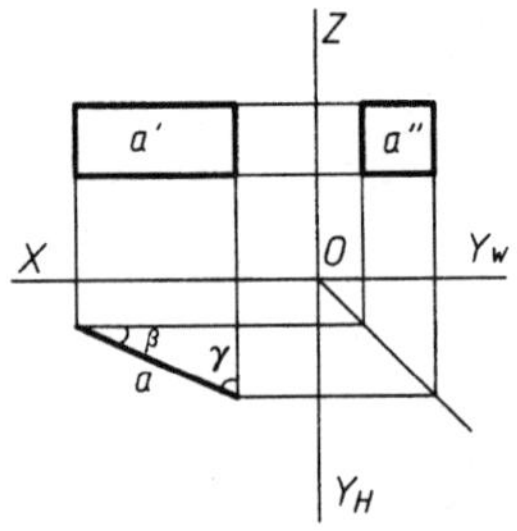	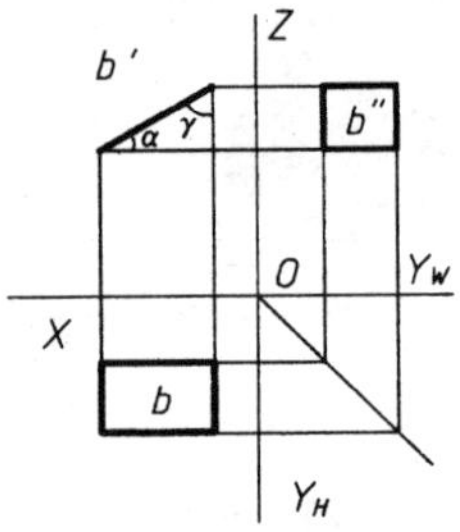	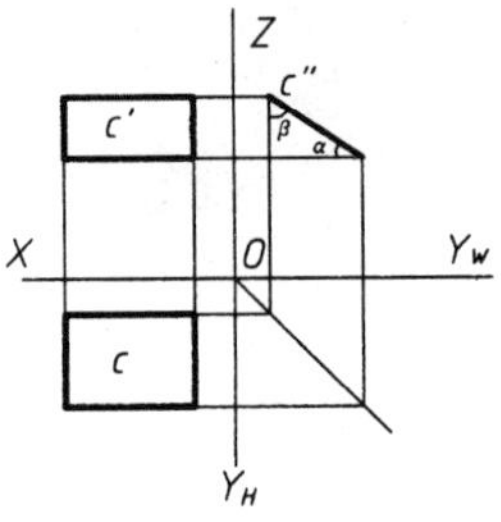
在形体投影图中的位置	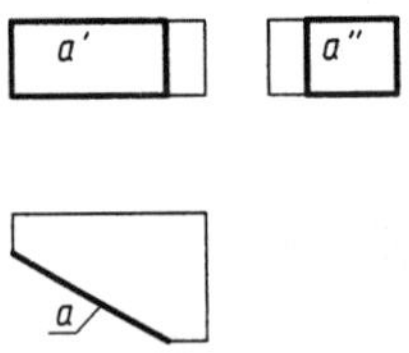	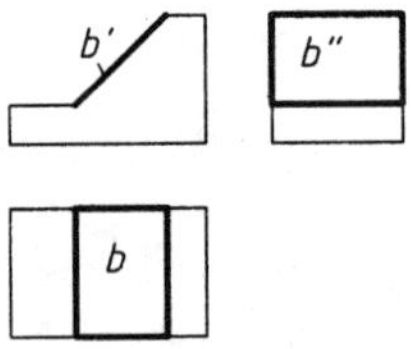	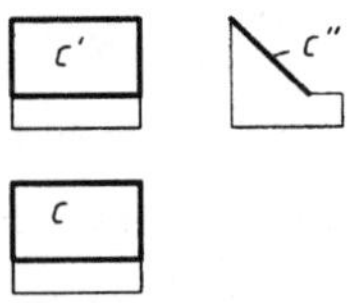
在形体立体图中的位置	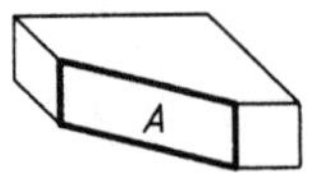	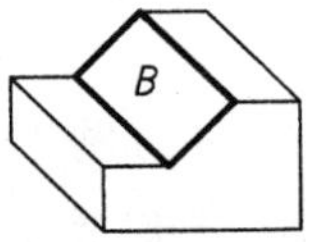	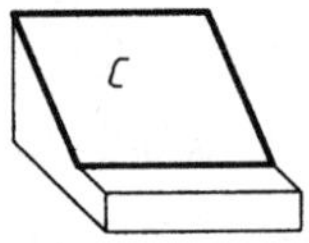
投影规律	(1) H 面投影 a 积聚为一条斜线且反映β、γ的大小 (2) V 面投影 a' 和 W 面投影 a''小于实形，是类似形	(1) V 面投影 b'积聚为一条斜线且反映α、γ的大小 (2) H 面投影 b 和 W 面投影 b''小于实形，是类似形	(1) W 面投影 c''积聚为一条斜线且反映α、β的大小 (2) H 面投影 c 和 V 面投影 c'小于实形，是类似形

综合分析并归纳投影面垂直面的投影特性如下：

① 投影面垂直面在它所垂直的投影面的投影积聚成一条与投影轴倾斜的直线，该直线与投影轴的夹角分别反映该平面与相应投影面的倾角。

② 其他两个投影均为小于实形的类似形。

(2) 投影面平行面：平行于一个投影面的平面(必定垂直于其他两个投影面)，称为投影面平行面。平行于 H 面的平面，称为水平面；平行于 V 面的平面，称为正平面；平行于 W 面的平面，称为侧平面。

我们以如图 2－23 所示的正平面为例来分析投影面平行面的投影特性。由于 $EHNK$ 平面平行于 V 面，垂直于 H 面和 W 面，所以其正面投影 $e'h'n'k'$ 反映实形，水平投影 $ehnk$ 和侧面投影 $e''h''n''k''$ 均积聚成直线，且分别平行于 OX 轴和 OZ 轴。

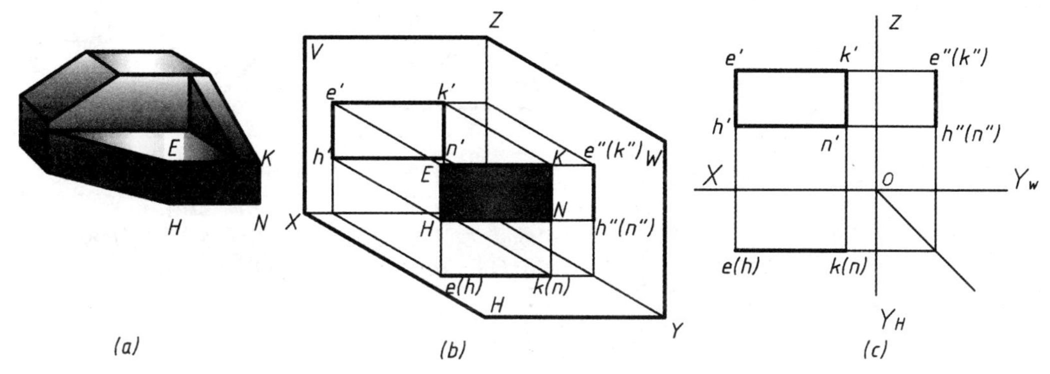

图 2－23　正平面的投影特性

水平面和侧平面具有与正平面类似的投影特性，见表 2－4。

表 2－4　投影面平行面的投影特性

名称	水平面($A/\!/H$)	正平面($B/\!/V$)	侧平面($C/\!/W$)
立体图	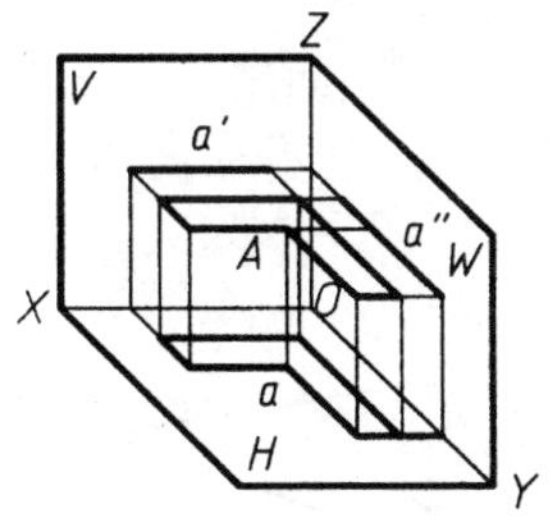	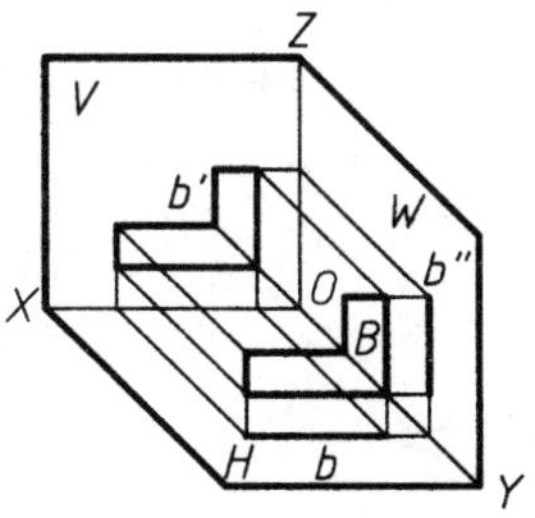	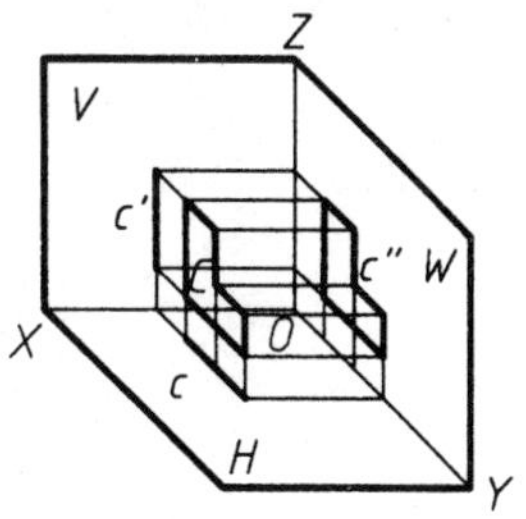
投影图	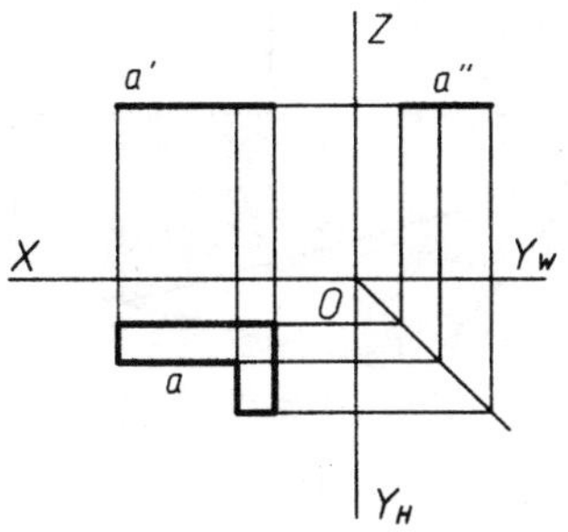	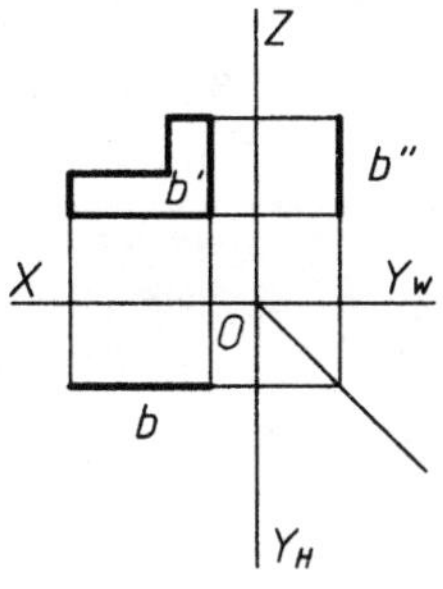	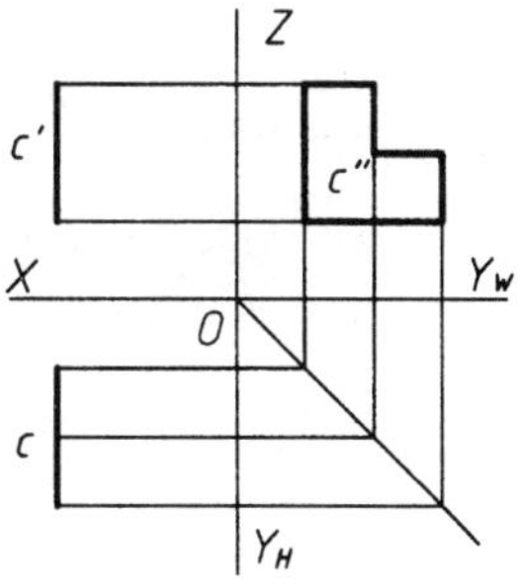

续表

名称	水平面($A/\!/H$)	正平面($B/\!/V$)	侧平面($C/\!/W$)
在形体投影图中的位置			
在形体立体图中的位置			
投影规律	(1) H 面投影 a 反映实形 (2) V 面投影 a' 和 W 面投影 a'' 积聚为直线,分别平行于 OX、OY_W 轴	(1) V 面投影 b' 反映实形 (2) H 面投影 b 和 W 面投影 b'' 积聚为直线,分别平行于 OX、OZ 轴	(1) W 面投影 c'' 反映实形 (2) H 面投影 c 和 V 面投影 c' 积聚为直线,分别平行于 OY_H、OZ 轴

综合分析并归纳投影面平行面的投影特性如下:

① 投影面平行面在所平行的投影面上的投影反映实形;

② 其他两个投影均积聚成直线,且平行于相应的投影轴。

2.5.3 平面上的直线和点

1. 平面上的直线

直线在平面上,应满足以下几何条件之一:

① 直线通过平面上的两个点,如图 2-24(a)所示的直线 MN;

② 直线通过平面上的一个点,且平行于该平面上的另一直线,如图 2-24(b)所示的直线 $ML/\!/BC$。

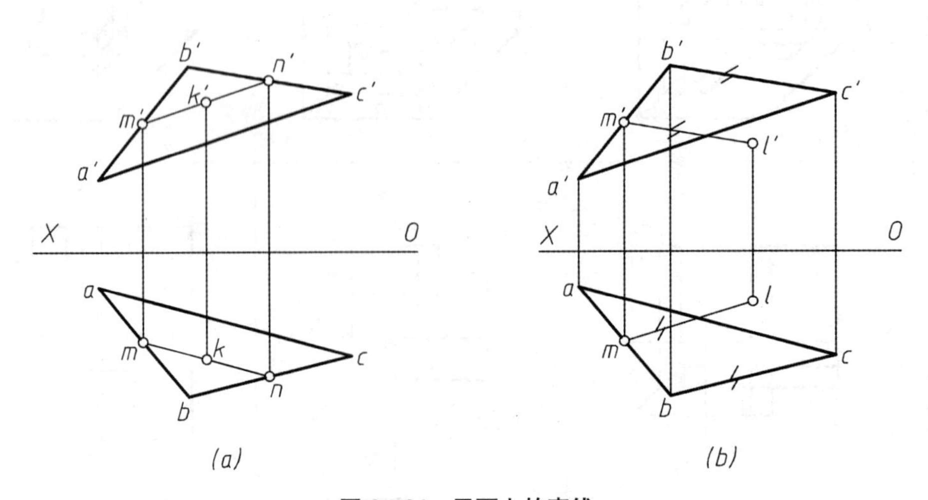

图 2-24　平面上的直线

2. 平面上的点

点在平面上的几何条件：

若点在平面上的一条直线上，则该点必定在该平面上。

因此，在平面上取点，首先应在平面上作直线，再在直线上求点。

如图 2-24(a)所示，点 K 是△ABC 平面内的一条直线 MN 上的点，则点 K 是平面 ABC 上的点。

【例 2-5】 如图 2-25(a)所示，已知△ABC 平面上点 E 的正面投影 e'，试求点 E 的水平投影 e。

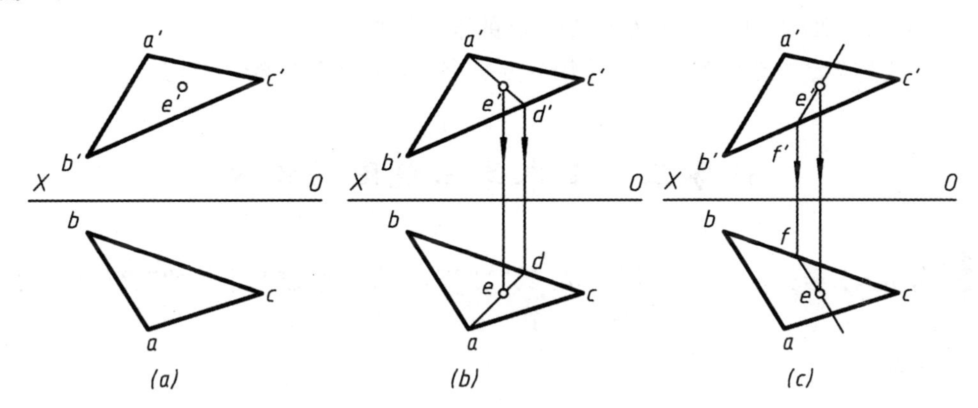

图 2-25　求平面上点的投影

方法一，过 E 和一顶点 A 作平面上的直线 AE。如图 2-25(b)所示：

① 过 e' 作直线的正面投影 $a'e'$，交 $b'c'$ 于 d'；

② 求出水平投影 d，连接 ad；

③ 然后过 e' 作 OX 轴的垂线与 ad 相交，交点即为 E 的水平投影 e。

方法二，过点 E 作与平面上的 AB 平行的直线 EF。如图 2-25(c)所示：

① 过 e' 作 $e'f' // a'b'$，交 $b'c'$ 于 f'；

② 求出点 F 的水平投影 f，过 f 作直线平行 ab；

③ 过 e' 作 OX 轴的垂线得交点 e，即为点 E 的水平投影。

【例 2-6】 如图 2-26(a)所示，已知四边形 $ABCD$ 的正面投影 $a'b'c'd'$ 和 AB、BC 两边的水平投影 ab、bc，试补全该四边形的水平投影。

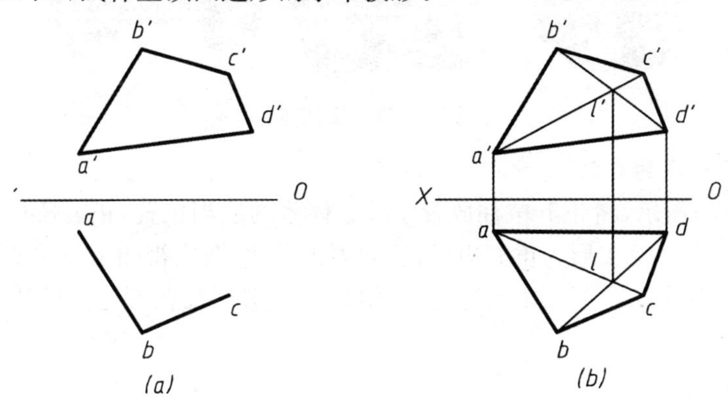

图 2-26　完成四边形的水平投影

分析：

已知平面四边形 $ABCD$ 的两条边 AB 和 BC 两面投影，两条相交直线确定了该平面的空间位置，而点 D 是属于该平面的一点，故可根据取平面上点的方法求点 D 的水平投影。

作图步骤如图 2－26(b)所示：

① 连接 $a'c'$和 ac；

② 连接 $b'd'$，与 $a'c'$相交于 l'；

③ 由 l'向下作 OX 轴的垂线，与 ac 相交于 l；

④ 连接 b 并延长，与从 d'向 OX 轴所作的垂线交于 d，即为点 D 的水平投影；

⑤ 连接 ad 和 cd，即完成四边形 $ABCD$ 的水平投影。

【任务实施】完成教材配套习题集第 8、9 页点、线、面投影图绘制练习。

任务三　基本体三视图的绘制

【任务引入】参见教材配套习题集第 10、11 页，按要求绘制基本体的三视图、求表面上点的投影。

【相关知识】

2.6　平面立体

表面由平面围成的立体称为平面立体。平面立体按形体特征分为两大类，一类为棱柱体，一类为棱锥体。

2.6.1　棱柱体

1. 棱柱体的形体特点

棱柱体是由两平行的多边形为上下底面和几个矩形的侧棱面围成的立体。棱线互相平行且垂直于上下底面的棱柱，称为直棱柱，上下底面为正多边形的直棱柱称为正棱柱（如图 2－27 所示）。

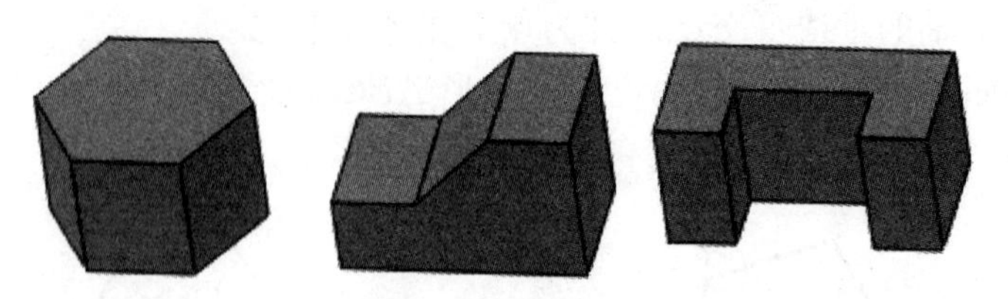

图 2－27　棱柱体

2. 棱柱体三视图的画法

如图 2－28(a)所示，将正五棱柱放置于投影体系的适当位置，正五棱柱的上、下底面为水平面，在俯视图上反映实形为正五边形；后面为正平面，在主视图上反映实形为四边形，左视图积聚为直线；其余四个侧面为铅垂面，在俯视图上都积聚在五边形的边上，另外两个投影为类似形。

作图步骤如下：

① 画出正五棱柱的对称中心线和底面的基线，以确定各视图的位置(图 2－28(b))；

② 画出正五棱柱的 H 面投影，以及上下底面在 V 面、W 面上的投影，如图 2－28(c)所示；

③ 由正五边形在 H 面上顶点的投影，根据三视图的投影规律画出五条侧棱在 V 面、W 面上的投影，即完成五棱柱的三视图，如图 2－28(d)所示。

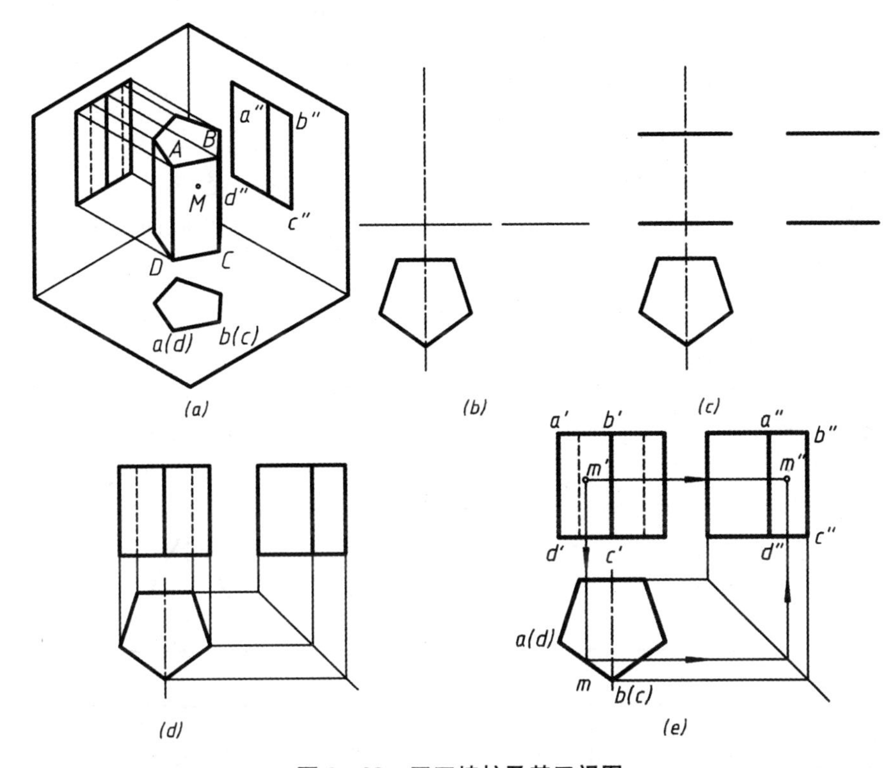

图 2－28　正五棱柱及其三视图

3. 棱柱体三视图特征分析

如图 2－29 所示，正六棱柱和两个直棱柱的三视图，对照图 2－27 所示的立体图，棱柱投影图形的共同特征：一个视图为反映底面实形的多边形，另外两个视图为若干个矩形。

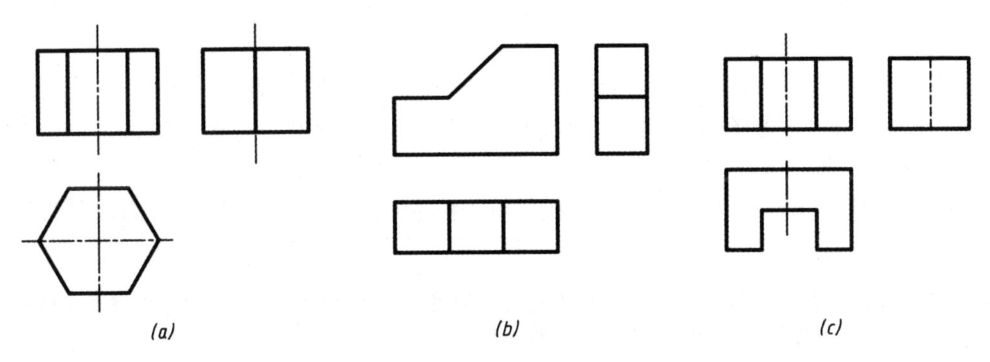

图 2－29　棱柱体三视图的特征分析

4. 棱柱体表面上点的投影

由于棱柱体的各表面均为特殊位置平面，所以，求棱柱体表面上点的投影，可利用特殊位置平面投影的积聚性来作图。

【例 2-7】 如图 2-28(e)所示，已知点 M 是五棱柱表面上的点，并已知 M 点的正面投影 m'，求作该点的其他两投影 m 和 m''。

首先由 m' 的位置和可见性可知，M 点处在五棱柱的左前侧棱面 $ABCD$ 上，该棱面为铅垂面，其水平投影积聚为一条与 X 轴倾斜的直线，V 面、W 面的投影为两个类似形。因此，M 点的水平投影 m，可根据长对正的投影对应关系与该棱面水平投影的积聚性求得；M 点的侧面投影 m''，可根据 M 的水平投影 m 和 M 点的正面投影 m'，由高平齐、宽相等的投影对应关系求出。

求出投影之后，一般应判断所求投影的可见性。判断的依据是：若点所在表面的投影为可见，则点的同面投影也可见；反之为不可见。由于该左侧棱面的侧面投影可见，故 m'' 也可见。

2.6.2 棱锥体

1. 棱锥体的形体特点

棱锥体是由一个底面为多边形，棱面为几个具有公共顶点的三角形所围成的立体。常见的棱锥体有三棱锥、四棱锥、五棱锥、六棱锥等，如图 2-30(a)所示为四棱锥的立体图。

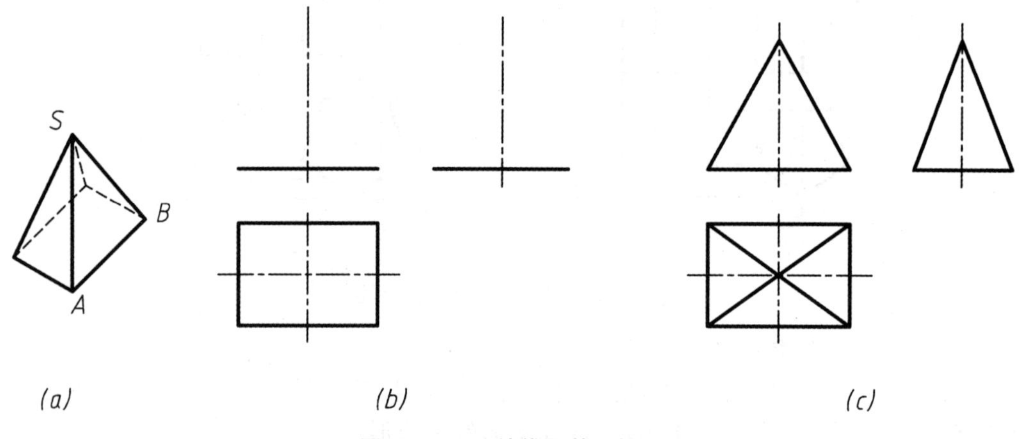

图 2-30 四棱锥及其三视图

2. 棱锥体三视图的画法

如图 2-30(a)所示，四棱锥底面为水平面，在俯视图上的投影反映实形；四个棱面分别是正垂面和侧垂面，分别在主视图和左视图积聚为直线，另外两个投影为类似形(三角形)。

作图步骤如下：

① 画出四棱锥的对称中心线(高所在位置)和底平面的三个投影图，以确定各视图的位置，如图 2-30(b)所示；

② 根据四棱锥的高度，确定锥顶的投影，并作底平面各顶点与锥顶同面投影的连线，即完成四棱锥的三面投影图，如图 2-30(c)所示。

3. 棱锥体三视图特征分析

分析图 2-30(c)所示的四棱锥和图 2-31(b)所示的三棱锥的三视图可知，棱锥体三视图的共同特征：三个视图均为若干个三角形。

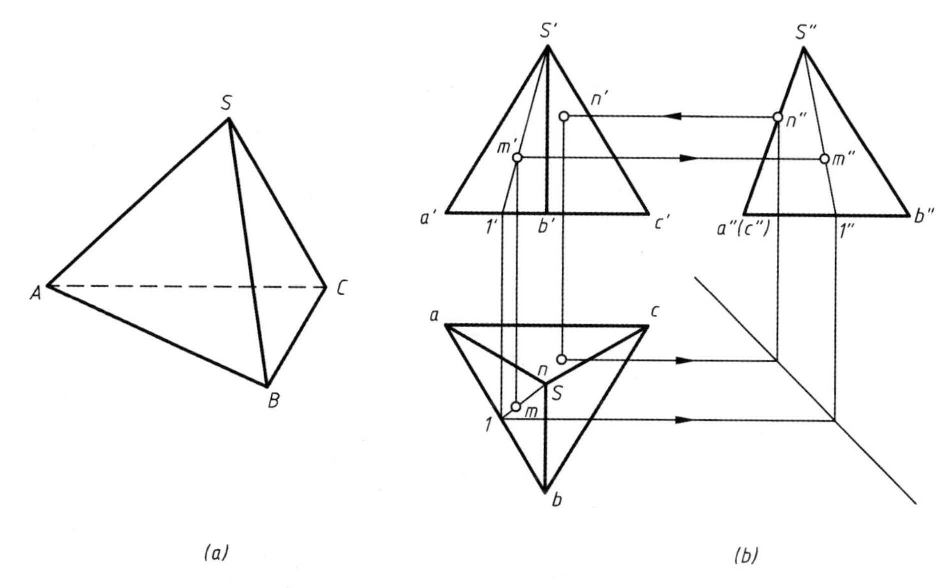

图2-31　三棱锥及其表面上点的投影

4. 棱锥体表面上点的投影

与棱柱体不同的是，棱锥体的各表面不一定都是特殊位置平面。所以，求棱锥体表面上点的投影时，首先要判断点所在棱锥表面是什么位置平面。若为特殊位置平面，求其投影时就可利用平面投影的积聚性；若为一般位置平面，则要利用求平面上点的条件，通过作辅助线的方法来作图求其投影。

【例2-8】 如图2-31(b)所示，已知点M和点N为三棱锥表面上的点，并知点M的正面投影m'及点N的水平投影n，试求作点M和点N的其他两面投影m和m''及n'和n''。

求点M投影的作图步骤如下：

第一步：由m'的位置和可见性分析可知，点M位于棱锥表面△SAB上，该棱面为一般位置平面，其三个投影均没有积聚性，为不反映实形的三角形。

第二步：根据直线在平面上的几何条件，过锥顶S作一连接M点的辅助线S_1，求出辅助线S_1的另两面投影。

第三步：根据直线上点的投影特性，利用长对正、高平齐的投影对应关系，求出M点的水平投影m及侧面投影m''。

第四步：判断所求投影的可见性。由于点M所在棱面的投影均可见，所以点M的三个投影均可见。

求N点投影的作图步骤如下：

点N位于的棱面△SAC是一个侧垂面，所以棱面△SAC的侧面投影积聚为直线，另外两个投影均为不反映实形的三角形；利用棱面△SAC侧面投影的积聚性，按宽相等的对应关系，求出N点的侧面投影n''；再由n和n''，按长对正、高平齐的对应关系求出n'的投影；最后判断点N投影的可见性，由于点N所在平面的正面投影不可见，故n'不可见。

2.7　曲面立体

表面由曲面或曲面与平面围成的立体称为曲面立体。工程上常见的曲面立体多为回转体。常见的回转体有圆柱体、圆锥体、圆球体。

2.7.1 圆柱体

1. 圆柱体的形成

圆柱体是由一条直线(母线)绕平行于它的轴线回转一周围成的立体。圆柱面上任意位置的直线,均是平行于轴线的直线,称为圆柱表面的素线。如图 2-32(a)所示。

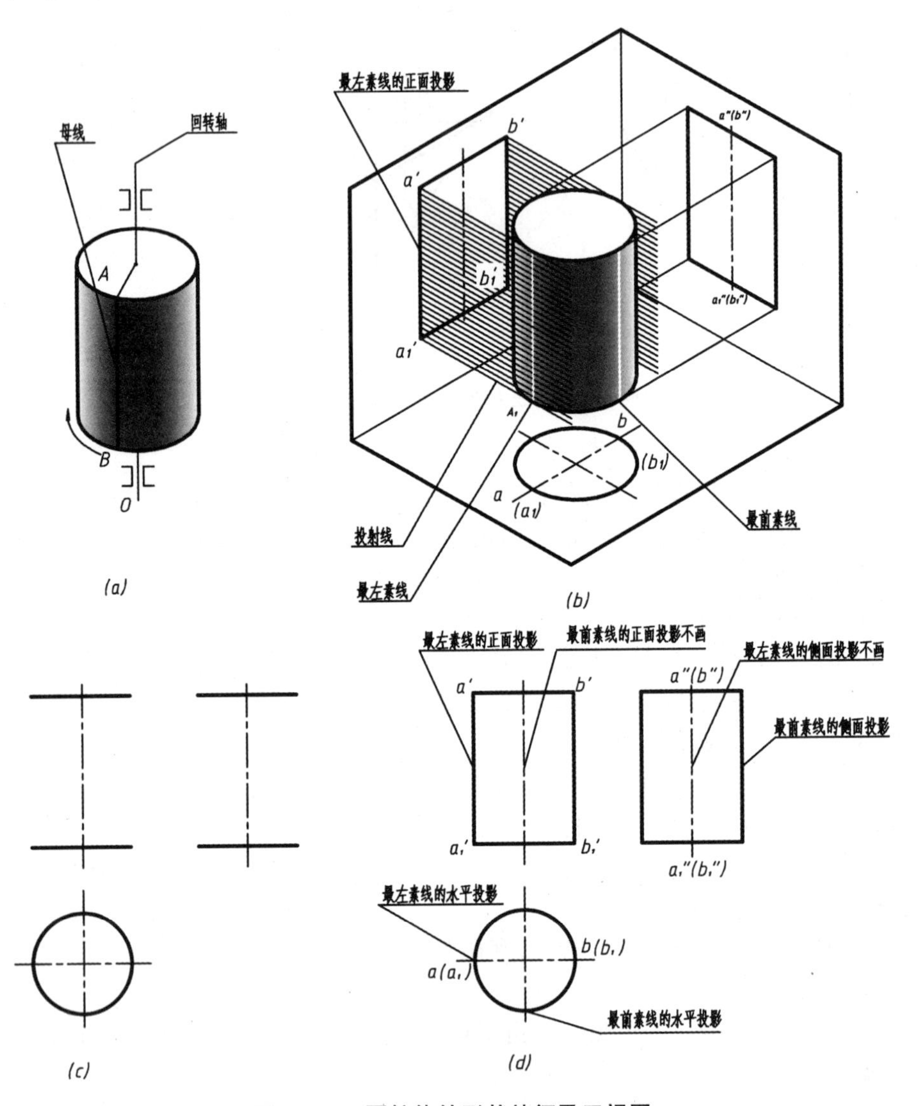

图 2-32 圆柱体的形状特征及三视图

2. 圆柱体三视图的画法

如图 2-32(b)所示,圆柱上、下底面为水平圆平面,在俯视图上的投影反映实形,且圆柱表面所有素线均为铅垂线,在 H 面上的投影均积聚在圆上;主视图和左视图上的轮廓线为圆柱表面上最左、最右、最前、最后素线的投影,是圆柱表面在主视图和左视图上可见性的分界线。

作图步骤如下:

① 画出圆的中心线和圆柱的轴线，以确定各投影图形的位置，并画出上下两个底面圆的投影，如图 2－32(c)所示；

② 画出最左素线 AA_1，最右素线 BB_1 的 V 面投影 $a'a'_1$ 及 $b'b'_1$ 和最前、最后素线的 W 面投影，如图 2－32(d)所示。

3. 圆柱体三视图的特征分析

分析圆柱体的视图特征，仅有一个视图为圆，其圆心为轴线的积聚投影；其他两个投影为相等的矩形，两个矩形的中心线为圆柱轴线的投影。

4. 圆柱体表面上点的投影

圆柱体共有三个表面，每个表面至少有一个投影具有积聚性，所以，求圆柱表面上点的投影，可利用表面投影的积聚性来作图求解。

【例 2－9】 如图 2－33 所示，已知点 M 和点 N 为圆柱表面上的点，并已知点 M 的 V 面投影 m' 及点 N 的 W 面的投影 n''，求 M 点和 N 点的另两面投影。

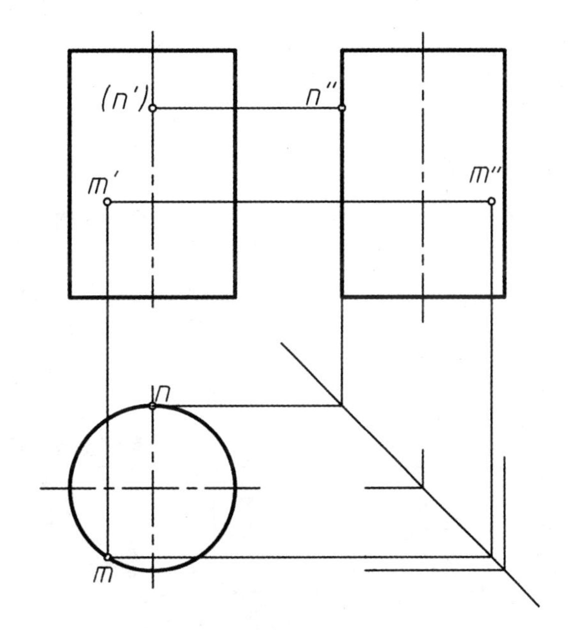

图 2－33　求圆柱表面上点的投影

求点 M 投影的作图步骤如下：

第一步：由已知投影 m' 的位置和可见性，可以判定 M 点位于左前四分之一圆柱面上；

第二步：利用圆柱面在 H 面上投影的积聚性，按长对正的投影对应关系求出水平投影 m；

第三步：分别由 m 及 m'，按高平齐、宽相等的投影对应关系求出 m''。

第四步：由于点 M 所处表面的侧面投影为可见，所以点 M 的侧面投影 m'' 为可见。

由已知投影 n'' 可判断出点 N 处于最后素线上，其投影作图过程与投影的可见性如图 2－33所示。

2.7.2　圆锥体

1. 圆锥体的形成

圆锥体是由一条直线(母线)绕与其斜交的轴线回转一周而围成的立体。圆锥面上任意位置的直母线(均通过锥顶)，称为圆锥表面的素线，如图 2－34(a)所示。

2. 圆锥体三视图的画法

如图 2－34(b)所示，圆锥底面为水平圆平面，在俯视图上的投影反映实形，圆锥面的水平投影重影在圆锥底面的投影上；其主视图和左视图为等腰三角形，其两腰分别为圆锥表面上的最左、最右、最前、最后素线的投影，是圆锥表面在主视图和左视图上可见性的分界线。

作图步骤如下：

① 画出圆的中心线、圆锥轴线的投影，以确定圆锥各视图的位置，如图 2－34(c)所示；

② 画出底面的三个投影及锥顶的投影，如图 2－34(d)所示；

③ 画出圆锥面各轮廓素线的 V 面投影和 W 面投影，如图 2－34(e)所示。

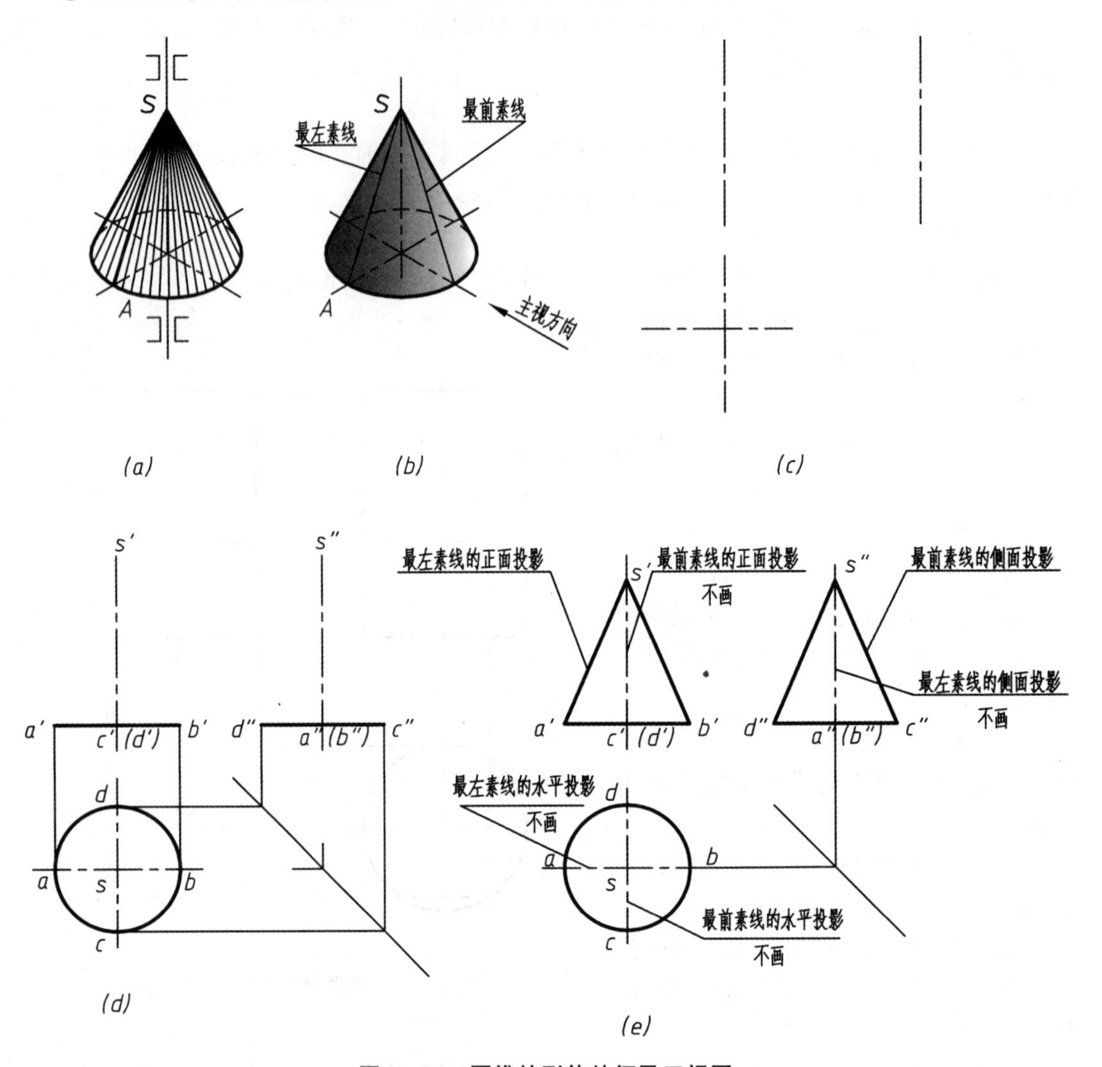

图 2－34 圆锥的形体特征及三视图

3. 圆锥体三视图特征分析

分析圆锥体的视图特征，仅有一个视图为圆，其圆心为锥顶的投影；其他两个投影为相等的等腰三角形，两个等腰三角的中心线为圆锥轴线的投影。

4. 圆锥表面上点的投影

圆锥体有底面和圆锥面两个表面：底面上点的投影可利用积聚性作图求解；若点位于圆锥面上，由于圆锥表面的三个投影都没有积聚性，则要用辅助线法作图求解。根据圆锥面的形状特征，在求圆锥表面上点的投影时，可通过该点作辅助素线（通过锥顶的直线）或辅助纬线（平行于底面的纬圆），先求出素线或纬圆的投影，再根据线上点的投影特点求该点的投影。

【例 2－10】 如图 2－35 所示，已知点 M 在圆锥表面上，并知点 M 的正面投影 m'，分别用素线法和纬圆法求点 M 的其他两投影 m、m''。

(1) 素线法作图(如图 2 - 35(a)所示,过锥顶 S 和点 M 作一条素线 SL):

第一步:如图 2 - 35(b)所示,根据 m' 的位置和可见性,可判定 M 点位于左前圆锥面上;

第二步:连接 $s'm'$,并延长到与底平面的正面投影相交于 l',求得 sl 和 $s''l''$;

第三步:根据直线上点的投影特点,按长对正由 m' 求出 m,按高平齐或宽相等由 m' 或 m 求出 m''。

第四步:因点 M 在圆锥的左前面上,所以三个投影都可见。

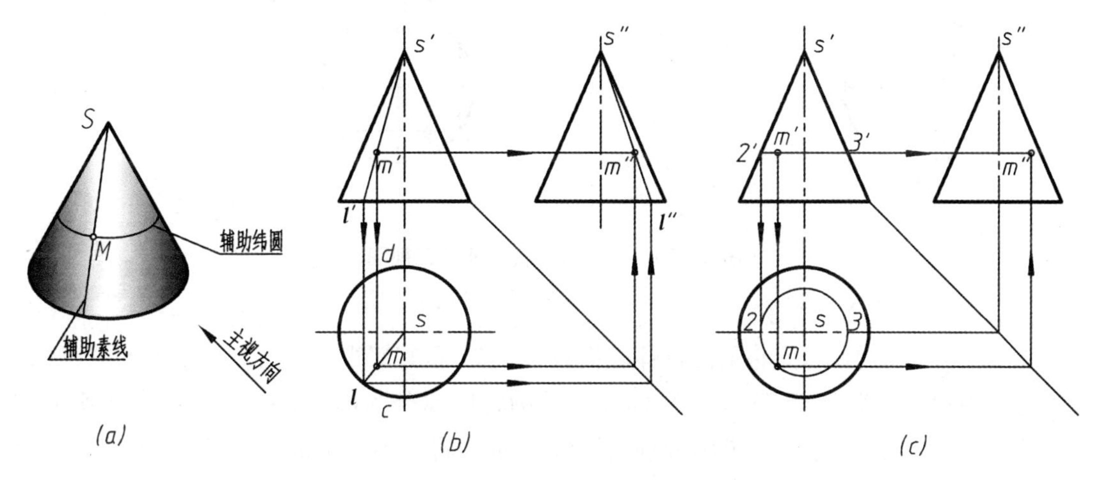

图 2 - 35　求圆锥表面上点的投影的作图方法

(2) 纬圆法作图(如图 2 - 35(a)所示,过点 M 作一个平行于底面的纬圆):

第一步:如图 2 - 35(c)所示,在投影图中作出纬圆的正面投影,以此为直径画出纬圆的水平投影;

第二步:由 m' 按长对正的投影对应关系求出点 M 的水平面上投影 m,由 m、m' 按宽相等、高平齐的投影对应关系求出点 M 的侧面投影 m''。

第三步:可见性分析同上。

2.7.3　圆球体

1. 圆球体的形成

圆球体是由一圆母线绕其直径回转一周而围成的立体,如图 2 - 36(a)所示。

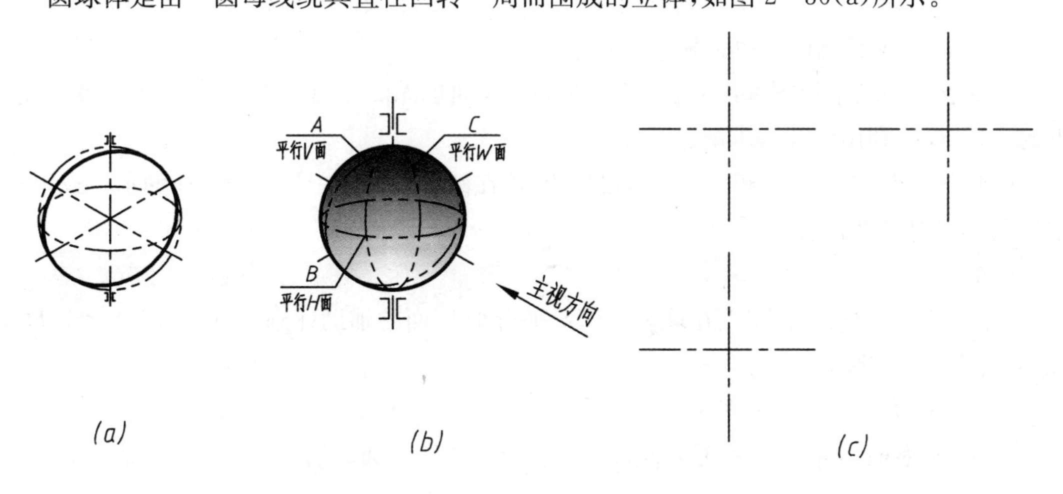

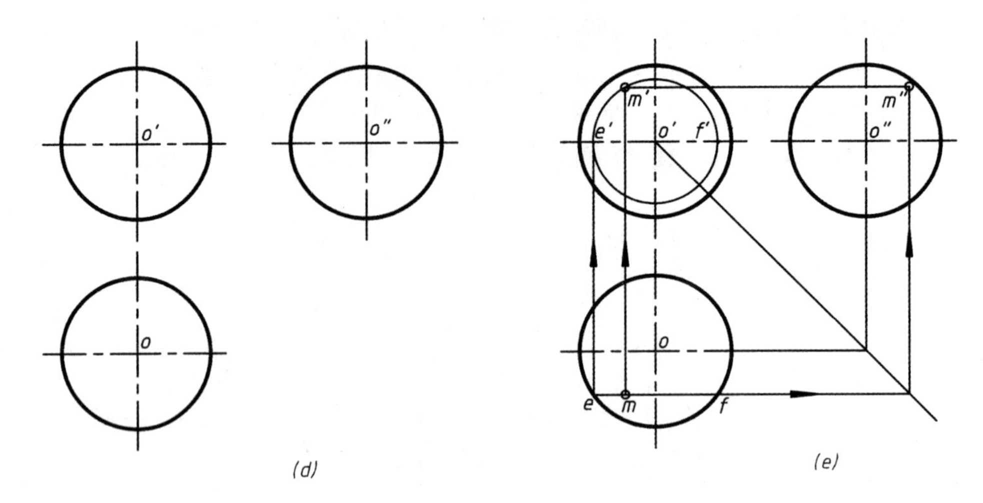

图 2－36　圆球的形状特征及三视图

2. 圆球体三视图的画法

如图 2－36(b)所示，完整的圆球体表面只有一个面，其三视图均为大小相等的圆，H 面投影的圆将圆球分为上、下两部分，V 面投影的圆将圆球分为前、后两部分，W 面投影的圆将圆球分为左、右两部分。三个圆分别是圆球表面在俯视图、主视图和左视图可见性的分界线。

作图步骤如下：

首先画出三个圆的中心线，用以确定三个视图的位置，如图 2－36(c)所示；再画出球的各分界圆的视图，如图 2－36(d)所示。

3. 圆球体三视图特征分析

分析圆球体视图的特征，其三个视图都是直径相等的圆，但应注意这三个圆是圆球表面上不同方向上最大纬圆的投影，主视图中的圆为平行于正面的最大纬圆的投影，俯视图中的圆为平行于水平面的最大纬圆的投影，左视图中的圆为平行于侧面的最大纬圆的投影。还应注意各最大纬圆在其他两个投影面上的投影，均与圆的中心线重合，不必画出。

4. 圆球体表面上的点的投影

圆球表面的三个视图都没有积聚性，在圆球表面也无法作出直线！因而，求圆球表面上点的投影，只能利用纬圆法求解。

【例 2－11】 如图 2－36(e)所示，已知点 M 在圆球表面上，且已知点 M 的水平投影 m，求该点的其他两投影 m'、m''。

分析：

利用纬圆法求解，过 M 点在球表面作一平行于 V 面的辅助纬圆(也可以作平行于 H 面或 W 面的辅助纬圆)。

作图步骤如图 2－36(e)所示：

第一步：根据 m 的位置和可见性，可以判定点 M 位于圆球的前、左、上部的表面；

第二步：过 m 点作平行于 X 轴的直线 ef，ef 为点 M 所在正平纬圆的水平投影，以 ef 为直径、o' 为圆心作该纬圆反映实形的正面投影 $e'm'f'$ 圆，其侧面投影的图形为平行于 Z 轴的直线；

第三步：根据点 M 的其他两面投影必在该辅助纬圆的同面投影上，按投影关系求出 m'、m''；

第四步：根据点 M 所处球表面的位置，可判定点 M 的三个投影都是可见的。

【任务实施】 完成教材配套习题集第 10、11 页基本体三视图绘制练习、求表面上点的投影。

【知识拓展】

2.8　三维建模基础知识

在学习三维建模之前，首先应了解一些三维模型的基础知识，其中包括用户坐标系、视点、动态观察、视觉样式等。

2.8.1　三维建模界面

在建立新图形文件时，如果以 acadiso3D. dwt 为样板图，则可以直接进入三维建模界面，如图 2－37 所示。（若工作界面与图 2－37 不一样，可在界面左上角状态栏的“工作空间”列表中选择“三维建模”选项。）单击“快速访问”工具栏右侧的小箭头，从弹出的菜单中选择“显示（或隐藏）菜单栏”命令，可显示（或隐藏）下拉菜单栏。

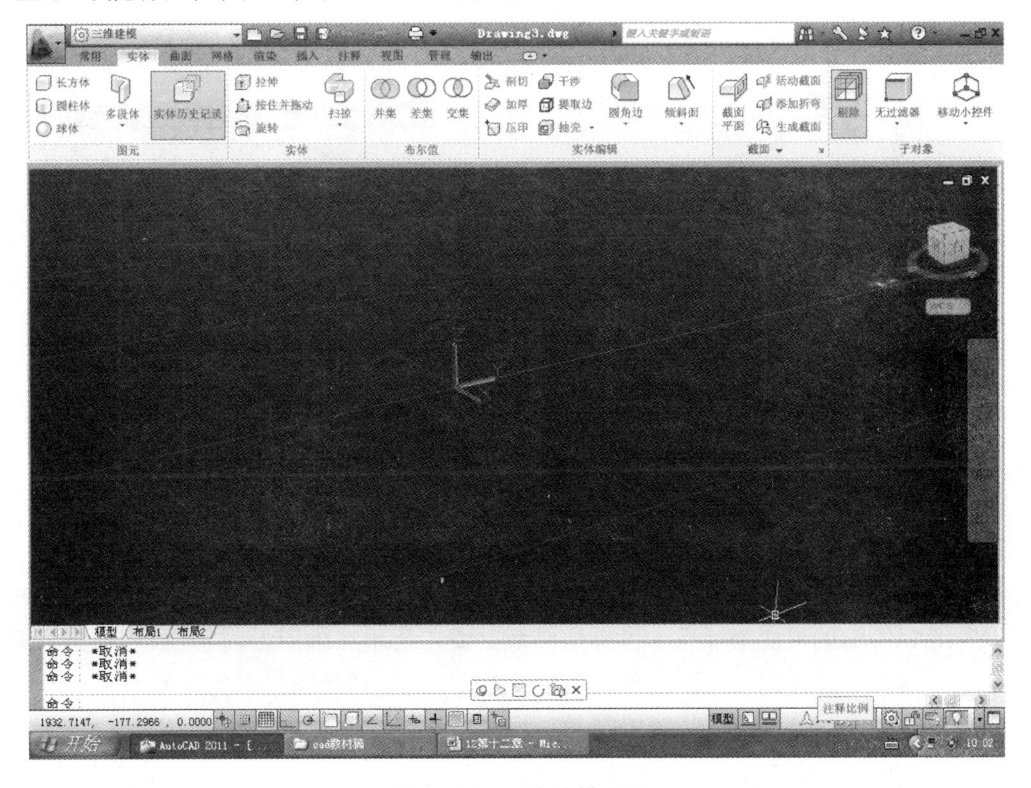

图 2－37　三维建模界面

从三维建模工作界面可以看出，AutoCAD 2014 的三维建模界面除了有菜单浏览器、快速访问工具栏等之外，许多地方与经典工作界面不同：

1. 坐标系图标

坐标系图标显示为三维图标，而且默认显示在当前坐标系的坐标原点位置，而不是显示在绘图窗口的左下角。通过菜单命令“视图”→“显示”→“UCS 图标”，可以控制是否显示坐标系图标及其位置。当对图形进行某些操作后，如果坐标系图标或部分将位于绘图窗口之外，AutoCAD 会将其显示在绘图窗口的左下角。

2. 光标

在三维建模工作空间，光标显示出了 z 轴。

3. ViewCube

ViewCube 是一种导航工具，用户可以利用它方便地将模型按不同的方向显示。

4. 功能区

功能区中有“常用”、“实体”、“曲面”、“网络”等 10 个选项卡，每个选项卡中又各有一些面板，每个面板上有一些对应的命令按钮。单击选项卡标签，可打开对应的面板。例如，“常用”选项卡及其面板上有“建模”、“网络”、“实体编辑”、“绘图”等面板。利用功能区，可以方便地执行相应的命令。

对于有小黑三角的面板或按钮，单击三角图标后，可将面板或按钮展开。如图 2－38 所示为展开的“常用”面板上的“特征建模”按钮。如图 2－39 所示为展开的“修改”面板。

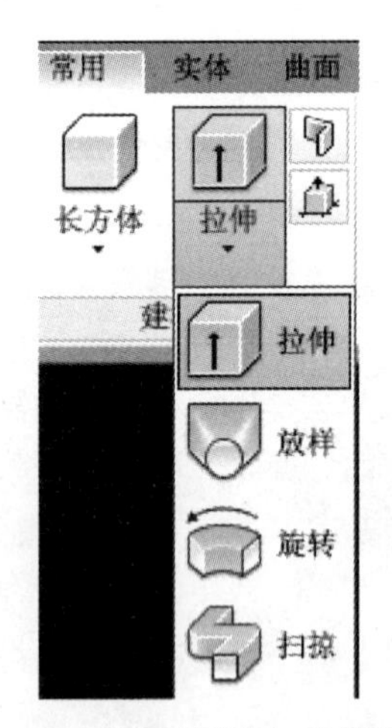

图 2－38　展开的“特征建模”按钮

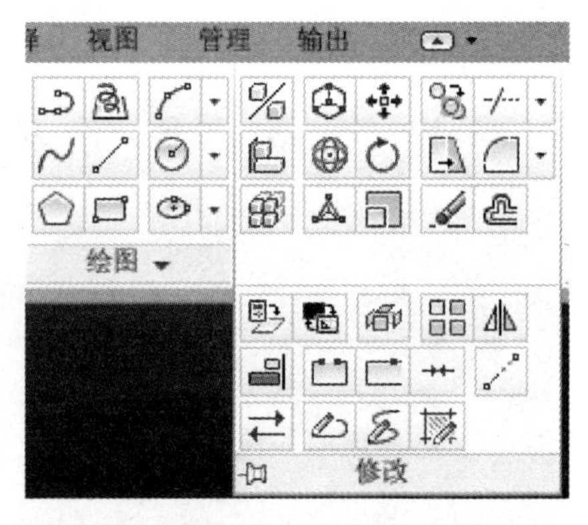

图 2－39　展开的“修改”面板

2.8.2　用户坐标系

AutoCAD 有两种坐标系，一种是称为世界坐标系(WCS)的固定坐标系；另一种是称为用户坐标系(UCS)的可变坐标系。世界坐标系主要在绘制二维图形时使用，用户坐标系则是在创建三维模型时使用。合理地创建 UCS，会给三维建模带来很大的方便。

在 AutoCAD 2014 中，可以利用菜单、功能区按钮或工具栏方便地创建 UCS。用于 UCS 操作的菜单、功能区及工具栏如图 2－40 所示。

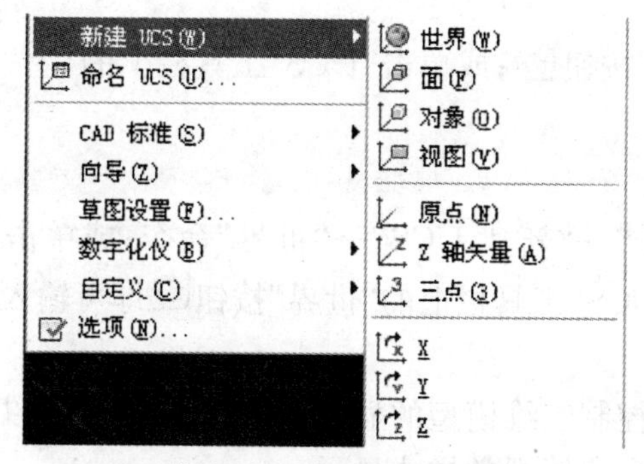

（a）菜单（位于“工具”下拉菜单）

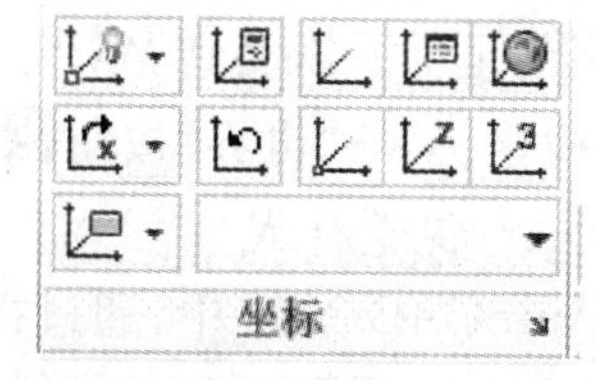

(b)功能区面板（位于“常用”选项卡）

(c) UCS工具栏

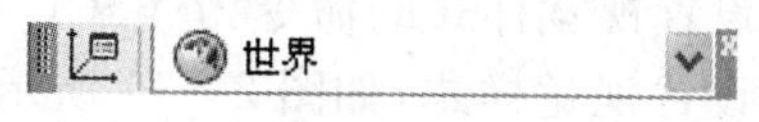

(d) UCSⅡ工具栏

图 2－40　用于 UCS 操作的菜单、功能区面板及工具栏

下面介绍几种创建 UCS 的常用方法：

1. 指定三点方式

指定三点创建 UCS 是最常用的方法之一，它是根据 UCS 的原点及其 X 轴和 Y 轴的正方向上的点来创建新的 UCS。选择“工具”→“新建 UCS”→“三点”命令；或单击功能区“常用”→“坐标”→“三点”按钮；或单击“UCS”工具栏上的“三点”按钮即可输入命令，AutoCAD 提示如下：

指定新原点 <0,0,0>：(指定新 UCS 的原点位置)

在正 X 轴范围上指定点：(指定新 UCS 的 X 轴正方向上的任一点)

在 UCS XY 平面的正 Y 轴范围上指定点：(指定新 UCS 的 Y 轴正方向上的任一点)

2. 平移方式

它是将原坐标系随同原点平移到某一新位置创建新 UCS 的方法。此方法得到的新 UCS 的各坐标轴方向与原 UCS 的坐标轴方向一致。选择“工具”→“新建 UCS”→“原点”命令；或单击功能区“常用”→“坐标”→“原点”按钮；或单击“UCS”工具栏上的“原点”按钮即可输入命令，AutoCAD 提示如下：

指定新原点 <0,0,0>：

在此提示下，指定 UCS 的新原点位置，即可创建出新的 UCS。

3. 旋转方式

此方法是将原坐标系绕其一坐标轴旋转一定的角度来创建新的 UCS。选择“工具”→“新建 UCS”→“X”(或 Y、Z)命令；或单击功能区“常用”→“坐标”→“旋转轴”按钮或、；或单击“UCS”工具栏上的“旋转轴”按钮或、即可输入命令。如选择绕 Z 轴旋转，AutoCAD 提示如下：

指定绕 Z 轴的旋转角度：

在此提示下，输入一定的角度值并按【Enter】键，即可创建新的 UCS。

4. 返回到前一个 UCS

单击功能区"常用"→"坐标"→"上一个"按钮；或单击"UCS"工具栏上的"上一个"按钮即可。

5. 恢复到 WCS

将当前坐标系恢复到 WCS。选择"工具"→"新建 UCS"→"世界"命令；或单击功能区"常用"→"坐标"→"世界"按钮；或单击"UCS"工具栏上的"世界"按钮即可输入命令。

2.8.3 视觉样式

在 AutoCAD 2014 中，通过视觉样式来控制三维模型的显示方式，三维模型可以根据需要以二维线框、三维隐藏、三维线框、概念或真实等视觉样式显示。

设置视觉样式的命令为 VSCURRENT，利用 AutoCAD 提供的视觉样式面板可以方便地设置视觉样式，如图 2-41 所示。"视觉样式"面板位于"常用"→"视图"上方的展开按钮。

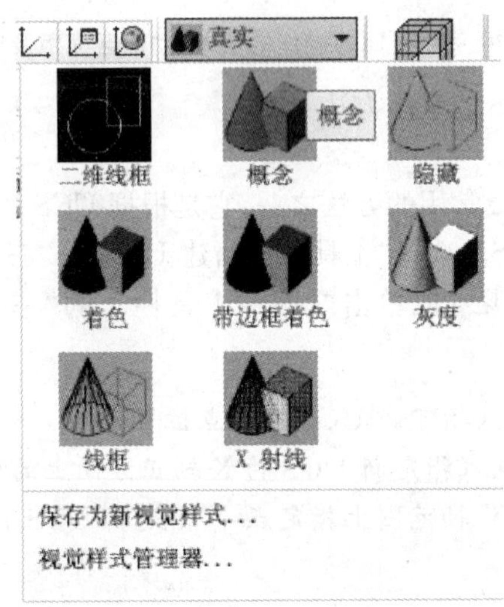

图 2-41 展开的"视觉样式"面板

如图 2-42 为常见的几种视觉显示样式的比较。

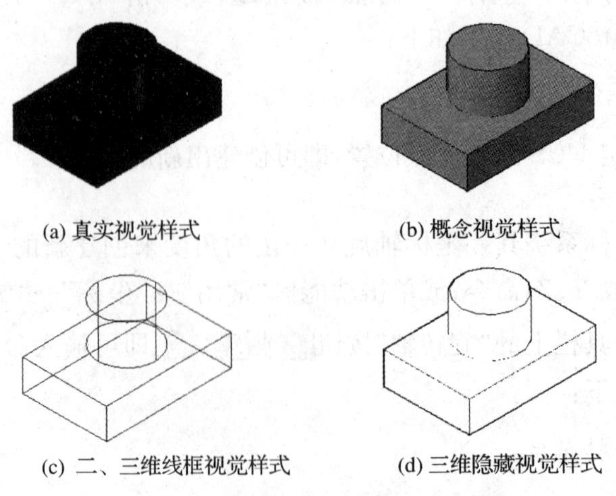

(a) 真实视觉样式　(b) 概念视觉样式

(c) 二、三维线框视觉样式　(d) 三维隐藏视觉样式

图 2-42 常见的几种视觉样式比较

2.8.4　视点

视点是指观测图形的方向。在三维空间中使用不同的视点来观测图形，会得到不同的效果。图 2－43 为在三维空间不同视点处观测到三维物体的效果。

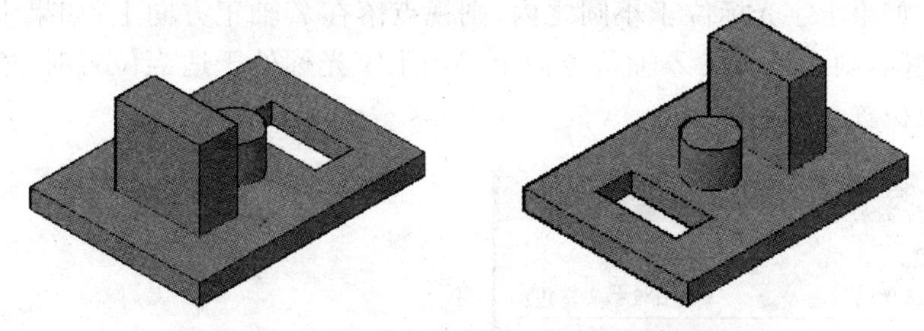

图 2－43　不同视点处观测三维物体的效果比较

在 AutoCAD 2014 中，系统提供了两种视点，一种称为标准视点，另一种称为用户自定义视点：

1. 标准视点

标准视点是系统为用户定义的视点，共有俯视、仰视、左视、右视、前视、后视、西南等轴测、东南等轴测、东北等轴测和西北等轴测 10 种。使用绘图窗口左上角的 ViewCube 与菜单栏的“视图”→“三维视图”命令，可方便地切换标准视点，如图 2－44 所示。

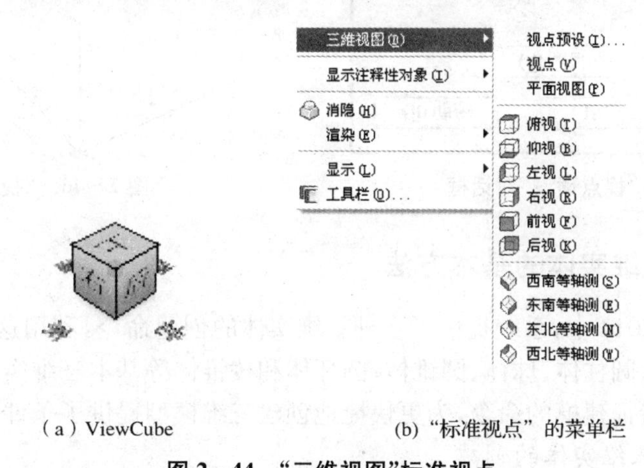

(a) ViewCube　　(b) “标准视点” 的菜单栏

图 2－44　“三维视图”标准视点

2. 自定义视点

自定义视点是用户自己设置的视点，使用自定义视点可以精确地设置观测图形的方向。在 AutoCAD 2014 中，设置自定义视点的方法有如下几种：

① 视点预设

其命令的输入方式有：

- 键盘输入：“DDVPOINT”。
- “视图”菜单：从“视图”→“三维视图”菜单选择“视点预设”命令。

命令输入后弹出“视点预设”对话框，如图 2－45 所示。

② 设置视点

其命令的输入方式有：

● 键盘输入:“VPOINT”。

● “视图”菜单:从“视图”→“三维视图”菜单选择“视点”命令。

命令输入后弹出“视点”对话框,如图 2-46 所示。拖动鼠标移动光标,坐标系图标也随之变换方向。如果十字光标位于小圆之内,则视点落在 Z 轴正方向上;如果十字光标位于小圆与大圆之间,则视点落在 Z 轴负方向上。当十字光标处于适当位置时,单击鼠标左键即可确定视点位置。

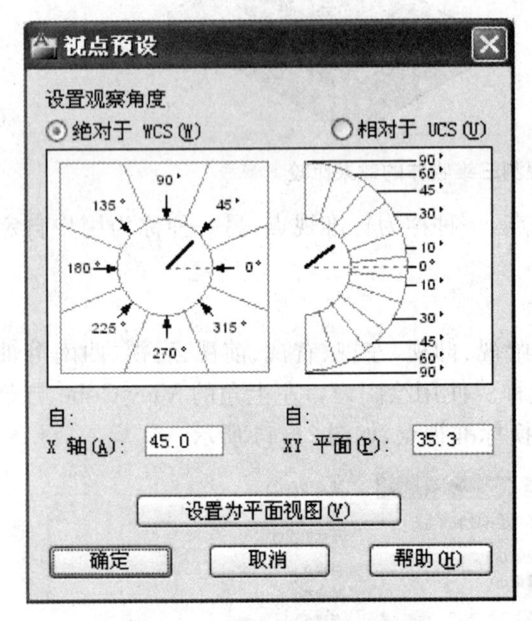

图 2-45 “视点预设”对话框

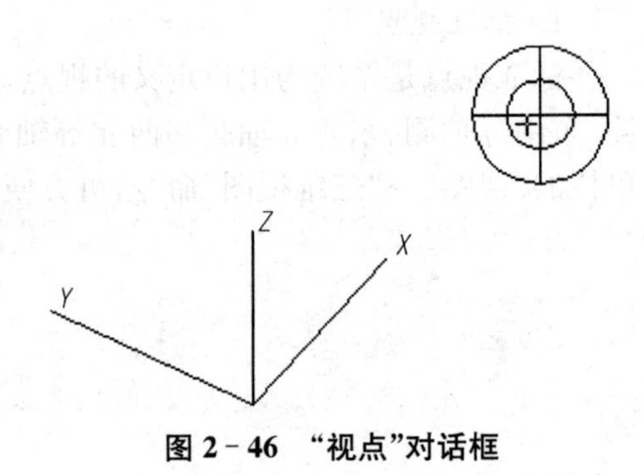

图 2-46 “视点”对话框

2.9 生成三维实体的基本方法

在 AutoCAD 2014 中,系统提供了多种三维实体的创建命令,利用这些命令,用户可以方便地创建长方体、圆柱体、球体、圆锥体、圆环体和棱锥体等基本三维实体;另外,系统还设计了拉伸、旋转等特征建模的命令,为更快捷地创建三维模型提供了条件。

2.9.1 基本三维实体的创建

1. 长方体

其命令的输入方式有:

● 键盘输入:“BOX”。

● 功能区“常用”面板:单击功能区“常用”→“建模”→“长方体”按钮。

命令输入后系统提示为:

_box

指定第一个角点或[中心(C)]:(指定长方体底面的第一个角点)

指定其他角点或[立方体(C)/长度(L)]:(指定长方体底面的第二个角点)

指定高度或[两点(2P)]:(输入长方体的高度)

各选项功能说明如下:

- 中心点(C)　选择此选项指定底面的中心点创建长方体。
- 立方体(C)　选择此选项创建一个长、宽、高相等的立方体。
- 长度(L)　选择此选项按照指定长、宽、高创建长方体。
- 两点(2P)　选择此选项指定两点创建长方体。

【例 2-12】 绘制一个长、宽、高分别为 80、60、40 的长方体。

绘图步骤如下：

第一步：从菜单栏选择“视图”→“三维视图”→“俯视图”命令。

第二步：输入“长方体”命令，并在“指定第一角点或[中心(C)]：”提示下输入坐标(0,0)，即以原点作为第一角点绘制长方体。

第三步：在“指定其他角点或[立方体(C)/长度(L)]：”提示下输入“L”，即选择给定长、宽、高绘制长方体。

第四步：在“指定长度：”提示下使用光标引导沿 X 轴方向从键盘输入长度 80。

第五步：在“指定宽度：”提示下使用光标引导沿 Y 轴方向从键盘输入宽度 60。

第六步：在“指定高度或[两点(2P)]：”提示下从键盘输入高度 40。

第七步：从菜单栏选择“视图”→“三维视图”→“西南轴测图”命令，并将显示方式设置为“隐藏”。结果如图 2-47 所示。

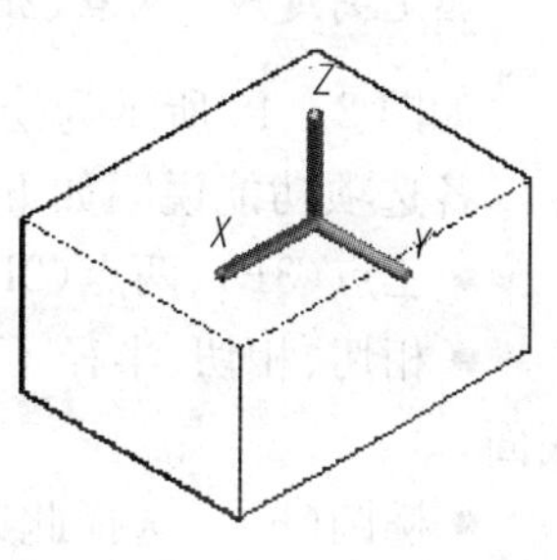

图 2-47　长方体绘制举例

2. 圆柱体

其命令的输入方式有：

- 键盘输入：“CYLINDER”或“CYL”。
- 功能区“常用”面板：展开并单击功能区“常用”→“建模”→“圆柱体”按钮。

命令输入后系统提示为：

_cylinder

指定底面的中心点或[三点(3P)/两点(2P)/切点、切点、半径(T)/椭圆(E)]：(指定圆柱体底面中心点)

指定底面半径或[直径(D)]<40.0000>：(输入圆柱体的底面圆半径)

指定高度或[两点(2P)/轴端点(A)]<30.0000>：(输入圆柱体的高度)

如图 2-48 所示为绘制的圆柱体(显示方式设置为“隐藏”)。

各选项功能说明如下：

- 三点(3P)、两点(2P)　选择此选项分别为指定三点、两点来确定圆柱体的底面。
- 相切、相切、半径(T)　选择此选项通过指定两个相切的对象和半径来确定圆柱体的底面，如图 2-48(b)所示。

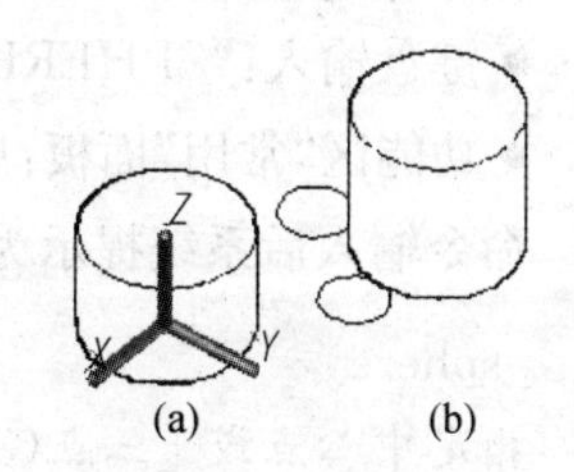

图 2-48　圆柱体绘制举例

- 椭圆(E)　选择此选项创建具有椭圆底面的柱体。
- 两点(2P)　指定高度提示中该选项为指定两点确定圆柱体的高。

● 轴端点(A)　指定高度提示中该选项为指定圆柱体轴的端点位置。

3. 圆锥体

其命令的输入方式有：

● 键盘输入："CONE"。

● 功能区"常用"面板：展开并单击功能区"常用"→"建模"→"圆锥体"按钮。

命令输入后系统提示为：

_cone

指定底面的中心点或［三点(3P)/两点(2P)/切点、切点、半径(T)/椭圆(E)］：(指定圆锥体底面中心点)

指定底面半径或［直径(D)］<50.0000>：(输入圆锥体的底面圆半径)

指定高度或［两点(2P)/轴端点(A)/顶面半径(T)］<120.0000>：(输入圆锥体的高度)

如图 2-49 所示为绘制的圆锥体(显示方式设置为"概念")。

各选项功能说明如下：

● 三点(3P)、两点(2P)　选择此选项分别为指定三点、两点来确定圆锥体的底面。

● 相切、相切、半径（T）　选择此选项通过指定两个相切的对象和半径来确定圆锥体的底面。

● 椭圆(E)　选择此选项创建具有椭圆底面的圆锥体。

● 两点(2P)　指定高度提示中该选项为指定两点确定圆锥体的高。

● 轴端点(A)　指定高度提示中该选项为指定圆锥体轴的端点位置。

● 顶面半径(T)　指定高度提示中该选项为指定圆锥台顶面圆的半径。

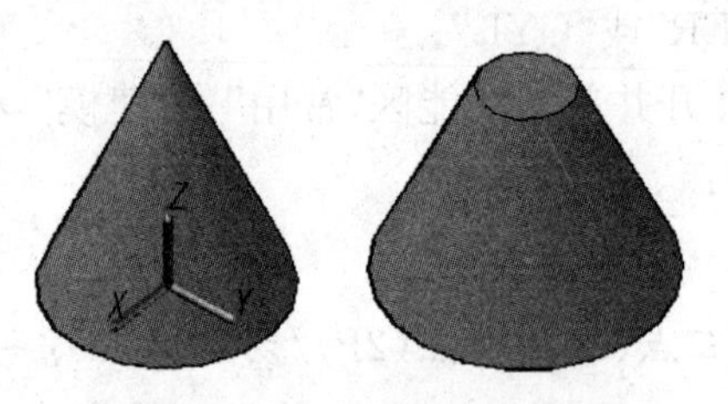

图 2-49　圆锥体绘制举例

4. 球体

其命令的输入方式有：

● 键盘输入："SPHERE"。

● 功能区"常用"面板：展开并单击功能区"常用"→"建模"→"球体"按钮。

命令输入后系统提示为：

_sphere

指定中心点或［三点(3P)/两点(2P)/切点、切点、半径(T)］：(指定球体的球点位置)

指定半径或［直径(D)］<60.0000>：(输入球体的半径或直径)

5. 棱锥体

其命令的输入方式有：

● 键盘输入:“PYRAMID”。

● 功能区“常用”面板:展开并单击功能区“常用”→“建模”→“棱锥体”按钮。

命令输入后系统提示为:

PYRAMID

4 个侧面　外切

指定底面的中心点或［边(E)/侧面(S)］: s↙(选择指定侧面数选项)

输入侧面数 <4>: 6↙(输入棱锥侧面数为 6,即绘制六棱锥)

指定底面的中心点或［边(E)/侧面(S)］:(指定棱锥体底面中心点)

指定底面半径或［内接(I)］<60.0000>:50↙(输入棱锥体的底面内切圆半径为 50)

指定高度或［两点(2P)/轴端点(A)/顶面半径(T)］<90.0000>:120↙(输入棱锥体的高度为 120)

如图 2 - 50(a)所示为绘制的棱锥体(显示方式设置为“概念”)。

各选项功能说明如下:

● 边(E)　选择此选项用于指定边长的方式来确定棱锥体的底面。

● 侧面 (S)　选择此选项用于指定棱锥体的侧面数。

● 内接(I)　选择此选项用于指定底面外接圆半径的方式绘制棱锥体底面。

● 两点(2P)　指定高度提示中该选项为指定两点确定棱锥体的高。

● 轴端点(A)　指定高度提示中该选项为指定棱锥体轴的端点位置。

● 顶面半径(T)　指定高度提示中该选项为指定棱锥台顶面内切圆的半径,如图 2 - 50(b)所示。

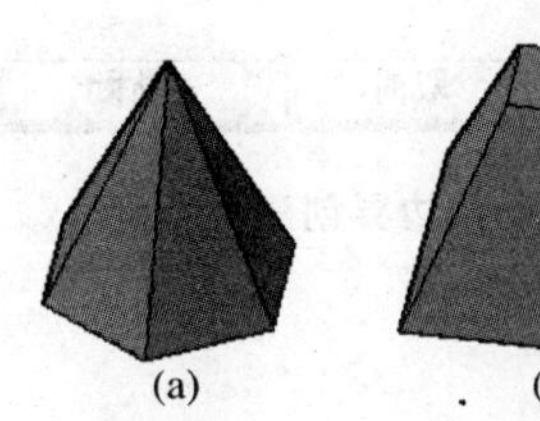

(a)　(b)

图 2 - 50　棱锥体绘制举例

2.9.2　特征建模创建三维实体

在 AutoCAD 2014 中,除了以上方法创建基本三维实体外,还可以通过二维对象的拉伸、旋转等方式创建三维实体。

1. 面域与边界的创建

面域是具有物理特性(如形心或质心)的二维封闭区域,它由若干个对象围成的封闭的环来创建,这些对象可以是直线、圆弧、多段线等组成。

① 面域命令

面域命令的输入方式有:

● 键盘输入:“REGION”。

● “绘图”菜单:单击“绘图”→“面域”命令按钮。

命令输入后系统提示为:

_region

选择对象:(选择围成封闭区域的各对象后,按 Enter 键后,即把该封闭区域转化为面域)。

② 边界命令

边界命令可以把一封闭区域沿边界生成一条封闭的多段线或一面域。

边界命令的输入方式有:

● 键盘输入:“BOUNDARY”或“BO”。

● “绘图”菜单:单击“绘图”→“边界”命令按钮。

命令输入后弹出如图 2-51 所示的对话框。在对象类型下拉列表框中可选择生成多段线或面域,单击“拾取点”按钮系统提示为:

拾取内部点:(在封闭区域内拾取一点,则可根据类型选择生成多段线或面域)。

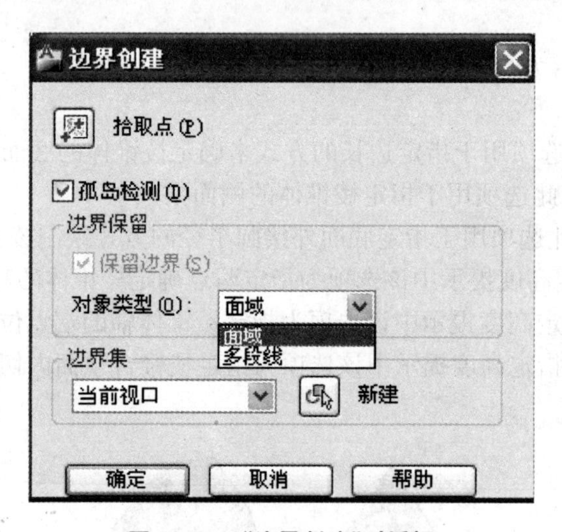

图 2-51 “边界创建”对话框

2. 绘制多段线与多段线编辑

(1) 绘制多段线

在使用特征建模方式创建三维模型之前,可用多段线命令绘制一条由直线和圆弧组成的封闭的多段线。

多段线命令的输入方式如下:

● 键盘输入:PLINE 或 PL。

● “绘图”工具栏:在“绘图”工具栏单击按钮。

● “绘图”菜单:从“绘图”菜单选择 多段线(P)

输入多段线命令后,系统命令行出现提示信息:

指定起点:(指定多段线起点)

当前线宽为 0.00:(说明当前所绘多段线的线宽)

指定下一个点或[圆弧(A)/半宽(H)/长度(L)/放弃(U)/宽度(W)]:(指定第二点或选项)

指定下一点或 [圆弧(A)/闭合(C)/半宽(H)/长度(L)/放弃(U)/宽度(W)]:

选项说明：

①“指定下一个点”：按直线方式绘制多段线，线宽为当前值。

②“圆弧(A)”：按圆弧方式绘制多段线。选择该项后，系统提示：

指定圆弧的端点或[角度(A)/圆心(CE)/闭合(CL)/方向(D)/半宽(H)/直线(L)/半径(R)/第二个点(S)/放弃(U)/宽度(W)]：

③“直线(L)”：将多段线命令由绘制圆弧方式切换到直线方式。

(2) 多段线编辑

当图形中的封闭线框不是整条多段线或不是全部由多段线围成时，可以用多段线编辑命令将它们连接成整条多段线。

多段线编辑命令的输入方式如下：

键盘输入：PEDIT 或 PE。

输入多段线命令后，系统命令行出现提示信息：

EDIT 选择多段线或 [多条(M)]：

输入选项 [闭合(C)/合并(J)/宽度(W)/编辑顶点(E)/拟合(F)/样条曲线(S)/非曲线化(D)/线型生成(L)/反转(R)/放弃(U)]：

输入“J”或选择“合并”选项后，系统提示：

选择对象：

此时可连续选择线段，命令结束后，所有线段连接成一个整体。

如果选择的第一条线段不是多段线，系统提示：

选定的对象不是多段线

是否将其转换为多段线？<Y>

回车后，可连续选择其他线段。

3. 创建拉伸特征

拉伸特征是指通过将二维封闭对象按指定的高度或路径拉伸生成的三维实体(或三维面)。如图 2－52(c)所示为多段线或面域经拉伸生成的三维实体；图 2－52(e)所示为直线和圆弧围成的封闭线框经拉伸生成的三维面。

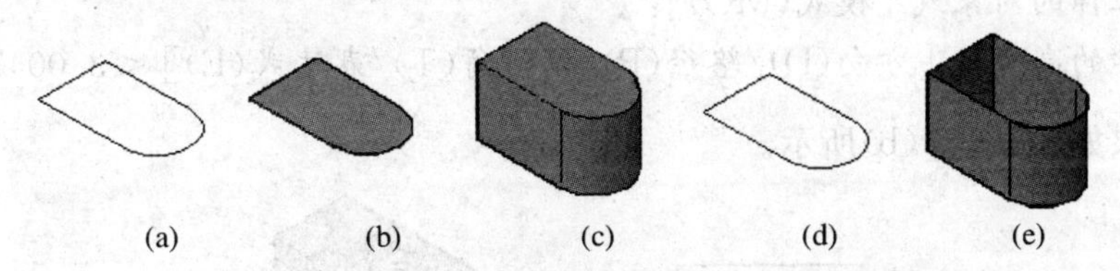

图 2－52　通过拉伸生成的三维实体与三维面

拉伸命令的输入方式有：

- 键盘输入：“EXTRUDE”或“EXT”。
- “绘图”菜单：单击“绘图”→“建模”→“拉伸”命令按钮。
- 功能区“常用”面板：单击功能区“常用”→“建模”→“拉伸”按钮。

命令输入后系统提示为：

_extrude

当前线框密度： ISOLINES=4,闭合轮廓创建模式 = 实体

选择要拉伸的对象或［模式(MO)］：_MO 闭合轮廓创建模式［实体(SO)/曲面(SU)］＜实体＞：_SO

选择要拉伸的对象或［模式(MO)］：(选择用于拉伸的二维对象)。

选择要拉伸的对象或［模式(MO)］：↙(按 Enter 键结束二维对象选择)。

指定拉伸的高度或［方向(D)/路径(P)/倾斜角(T)/表达式(E)］＜60＞：(指定拉伸的高度)

各选项功能说明如下：

● 方向（D） 选择此选项用于指定两个点来确定拉伸的高度与方向。

● 路径(P) 选择此选项，将按选定对象的走向进行拉伸。

● 倾斜角(T) 选择此选项，要求输入拉伸对象时倾斜的角度。即如果拉伸倾斜角为"0"时，则把二维对象按指定高度拉伸为柱体；如为某一角度值，则拉伸方向按此角度倾斜。

【例 2-13】 用拉伸特征创建如图 2-53(b)所示的三维实体。

建模步骤如下：

第一步：单击"视图"→"视口"→"二个视口(2)"命令按钮，把绘图窗口垂直分割为二个视口，并把右边视口设置为"西南等轴测"标准视点和"概念"视觉样式。

第二步：绘制拉伸对象——封闭多段线。

激活左边的视口，在 XOY 坐标面上用多段线命令按底面形状绘制封闭的拉伸对象，如图 2-53(a)所示。

第三步：创建拉伸特征

输入"EXTRUDE"命令，AutoCAD 提示：

_Extrude

框密度： ISOLINES=4,闭合轮廓创建模式 = 实体

选择要拉伸的对象或［模式(MO)］：_MO 闭合轮廓创建模式［实体(SO)/曲面(SU)］＜实体＞：_SO

选择要拉伸的对象或［模式(MO)］：(选择多段线)找到 1 个。

选择要拉伸的对象或［模式(MO)］：↙

指定拉伸的高度或［方向(D)/路径(P)/倾斜角(T)/表达式(E)］＜3.0047＞：40↙

绘图结果如图 2-53(b)所示。

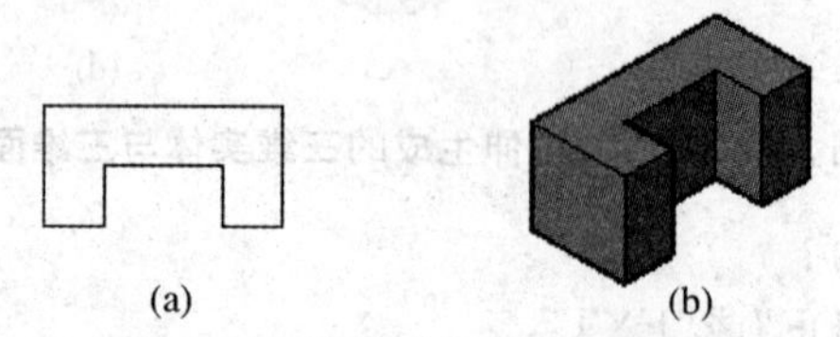

图 2-53 拉伸方式创建三维实体

4. 创建旋转特征

旋转特征是指将二维封闭对象绕指定轴旋转生成的三维实体。如图 2-54 所示。

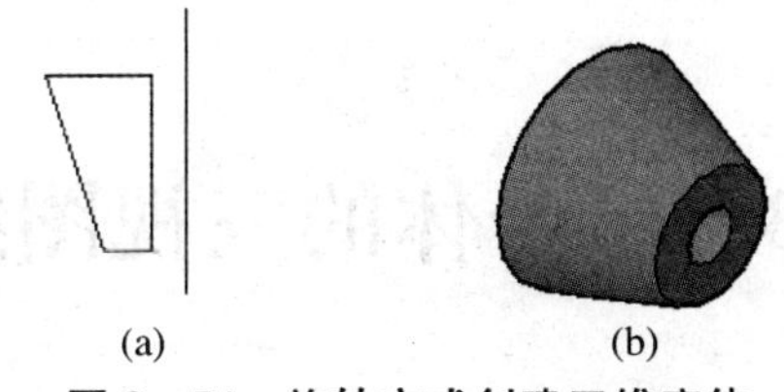

图 2－54　旋转方式创建三维实体

旋转命令的输入方式有：

- 键盘输入："REVOLVE"或"REV"。
- "绘图"菜单：单击"绘图"→"建模"→"旋转"命令按钮。
- 功能区"常用"面板：单击功能区"常用"→"建模"→"旋转"按钮。

命令输入后系统提示为：

_revolve

当前线框密度：　ISOLINES＝4，闭合轮廓创建模式 ＝ 实体

选择要旋转的对象或［模式(MO)］：_MO 闭合轮廓创建模式［实体(SO)/曲面(SU)］<实体>：_SO

选择要旋转的对象或［模式(MO)］：(选择旋转的二维对象)找到 1 个。

选择要旋转的对象或［模式(MO)］：↙(按 Enter 键结束二维对象选择)。

指定轴起点或根据以下选项之一定义轴［对象(O)/X/Y/Z］<对象>：o↙

选择对象：(指定旋转轴)。

指定旋转角度或［起点角度(ST)/反转(R)/表达式(EX)］<360>：↙(输入旋转角度)。

各选项功能说明如下：

- 对象(O)　选择此选项用于指定一条直线或多段线作为旋转轴。
- X　选择此选项，使用当前 UCS 的正向 X 轴作旋转轴的正方向。
- Y　选择此选项，使用当前 UCS 的正向 Y 轴作旋转轴的正方向。
- Z　选择此选项，使用当前 UCS 的正向 Z 轴作旋转轴的正方向。

项目3　组合体的三视图绘制

【学习目标】

1. 掌握基本体截交线与相贯线的形状特点。
2. 掌握切割体与相贯体三视图的画法。
3. 掌握组合体三视图的绘制、识读与尺寸标注的方法与技能。
4. 了解组合体三维建模的方法与技能。

任务一　切割体的三视图绘制

【任务引入】参见教材配套习题集第12页，按要求绘制切割体的三视图。

【相关知识】

在机器设备中，有些机械零件是由基本体被平面截切而成，这种形体称为切割体。平面与基本体表面的交线，称为截交线，如图3-1所示。

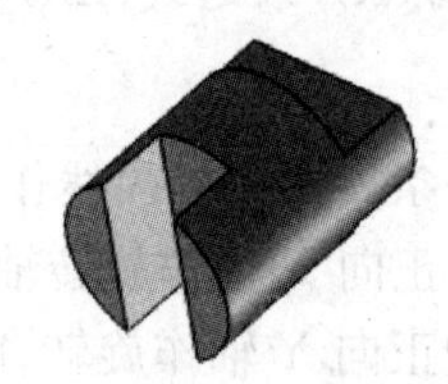
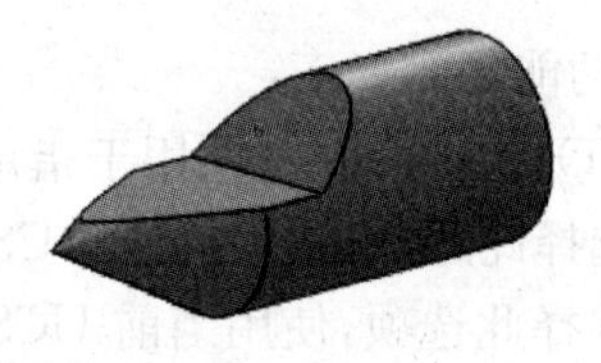

图3-1　切割体与截交线

3.1　平面体的截交线

3.1.1　平面体截交线

正确绘制切割体的三视图，关键是要掌握截交线投影的画法。平面立体的截交线是一个平面多边形，此多边形的各个顶点就是截平面与平面立体的棱线的交点，多边形的每一条边，是截平面与平面立体各棱面的交线。所以求平面立体截交线的投影，实质上就是求平面上点、线的投影。

3.1.2　平面体截交线的画法

【例3-1】　求作图3-2(a)所示正六棱锥被正垂面截切后的三视图。

三视图画法：

① 投影分析

如图3-2(a)所示，截平面P为正垂面，截交线属于P平面，所以它的正面投影有积聚性。因此，在这里只需要作出截交线的水平投影和侧面投影，其投影为边数相等不反映实形的多边形。

② 作图步骤

第一步：画出正六棱锥的原始投影图，然后利用截平面的积聚性投影，找出截交线各顶点的正面投影 a'、b'、…，如图 3-2(b)所示。

第二步：根据属于直线的点的投影特性，求出各顶点的水平投影 a、b、…及侧面投影 a''、b''、…，如图 3-2(c)所示。

第三步：依次连接各顶点的同面投影，即为截交线的投影，如图 3-2(d)所示。

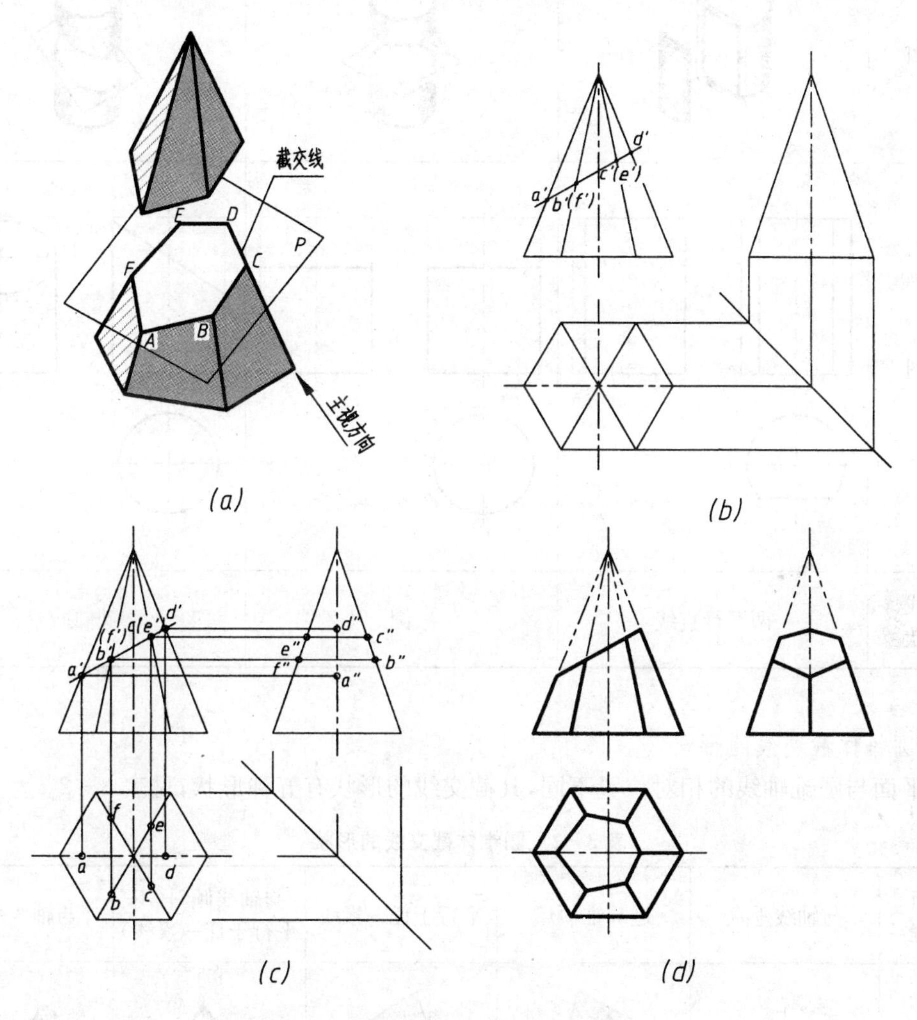

图 3-2　正垂面截切正六棱锥的三视图画法

3.2　曲面体的截交线

曲面立体的截交线一般情况下为一条封闭的平面曲线，或者是由曲线和直线组成的平面图形，特殊情况下为直线组成的多边形。所以，作图时要注意分析截切平面与曲面的相对位置，确定截交线的形状，然后进行作图。

3.2.1 曲面立体截交线的形状

1. 圆柱体截交线的形状

截平面与圆柱轴线的相对位置不同，其截交线的形状有三种，见表 3-1。

表 3-1 圆柱体截交线的形状

截平面的位置	与轴线平行	与轴线垂直	与轴线倾斜
轴测图		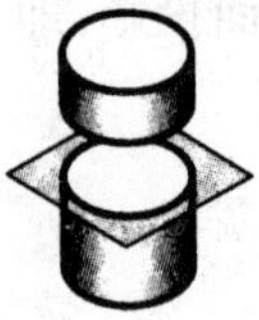	
投影图	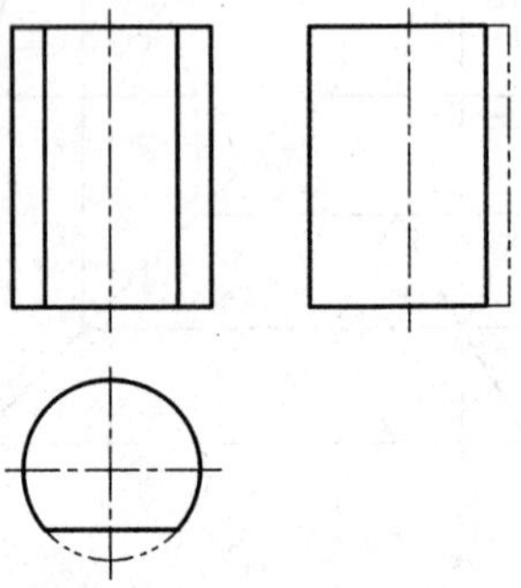	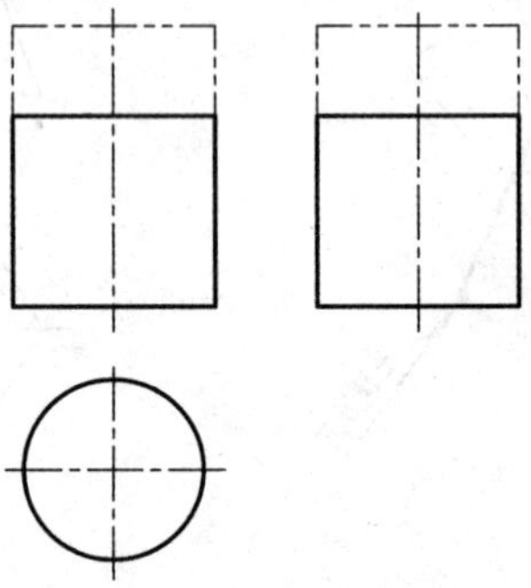	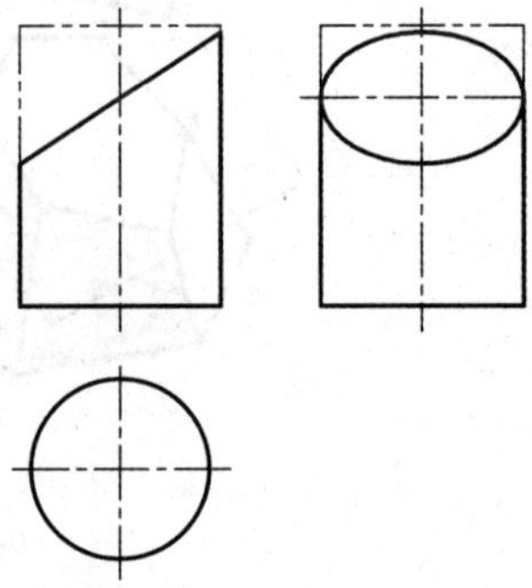
截交线的形状	两平行直线	圆	椭圆

2. 圆锥体截交线的形状

截平面与圆锥轴线的相对位置不同，其截交线的形状有五种形状，见表 3-2。

表 3-2 圆锥体截交线的形状

截平面的位置	与轴线垂直	过圆锥顶点	平行于任一素线	与轴线倾斜(不平行于任一素线)	与轴线平行
轴测图		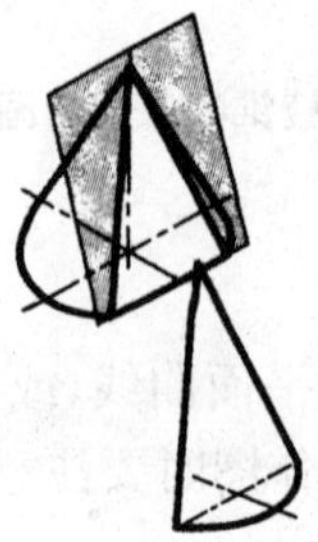	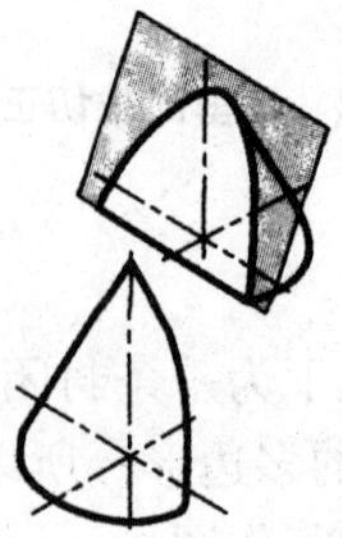		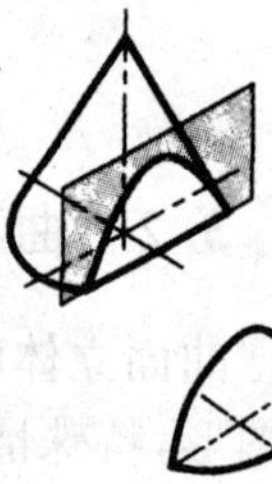

续表

截平面的位置	与轴线垂直	过圆锥顶点	平行于任一素线	与轴线倾斜(不平行于任一素线)	与轴线平行
投影图					
截交线的形状	圆	两相交直线	抛物线	椭圆	双曲线

3. 圆球体截交线的形状

平面与圆球相交时,在任何情况下其截交线都是一个圆。当截平面通过球心时,其圆的直径最大,等于圆球的直径;截平面离球心越远,其圆的直径就越小。

3.2.2　曲面体的截交线

1. 圆柱体的截交线

当圆柱的截交线为矩形和圆时,其投影可利用平面与圆柱表面投影的积聚性作图;当圆柱的截交线为椭圆时,其投影可利用圆柱表面投影的积聚性在圆柱表面上取点的方法作图。

【例3-2】 已知圆柱切口的主视图与俯视图,画出其左视图,如图3-3所示。

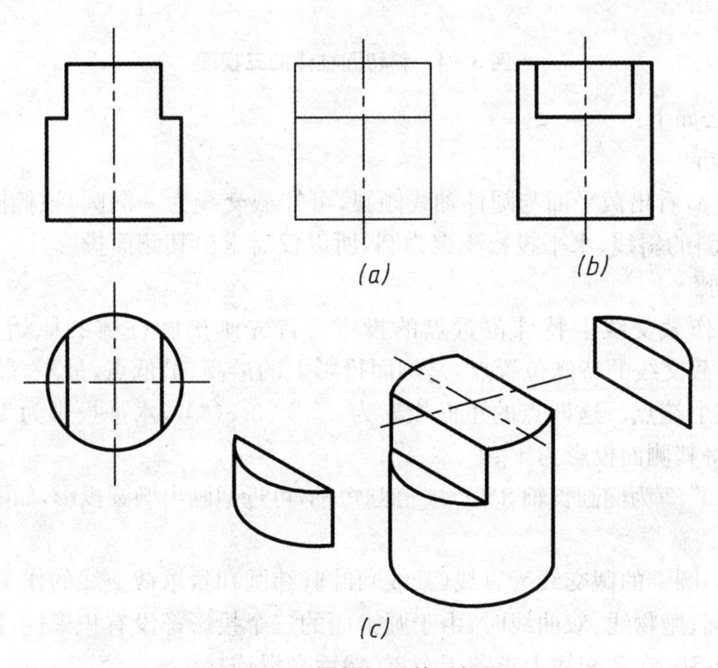

图3-3　圆柱切口的三视图

左视图画法如下：

① 投影分析

由已知的两视图和圆柱的视图特征，可知该圆柱体被四个平面截切，其位置是两个左右对称的侧平面，两个左右对称的水平面。

侧平面的侧面投影反映实形，正面投影和水平投影积聚为两条分别平行于 Z 轴和 Y_H 轴的直线。水平面的水平投影为实形，正面与侧面投影积聚为两条分别平行于 X 轴和 Y_W 轴的直线。

② 作图步骤

第一步：先画出圆柱截切前的左视图，如图3－3(a)所示。

第二步：再按平面的投影特征画出截切后的视图，如图 3－3(b)所示。

【例 3－3】 求圆柱被正垂面截切后的三视图，如图 3－4 所示。

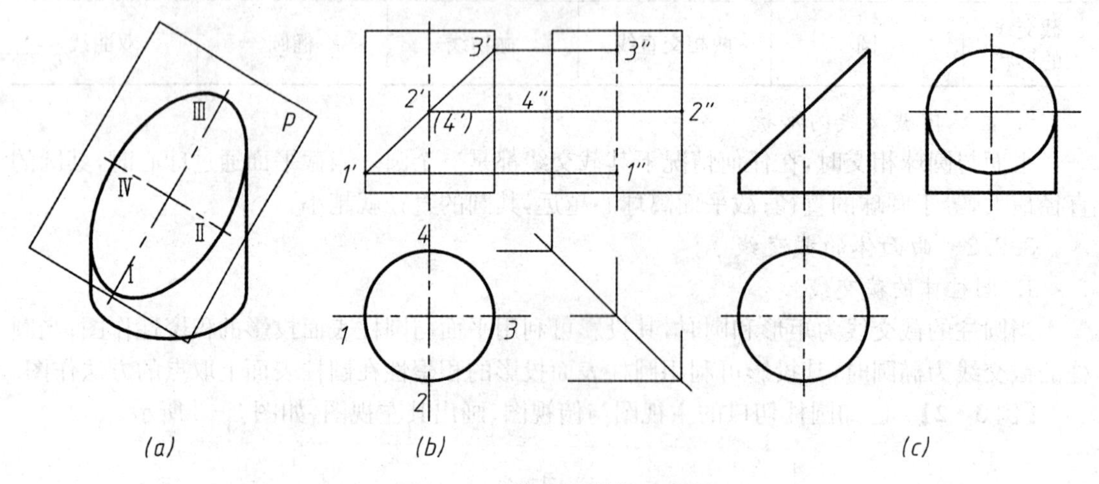

图 3－4 斜切圆柱体的三视图

三视图画法如下：

① 投影分析

由图 3－4(a)看出截平面与圆柱轴线倾斜，可知截交线为一椭圆，该椭圆的正面投影积聚为与 X 轴倾斜的斜线，水平投影积聚为圆，所以仅需求出其侧面投影。

② 作图步骤

第一步：求作截交线上特殊位置点的投影。首先画出圆柱体的原始投影图形，如图 3－4(b)所示。截交线的特殊位置点，是侧面投影上的最高、最低点，最左、最右点，也是椭圆长、短轴上的四个端点。这四点的正面投影为 1′、2′、3′、(4)′，水平投影为 1、2、3、4，根据投影对应关系求得其侧面投影为 1″、2″、3″、4″。

第二步：以 1″、3″为椭圆长轴，以 2″、4″椭圆短轴，可近似画出椭圆投影，如图 3－4(c)所示。

2. 圆锥体的截交线

当截平面与圆锥的截交线为直线(素线)和圆(纬圆)时，求截交线的作图方法比较简单。当截交线为椭圆、抛物线、双曲线时，由于圆锥面的三个投影都没有积聚性，则需要用在圆锥表面上取点的方法，在截交线上求若干个点，然后光滑连接。

【例 3－4】 完成图 3－5(a)所示圆锥切割体的三视图。

三视图画法如下：

① 投影分析

由图 3-5(a)可知，圆锥被正平面 P 截切，截交线为双曲线，正面投影是由双曲线和直线围成的反映实形的平面图形，其水平投影面和侧立投影平面上的投影积聚为直线，所以只需求出该截平面的正面投影。

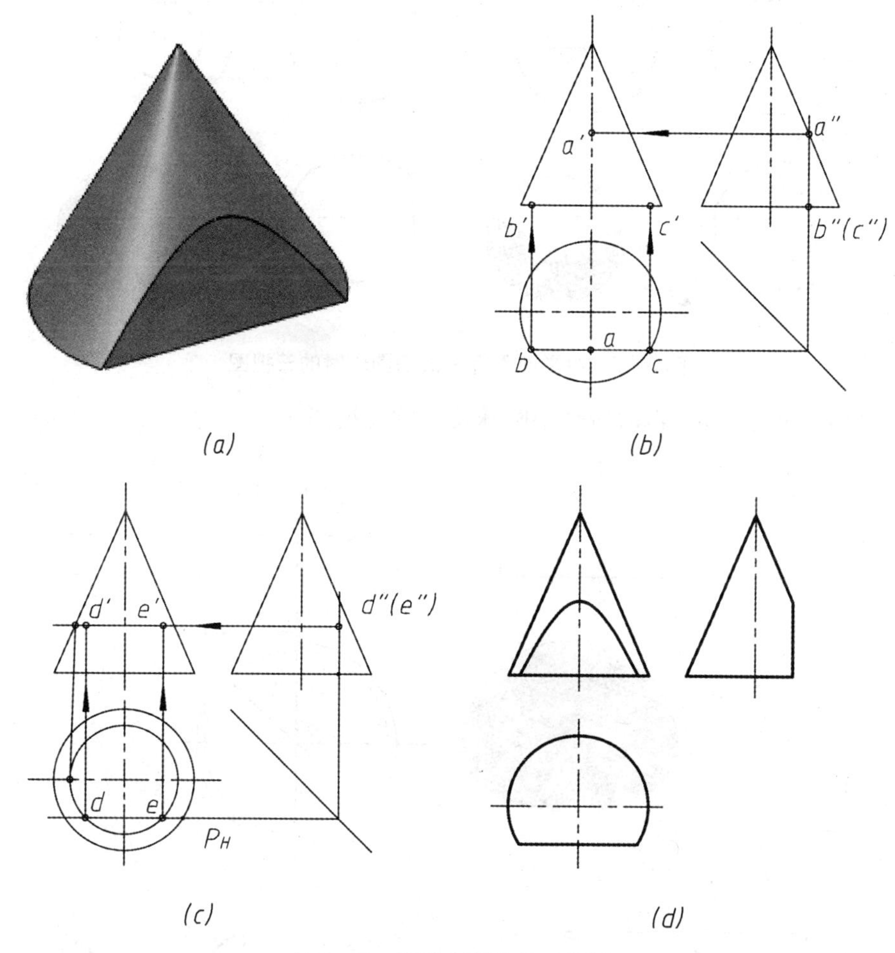

图 3-5　圆锥切割体的三视图

② 作图步骤

第一步：求截交线上特殊位置点的投影。如图 3-5(b)所示，先画出圆锥未切割前的投影，确定截平面水平投影和侧面投影的位置后，找出截交线的最高点 A 和两个最低点 B、C 的正面投影 a'、b'、c' 和水平投影 a、b、c 及侧面投影 a''、b''、c''。

第二步：求截交线的一般位置点的投影。利用辅助平面法作一个与圆锥轴线垂直的辅助平面 Q，该辅助平面圆的三面投影如图 3-5(c)所示。辅助圆的水平投影与截平面的水平投影相交于 d 和 e，即为所求的共有点的水平投影，根据水平投影再求出正面投影 d'、e' 和侧面投影 d''、e''。若要使曲线连接更为光滑，可利用同样的方法，再继续求出一些一般位置点的投影。

第三步：连线。将正面投影 a'、d'、b'、e'、c' 依次光滑连接成曲线，即为所求截交线的正面投影，如图 3－5(d)所示。

3. 圆球体的截交线

图 3－6 是用水平面和侧平面切割圆球时的三视图。由此可见，当截切平面平行于投影面时，其截交线的投影作图十分简便。

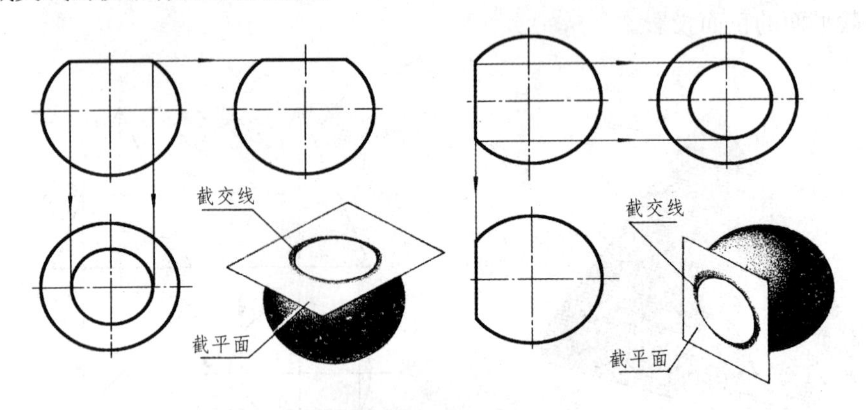

图 3－6　投影面平行面截切圆球时的三视图

【例 3－5】 补全图 3－7(a)所示半圆球切口的三视图。

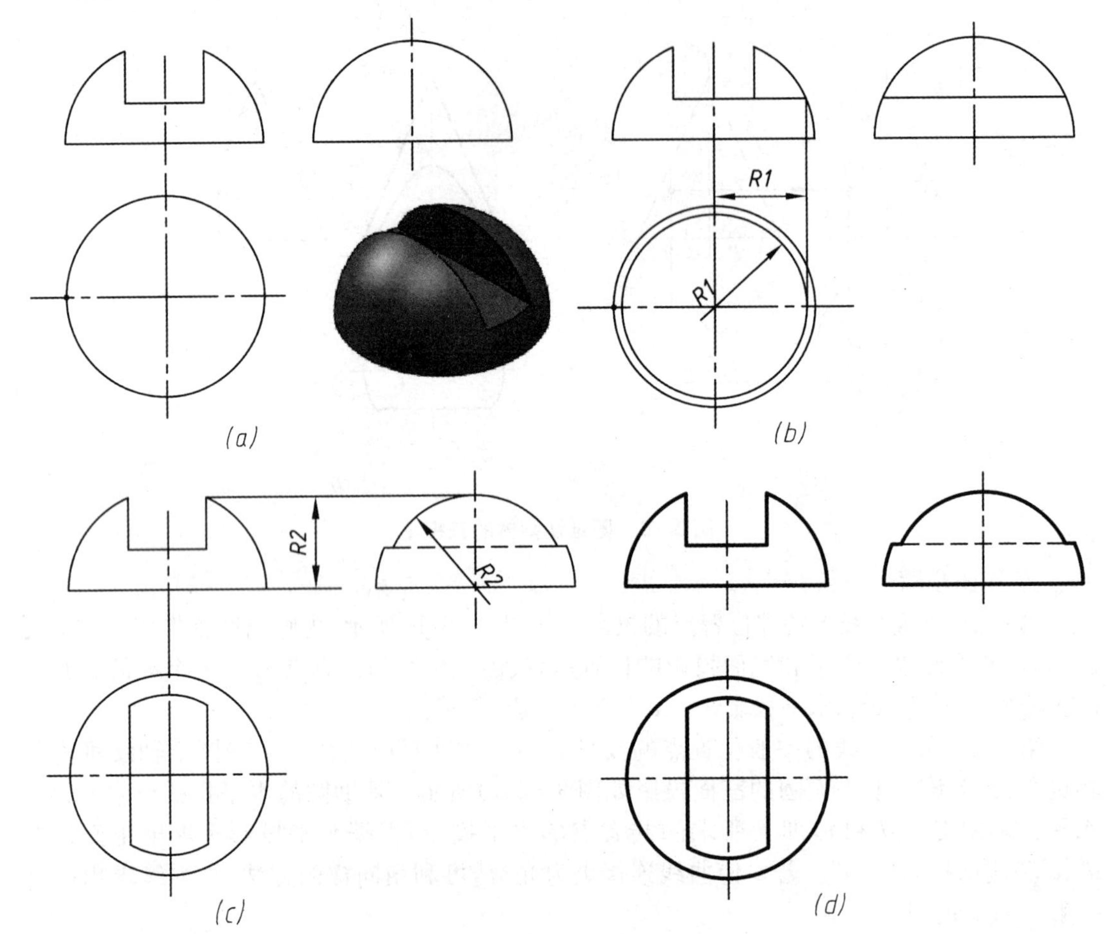

图 3－7　半圆球切口的三视图

三视图画法如下：

① 投影分析

由给定的投影可知，该形体未切割前所属的基本形体是半个圆球。

该半圆球被三个截平面截切，其位置是两个左右对称的侧平面，一个水平面。

侧平面的投影特征是侧面投影反映实形、水平投影和正面投影积聚为直线。水平面的投影特征是水平投影反映实形、正面投影和侧面投影积聚为直线。

② 作图步骤

第一步：先画出半圆球切割前形状的视图，如图 3－7(a)所示。

第二步：求出截切水平面的俯视图与左视图，如图 3－7(b)所示。

第三步：求出截切侧平面的左视图与俯视图，如图 3－7(c)所示。

第四步：擦去多余的图线，整理描深完成，如图 3－7(d)所示。

【任务实施】完成教材配套习题集第 12 页切割体三视图绘图练习。

【知识拓展】

3.3　AutoCAD 创建切割体的三维模型

使用 AutoCAD 软件的特征建模与编辑功能可方便地创建切割体的三维模型。

【例 3－6】　应用 AutoCAD 绘图软件创建图 3－8 所示切割体和三维模型。

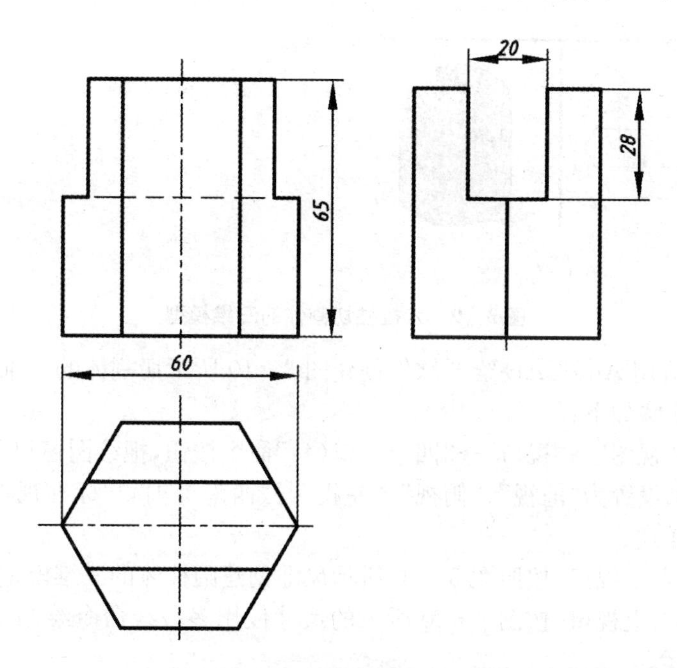

图 3－8　六棱柱切割体的三视图

建模步骤如下：

第一步：单击“视图”→“视口”→“四个视口(4)”命令按钮，把绘图窗口分割为四个视口，并把四个视口分别设置为“前视”、“俯视”、“左视”与“西南等轴测”标准视点，把右下视口设置为“概念”视觉样式。

第二步：激活左下视口，按照图 3－8 所示尺寸创建六棱柱的三维模型。

第三步：激活右上视口，按图 3－8 所示的尺寸使用多段线命令绘制草图，如图 3－9(a)所示。

第四步：拉伸所画草图，如图 3－9(b)所示。

第五步：执行布尔运算(差集)，建模结果如图 3－9(c)所示。

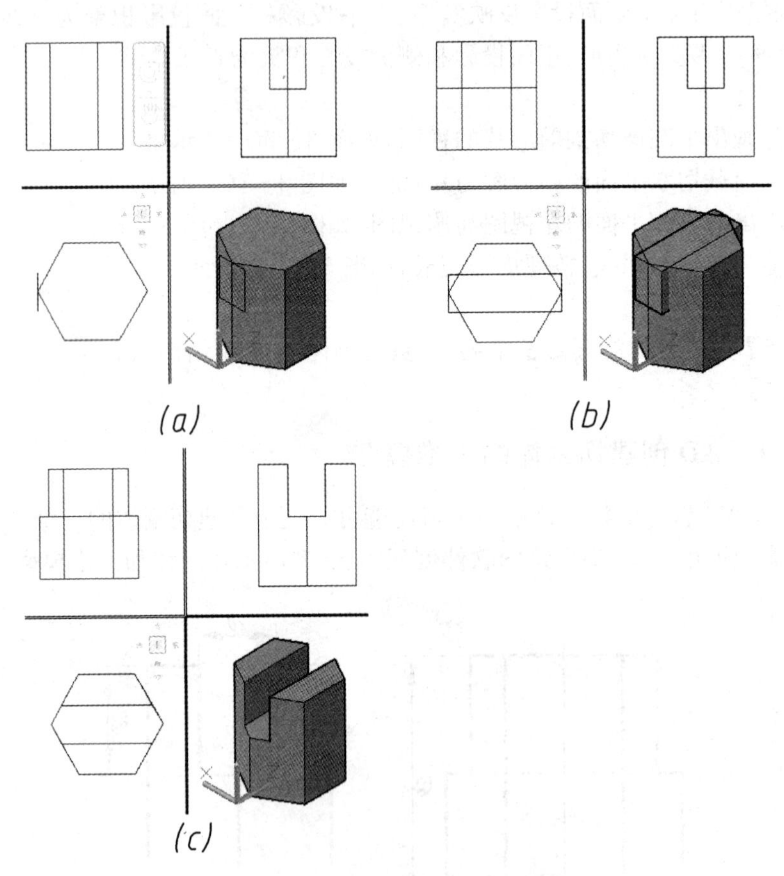

图 3－9　六棱柱切割体的三维模型

【例 3－7】 应用 AutoCAD 绘图软件创建图 3－10 所示切割体的三维模型。

建模方法一步骤如下：

第一步：单击“视图”→“视口”→“四个视口(4)”命令按钮，把绘图窗口分割为四个视口，并把四个视口分别设置为“前视”、“俯视”、“左视”与“西南等轴测”标准视点，把右下视口设置为“概念”视觉样式。

第二步：激活左下视口，按照图 3－10 所示尺寸创建圆柱体的三维模型。

第三步：激活右上视口，按图 3－10 所示的尺寸使用多段线命令绘制上部缺口的草图，如图 3－11(a)所示。

第四步：激活左上视口，按图 3－10 所示的尺寸使用多段线命令绘制下部缺口的草图，如图 3－11(b)所示。

第五步：按尺寸分别拉伸所画草图，并把生成的长方体移动到适当位置，如图 3－11(c)所示。

第六步：执行布尔运算(差集)，建模结果如图 3－11(d)所示。

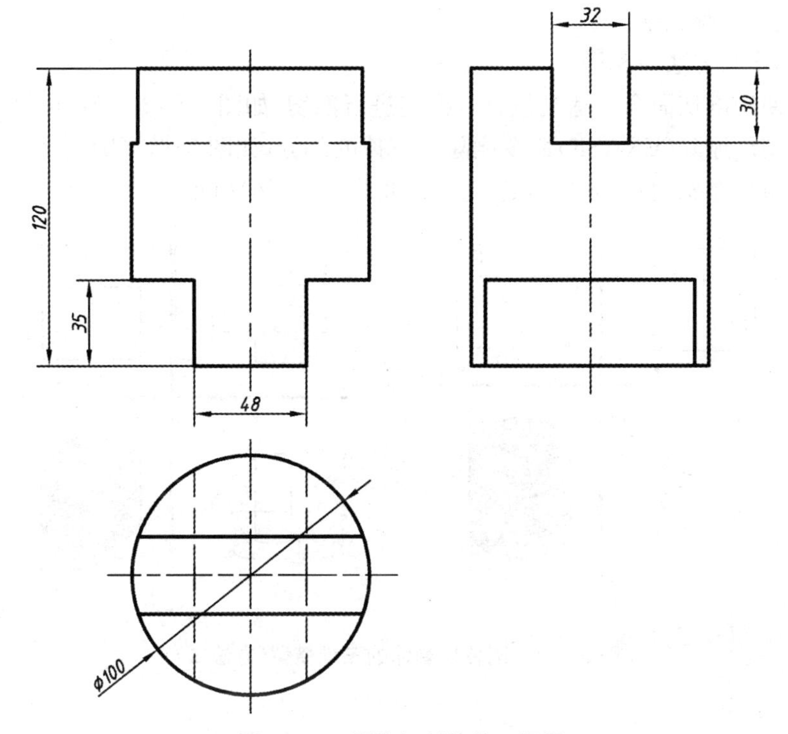

图3-10　圆柱切割体的三视图

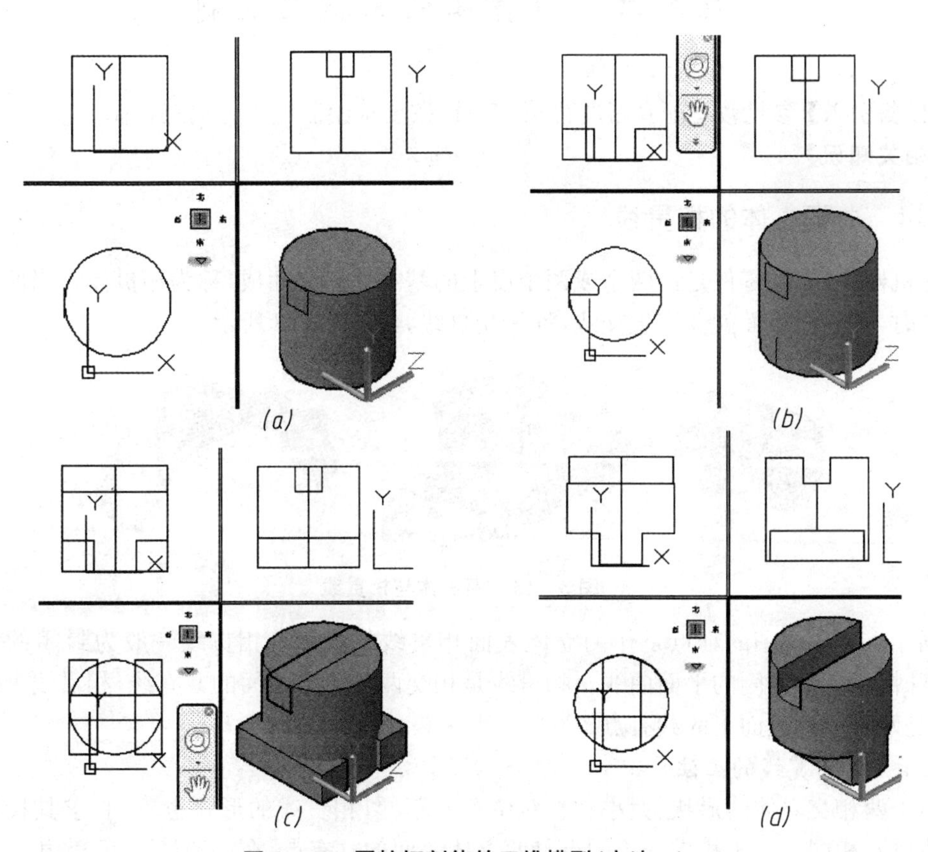

图3-11　圆柱切割体的三维模型(方法一)

建模方法二步骤如下：

第一至四步与方法一相同。

第五步：使用剖切命令在适当位置对模型进行剖切，如图 3-12(a)所示。

第六步：使用删除(ERASE)命令删除切割掉的部分，如图 3-12(b)所示。

第七步：执行布尔运算(并集)，建模结果如图 3-11(d)所示。

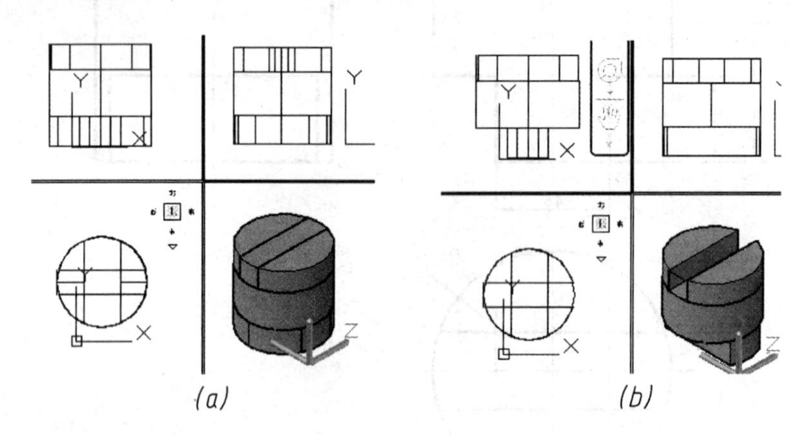

图 3-12　圆柱切割体的三维模型(方法二)

任务二　相贯体的三视图绘制

【任务引入】参见教材配套习题集第 13 页，按要求绘制相贯体的三视图。

【相关知识】

3.4　曲面立体的相贯线

在机器中，有的零件是由两个或两个以上的基本体相交而成，称为相贯体。当两个基本体相交时，在它们表面就会产生交线，称为相贯线，如图 3-13 所示。

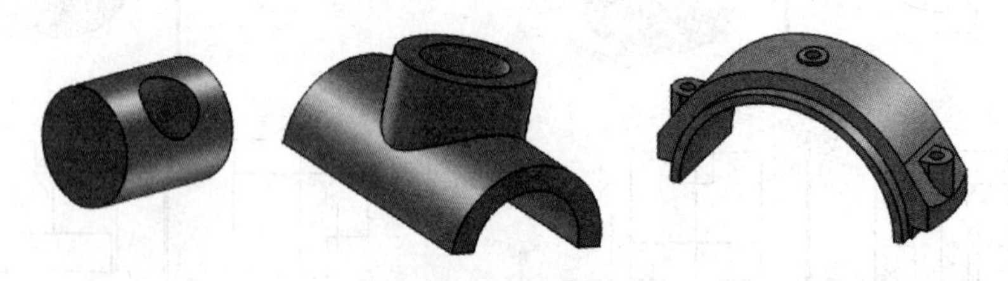

图 3-13　相贯体与相贯线

画相贯体三视图的难点是作两立体表面相贯线的投影。相贯线一般为封闭的空间曲线，特殊情况下是封闭的平面曲线。相贯线是相交两基本体表面的共有线，相贯线上所有的点，都是两基本体表面上的共有点。

3.4.1　相贯线的画法

由于两相交立体的形状、大小和相对位置的不同，相贯线的形状也不同，求其投影的作图方法也不相同。由于相贯线上的点是两立体表面的共有点，在一般情况下，当相贯线为封闭的空间曲线时，求相贯线的投影可用表面取点法，在相贯线上求出若干个点的投影然后光滑连接。在特殊情况下，当相贯线为封闭的平面曲线时，相贯线的投影可由投影关系直接画出。

1. 利用积聚性求作相贯线

因为相贯线是相交两基本体表面的共有线。如果表面的投影有积聚性，则相贯线的投影一定积聚于该基本体表面有积聚性的投影上。

【例 3－8】 已知两直径不相等圆柱的轴线垂直相交（直交），补全该相贯体的三视图，（图 3－14(a)）。

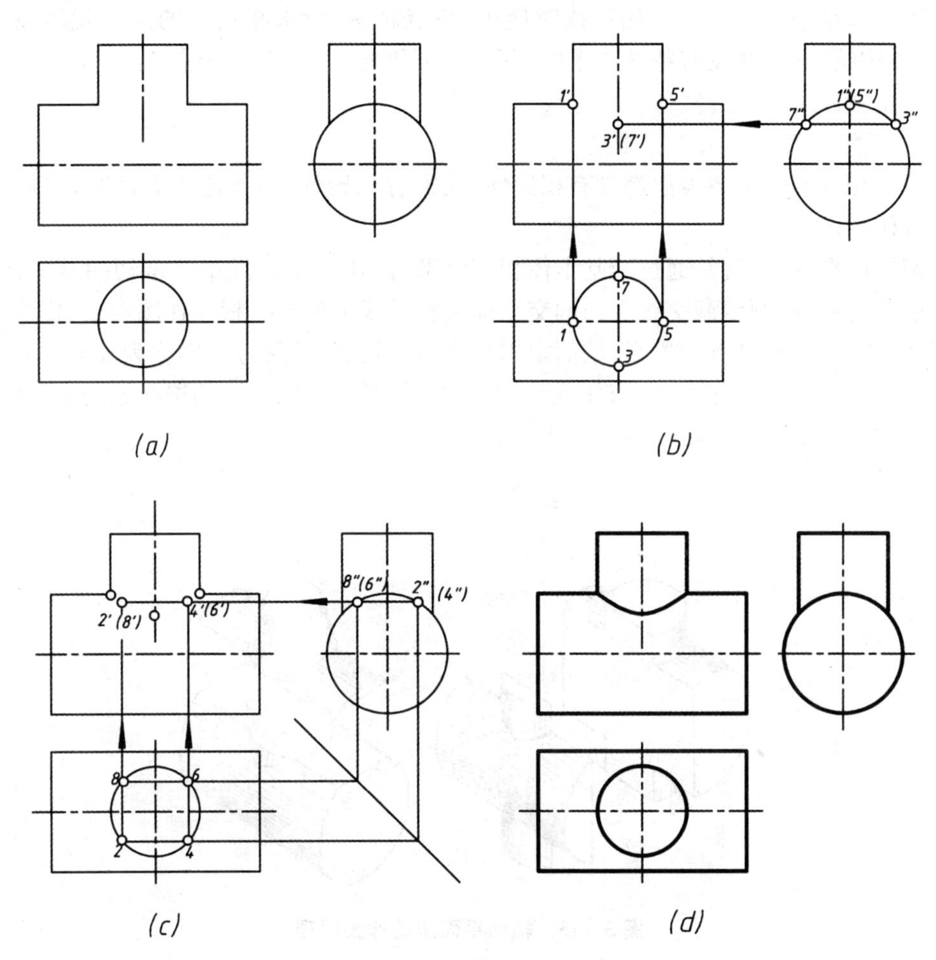

图 3－14　利用积聚性求相贯线

三视图画法如下：

① 投影分析

根据已知的视图找出相贯线的已知投影，如图 3－14(a)。由相贯线的共有性：因小圆柱轴线垂直于水平投影面，所以相贯线的水平投影积聚于小圆柱的水平投影上；大圆柱轴线垂直于侧立投影面，相贯线的侧面投影积聚在 3″、1″、7″这段弧上（图 3－14(b)）。相贯线的正面投影需要补画。

② 作图步骤

第一步:求相贯线的特殊位置点。相贯线的特殊位置点是指那些位于轮廓素线和极限位置的点,如图 3-14(b)所示俯视图中的 1、3、5、7 点。

根据相贯点的共有性求出特殊位置点的正面投影,1′、3′、5′、7′,如图 3-14(b)所示的主视图。

第二步:利用相贯线的积聚性,用表面取点法,求一般位置点 2′、4′的正面投影。因为该相贯线前后对称,求得一般位置点 6′、8′的正面投影(图 3-14(c))。

将所求各点依次光滑连线,即得相贯线的正面投影(图 3-14(d))。

上述方法在手工绘图求作相贯线时使用,找点越多,所求相贯线的投影就越精确。在 AutoCAD 中绘图时,在没有特殊要求的情况下,可找出 1′、3′、5′三个点(图 3-14(b)),然后用三点绘制圆弧的方法近似代替相贯线。

2. 利用辅助平面法求作相贯线*

当两个相贯的基本体表面都没有积聚性,或虽有积聚性,但作图不方便时,可用辅助平面法进行作图。

所谓辅助平面法,就是通过两基本体相交的部分,用一个辅助平面截切两基本体,分别产生两组截交线,此两组截交线之间的交点即为相贯线上的点。根据作图需要,作出几个辅助平面求出若干个相贯点的投影,从而求出相贯线的投影,这种方法则称为辅助平面法。这种作图方法的求解原理如图 3-15 所示。为了作图方便,辅助平面的选择原则是:辅助平面与两基本体表面交线的投影应该是直线或圆。

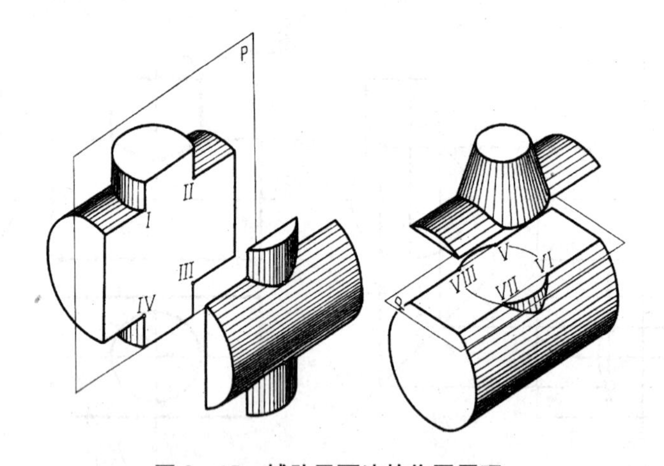

图 3-15　辅助平面法的作图原理

【例 3-9】 *已知圆柱与圆台直交,用辅助平面法补全该相贯体的三视图,如图 3-16 所示。

三视图画法如下:

① 投影分析

根据已知的视图找出相贯线的已知投影,如图 3-16(a)所示。由相贯线的共有性,因圆柱轴线垂直于侧立投影面,所以相贯线的侧立面投影积聚在圆台与圆柱相交的一段圆弧上。由于圆台和圆柱在水平投影面和正投影面上的投影均没有积聚性,所以相贯线的正面投影和水平投影需要补画。

② 作图步骤

第一步:求相贯线特殊位置点的正面投影和水平投影。图 3-16(b)中的 1″、5″和 3″、7″点既是相贯线上的最高、最低点,也是相交两立体表面上的最左、最右点和最前、最后点。

第二步:利用辅助平面法,求相贯线的一般位置点的正面投影和水平投影。在最高、最低点之间作一水平的辅助平面 P(图 3-16(c)),该辅助平面与圆台的交线为圆,与圆柱面的交线为两平行线,在 H 面它们的交点 2、4、6、8 即为相贯线的一般位置点,并依此求出正面投影 2′、4′、6′、8′。

第三步:将所求出的点依次光滑连接。如图 3-16(d)所示,相贯线的正面投影因前后对称而重合为一条曲线;相贯线的水平投影前、后、左、右均对称,因相贯线位于上半个圆柱面,水平投影均可见。

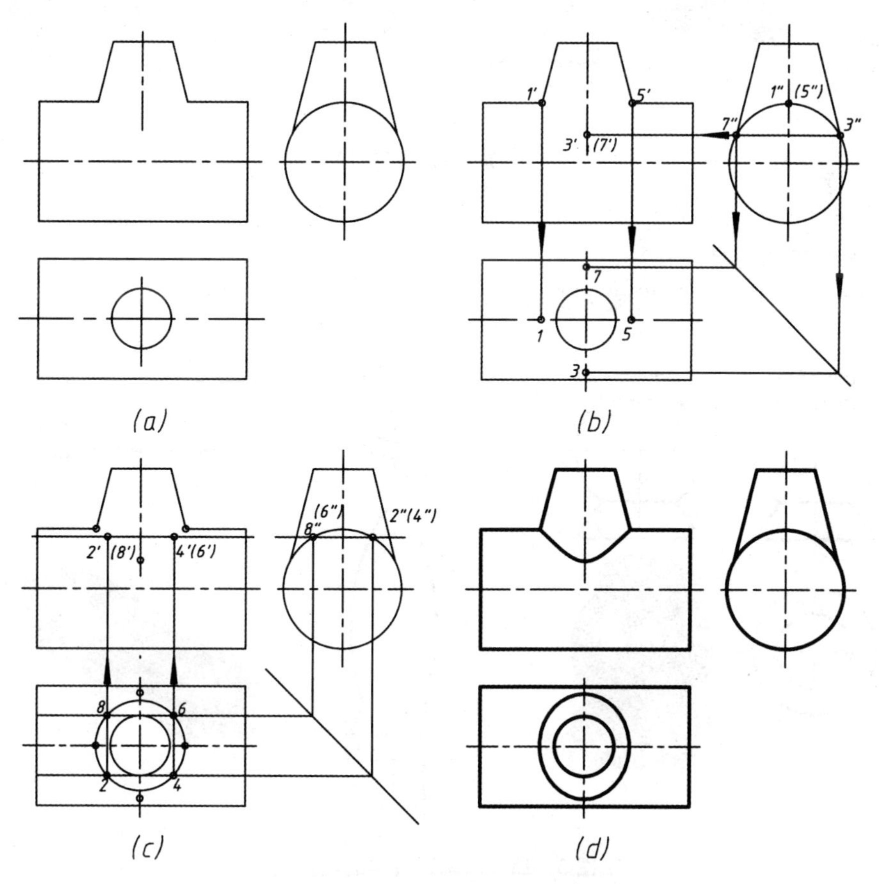

图 3-16　辅助平面法求相贯线

3. 常见相贯体的视图画法

如图 3－17 所示为常见贯体的视图画法。

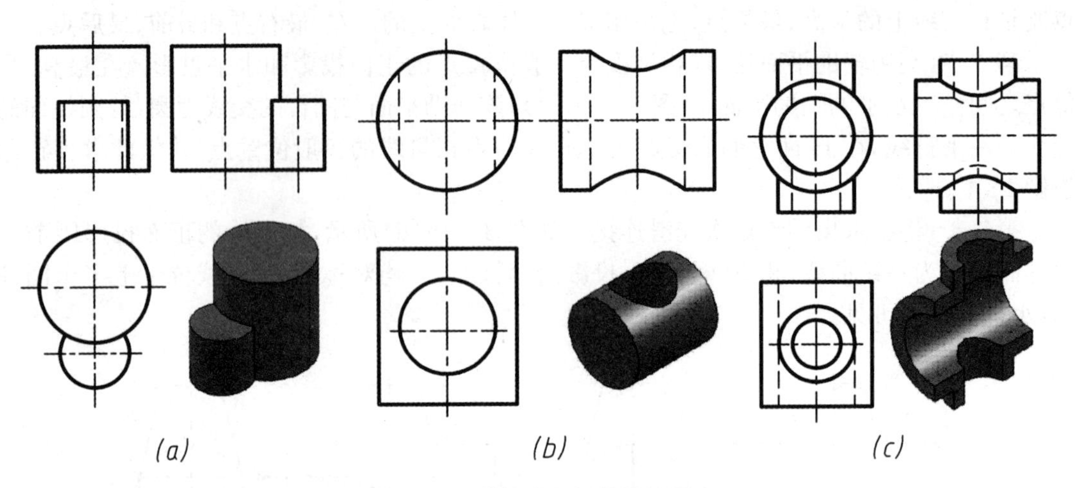

图 3－17　其他常见相贯线的画法

4. 特殊情况的相贯线

① 同轴回转体相贯

两曲面立体同轴时，相贯线为垂直于轴线的圆，如图 3－18 所示。

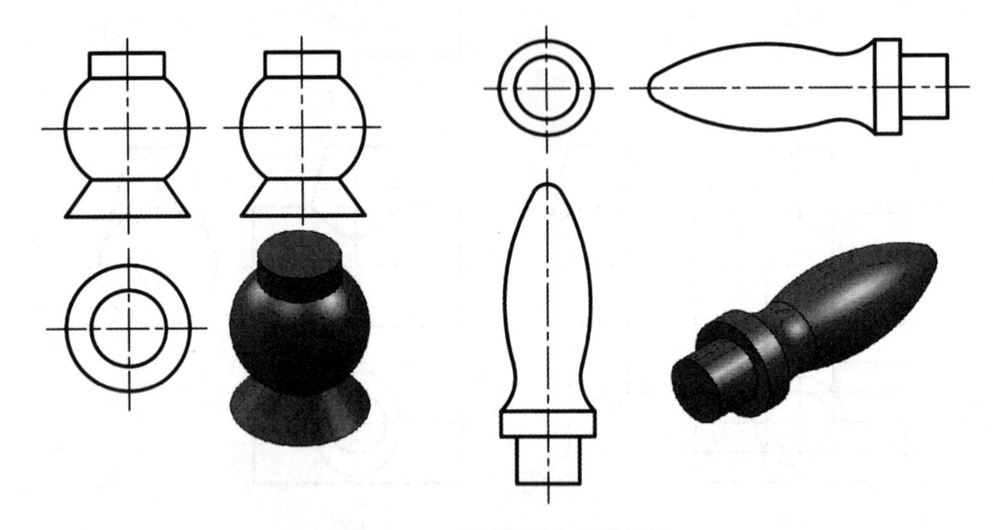

图 3－18　同轴回转体的相贯线

② 两等直径直交圆柱相贯

两相贯圆柱直径相等，轴线垂直相交时，相贯线为平面曲线椭圆，如图 3－19 所示。

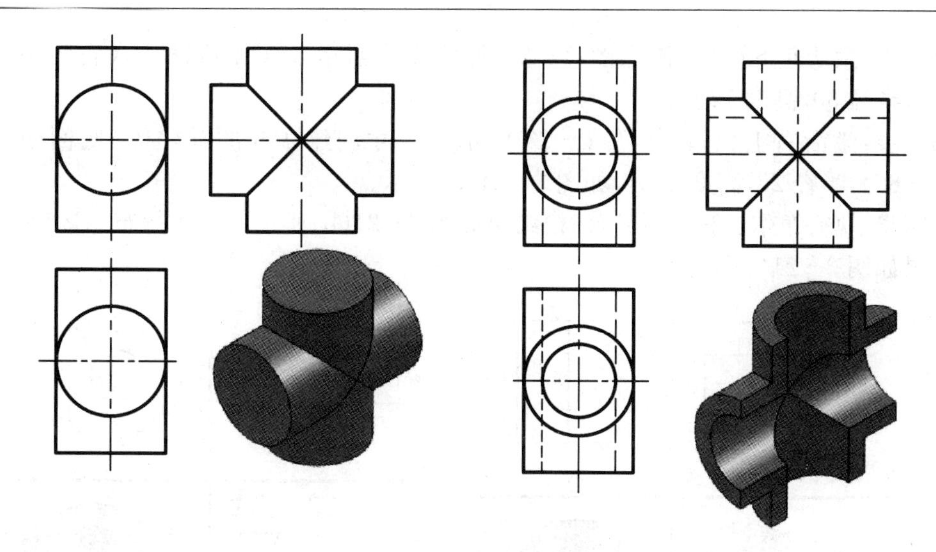

图 3-19　两圆柱直径相等轴线垂直相交

【任务实施】 完成教材配套习题集第 13 页相贯体三视图绘图练习。

【知识拓展】

3.5　AutoCAD 创建相贯体的三维模型

【例 3-10】　应用 AutoCAD 绘图软件创建图 3-20 所示相贯体的三维模型。

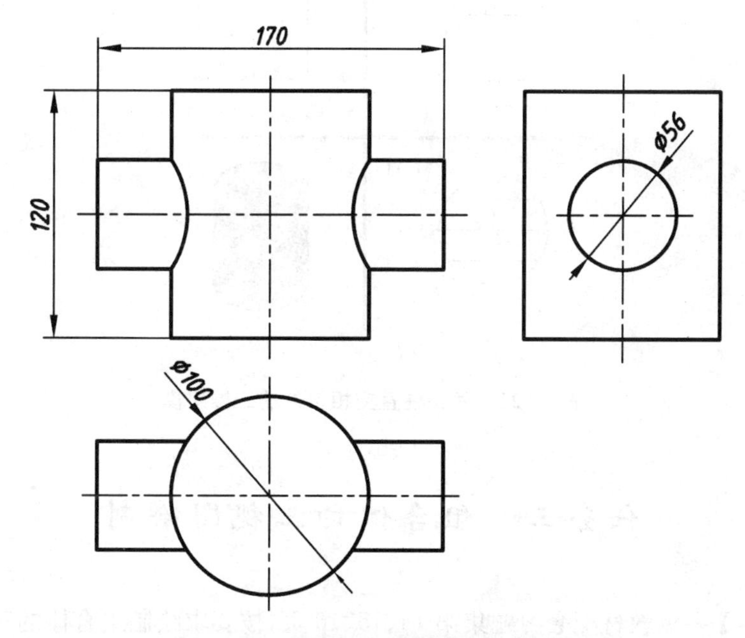

图 3-20　两圆柱直交相贯体的三视图

建模步骤如下：

第一步：单击"视图"→"视口"→"四个视口(4)"命令按钮，把绘图窗口分割为四个视口，并把四个视口分别设置为"前视"、"俯视"、"左视"与"西南等轴测"标准视点，把右下视口设置为"概念"视觉样式。

第二步：激活左下视口，按照图 3－20 所示尺寸创建 $\phi100$ 的圆柱体（底面中心坐标(0,0,0)，半径 50，高度 120）。

第三步：激活右上视口，按图 3－20 所示的尺寸创建 $\phi56$ 的圆柱体（底面中心坐标(0,60,－85)，半径 28，高度 170)，如图 3－21(a)所示。

第四步：执行布尔运算（并集），建模结果如图 3－21(b)所示。如执行布尔运算（差集），建模结果如图 3－21(c)所示。

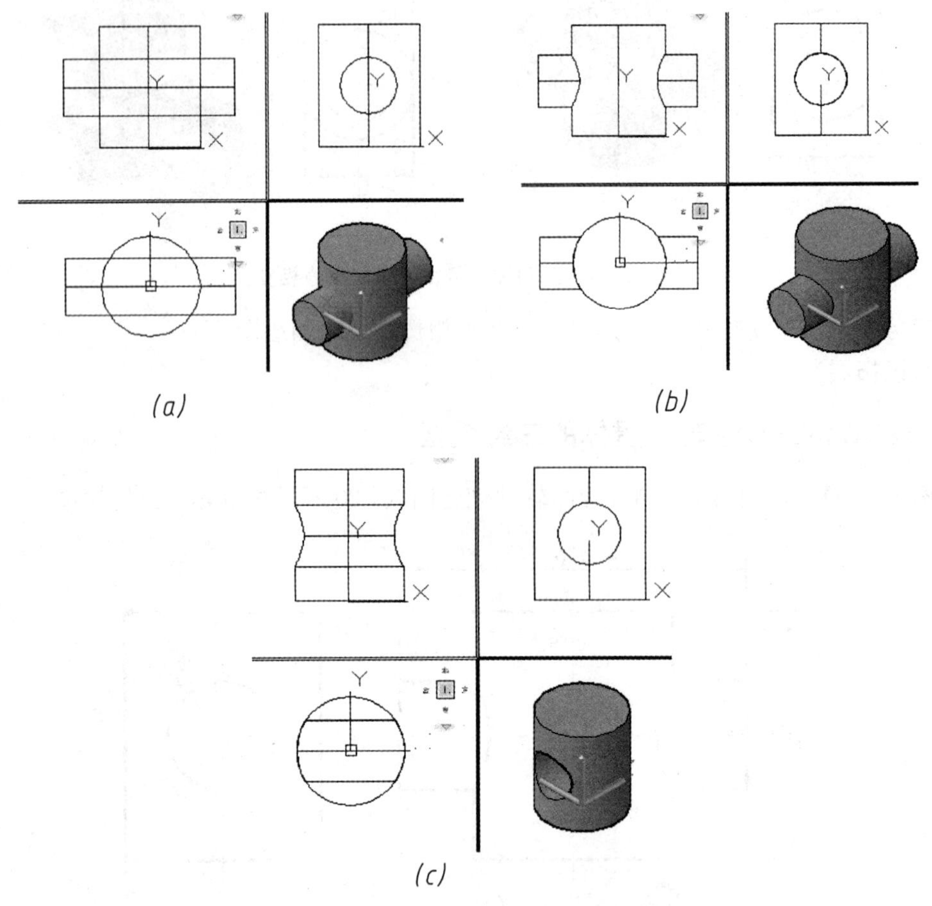

图 3－21　两圆柱直交相贯体的三维建模

任务三　组合体的三视图绘制

【任务引入】参见教材配套习题集第 14、15、16 页，按要求绘制组合体的三视图。

【相关知识】

3.6　组合体的形体分析

3.6.1　形体分析法

为了准确而又快速地绘制和阅读组合体的视图，通常在画图、标注尺寸和阅读组合体视图的过程中，先假想把组合体分解成若干个组成部分，再分析清楚各组成部分的结构形状、相对位置、组合形式及其表面连接方式等。这种把复杂形体分解成若干个简单形体的分析方法，称为形体分析法。如图 3－22 所示的支座立体图，运用形体分析法可以分解为底板、立板、三棱柱形肋板三个组成部分，这些组成部分通过叠加和挖切等方式组合成了支座。形体分析法是研究组合体的画图、标注尺寸、读图的基本方法。

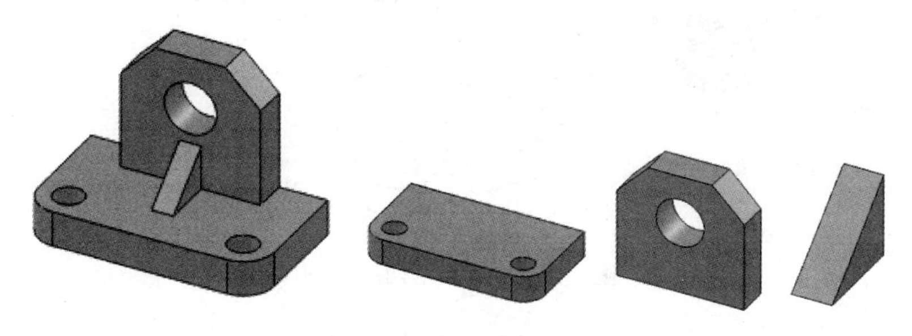

图 3－22　机座的形体分析

3.6.2　组合体的组合形式及其表面连接方式

图 3－22 所示的支座，用形体分析法分解出的各个部分，都是形状比较简单的基本形体，其视图形状特征我们都很熟悉。但是由于组合体形体各异，各组成部分之间的相对位置关系不尽相同，各部分之间的表面连接关系也存在差异。形体之间常见的组合形式和连接方式有：叠加、相切、相交、切割。

1. 叠加

组合体各部分以平面相接触时，就称为叠加。叠加是形体最简单的组合形式，当形体以叠加形式组合在一起时，其表面连接方式有两种。

① 不平齐叠加：如图 3－23 所示，组合体是由长方形底板和一端为半圆形的立板叠加而成，两板宽度不等，前、后表面不平齐连接，所以在主视图中，应分别画出各自的轮廓线。

② 平齐叠加：如图 3－24 所示，两板宽度相等，前、后表面平齐连接，上、下两部分表面相互构成了一个完整的平面，其连接处的轮廓线不存在，其主视图在两部分连接处就没有轮廓线。

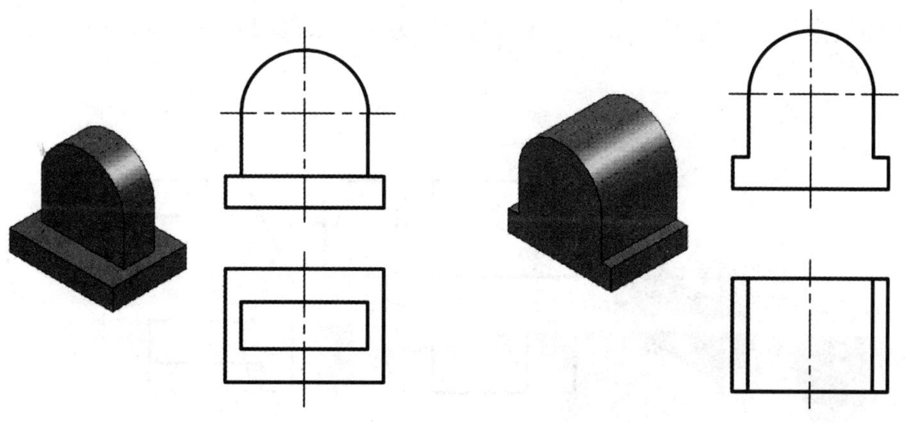

图 3－23　表面不平齐的画法　　**图 3－24　表面平齐的画法**

2. 相切

当组合体两部分的表面连接处相切时，在视图的相切处不应画出切线。如图 3－25 所示为形体两部分表面在相切情况下的视图画法。

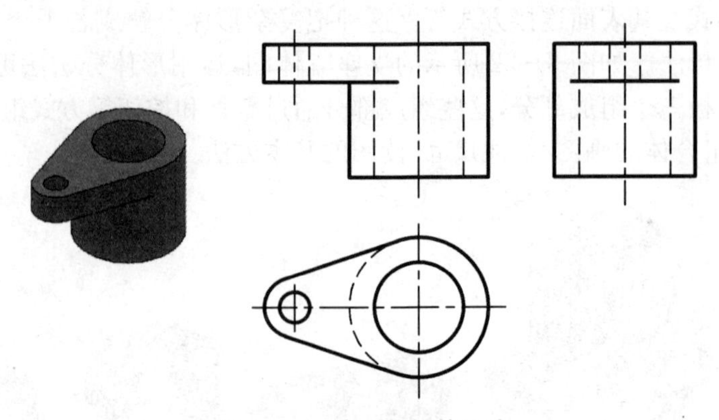

图 3-25　表面相切的画法

3. 相交

当组合体两部分表面的连接处相交时，在相交处产生的交线，实质是形体表面的相贯线，因此画图时要画出该交线的投影。如图 3-26 所示为形体两部分在相交情况下的视图画法。

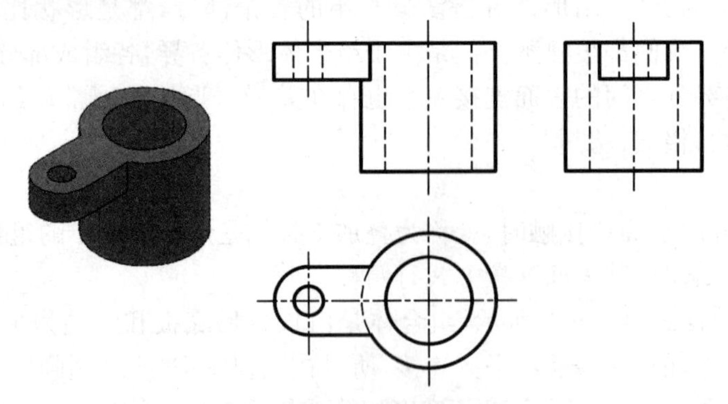

图 3-26　表面相交的画法

4. 切割

当形体是由基本体通过切割而形成时，画图的关键是求截切面与形体表面的交线的投影，如图 3-27 所示。

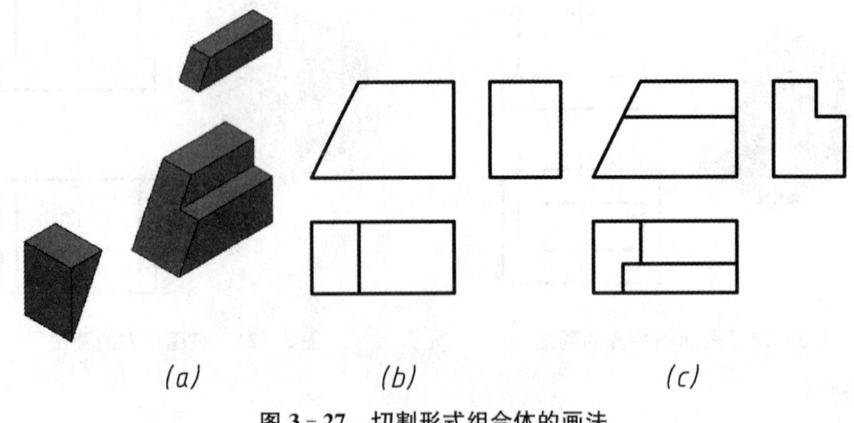

图 3-27　切割形式组合体的画法

3.7　组合体三视图的画法

在绘制组合体的三视图时，首先要对组合体进行形体分析，然后选择主视图的投射方向，在画图过程中应注意分析组合体的组合形式及连接方式，避免多画或漏画图线。

3.7.1　形体分析

对组合体进行形体分析时，若是叠加型组合体，先弄清组合体是由哪几部分组成，再分析各组成部分之间的相对位置怎样，按什么方式连接等，如图 3－22 所示；若是切割型组合体，先确定切割前的基本形体，再分析截切面的形状与位置等，如图 3－27 所示。

3.7.2　选择主视图的投射方向

在确定视图的投射方向时，应将组合体摆正放平(使形体上的主要平面与投影面平行)。一般来讲，要把反映组合体各组成部分结构形状和相对位置较为明显的方向，作为主视图的投影方向，同时还要考虑其他视图的表达要清晰(视图中的虚线较少)。如图 3－28 所示，*A*、*B*、*C*、*D* 四个投射方向，哪个方向作为该组合体主视图的投射方向为最佳? 通过分析比较可知 *B* 向为最佳方案。

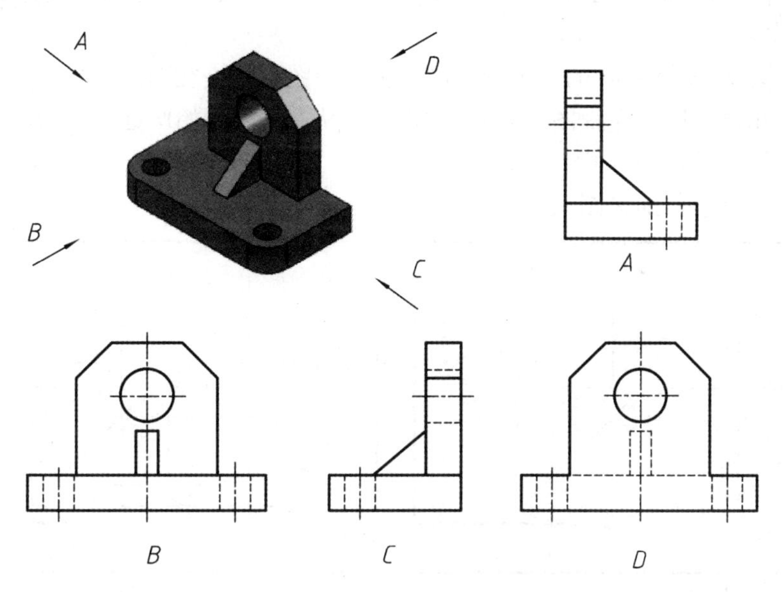

图 3－28　选择主视图的投射方向

主视图的投射方向确定之后，俯、左视图的投射方向随之而定。

3.7.3　画组合体三视图的方法和步骤

1. 选比例、定图幅

视图的投射方向确定后，可根据组合体的大小大致计算一下各视图所占图纸尺寸，按国家标准规定选择画图的比例和图幅。在一般情况下，尽量采用 1∶1 的比例。

2. 布局视图，画出各视图的作图基准线

布置视图位置时，应根据各个视图每个方向的最大尺寸，在视图之间、视图与纸边之间留有适当空间，用以标注尺寸，并使视图布局合理，排列均匀。确定视图大致位置后，画出各视图的作图基准线。

3. 绘制视图

绘制视图时，对于初学者通常要按照形体分析法一个部分一个部分地画出其三视图。

在绘制各个部分的视图时，要先从反映该部分形状特征的视图画起，然后按投影规律与尺寸画出另外两个视图。先画其主体结构，后画次要结构；先画可见部分，后画不可见部分。

对于切割型的组合体，在绘图时应先画出切割前所属基本体的三视图，然后按切割次序逐步画出其三视图。

4. 检查整理、加深图线

检查时要注意组合体的组合形式和连接方式，避免漏画或多画图线。整理工作也可以在画视图时进行，边画图边整理，以提高作图的速度。

【例 3-11】 绘制图 3-28 所示支座的三视图。

作图步骤如图 3-29 所示。

第一步：对组合体进行形体分析，并选择如图 3-28 所示 B 向作为主视图的投影方向。

第二步：作出各视图的基准线，如图 3-29(a)所示。

第三步：作出底板的三视图。应从俯视图开始画起，并按投影关系与高度尺寸作出主视图与左视图，如图 3-29(b)所示。

第四步：作出立板和肋板的三视图。画立板的视图应从主视图开始画起，并按投影关系与宽度尺寸作出俯视图与左视图；画肋板的视图应从左视图开始画起，并按投影关系与长度尺寸作出主视图与俯视图，如图 3-29(c)所示。

第五步：检查整理、加深图线，如图 3-29(d)所示。

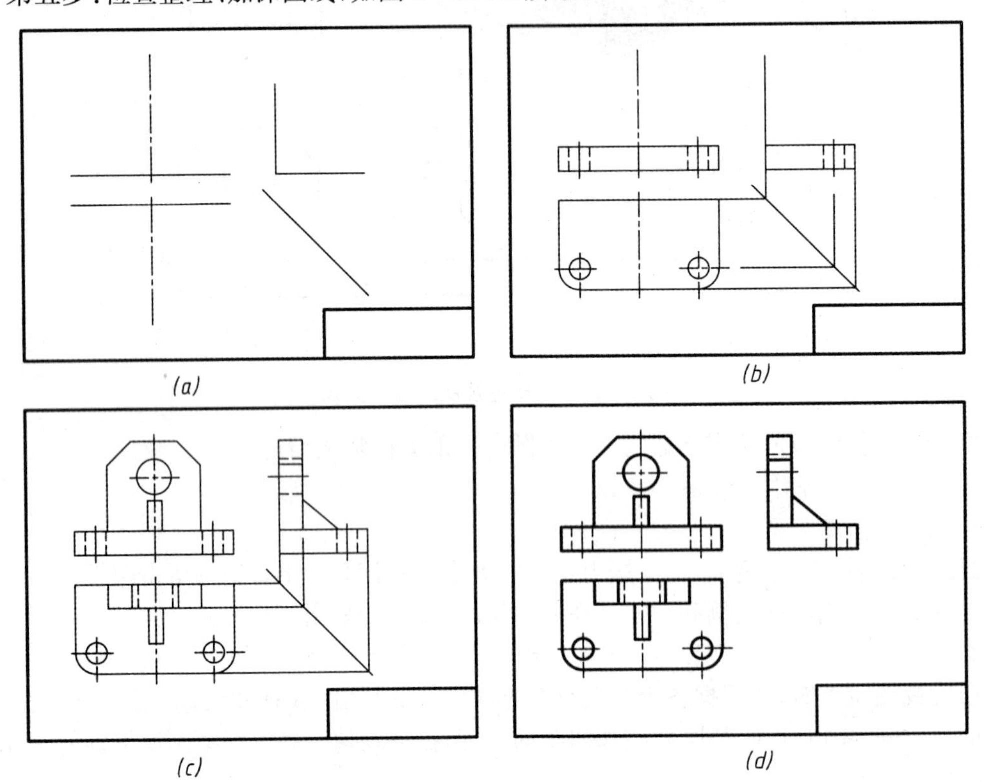

图 3-29 支座三视图的作图步骤

【例 3－12】 绘制图 3－30(a)所示形体的三视图。

作图步骤如图 3－30 所示。

第一步:对组合体进行形体分析,并选择如图 3－30(a)所示 A 向作为主视图的投影方向。

第二步:作出完整长方体的三视图,如图 3－30(b)所示。

第三步:画出切去左侧部分后的投影。应从主视图开始画起,并按投影关系作出俯视图与左视图,如图 3－30 (c)所示。

第四步:画出切去中间 U 形缺口后的投影。应从左视图开始画起,并按投影关系作出主视图与俯视图,如图 3－30 (d)所示。

第五步:检查整理、加深图线,如图 3－30 (e)所示。

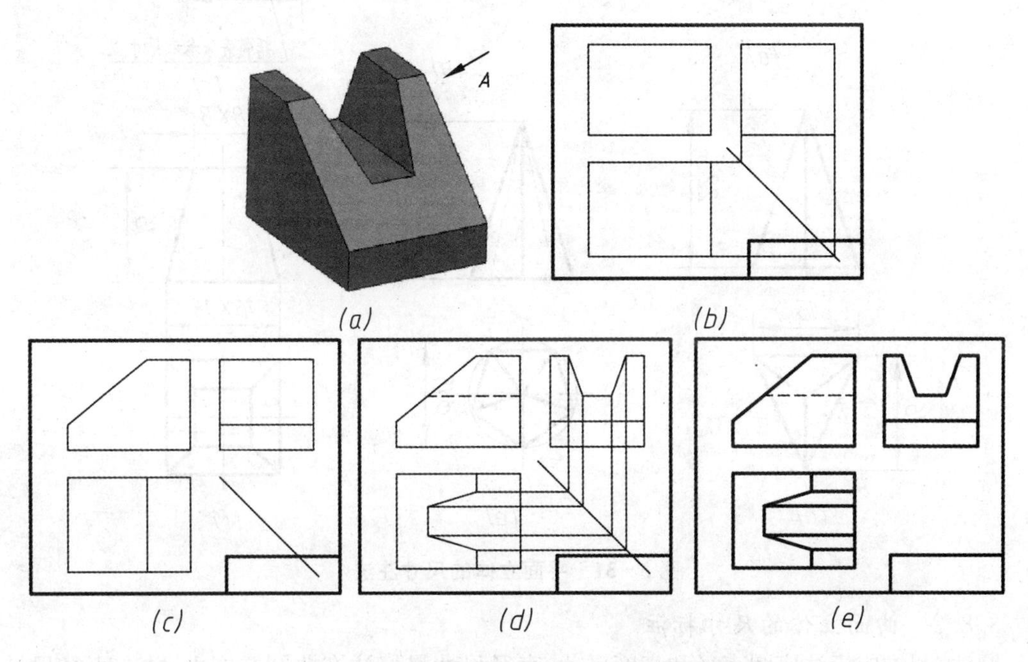

图 3－30　切割型组合体三视图的作图步骤

【任务实施】 完成教材配套习题集第 14、15、16 页组合体三视图绘图练习。

任务四　标注组合体三视图的尺寸

【任务引入】 参见教材配套习题集第 17、18 页,按要求绘制组合体的三视图,并标注尺寸。

【相关知识】

3.8　形体的尺寸标注

视图只能表达形体的结构形状,视图与尺寸相配合才能确切表达形体的形状与大小,下面我们先分析基本体及其切口的尺寸标注,然后研究组合体的尺寸标注方法。

3.8.1　平面立体的尺寸标注

平面立体应标注长、宽、高三个方向的尺寸。图 3－31 给出了棱柱、棱锥、棱台的尺寸注法，该类形体应注出确定底平面形状大小的尺寸和高度尺寸。

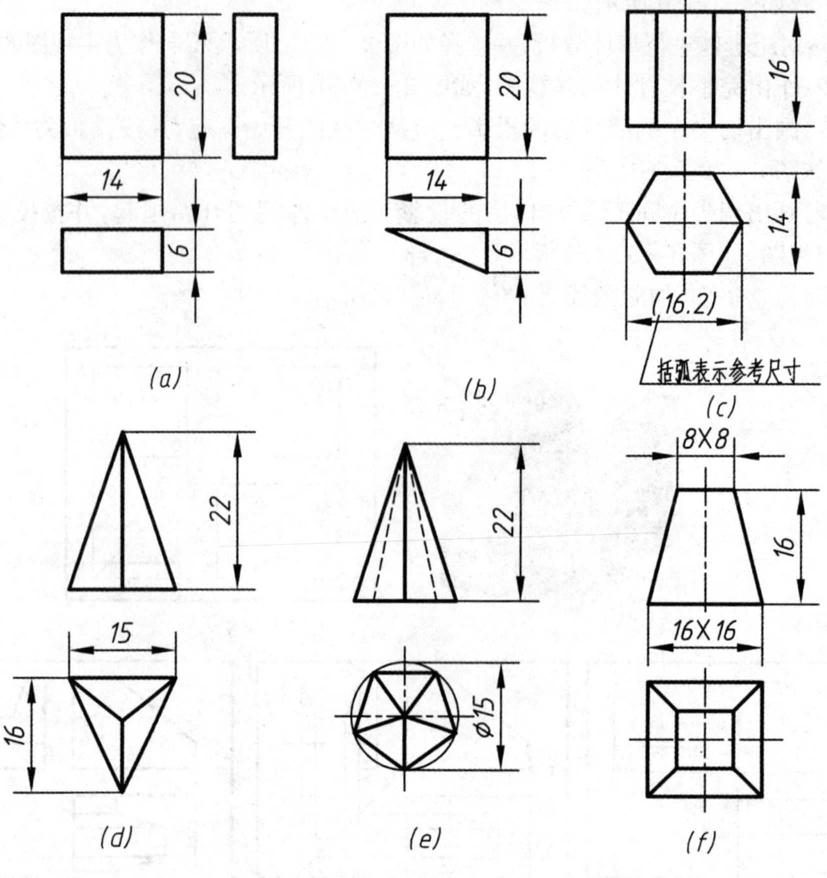

(a) (b) (c) (d) (e) (f)

图 3-31 平面立体的尺寸注法

3.8.2 曲面立体的尺寸标注

圆柱、圆锥应标注底圆直径和高度尺寸，直径尺寸最好注在非圆视图上，并在直径尺寸数字前加注直径符号“ϕ”，圆球体标注直径或半径尺寸时，在“ϕ”、“R”前加注“S”，如图3-32所示。

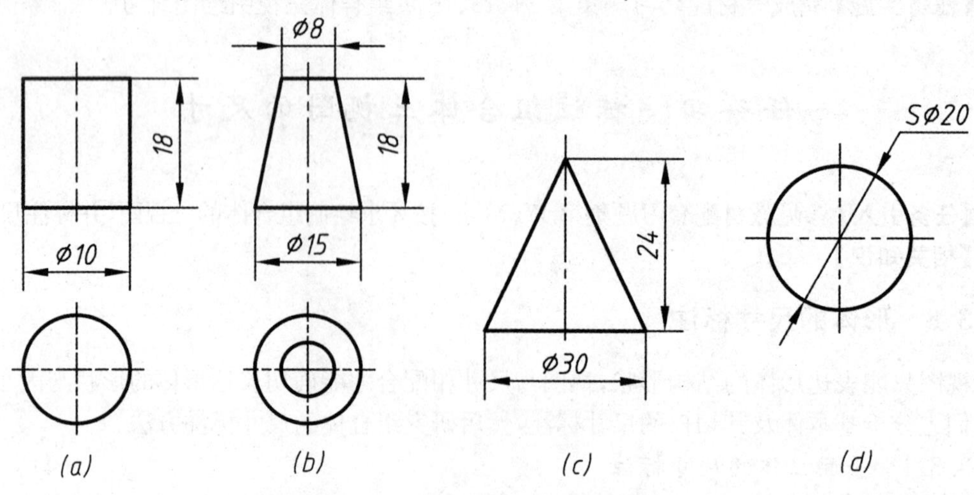

(a) (b) (c) (d)

图 3-32 曲面立体的尺寸注法

3.8.3　切割体的尺寸标注

切割体的尺寸标注应先标注基本体的尺寸，再标注切口的大小和位置尺寸。对称的切口尺寸要以对称面(或对称轴线)为基准标注，而不对称的切口要分别标注确定切口位置的尺寸。如图 3－33 所示为平面切割体的尺寸标注。

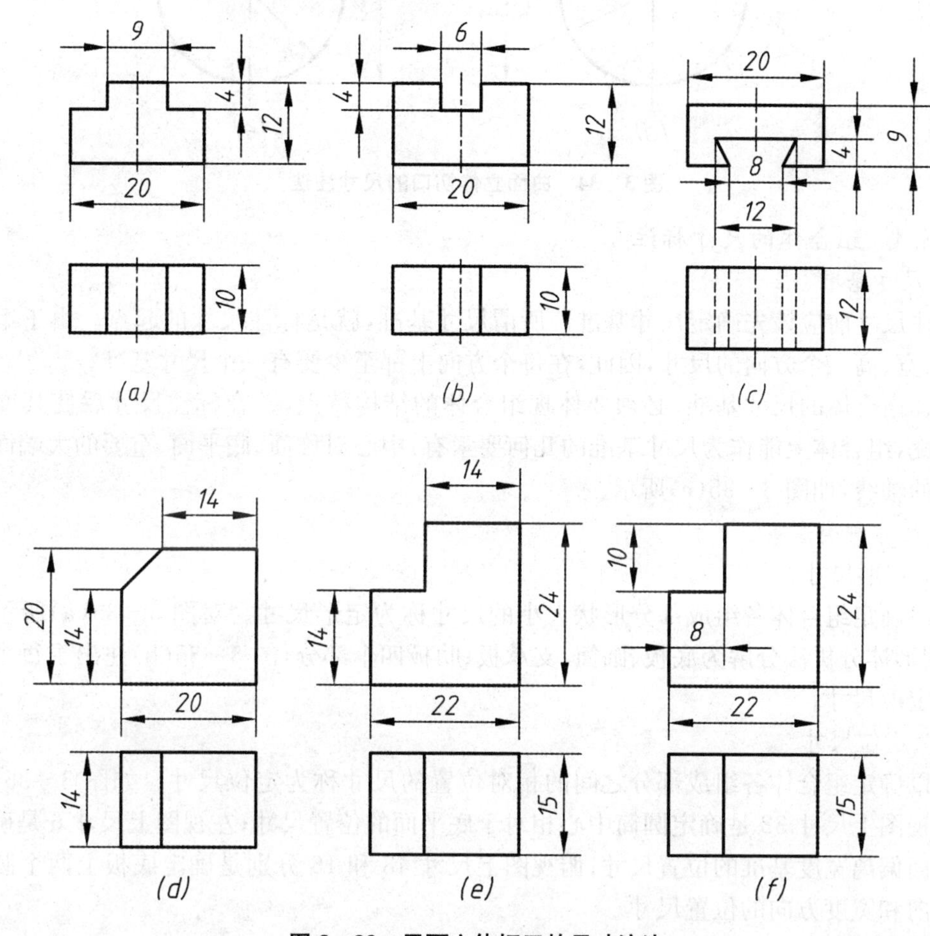

图 3－33　平面立体切口的尺寸注法

如图 3－34 所示为曲面切割体的尺寸标注。一旦切口的位置确定，截交线的形状与大小就已确定，所以一定要注意不能标注截交线大小的尺寸。

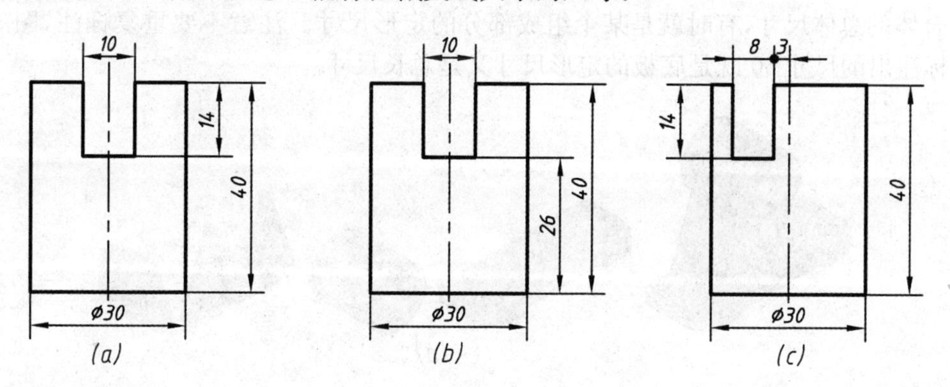

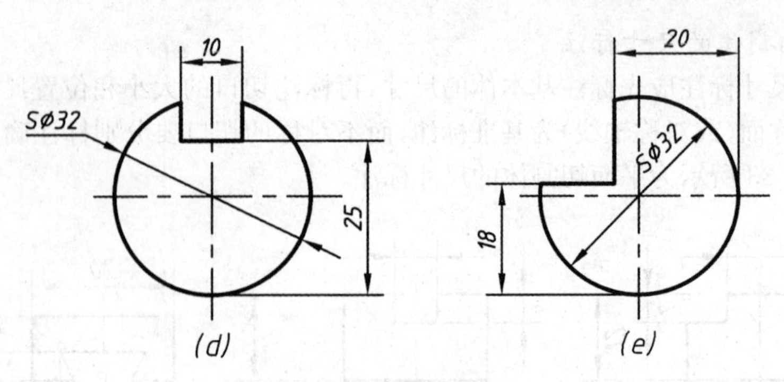

图 3-34　曲面立体切口的尺寸注法

3.8.4　组合体的尺寸标注

1. 尺寸基准

标注尺寸前应该先确定尺寸基准。所谓尺寸基准，就是标注尺寸的起点。由于组合体都有长、宽、高三个方向的尺寸，因此，在每个方向上都至少要有一个尺寸基准。

选择组合体的尺寸基准，必须要体现组合体的结构特点，并在标注尺寸后使其度量方便。因此，组合体上能作为尺寸基准的几何要素有：中心对称面、底平面、重要的大端面以及回转体的轴线，如图 3-35(c)所示。

2. 尺寸种类

(1) 定形尺寸

用以确定组合体各组成部分形状大小的尺寸称为定形尺寸。对图 3-35(a)所示的轴承座，用形体分析法分解为底板、圆筒、支承板、肋板四个部分，图 3-35(b)注出了每个组成部分的定形尺寸。

(2) 定位尺寸

用以确定组合体各组成部分之间的相对位置的尺寸称为定位尺寸。如图 3-35(c)所示的主视图上尺寸 32 是确定圆筒中心相对于底平面的位置尺寸；左视图上尺寸 6 是确定圆筒后端面偏离宽度基准的位置尺寸；俯视图上尺寸 48 和 16 分别是确定底板上两个圆孔在长度方向和宽度方向的位置尺寸。

(3) 总体尺寸

用以确定组合体外形的总长、总宽、总高的尺寸称为总体尺寸。如图 3-35(c)所示的尺寸 60、22+6、32+11 即分别为该轴承座的总长、总宽、总高度方向的尺寸。从这里可以看出，组合体的总体尺寸，有时就是某个组成部分的定形尺寸。注意不要重复标注，图 3-35(c)中标注出的尺寸 60 既是底板的定形尺寸又是总长尺寸。

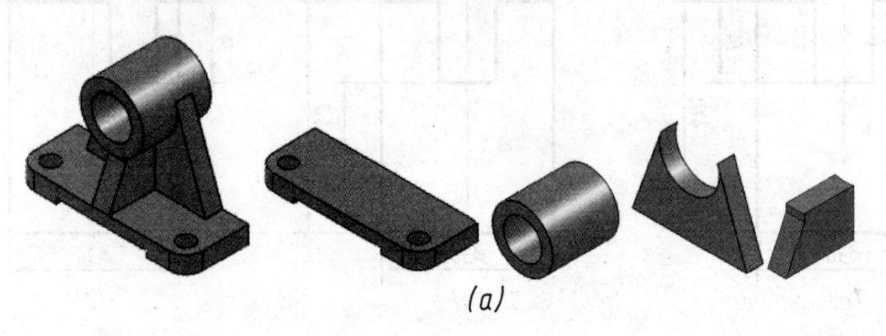

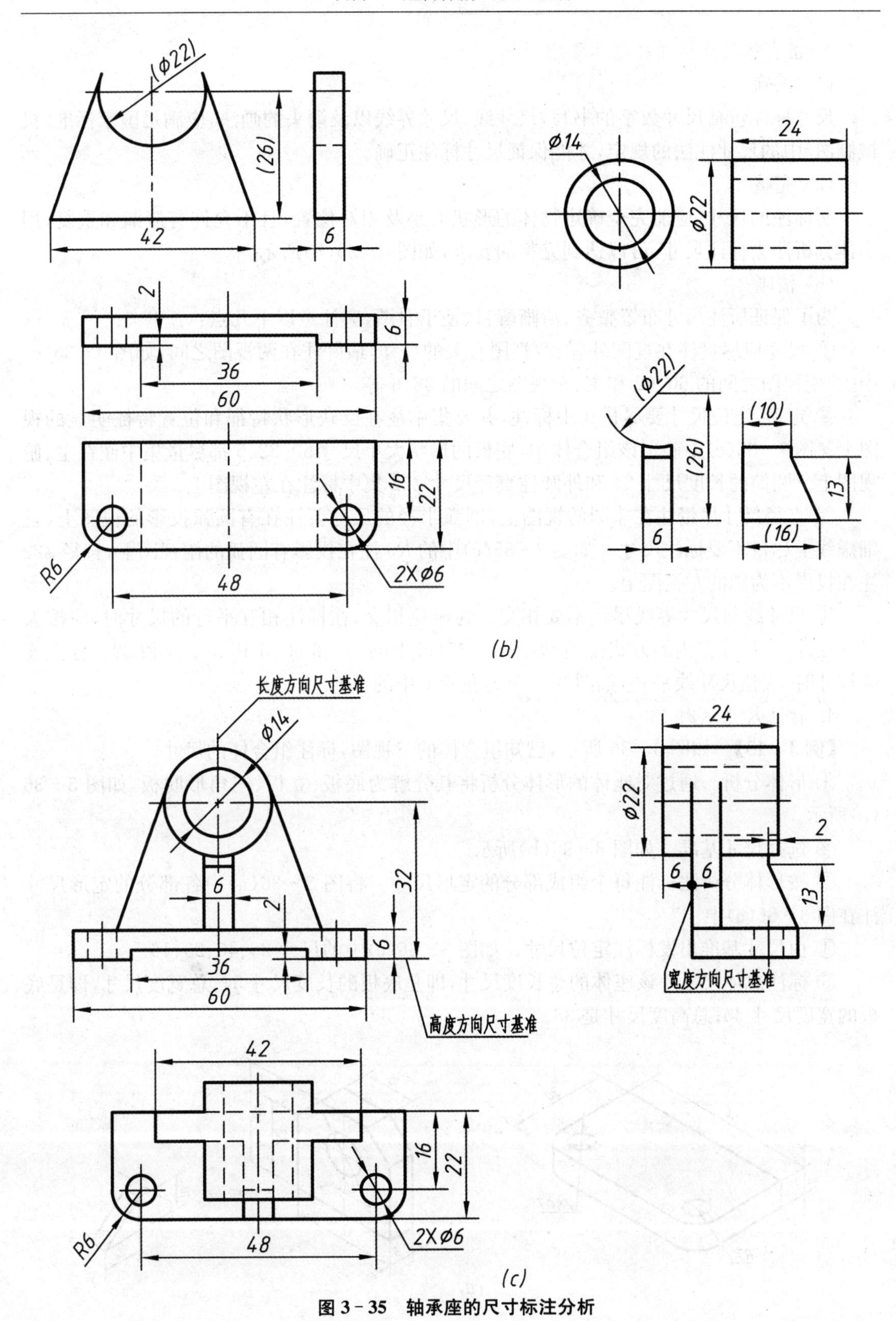

图 3-35　轴承座的尺寸标注分析

3. 组合体尺寸标注的基本要求

(1) 正确

尺寸标注包括尺寸数字的书写，尺寸线、尺寸界线以及箭头的画法，应满足国家标准《机械制图》中的尺寸注法的规定，才能保证尺寸标注正确。

(2) 完整

所标注的尺寸，应能完全确定物体的形状大小及相对位置，且不允许有遗漏和重复，用形体分析法去标注尺寸，可以达到完整的要求，如图 3－35(b)所示。

(3) 清晰

为了保证所注尺寸布置整齐、清晰醒目、便于看图，应注意以下几点：

① 尺寸应尽量注在视图外，与两视图有关的尺寸，最好注在两视图之间，如图 3－35(c)中主、俯视图之间的 60、42 和主、左视图之间的 32、6 等。

② 定形、定位尺寸要尽量集中标注，并要集中注在反映形状特征和位置特征明显的视图上。图 3－35(c)中确定该组合体中，底板的形状大小尺寸 60、22、6 都尽量集中注在主、俯视图上。圆筒的长度尺寸 24 和外圆柱直径尺寸 $\phi22$ 集中标注在左视图上。

③ 直径尺寸尽量注在非圆的视图上，圆弧半径的尺寸要注在有圆弧投影的视图上，且细虚线上尽量不要标注尺寸。如图 3－35(c)中的 $R6$ 注在投影有圆弧的俯视图上，直径 $\phi22$ 注在投影不为圆的左视图上。

④ 尺寸线与尺寸界线尽量不要相交。为避免相交，在标注相互平行的尺寸时，应按大尺寸在外、小尺寸在内的方式排列，如图 3－35(c)中的 36 和 60、6 和 32、16 和 22。标注连续尺寸时，应让尺寸线平齐，如图 3－35(c)左视图中的 6、6。

4. 标注尺寸示例

【例 3－13】 如图 3－36 所示，已知组合体的三视图，标注组合体的尺寸。

① 形体分析。通过对座体的形体分析将其分解为底板、立板、三角形肋板，如图 3－36(a)所示。

② 选择尺寸基准。如图 3－36(b)所示。

③ 按形体分析法标注每个组成部分的定形尺寸。将图 3－36(a)中各部分的定形尺寸注在图 3－36(c)中。

④ 由尺寸基准出发标注定位尺寸。如图 3－36(c)中的尺寸 26、40、23、16。

⑤ 标注总体尺寸。该座体的总长度尺寸，即是底板的长度尺寸 54；总宽度尺寸，即是底板的宽度尺寸 30；总高度尺寸是 38。

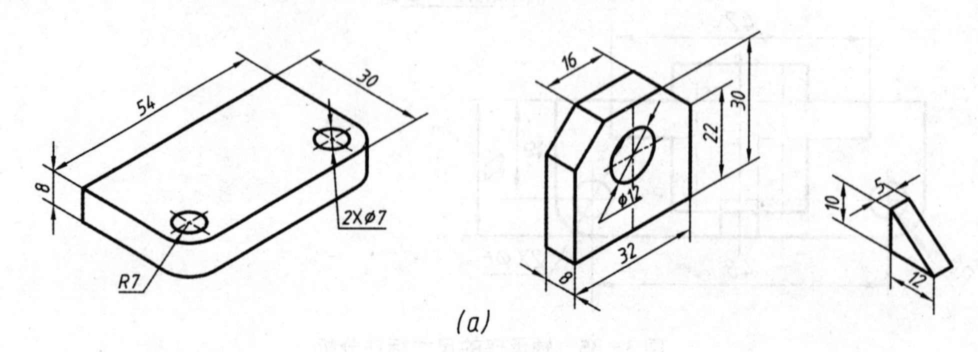

(a)

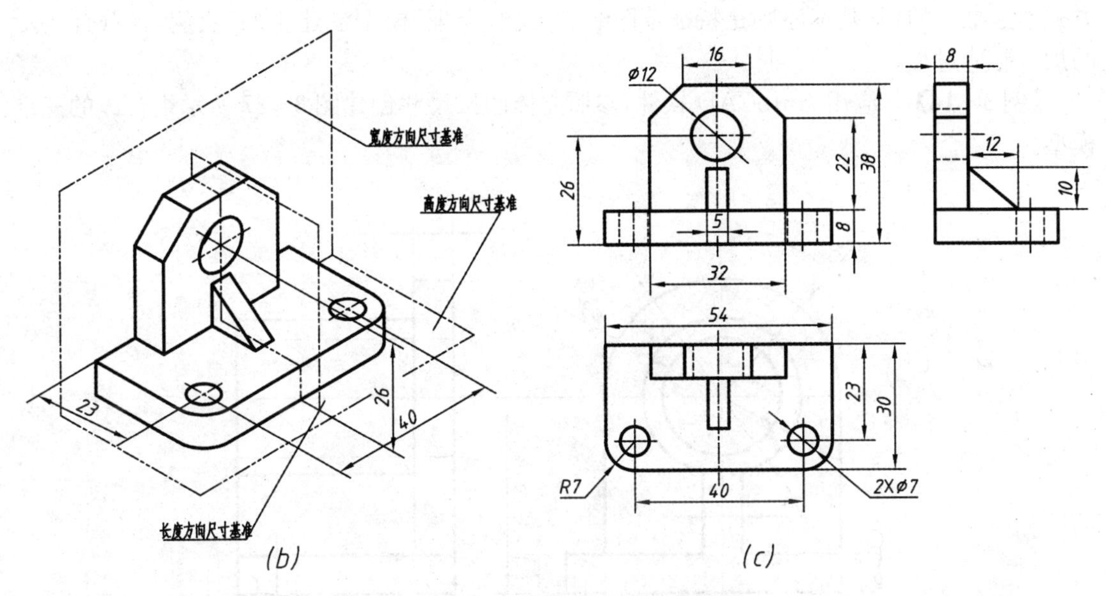

图 3-36　组合体的尺寸标注步骤

⑥ 依次检查三类尺寸，保证正确、完整、清晰。注意尺寸间的协调。

3.8.5　组合体常见结构的尺寸注法

表 3-3 列出了组合体常见结构的尺寸标注方法，供标注尺寸时参考。

表 3-3　常见结构的尺寸标注方法

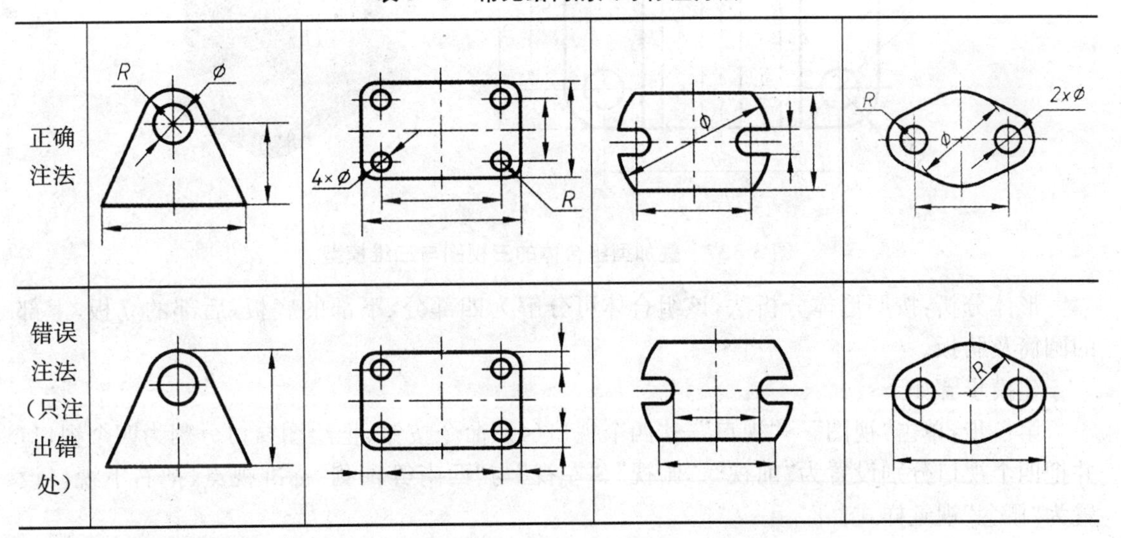

【任务实施】完成教材配套习题集第 17、18 页组合体三视图的绘制及尺寸标注。

【知识拓展】

3.9　AutoCAD 创建组合体的三维模型

组合体三维建模的基本方法也是形体分析法。通过形体分析，先构建基本几何体或简单形体，再根据它们之间的相对位置与表面连接关系创建组合体。当然，某一组合体的建模方式不是唯一的，其基本原则是特征草图绘制方便、合理，模型创建正确、快速，且符合实际的加工制造过程。

【例3－14】 应用AutoCAD软件，参照立体图按尺寸创建图3－37所示组合体的三维模型。

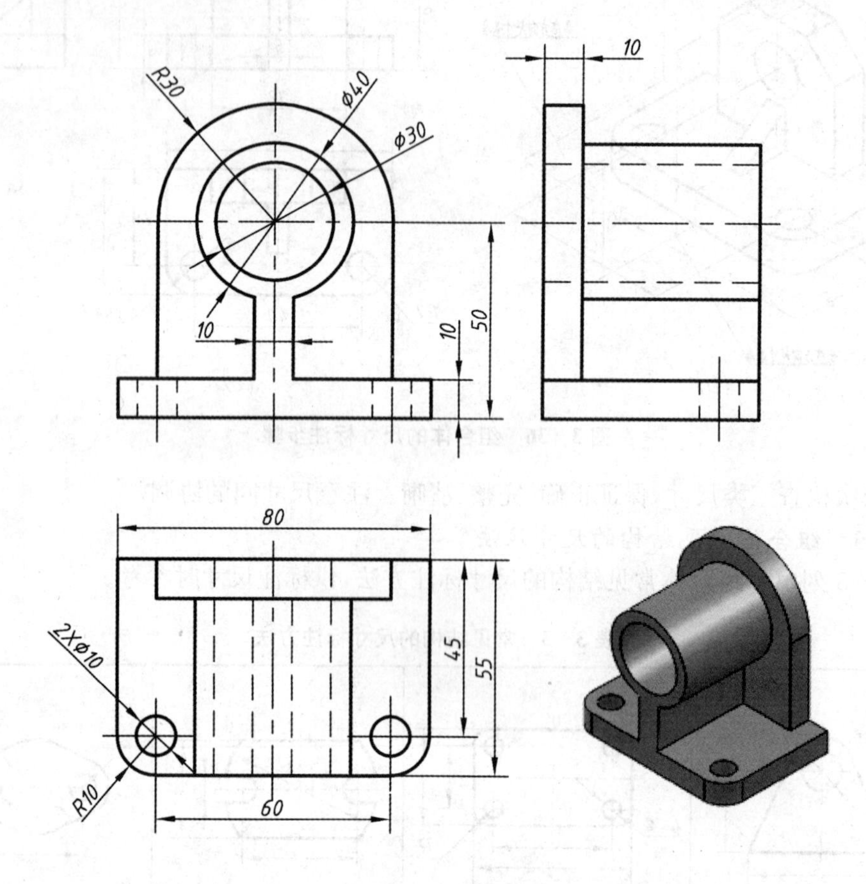

图3－37 叠加型组合体的三视图与三维模型

形体分析：按照形体分析法，该组合体可分解为四部分，下部的底板，后部的立板，上部的圆筒及肋板。

建模步骤如下：

第一步：单击“视图”→“视口”→“四个视口(4)”命令按钮，把绘图窗口分割为四个视口，并把四个视口分别设置为“前视”、“俯视”、“左视”与“西南等轴测”标准视点，把右下视口设置为“概念”视觉样式。

第二步：激活左下视口，按照图3－37所示尺寸绘制草图，执行拉伸操作创建底板；创建ϕ10的两个圆柱体，如图3－38(a)所示。

第三步：激活右上视口，按图3－37所示的尺寸绘制草图，分别拉伸创建立板、前部圆筒及肋板；并创建ϕ30的圆柱体，如图3－38(b)所示。

第四步：执行布尔运算(并集)，建模结果如图3－38(c)所示。

第五步：执行布尔运算(差集)，建模结果如图3－38(d)所示。

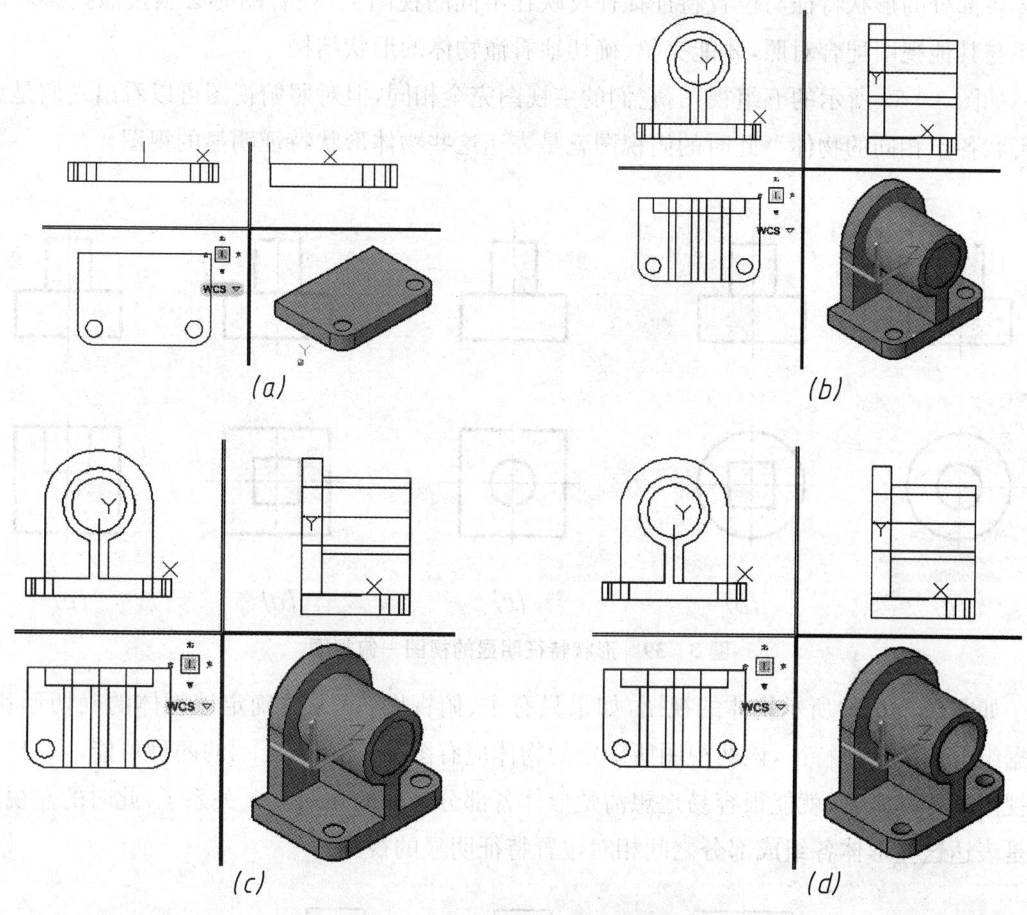

图3-38　叠加型组合体的建模步骤

任务五　识读组合体的视图

【任务引入】参见教材配套习题集第19至22页，识读组合体的视图。

【相关知识】

3.10　识读组合体三视图的方法步骤

绘图是运用正投影的投影特性将形体进行投射并绘制出视图的过程；而读图是根据已有的视图想象形体形状的过程。组合体的读图，就是在对组合体的视图进行分析的基础上，想象出组合体各组成部分的形状以及相对位置的过程。

3.10.1　读图的基本要点

1. 读图时要注意抓特征

在组合体的视图中，一般来讲主视图能较多地反映物体的形状特征和位置特征，但是组合体各部分的形状特征与位置特征往往反映在不同的视图上，在看图时必须按照投影对应关系与其他视图配合对照，才能完整、确切地看懂物体的形状结构。

如图 3－39 所示的五组视图，它们的主视图完全相同，但对照俯视图可以看出它们是五个形状各不相同的物体。此时的俯视图就是表达这些物体形状特征明显的视图。

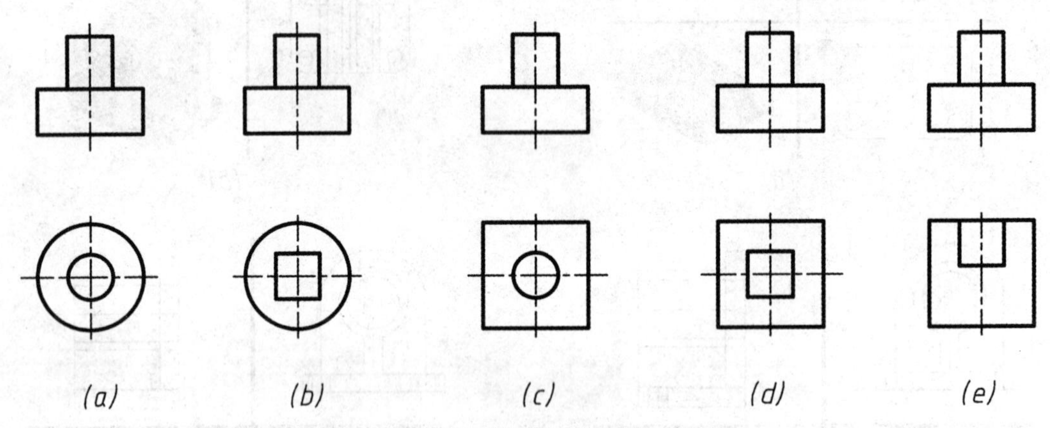

图 3－39　形状特征明显的视图—俯视图

如图 3－40(a)所示物体的视图，如果只有主、俯视图，就无法确定该物体的确切形状。根据组合体的构形特征，该两视图所确定的物体应有图 3－40(b)所示的两种可能。一旦与左视图配合起来看，就能很容易地想清楚形体各部分之间的相对位置关系了，此时的左视图就是表达这些形体各组成部分之间相对位置特征明显的视图。

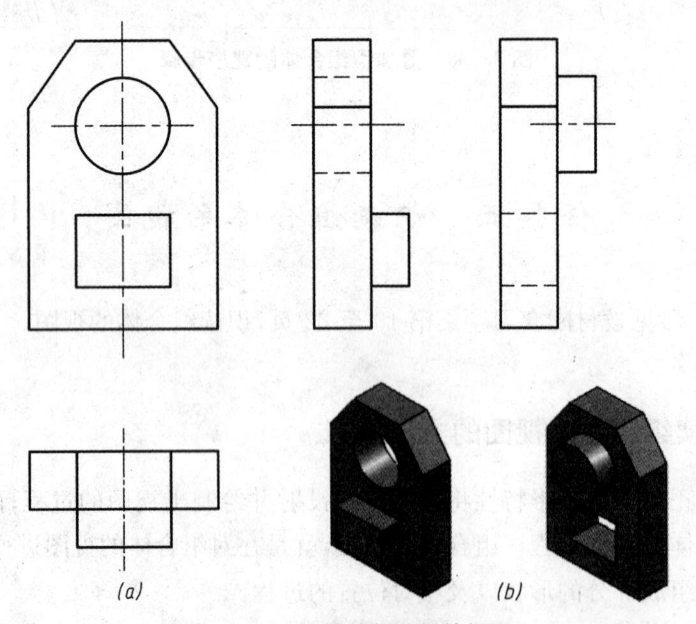

图 3－40　位置特征明显的视图

从上面的分析可见，看图时必须抓住每个组成部分的特征视图，这对看图是十分重要的。

2. 读图时要注意分析线与线框的含义

任何形体的视图都是由若干个封闭线框构成的，每个线框又是由若干条图线围成。因此，在看图时应按照投影对应关系，弄清图形中线条和线框的含义。

由基本体视图的投影特点，可知视图上某条线所代表的空间含义为：

① 可能是回转体上的一条素线的投影，如图3-41(a)所示。

② 可能是平面立体上的一棱线的投影，如图3-41(b)所示。

③ 可能是一平面的积聚投影，如图3-41(c)所示。

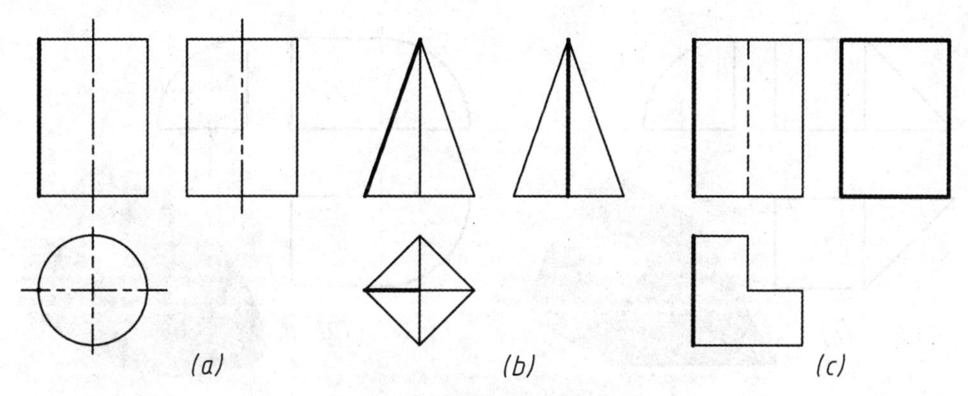

图3-41 线条代表的空间含义

根据基本体的投影特点和组合体的组合形式，线框的含义为：

① 视图单个封闭线框可能表示物体上的一个表面（平面或曲面或平面和曲面的组合面）的投影。图3-41(a)所示的主视图是一个封闭线框，表示一个曲面的投影；图3-41(b)和图3-41(c)所示视图的封闭线框，均表示平面的投影。

视图中的单个封闭线框也可能是一系列首尾相接封闭表面（单个或多个表面）的积聚性投影，如图3-41(a)、3-41(c)所示的俯视图。

② 视图中两个相邻的封闭线框，表示物体不同位置的平面的投影，如图3-42所示的主视图。

③ 大封闭线框内套小封闭线框，表示物体是在大平面上凸起或凹下小结构物体。如图3-43所示的俯视图中的正方形线框和其内的圆，一个是凸起的，一个是凹下的。

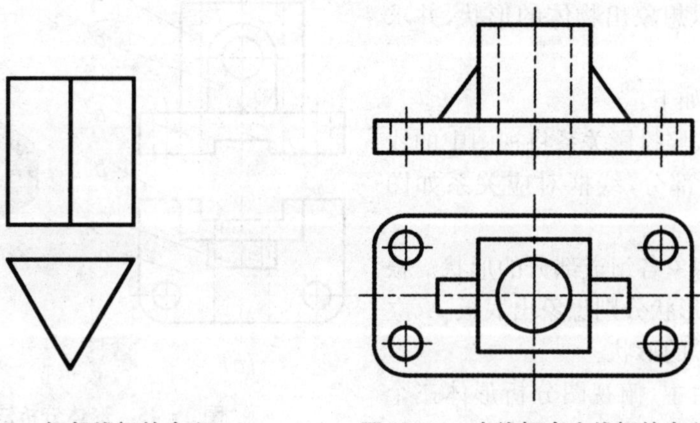

图3-42 相邻线框的含义　　**图3-43 大线框套小线框的含义**

3. 读图要熟悉各种基本体的视图特征

由于组合体是由若干个基本体组成,所以看组合体的视图时,要熟练掌握基本体视图的特征。

如图 3-44(a)所示物体的三视图,单从主视图与俯视图看,可以认为是棱锥和棱柱的叠加组合。但读左视图后可以确定其为四分之一圆锥和四分之一圆柱叠加而成的组合体。如图 3-44(b)所示物体的三视图,左视图同 3-44(a)而主视图和俯视图却有很大差别,它是由四分之一圆球和四分之一圆柱叠加而成的组合体。

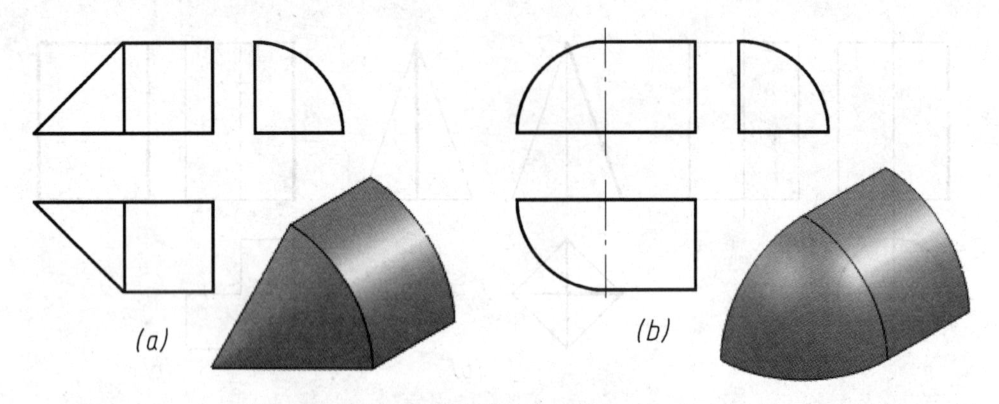

图 3-44 由基本体的投影特征看图

3.10.2 读图的基本方法

1. 形体分析法

形体分析法既是由物画图、标注尺寸的基本方法,也是识读视图的基本方法。形体分析法的读图步骤如下:

① 按照投影关系分析视图中的线框,把形体分解为若干个部分。

② 抓住各部分的特征视图,对照投影关系想象出每个组成部分的形状。

③ 进一步分析视图,确定各组成部分间的相对位置关系、组合形式以及表面的连接方式。

④ 最后综合起来想象整体形状。

【例 3-15】 分析图 3-45(a)所示物体的两视图,想象出物体的形状,并求作左视图。

看图步骤如下:

第一步:按照投影关系将视图中的线框分解成三个部分,线框对应关系如图 3-45(a) 所示。

第二步:想象各组成部分的形状。根据对应线框的形状分别想象出底板 A、立板 B、拱形板 C 的形状。

第三步:由主、俯视图分析形体三个部分的位置关系,属叠加式组合体。形体

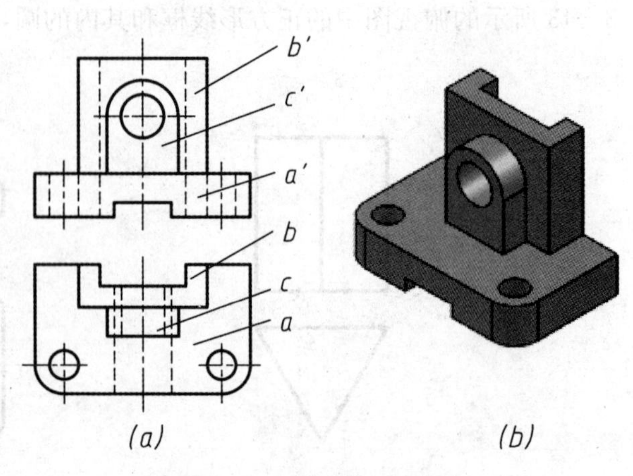

图 3-45 形体分析法看图

左右对称，形体C在A的上面，形体C在形体B的前面，综合起来想象整体形状，如图3-45(b)所示。

第四步：根据整体形状按形体分析法作形体的左视图，过程如图3-46所示。

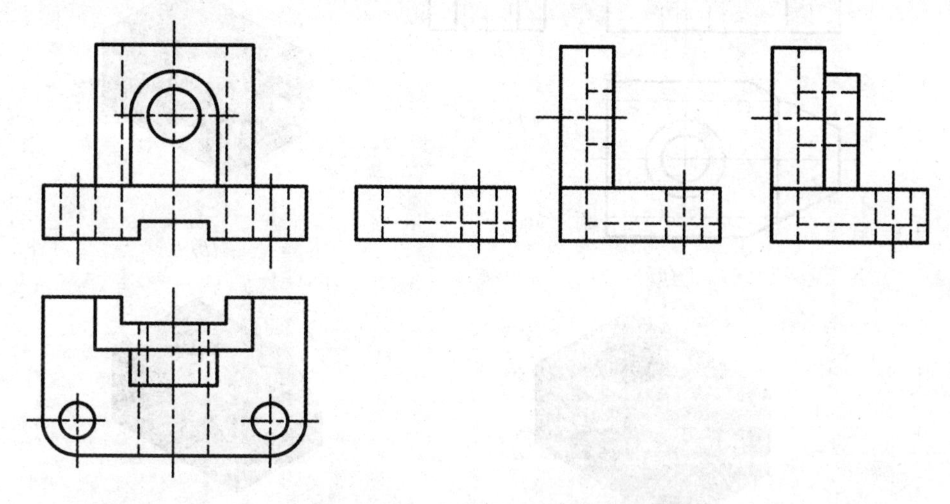

图3-46 补画左视图的过程

2. 线面分析法

对于较为复杂的切割式组合体，运用形体分析法不便将其分解成若干个组成部分，看图时需要采用线面分析法。

所谓线面分析法，就是运用投影规律通过对视图中的线与线框进行分析，弄清各视图对应线与线框所表示空间物体上线、面的形状和位置，并借助立体概念想象出物体形状的方法。

【例3-16】 用线面分析法分析图3-47(a)所示物体的三视图，想象出物体的形状。

看图步骤如下：

第一步：根据视图特征分析物体所属的基本体。由已知三视图可以看出物体未切割前所属的基本体为长方体，如图3-47(b)所示。

第二步：抓住线段、对应投影。抓住线段，是指抓住视图中平面投影成积聚性的线段；对应投影，就是对应找出另外两个视图上的投影。根据投影判断出该截切面的形状和位置。

从俯视图中的两个同心圆出发，按长对正、宽相等的对应关系，对应出主、左视图的虚线线框，可知该部分为切除的台阶孔，如图3-47(c)所示。

从主视图中左上方的斜线出发，按长对正、高平齐的对应关系，对应出形状为梯形的两个类似形，可知该处被正垂面所切，如图3-47(d)所示。

分别从俯视图中左方的两条斜线出发，按长对正、宽相等的对应关系，对应出形状为七边形的两个类似形，可知此处是被两个铅垂面所切，如图3-47(e)所示。

从左视图下方的前后切口出发，按高平齐、宽相等的对应关系，在主、俯视图分别对应积聚投影和反映实形的四边形，可知此处是被水平面和正平面所切，如图3-47(f)所示。

第三步：综合起来想整体。通过对以上物体与截切面形状与位置的分析，综合起来想象出整体的形状，如图3-47(f)所示。

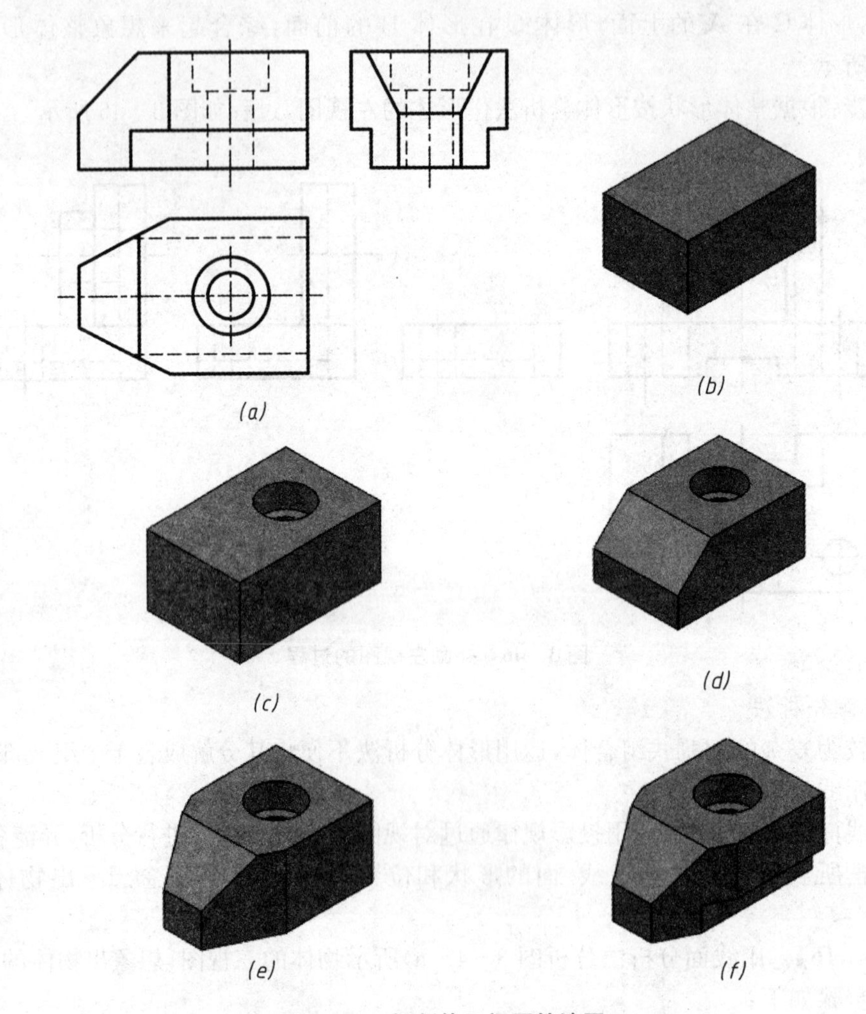

图 3-47　切割体三视图的读图

【任务实施】 完成教材配套习题集第 19 至 22 页组合体三视图的识读练习。

项目 4　机件的表达方法

【学习目标】

1. 掌握基本视图的概念与画法。
2. 掌握向视图、局部视图、斜视图的画法与标注。
3. 掌握剖视图的基本概念、画法和标注。
4. 掌握断面图的基本概念、画法和标注。
5. 了解机件的其他表达方法。

任务一　机件的视图绘制与标注

【任务引入】参见教材配套习题集第 23、24 页，按要求绘制机件的视图。

【相关知识】

4.1　视图

视图主要用于表达机件外部结构形状，在视图中一般只表示机件的可见部分，表示不可见部分的虚线往往只在必要时画出。

4.1.1　基本视图

当物体在各个方向(上下、左右、前后)的外部结构、形状都不相同时，三视图往往不能清晰地把它表达出来。因此，必须增加投影面，以便得到更多视图。在原有三个投影面的基础上，机件的前面、左面和上面，再增加三个投影面就构成一个正六面体系(如图 4－1(a)所示)。国家标准将这六个侧面规定为基本投影面。

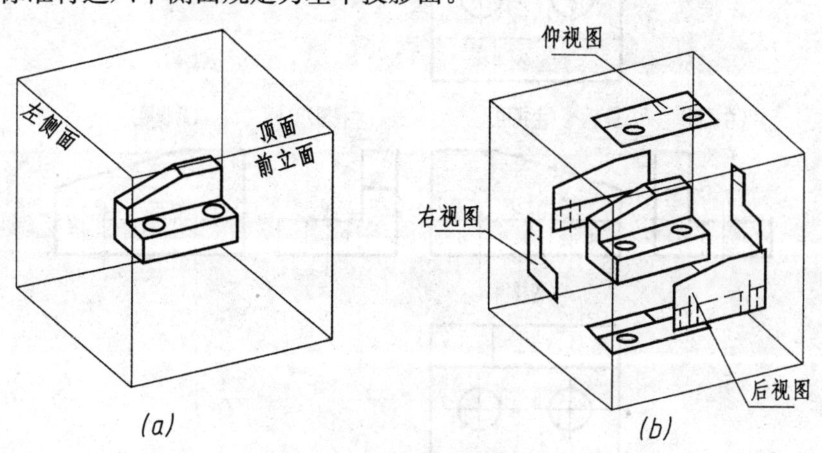

图 4－1　基本视图的形成

物体向基本投影面投射所得的视图称为基本视图。

在六个基本视图中，除主视图、俯视图、左视图外，还包括从右向左投射所得的右视图、从下向上投射所得的仰视图和从后向前投射所得的后视图（如图 4－1(b)所示）。

六个基本投影面展开时，规定正面不动，其余各投影面按图 4－2 所示方法展开到与正面处于同一平面。

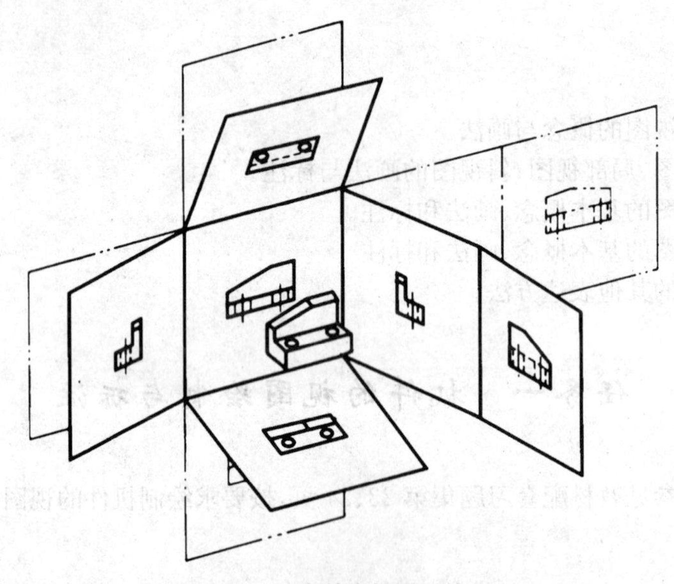

图 4－2　六个基本投影面的展开

六个基本视图若画在同一张图样内，按图 4－3 所示的配置关系配置时，一律不标注视图名称。六个基本视图之间仍遵循“长对正、高平齐、宽相等”的投影关系。主视图应尽量反映机件的主要结构形状，并根据表达的实际需要选用其他视图，在完整、清晰地表达机件形状的前提下，采用视图的数量最少或画图更简便。

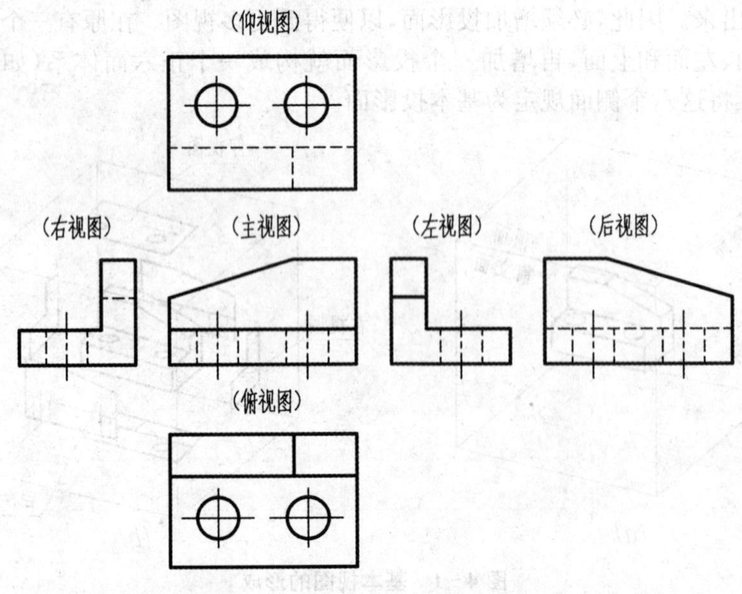

图 4－3　六个基本视图的配置

4.1.2　向视图

在实际设计绘图中,有时为了合理利用图纸,国家标准规定了一种可以自由配置的视图——向视图,如图 4-4 所示。

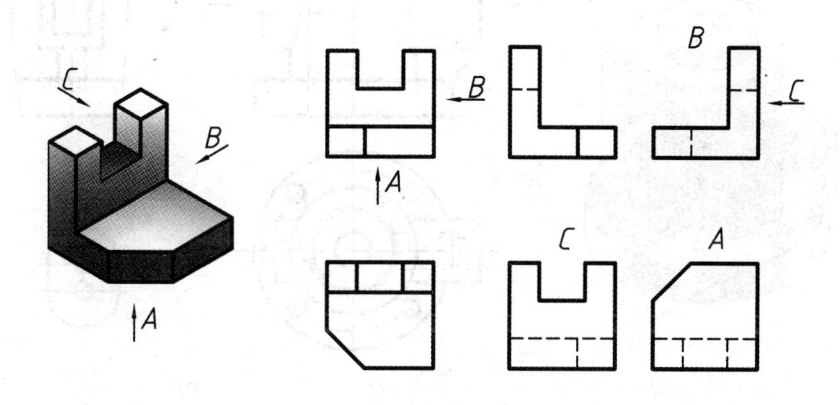

图 4-4　向视图及其标注

为了便于读图,在绘制向视图时,应在向视图的上方标注"×"(×为大写拉丁字母),在相应视图的附近用箭头指明投射方向,并注明相同的字母,如图 4-4 所示。表示向视图名称的字母,标注均应与正常的读图方向一致,以便于识别。表示投射方向的箭头应尽可能配置在主视图上,以使视图与基本视图相一致。表示后视图的投射方向箭头最好配置在左视图或右视图上。

4.1.3　局部视图

在表达某些机件的形状时,采用某些基本视图后,机件上仍有局部结构形状尚未表达清楚,而画出完整的基本视图又显得重复与繁琐时,可采用局部视图来表达。

局部视图是将物体的某一部分向基本投影面投射所得的视图。如图 4-5(a)所示的机件,用主、俯视图表达了主体形状,但为了表达左、右两个凸缘的形状,若再画左视图和右视图,就显得繁琐与重复。如果采用 *A* 和 *B* 两个局部视图来表达凸缘的形状,就显得既简练又重点突出。

画局部视图时,可以按向视图的配置形式配置在图纸的适当位置(如图 4-5(b)所示的 *B* 局部视图),也可以将局部视图按基本视图的配置形式配置(如图 4-5(b)所示的 *A* 局部视图),并按向视图的标注方式标注其视图名称与投射方向。当局部视图按基本视图的配置形式配置且中间没有其他视图隔开时,可省略标注(*A* 局部视图)。

局部视图的断裂边界用波浪线或双折线表示(如图 4-5(b)所示的 *A* 局部视图);当所表示的局部结构是完整的,其图形的外轮廓线呈封闭时,表示断裂边界的波浪线可省略不画(如图 4-5(b)所示的 *B* 局部视图)。

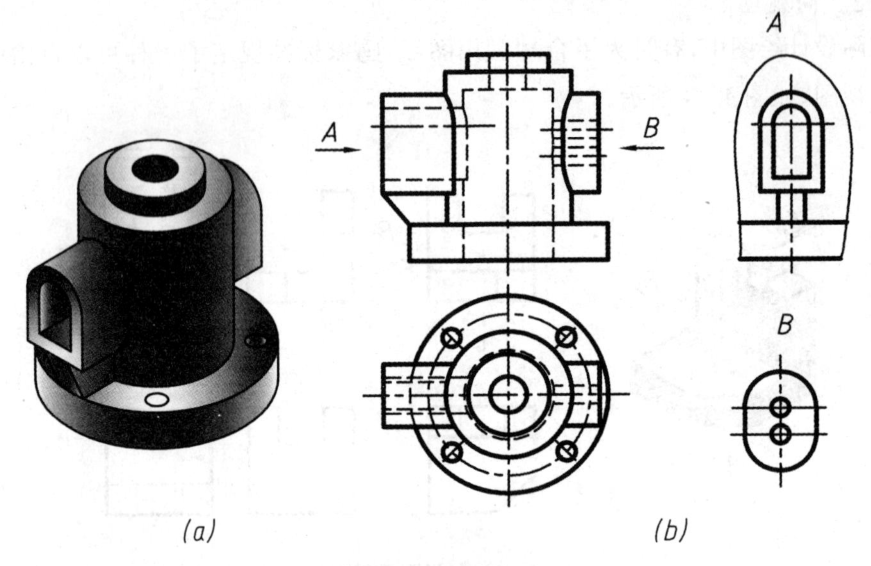

图 4-5 局部视图

4.1.4 斜视图

当机件上有倾斜于基本投影面的结构时，为了在视图上表达倾斜部分的真实形状，可设置一个与倾斜部分平行的辅助投影面，再将倾斜结构向该投影面投射并展开。这种将机件向不平行于任何基本投影面的投影面投射所得的视图，称为斜视图，如图 4-6(a)所示。机件上倾斜于基本投影面的结构，如用基本视图表达，既不反映实形，视图也不易画出，如图 4-6(b)所示的俯、左视图。

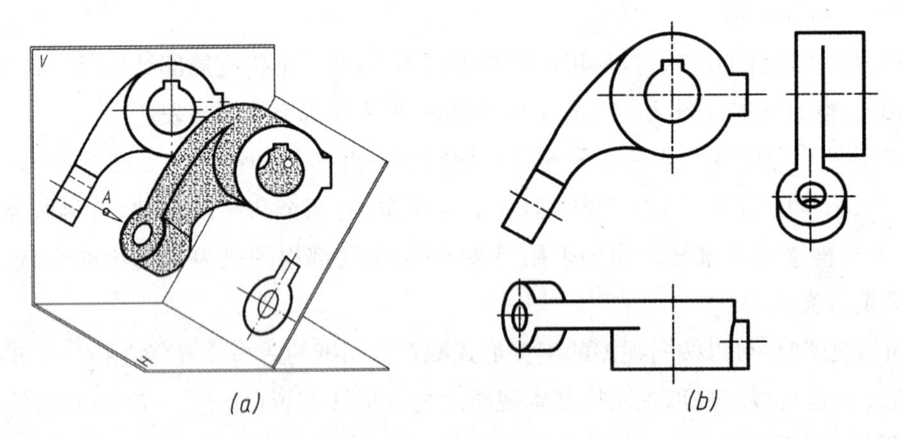

图 4-6 斜视图的形成

画斜视图时，必须在斜视图的上方标出“×”(×为大写拉丁字母)，并在相应的视图附近用箭头指明投射方向，并注上同样的字母。斜视图只反映机件上倾斜结构的实形，其余部分省略不画。斜视图的断裂边界可用波浪线或双折线表示，如图 4-7 所示中的 *A* 视图。

斜视图通常按向视图的配置形式配置并标注，如图 4-7(a)中的 *A* 视图所示；必要时也允许将斜视图旋转配置，但需加注旋转符号，如图 4-7(b)所示。旋转符号的尺寸和比例，

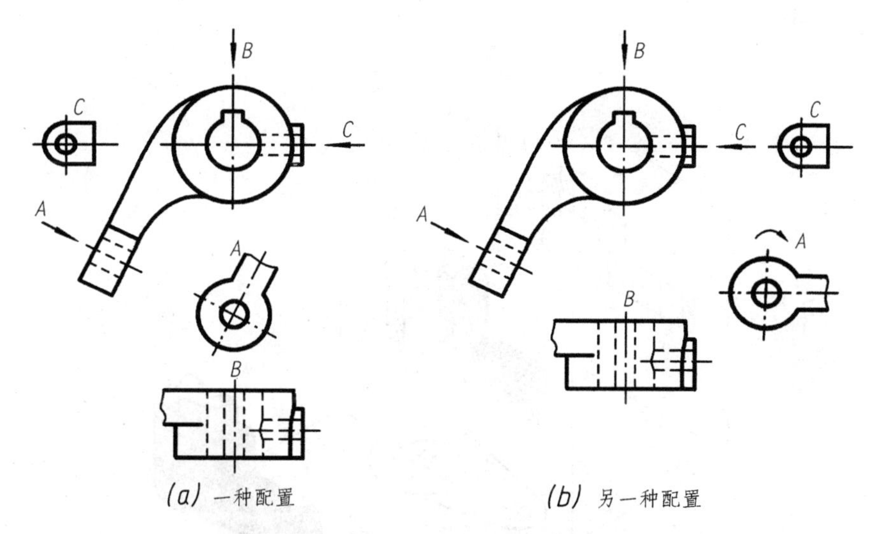

图 4-7 斜视图和局部视图的两种配置形式

如图 4-8 所示。表示该视图名称的字母应靠近旋转符号的箭头端,也允许将旋转角度写在字母之后。

绘制斜视图按旋转形式配置时,既可顺时针旋转,也可逆时针旋转。但旋转符号的方向要与实际旋转方向一致,以便于看图者辨别。

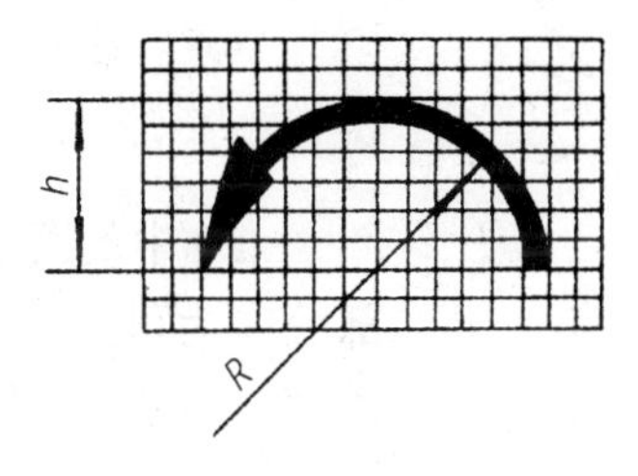

图 4-8 旋转符号的画法

【任务实施】完成教材配套习题集第 23、24 页基本视图、向视图、局部视图与斜视图的绘图练习。

任务二 机件的剖视图绘制与标注

【任务引入】参见教材配套习题集第 25 至 29 页,按要求绘制机件的剖视图。

【相关知识】

4.2 剖视图

在用视图表达机件的形状结构时,机件中可见轮廓线用粗实线表示,不可见轮廓线都用细虚线表示。如果机件的内部结构比较复杂,视图中的细虚线就会较多,有些甚至与外形轮廓线重叠,使图形不够清晰,既不便于画图、看图,也不便于标注尺寸。为此,国家标准(GB/T 17452—1998 和 GB/T 4458.6—2002)规定了用剖视图来表达机件的基本表示法。

4.2.1 剖视图的基本概念

为了清晰展现机件的内部结构,我们用假想的平面或曲面通过机件的适当部位剖开,这种剖切物体的假想平面或曲面称为剖切面。

假想用剖切面剖开机件,将处在观察者和剖切面之间的部分移去,而将其余部分向投影面投射所得的图形,称为剖视图,简称剖视(如图 4-9、图 4-10(b)所示)。剖视图用于表达机件的内部结构形状。

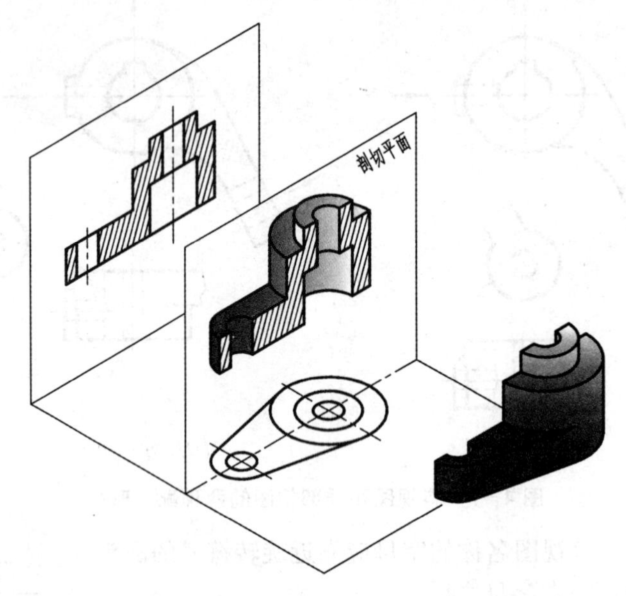

图 4-9 剖视的概念

比较图 4-10 中的两个主视图，由于图 4-10(b)中的主视图采取了剖视图，视图中原来不可见的部分变为可见，原来视图中的一些细虚线变成了粗实线，加上剖面线的作用，使图形具有层次感，且主视图中后部的细虚线予以省略，从而使图形显得更加清晰。

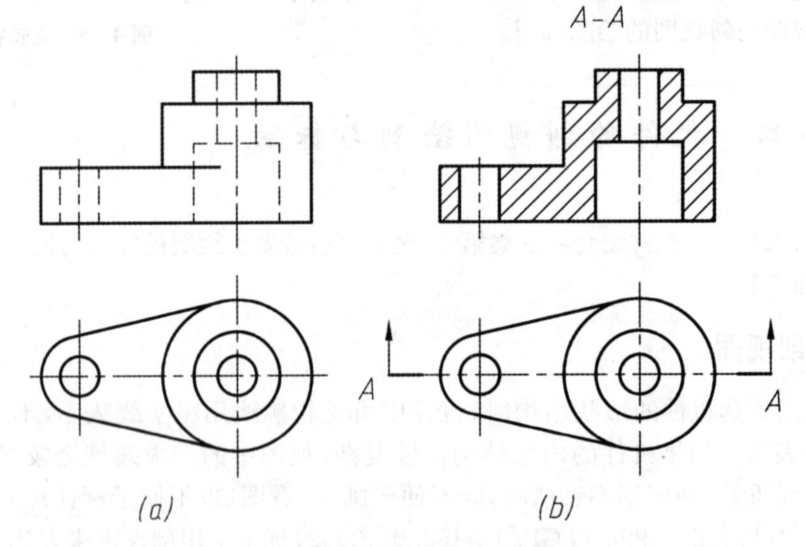

图 4-10 视图与剖视图的比较

4.2.2 剖视图的画法

1. 确定剖切面的位置

一般用平面(有时也用柱面)作为剖切面。为了使剖切后的结构投影反映被剖切部分的真实形状，剖切面一般应通过机件内部结构的对称平面或孔的轴线。

2. 画剖切后的视图

将剖切平面剖切到的断面轮廓及其后面的可见轮廓线，都用粗实线画出，如图 4-10(b)所示。

3. 画剖面符号

在绘制剖视图时，将剖切平面剖切到机件的断面轮廓内画出与材料相应的剖面符号，以区别剖面区域与非剖面区域。国家标准规定了各种材料的剖面符号，如表 4-1 所示。

表 4-1　材料的剖面符号(GB/T 4457.5—1984)

材料	剖面符号	材料	剖面符号
金属材料(已有规定剖面符号者除外)		混凝土	
线圈绕组元件		钢筋混凝土	
转子、电枢、变压器和电抗器等的叠钢片		砖	
非金属材料(已有规定剖面符号者除外)		基础周围的泥土	
型砂、填砂、粉末冶金、砂轮、陶瓷刀片、硬质合金刀片等		格网(筛网、过滤网等)	
玻璃及供观察用的其他透明材料		液体	

在机械工程图中，表示金属材料的剖面符号常称为剖面线，应画成间隔均匀的适当角度的细实线，最好与剖面的主要断面轮廓或剖面区域的对称线成 45°，如图 4-11 所示。当剖面的主要断面轮廓与水平成 45°时，该图形的剖面线应与水平成 30°或 60°，其倾斜方向仍与其他图形的剖面线一致。

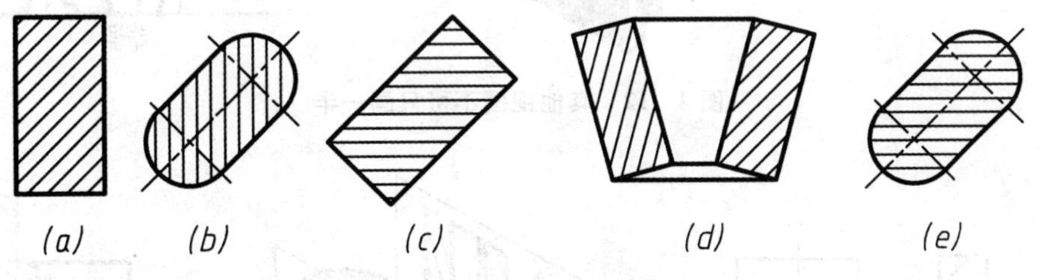

图 4-11　剖面线的角度

对于同一机件的各个剖面区域(无论是否在同一视图上)，其剖面线的画法应一致(间距相等、方向相同)。在装配图上，相邻的不同机件的剖面区域，应以剖面线的方向不等或间距不同加以区分。

4. 剖视图的配置与标注

剖视图的配置仍采用视图配置的规定。一般按投影关系配置，如图 4-10(b)所示；必要时允许配置在其他适当位置，但必须进行标注。为便于看图，分清剖视图与剖切位置间的一一对应关系，在画剖视图时，应标出剖切符号和剖视图的名称。

表示剖切面的起、止和转折位置的线(一般用粗短线)及投影方向(一般用箭头)的符号称为剖切符号。在剖视图上方用大写字母"X—X"标出剖视图名称,并在剖切符号的附近注上相同的字母,如图 4-10(b)所示。

当剖视图按基本视图关系配置时,可省略表示投影方向的箭头(图 4-10 中可省略箭头)。当剖切平面通过机件的对称面或基本对称面,且剖视图按基本视图关系配置时,剖切位置、投影方向以及与剖视图之间的对应关系都非常明确,可省略全部标注,图 4-10(b)所示。

5. 画剖面图时的注意点

(1) 对机件的剖切是假想的,因而除了取剖视的视图画成剖视图外,其余视图应按完整机件画出,如图 4-12 所示。

(2) 为了使剖视图清晰,当剖视图中不可见的结构形状在其他视图中已表达清楚时,剖视图中的细虚线可省略不画。如图 4-10(b)主视图中上、下凸缘的后部在剖视图中为不可见,故细虚线予以省略。但对尚未表达清楚的结构形状,细虚线则不能省略,如图 4-13 所示,左视图中表示机件右端圆柱面的细虚线,既不影响剖视图的清晰,还可减少一个视图。

(3) 不可漏画剖切平面后面的可见轮廓线,对于剖切平面后面的可见轮廓线,全部用粗实线画出,如图 4-14 所示。

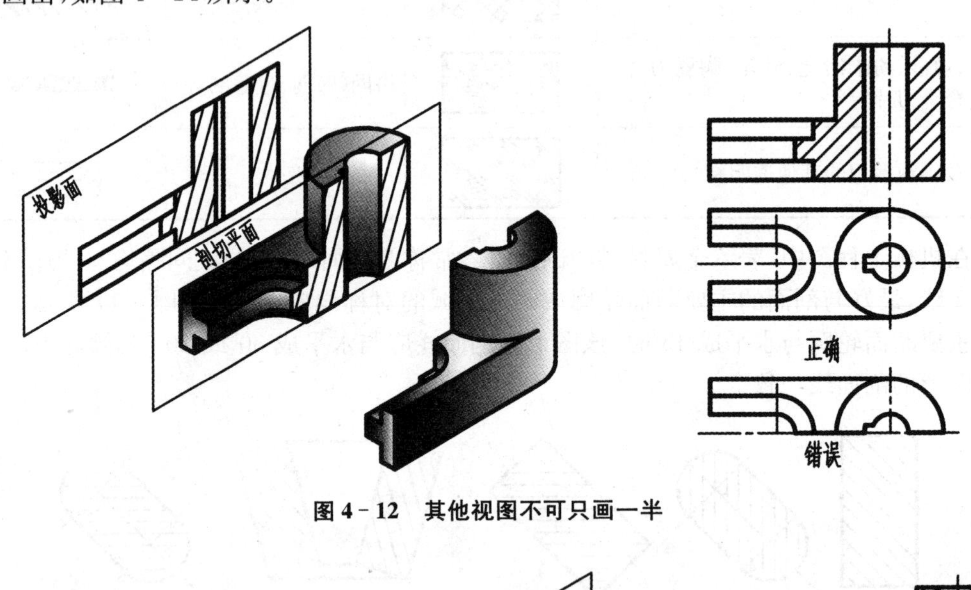

图 4-12 其他视图不可只画一半

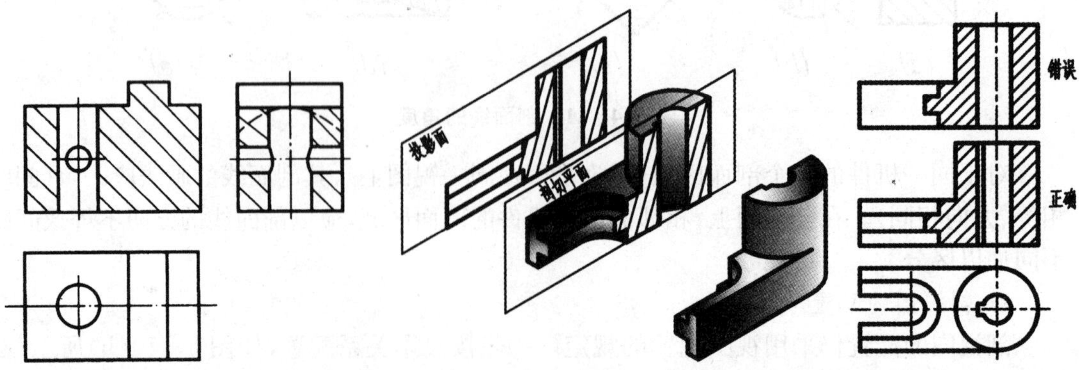

图 4-13 剖视图中必要的虚线要画出

图 4-14 剖视图中容易漏画的图线

4.2.3　剖视图的种类

在绘制剖视图时，为兼顾机件内、外形状的表达，根据机件的结构特点与表达需要，假想剖切的范围有所不同，按照画剖视图的剖切范围，剖视图可分为全剖视图、半剖视图和局部剖视图三种。

1. 全剖视图

用剖切面(可为平面或柱面)将机件完全剖开所得的剖视图称为全剖视图，如图4－15所示。

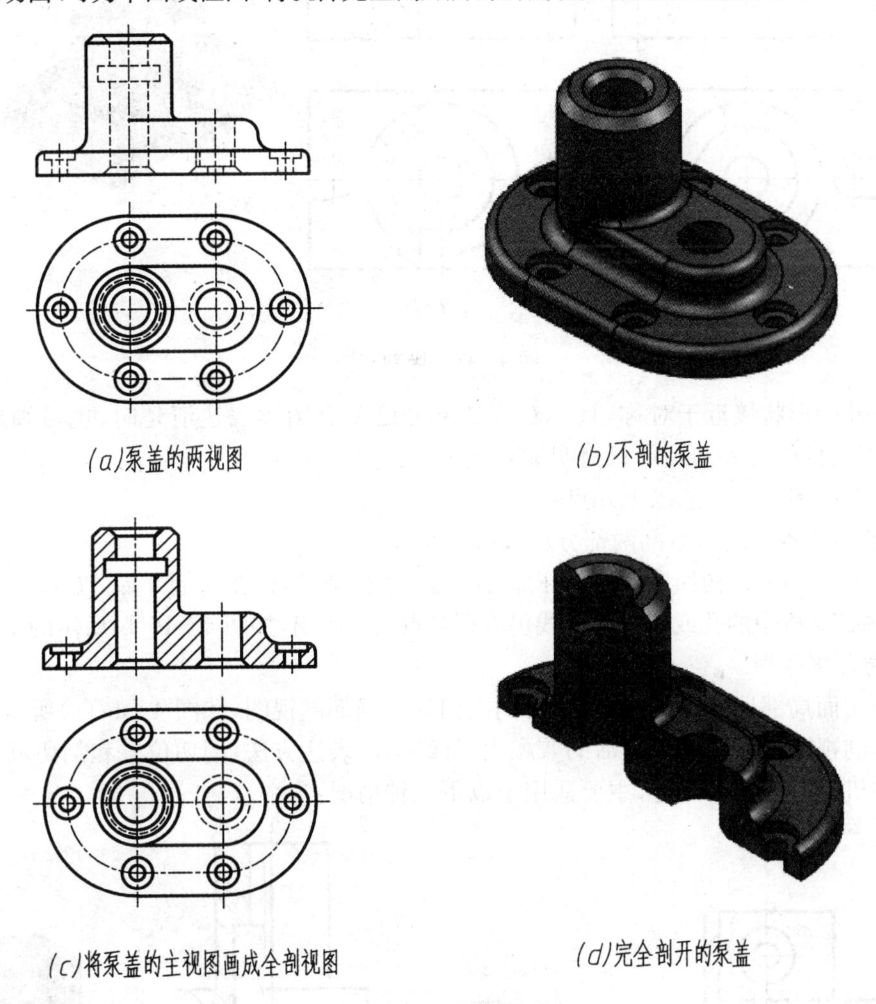

(a)泵盖的两视图　(b)不剖的泵盖

(c)将泵盖的主视图画成全剖视图　(d)完全剖开的泵盖

图4－15　全剖视图

由于全剖视图将机件完全剖开，机件外形的表达受到影响，所以全剖视图适用于外形比较简单或外形已在其他视图上表达清楚，内部形状比较复杂的机件。图4－10(b)、图4－14中的剖视图亦为全剖视图。

2. 半剖视图

当机件具有对称平面时，将机件剖切后，向垂直于对称平面的投影面上投射，所得的图形以对称中心为界，将图形一半画成剖视图以表达内形，另一半画成视图表达外形，这种组合的图形称为半剖视图。

半剖视图能在一个图形中同时反映机件的内部形状和外部形状，故主要用于内、外结构形状都需要表达的对称机件，如图 4－16(b)所示，由于该机件左右都对称，所以主、俯两个视图都可画成半剖视图。

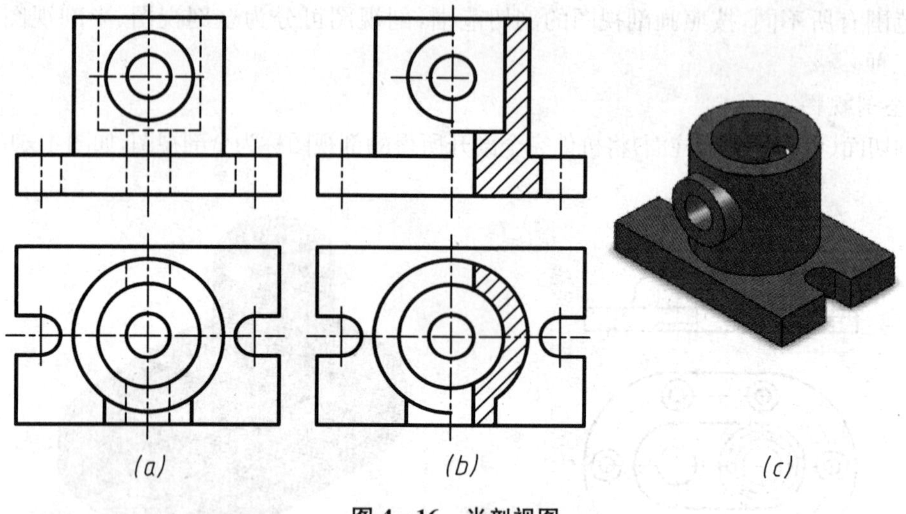

图 4－16　半剖视图

当机件的形状接近于对称，且不对称的部分已另有图形表达清楚时，也可画成半剖视图，以便将机件的内外结构形状简明地表达出来。

画半剖视图时应注意以下几点：

① 半剖视图中剖与不剖两部分应以细点画线为界；

② 机件的内部结构如果已在剖开部分的图中表达清楚，则在未剖开部分的图中不再画细虚线，但内部结构中的孔或槽的中心线仍应用细点画线画出，如图 4－16(b)所示的主视图。

3. 局部剖视图

用剖切面局部地剖开机件，所得的剖视图称为局部剖视图，如图 4－17(a)所示。

局部剖视图是一种比较灵活的兼顾内、外结构的表达方法，剖切位置和剖切范围根据图形状况与机件表达需要而定，主要适用于以下几种情况：

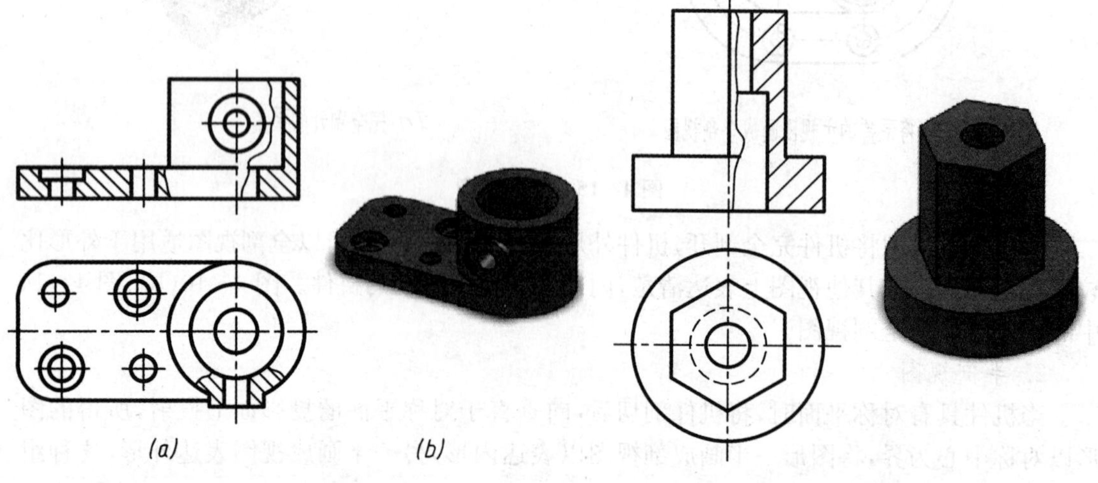

图 4－17　局部剖视图

图 4－18　不宜采用半剖的对称机件

① 当机件不对称，内、外部形状都需要表达时，如图 4－17(a)所示主视图。

② 当机件上只有某一两处局部结构需要表达，但又不宜采用全剖视图时，如图 4－17(a)所示俯视图。

③ 当机件具有对称面，但轮廓线与对称中心线重合，不宜采用半剖视图表达内、外形状时，如图 4－18 所示。

画局部剖视图时应注意以下几点：

① 局部剖视图中，剖与不剖部分之间，用波浪线(或双折线)分界，而波浪线的位置(机件的剖切范围)，应根据内、外形表达的实际情况确定，如图 4－17 所示。

② 波浪线不应和图样上其他图线重合或处于其延长线上，也不能以轮廓线代替波浪线，如图 4－19(a)所示。

③ 波浪线只能画在机件表面的实体部分，不能穿空而过，也不能超出视图的轮廓线之外，如图 4－19(b)所示。

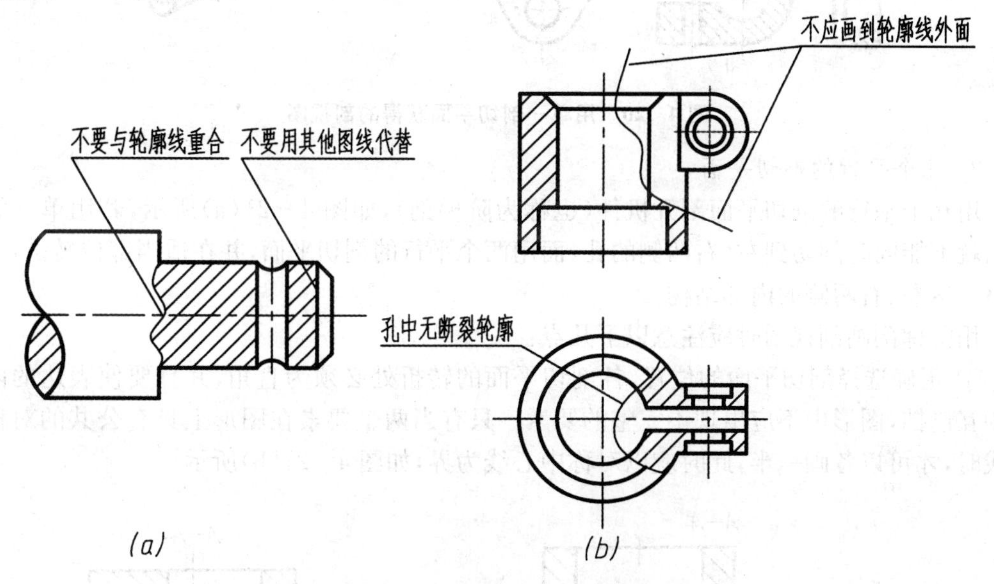

图 4－19　波浪线的错误画法示例

4.2.4　剖切面的种类

前面所述的全剖、半剖和局部剖视图都是用平行于基本投影面的单一剖切面剖切而得到的，但由于机件内部结构形状的多样性与复杂性，只有选用不同位置与数量的剖切面来剖切机件，才能充分表达机件的内部形状。根据剖切面的数量和组合形式的不同，剖切面又分为单一剖切面、几个平行的剖切平面、两相交的剖切平面、组合的剖切平面等。

1. 单一剖切面

单一剖切面是指用一个剖切面剖开机件。当剖切面为平面时，该剖切平面可以是平行于某一基本投影面的平面，如图 4－15、图 4－16、图 4－17 所示。也可以是不平行于任何基本投影面的平面(斜剖切面)，用来表达机件上倾斜部分的内部结构形状，其配置和标注方法通常如图 4－20 所示。必要时，允许将斜剖视图旋转配置，但必须在剖视图上方标注出旋转符号。

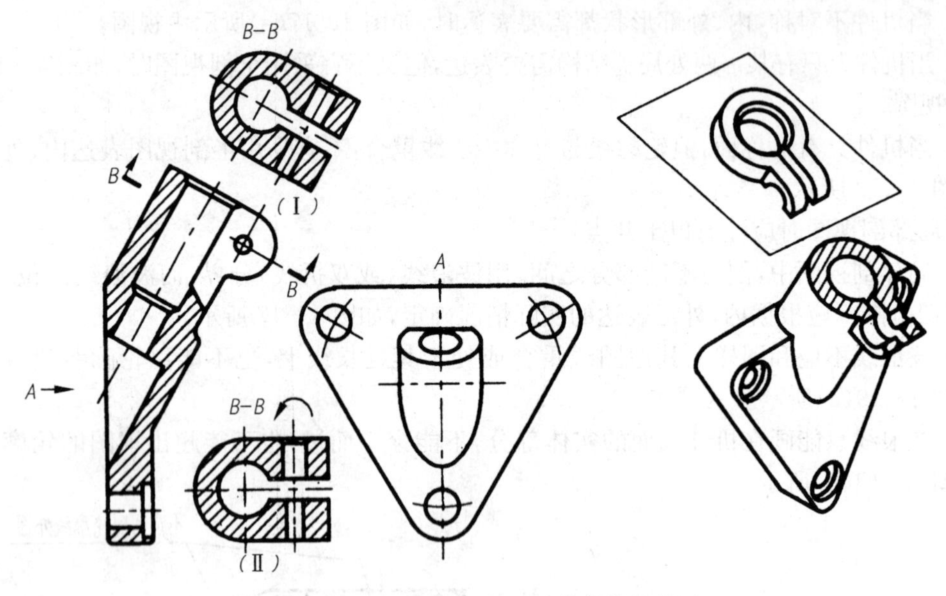

图 4-20　用单一剖切平面获得的剖视图

2. 几个平行的剖切平面

用几个平行的剖切平面剖开机件(也称为阶梯剖),如图 4-21(a)所示,若用单一的剖切面就不能同时剖切到左、右两侧的孔,而用两个平行的剖切平面,并在适当部位转折,就可完整表达左、右两侧的内部结构。

用阶梯剖画剖视图时应注意以下几点:

① 正确选择剖切平面的位置,各剖切平面的转折处必须为直角,并且要使表达的内容不相互遮挡,图形中不应出现不完整的要素。只有当两个要素在图形上具有公共的对称中心线时,才可以各画一半,此时应以对称中心线为界,如图 4-21(b)所示。

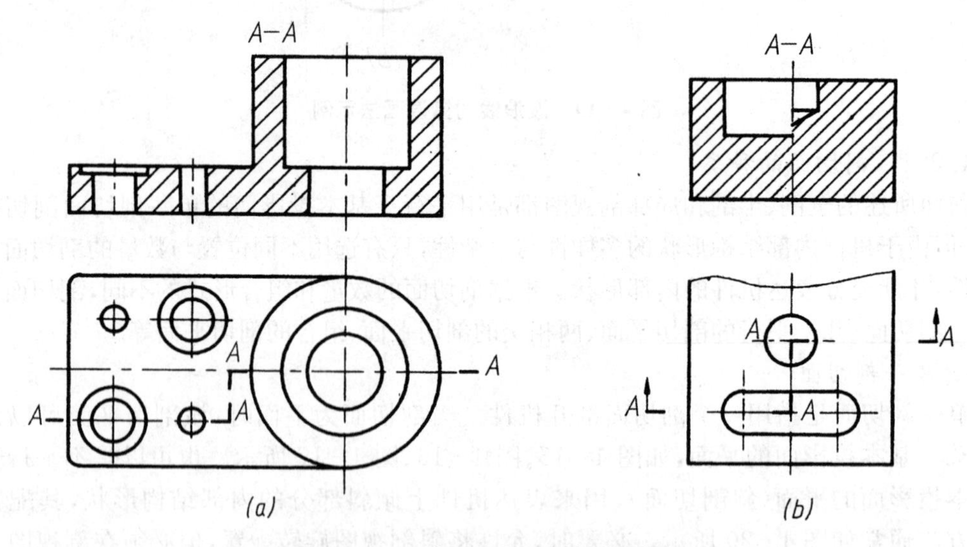

图 4-21　几个平行平面剖切的剖视图

② 因为剖切是假想的，所以应设想将几个平行的剖切平面平移到同一位置后，再进行投射。此时，不应画出剖切平面转折处的交线，如图 4－22 所示。

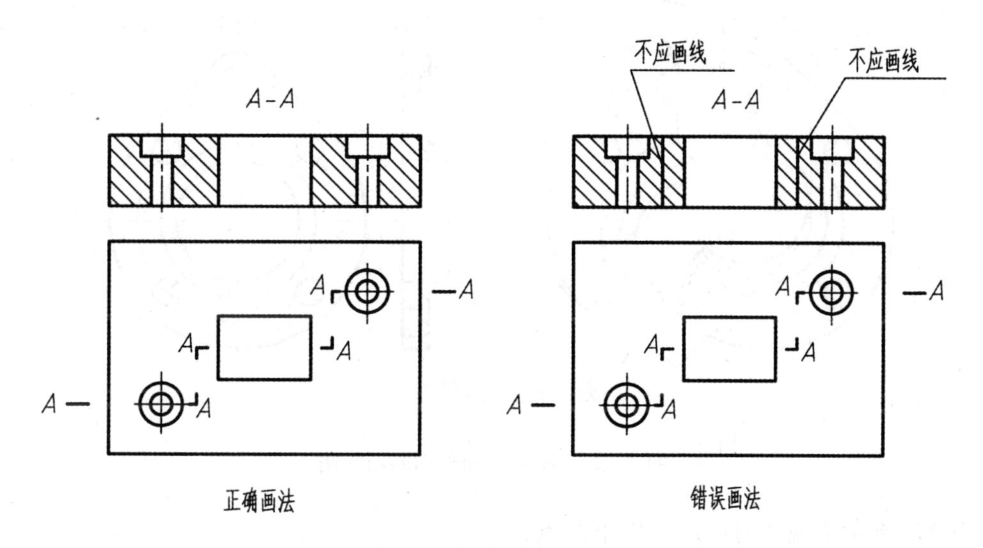

图 4－22　画阶梯剖视图时易出现的错误(一)

③ 为清晰起见，各剖切平面的转折处不应重合在图形的实线或细虚线上，如图 4－23 所示。

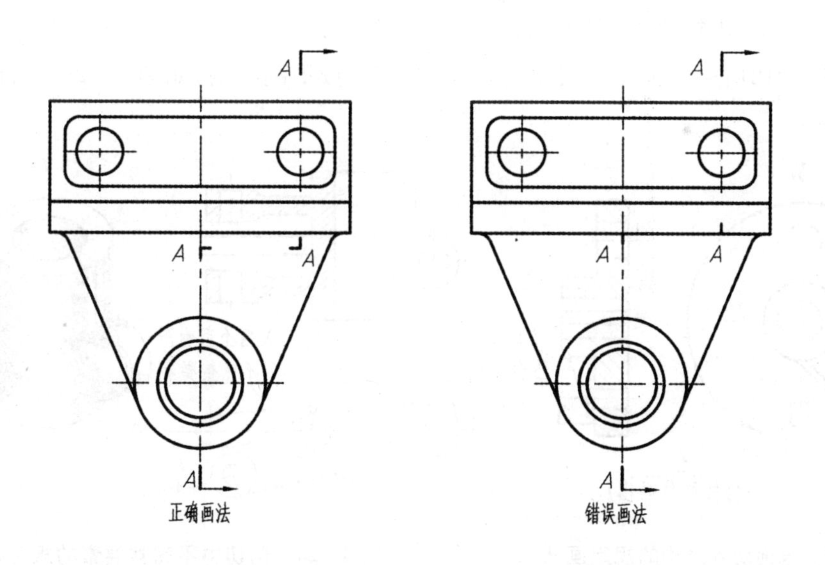

图 4－23　画阶梯剖视图时易出现的错误(二)

3. 几个相交的剖切面(交线垂直于某一基本投影面)

用几个相交的剖切面剖开机件(也称为旋转剖)，以表达具有回转轴机件的内部结构与形状。剖切面可以是平面，有时也可以是柱面。图 4－24 为两个相交的平面剖切，其交线垂直于侧立投影面。

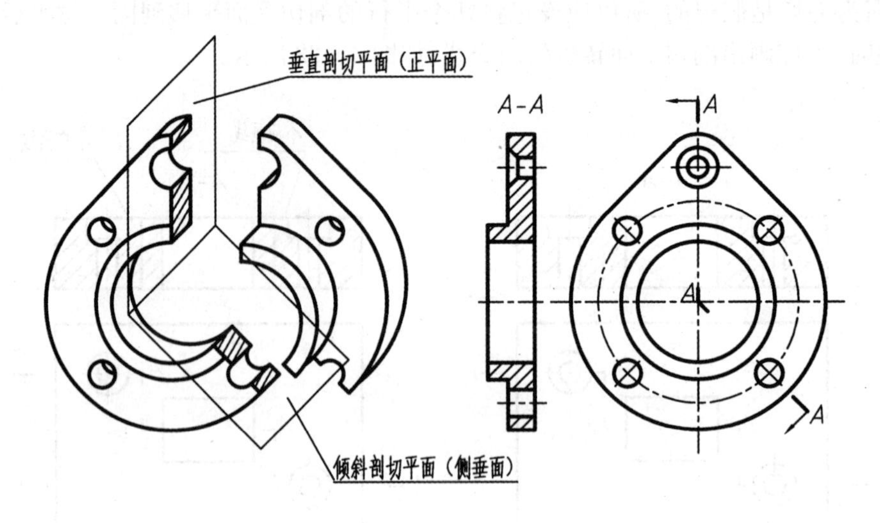

图 4-24　相交平面剖切的剖视图

用旋转剖画剖视图时应注意以下几点：

① 旋转剖视图是先假想按剖切位置剖开机件，然后将剖开后所显示的结构及其有关部分，旋转到与选定的投影面平行后再进行投射，以反映被剖切内部结构的真实形状。

② 在旋转剖视图中，剖切平面后与所表达的结构关系不太密切的其他结构一般仍按原来的位置投射，如图 4-25 中的凸台。

③ 如果剖切后产生不完整要素时，应将此部分按不剖绘制，如图 4-26 中的臂板。

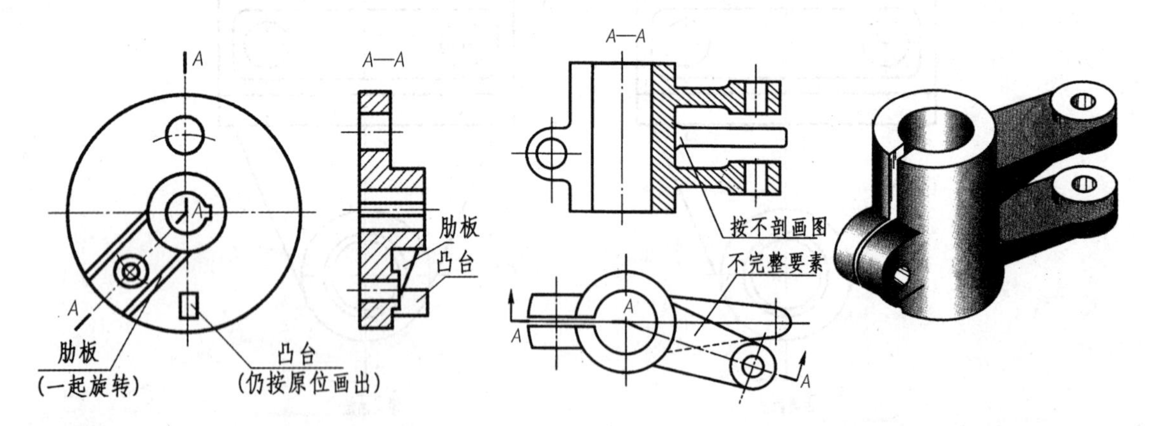

图 4-25　未剖切到结构的规定画法　　图 4-26　剖切中不完整要素的规定画法

4. 几个组合的剖切面

用几种剖切面组合将机件剖开（也称复合剖），如图 4-27 所示。复合剖可以用展开画法绘制，对于展开绘制剖视图，在剖视图的上方应标注“×—×展开”，如图 4-28 所示。

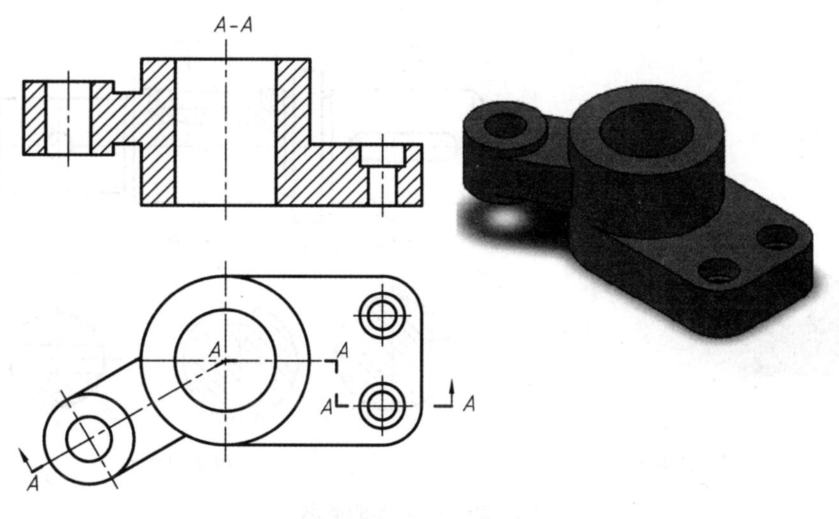

图 4 - 27　复合剖

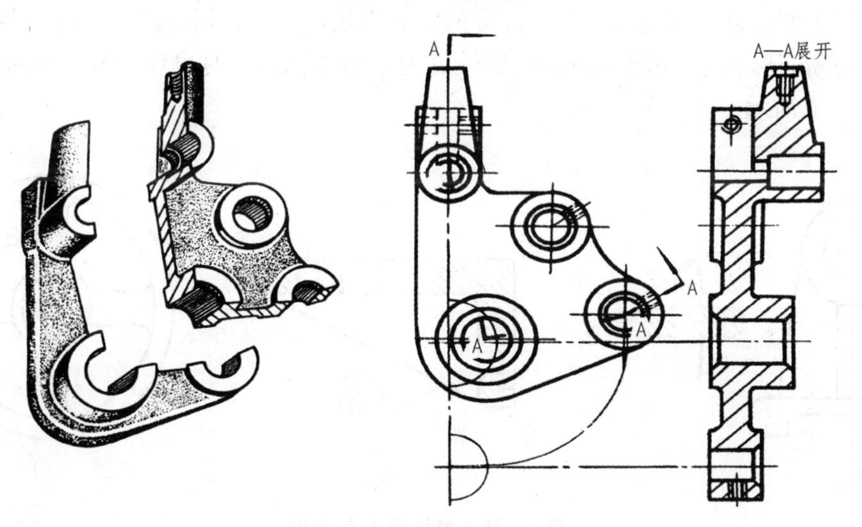

图 4 - 28　剖视图的展开画法

【任务实施】完成教材配套习题集第 25 至 29 页各种类型剖视图的绘制练习。

任务三　机件的断面图绘制与标注

【任务引入】参见教材配套习题集第 30 页，按要求绘制机件的断面图。

【相关知识】

4.3　断面图

4.3.1　断面图的概念

假想用剖切面将机件的某处切断，仅画出该剖切面与物体接触部分的图形，称为断面图，简称断面，如图 4 - 29(b)所示。

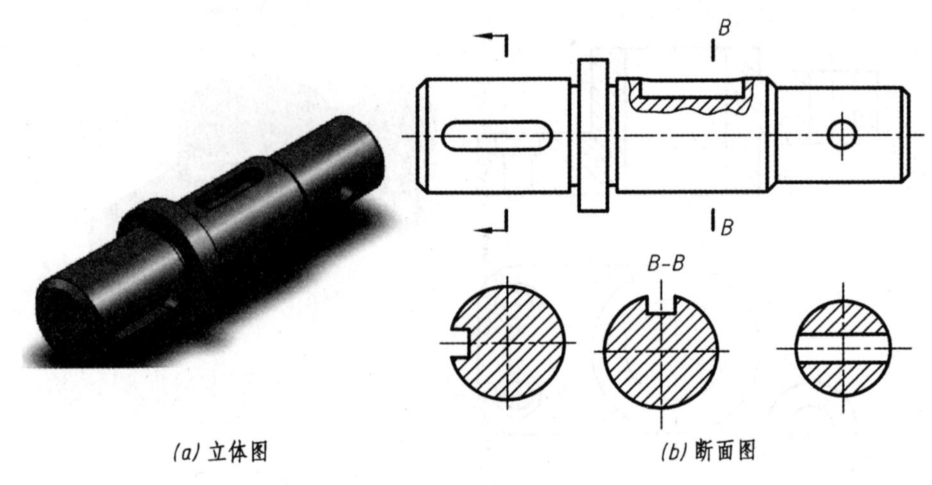

图 4－29　断面图的概念

断面图主要用来表达机件上某些部分的断面形状，如肋、轮辐、键槽、小孔及各种细长杆件和型材的断面形状等，用断面图表达显得更为清晰、简洁，同时也便于标注尺寸，如图 4－29 和图 4－30 所示。

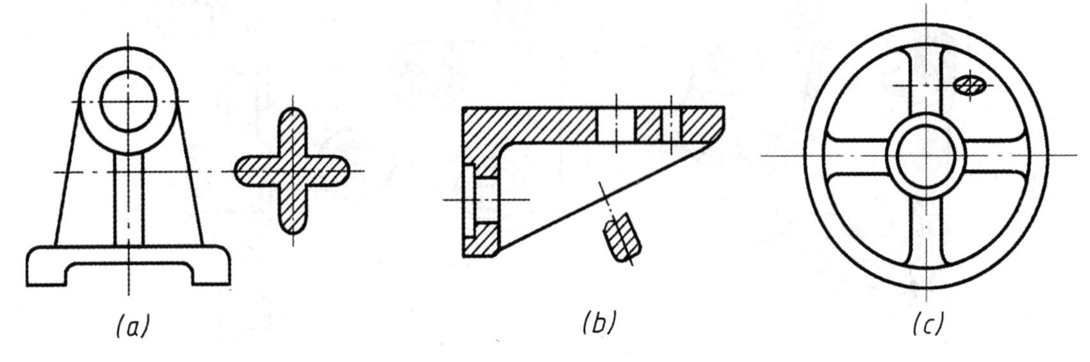

图 4－30　断面图及其应用

断面图与剖视图的区别在于：断面图只画出断面的投影，而剖视图不仅要画出断面投影，还要画出断面后面机件可见部分的投影，如图 4－31 所示。

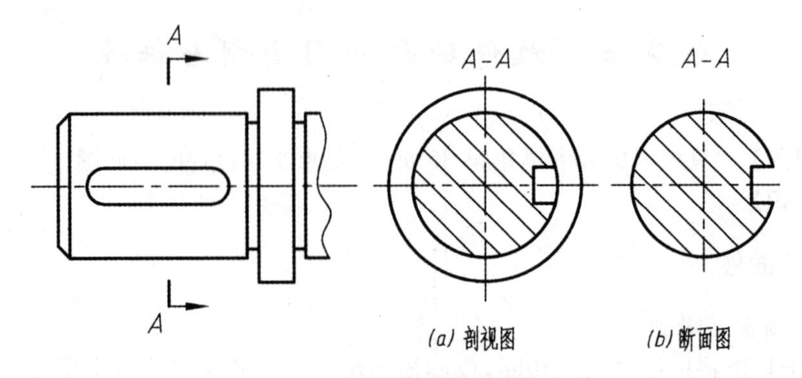

图 4－31　断面图与剖视图的区别

4.3.2　断面图的种类

断面图分为移出断面图和重合断面图两种。

1. 移出断面图

配置在视图外面的断面图称为移出断面图。

画移出断面图时应注意以下几点：

① 移出断面图的轮廓线用粗实线绘制，并在剖面区域上画出剖面符号，如图 4－29、图 4－30 所示。

② 当剖切平面通过回转面形成的孔或凹坑的轴线，这些结构应按剖视图绘制，如图 4－32所示。

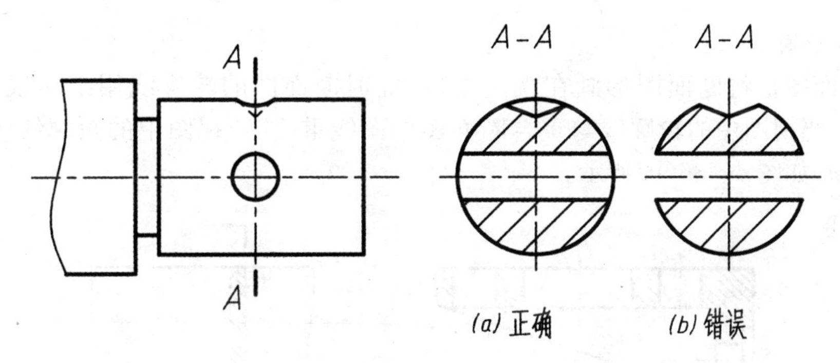

图 4－32　通过回转面形成的孔或凹坑轴线的断面图

③ 当剖切平面通过非圆孔会导致出现完全分离的断面图形时，这些结构应按剖视图绘制，如图 4－33 所示。

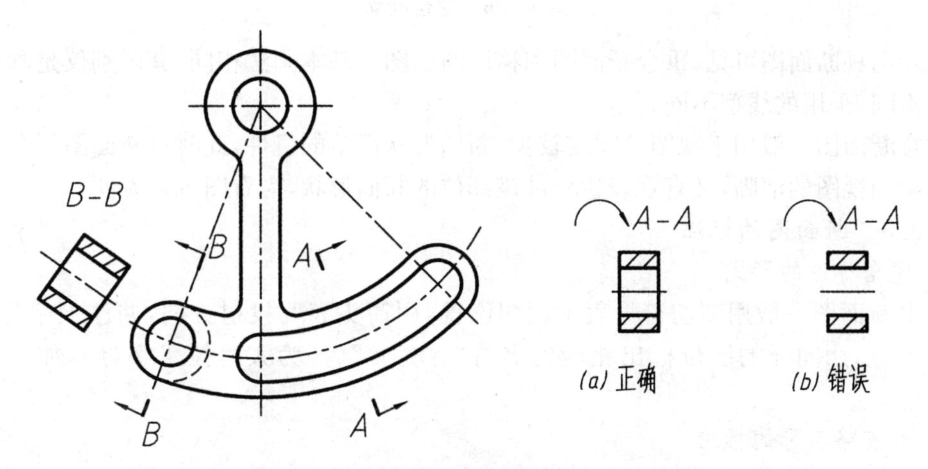

图 4－33　按剖视图绘制的非圆孔的断面图

移出断面图的配置应遵循以下几点原则：

① 移出断面图应尽量配置在剖切线的延长线上或剖切符号的延长线上（如图 4－29、图 4－30 所示），必要时，也可以配置在图纸的其他适当位置（如图 4－32、图 4－33 所示）。

② 当机件为细长杆时，且移出断面图形对称时，可配置在视图的中断处，如图 4－34 所示。

③ 有两个或多个相交的剖切平面剖切机件所得的移出断面图，绘制时，图形的中间应用波浪线断开，如图 4-35 所示。

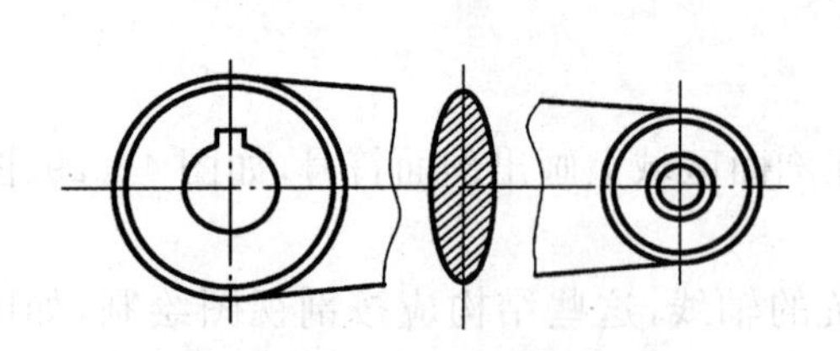

图 4-34　画在视图中断处的断面

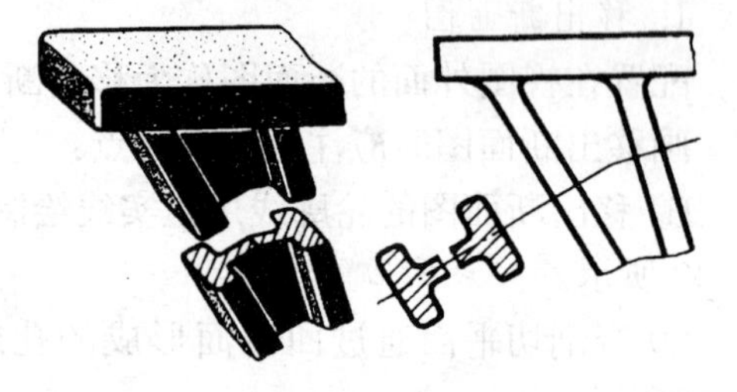

图 4-35　相交平面切得的断面图应断开

2. 重合断面图

重合断面图是将断面图形画在视图之内，此时断面图的轮廓线用细实线绘制，如图 4-36所示。当视图中的轮廓线与重合断面图的图线重叠时，视图中的轮廓线仍应连续画出，不可间断，如图 4-36(b)所示。

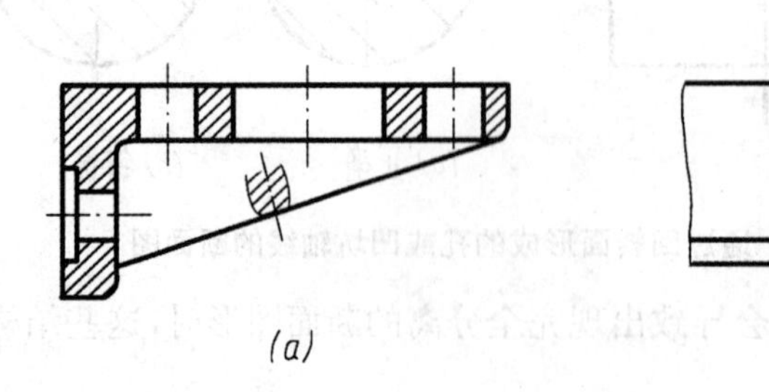

图 4-36　重合断面

比较两种断面图可见，重合断面图和移出断面图的基本画法相同，其区别仅是画在图中的位置不同，采用的线型不同。

重合断面图一般用于视图轮廓线较少，断面形状简单的机件，此时将断面图画在视图以内不致影响视图的清晰，又直观表达机件该部位的断面形状，为看图带来方便。

4.3.3　断面图的标注

1. 完全标注的形式

移出断面图一般用剖切符号表示剖切位置，用箭头表明投射方向，并注上字母；在断面图的上方，用同样的字母标出相应的名称"×—×"(×为大写拉丁字母)，如图 4-31 所示。

2. 可省略字母的标注

配置在剖切符号延长线上的不对称移出断面图，可省略字母，如图 4-29(b)所示为轴左端键槽处的断面图。

3. 可省略箭头的标注

不配置在剖切线延长线上的对称的移出断面图，如图 4-29(b)所示为中间键槽处的断面图，以及按投射关系配置的不对称移出断面图，均可省略箭头。

不对称的重合断面图必须标注表示投影方向的箭头，如图 4-36(b)所示。

4. 省略标注

配置在剖切线延长线上对称的移出断面图，如图 4－29(b)右端、图 4－30、图 4－35 所示；对称的重合断面图，如图 4－36(a)所示；以及配置在视图中断处的对称的移出断面图，如图 4－34 所示，均不必标注。

【任务实施】完成教材配套习题集第 30 页断面图的绘图练习。

任务四　机件表达方法的综合应用

【任务引入】参见教材配套习题集第 33 页，按规定与要求在 A3 图纸上选用恰当的表达方法，充分表达机件的内外形状。

【相关知识】

4.4　其他表达方法及规定画法

为了画图简便并使图形清晰，在国家标准中还规定了局部放大图以及图样的一些规定画法，绘图时按照表达机件形状的需要加以选用。

4.4.1　*局部放大图*

将机件的部分结构用大于原图形的比例画出的图形，称为局部放大图。

局部放大图常用于表达机件上的在视图中表达不清楚或不便于标注尺寸和技术要求的细小结构，如图 4－37 所示。

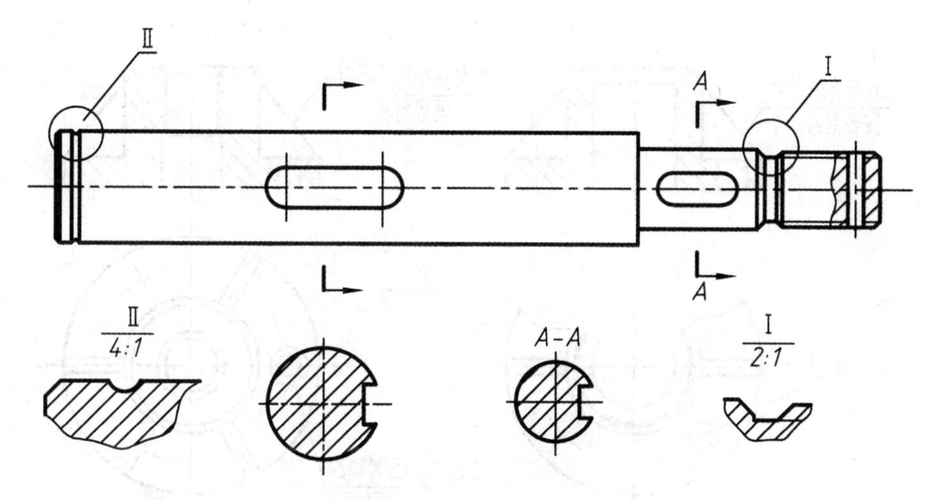

图 4－37　局部放大图

画局部放大图时应注意以下几点：

① 局部放大图可画成视图、剖视图或断面图，与被放大部分的表达方式无关，如图 4－37所示。局部放大图应尽量配置在被放大部分的附近。

② 绘制局部放大图时，除螺纹牙型、齿轮和链轮的齿形外，应将被放大部分用细实线圈出。在同一机件上有几处需要放大画出时用罗马数字标明放大位置的顺序，并在相应的局部放大图的上方标出相应的罗马数字及所用比例，以示区别。

必须指出，局部放大图上所标注的比例，是指该图形中机件要素的线性尺寸与实际机件相应要素的线性尺寸之比，与原图比例无关。

4.4.2　机件特殊结构的一些规定画法

1. 对于机件的肋、轮辐及薄壁等，如按纵向剖切，这些结构都不画剖面符号，而用粗实线将它与其临接部分分开，如图 4 - 38 所示。

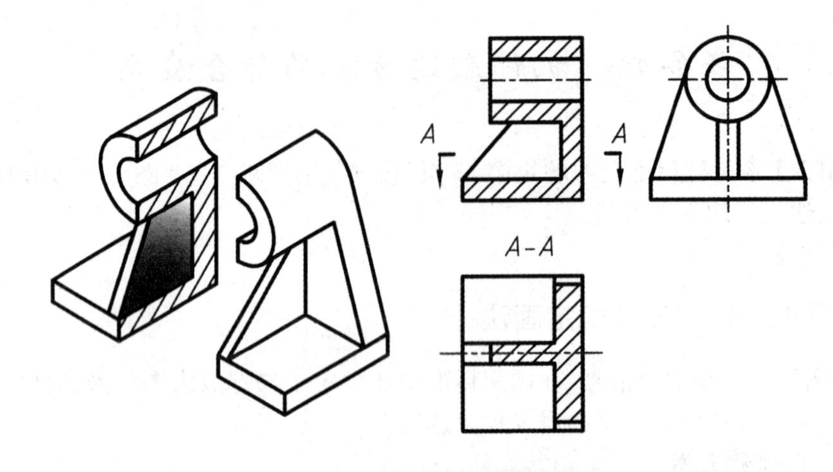

图 4 - 38　机件上的肋的规定画法

2. 当机件回转体上均匀分布的肋、轮辐、孔等结构不处于剖切平面上时，可将这些结构旋转到剖切平面上画出，如图 4 - 39 所示。

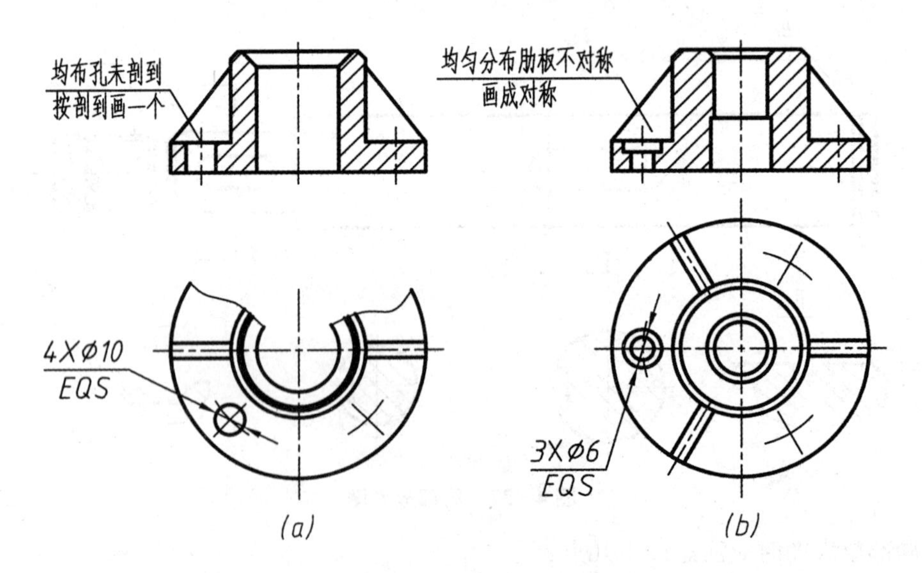

图 4 - 39　零件回转体上均匀分布的肋、孔的画法

3. 为减少视图，在剖视图的剖面区域中允许作一次局部剖视，绘图时应注意两者剖面线应同方向、同间隔，但要互相错开，并用指引线标出局部剖视图的名称，如图 4 - 40 所示。

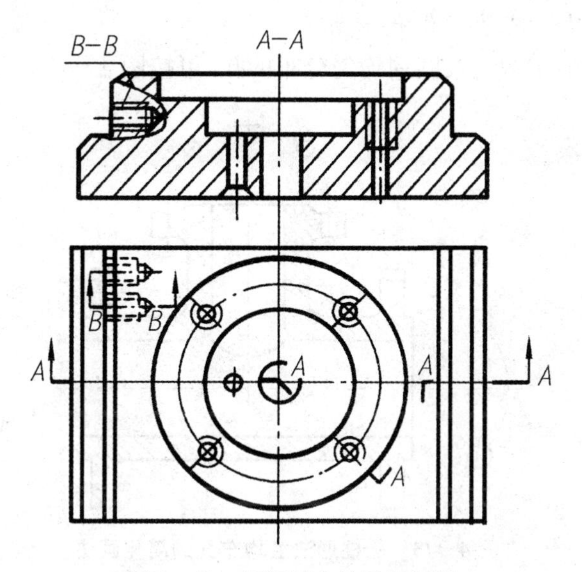

图 4-40 剖视图中的局部剖视

4.4.3 相同结构的画法

1. 当机件具有若干相同结构(齿、槽等),并按一定规律分布时,只需画出几个完整的结构,其余用细实线连接,但必须在图中注明该结构的总数,如图 4-41 所示。

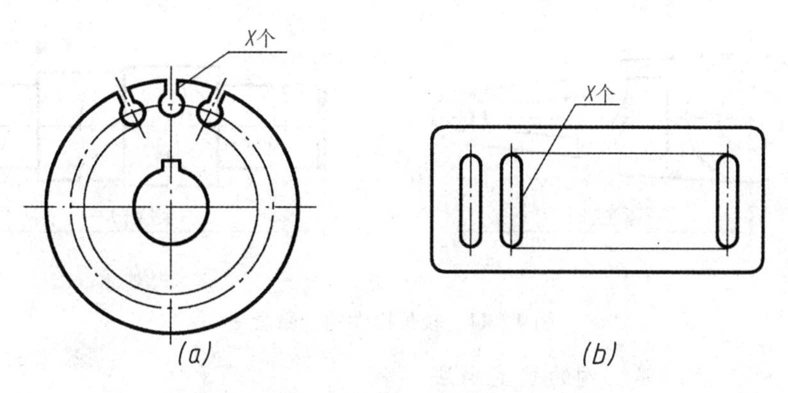

图 4-41 重复性结构的省略画法

2. 若干直径相同且按规律分布的孔(圆孔、螺孔、沉孔等)、管道等,可以仅画出一个或几个,其余只需表明其中心位置,但在零件图中应注明其总数,如图 4-42 所示。

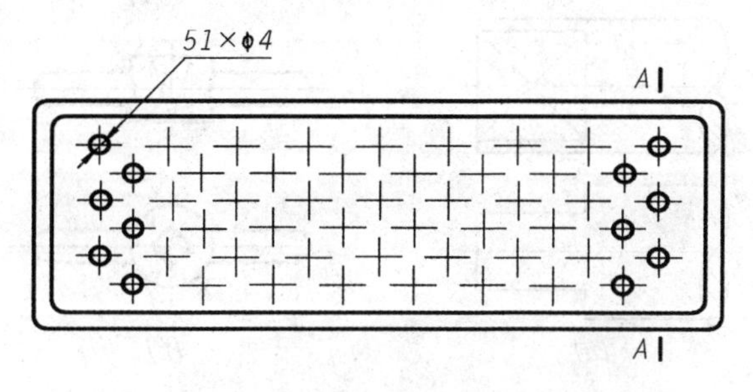

图 4-42 等径成规律分布孔的简化画法

4.4.4　按圆周均布孔的简化表示法

圆盘形法兰和类似结构上按圆周均匀分布的孔，可按图 4 - 43 所示的方式表示。

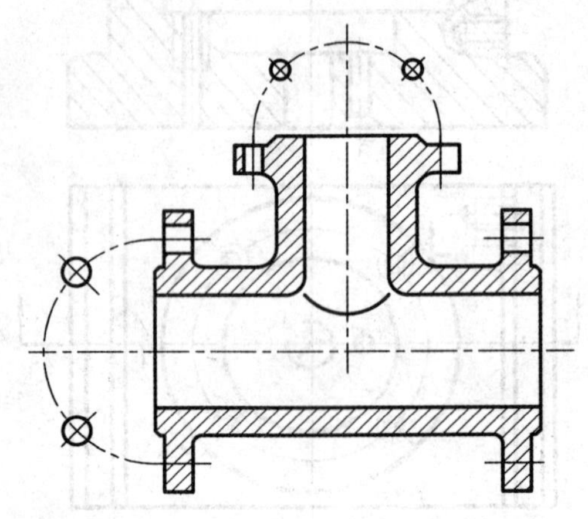

图 4 - 43　圆柱形法兰均布孔的简化画法

4.4.5　细长机件的断裂画法

较长的机件(轴、型材、连杆等)沿其长度方向的形状一致或按一定规律变化时，可断开后缩短绘制，如图 4 - 44 所示。折断线一般采用波浪线或双折线(均为细实线)。断裂画法后的尺寸仍要标注实长。

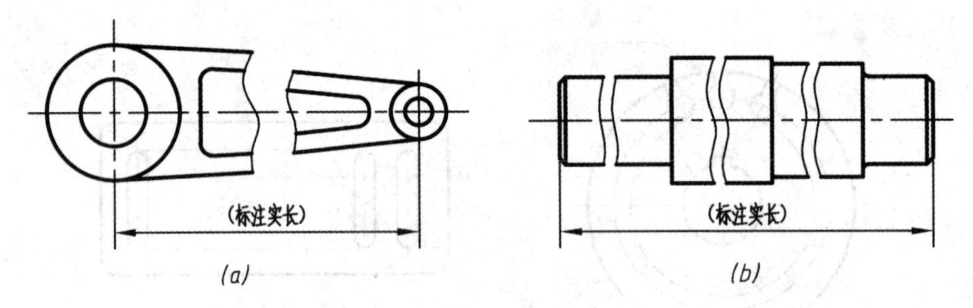

图 4 - 44　较长机件的折断画法

4.4.6　机件上细部结构的规定画法

1. 机件上的小平面在图形中不能充分表达时，可用平面符号(相交的两条细实线)表示这些平面，如图 4 - 45 所示的主视图中，若无俯视图或其他视图配合表达图示的平面结构，可用平面符号表示。

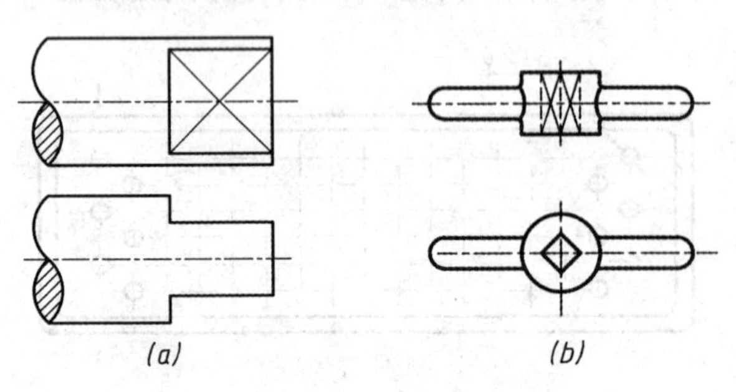

图 4 - 45　平面的表示法

2. 在不致引起误解时，非圆曲线的过渡线及相贯线允许简化为圆弧或直线，如图 4-46 所示。

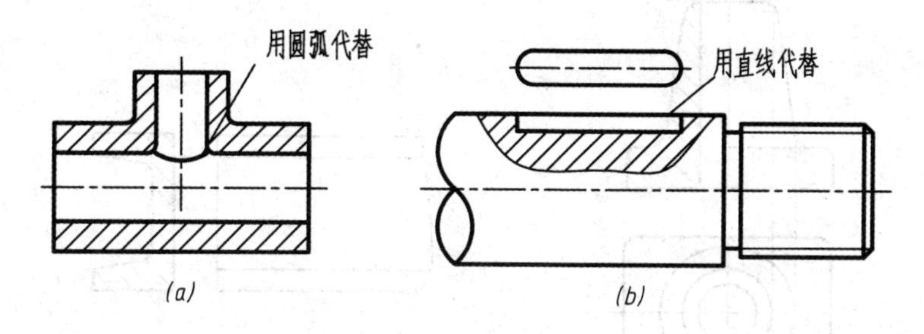

图 4-46　非圆曲线的简化画法

3. 零件上个别的孔、槽等结构可用简化的局部视图(一般按第三角画法)表示其轮廓实形，如图 4-47 所示。

4. 与投影面倾斜角度等于或小于 30°的圆或圆弧，其投影可用圆或圆弧代替，如图 4-48所示。

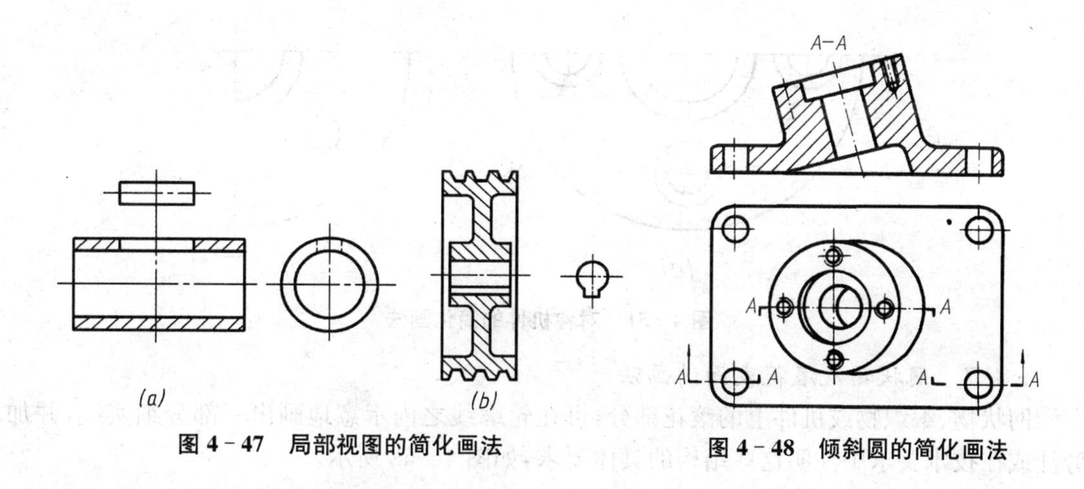

图 4-47　局部视图的简化画法　　**图 4-48　倾斜圆的简化画法**

5. 在不致引起误解时，机件上的小圆角、小倒圆或 45°小倒角，在图上允许省略不画，但必须注明其尺寸或在技术要求中加以说明，如图 4-49 所示。

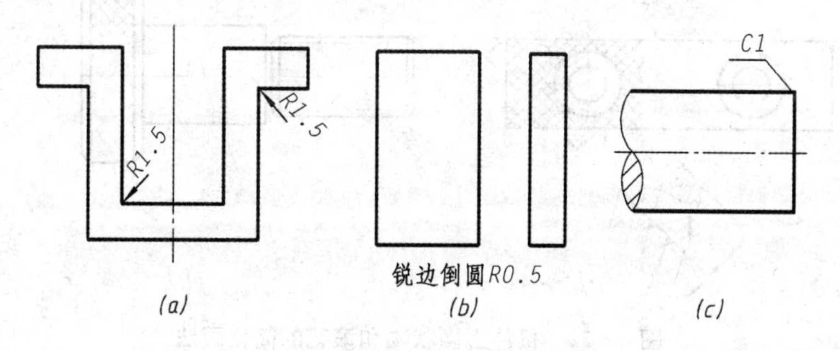

图 4-49　圆角、倒角的简化画法

6. 对于机件上斜度不大的结构，如在一个图形中已表达清楚时，其他图形可按小端画出，如图 4－50 所示。

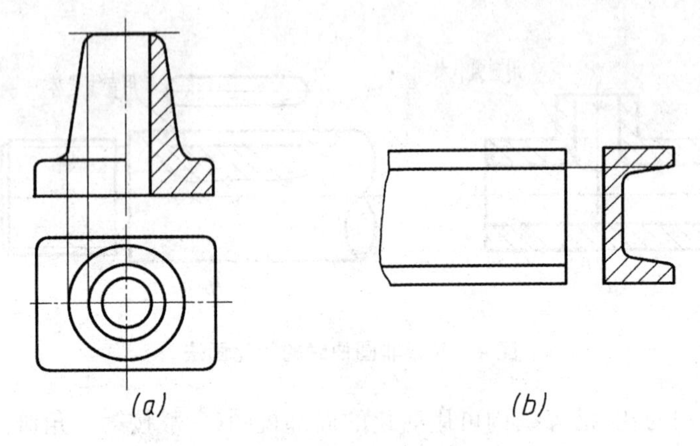

图 4－50　小斜度结构的简化画法

7. 在不致引起误解时，对于对称机件的视图可只画一半或四分之一，并在对称中心线的两端画出两条与其垂直的平行细实线，如图 4－51 所示。

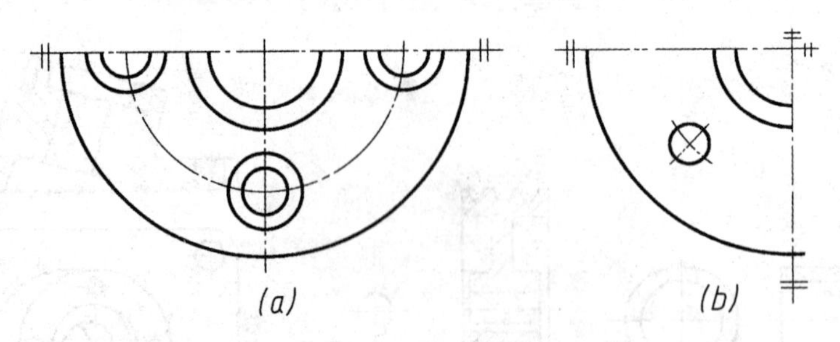

图 4－51　对称机件的简化画法

4.4.7　网状物及滚花表面的画法

网状物、编织物或机件上的滚花部分，可在轮廓线之内示意地画出一部分细实线，并加旁注或在技术要求中注明这些结构的具体要求，如图 4－52 所示。

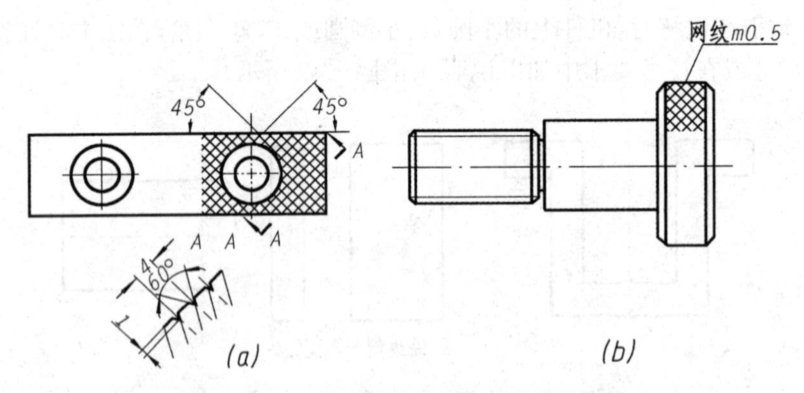

图 4－52　机件上网状物和滚花的简化画法

4.4.8　两个或两个以上相同视图的表示

当机件上有两个或两个以上图形相同的视图，可以只画一个视图，并用箭头、字母和数字表示其投射方向和位置，如图 4－53 所示。

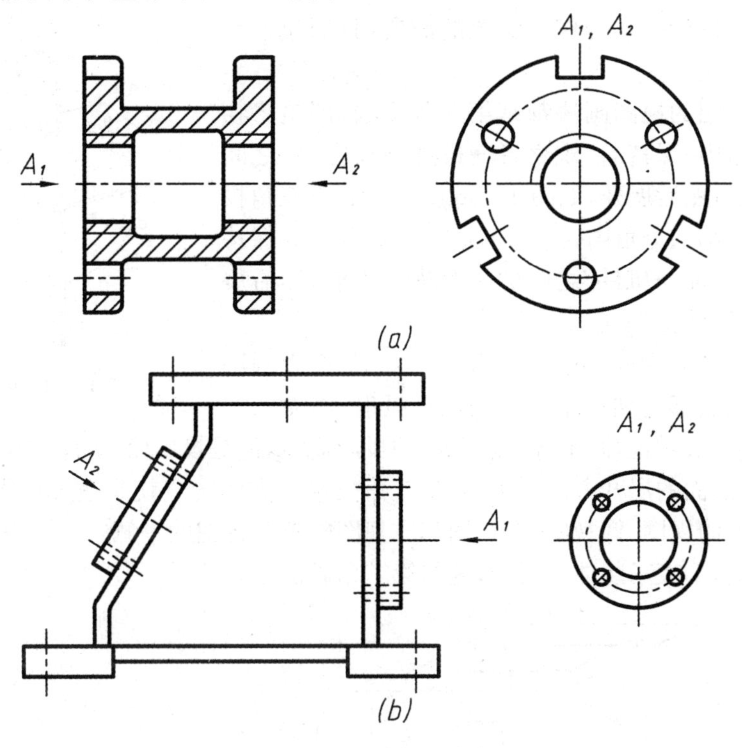

图 4－53　相同视图的表示

4.4.9　两个剖视图共用一个剖切平面的表示

当表达机件的两个剖视图共用一个剖切平面时，应按图 4－54 所示的形式标注。

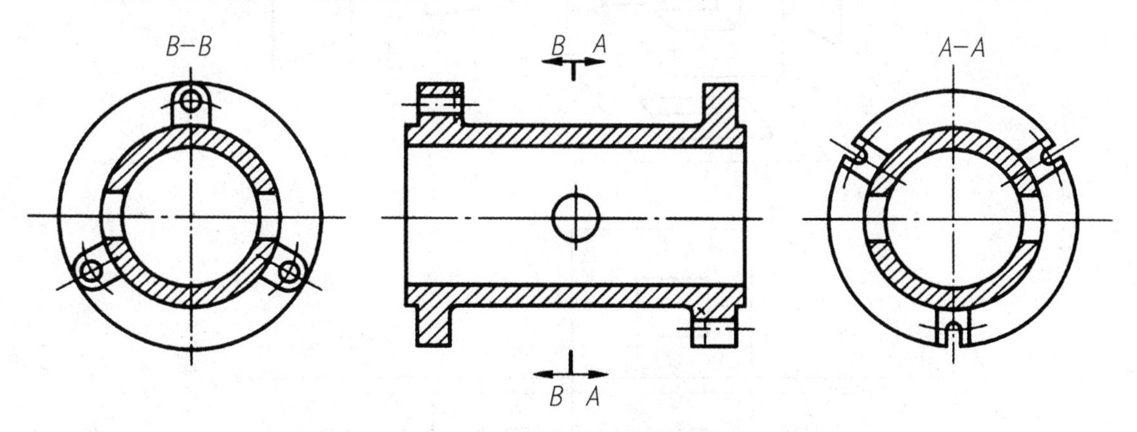

图 4－54　公共剖切平面的表示

【任务实施】完成教材配套习题集第 31、32、33 页表达方法综合应用练习。

【知识拓展】

4.5　第三角投影简介

国家标准《技术制图——投影法》中规定，我国工程图按正投影法绘制，并优先采用第一角投影画法，必要时允许使用第三角投影画法，空间四个分角如图 4－55 所示。国际上，如美国、英国、日本等国家采用第三角投影画法。为了适应与国际上其他国家进行技术合作与交流的需要，我们应该了解第三角投影画法。

我们前面介绍的视图画法都是第一角画法，即是将物体置于第一分角内，保持着“观察者→机件→投影画”之间的关系进行投射，然后展开，如图 4-56 所示。而第三角投影是将物体置于第三分角内，把投影面看作透明的，并保持着“观察者→投影面→机件”之间的关系进行投射，然后展开，如图 4-57 所示。

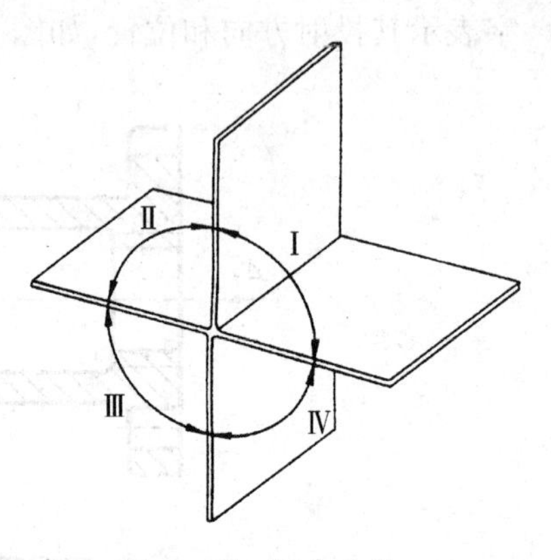

图 4-55　四个分角

比较图 4-56 和图 4-57 可以看出，第一角投影画法与第三角投影画法都是利用正投影法进行投射，因而六个基本视图都符合“长对正，高平齐，宽相等”的投影规律，但是投影面、机件与观察者三者之间的关系不同，投影面的展开方向也不同；第三角投影最大的特点就是透过投影面看机件；第三角投影画法的俯视图、仰视图、左视图和右视图靠近主视图的一侧，均表示物体的前面，远离主视图的一侧，均表示物体的后面，这与第一角画法正好相反。

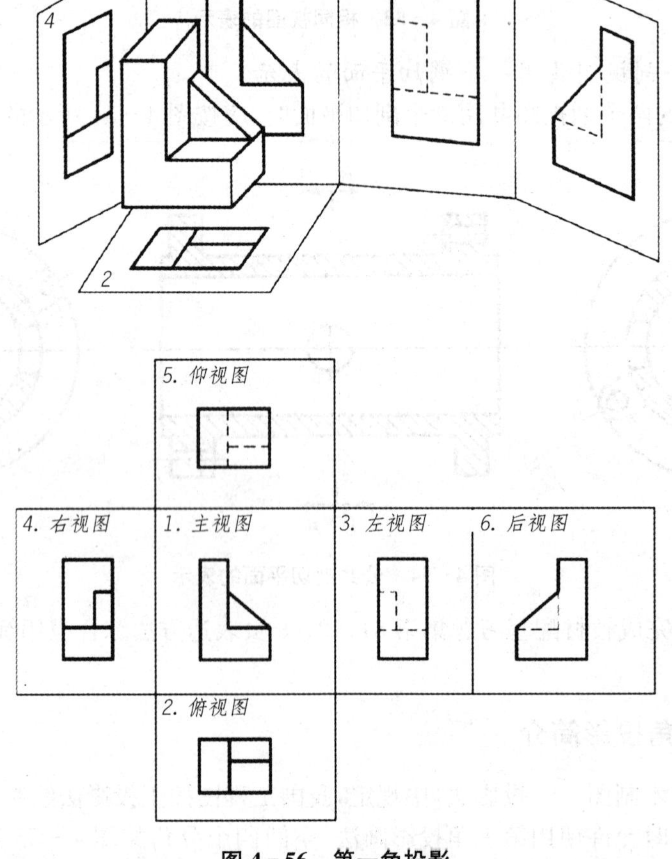

图 4-56　第一角投影

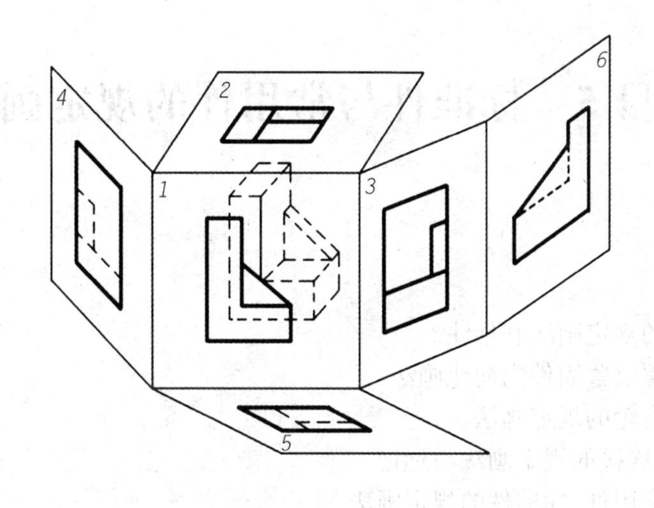

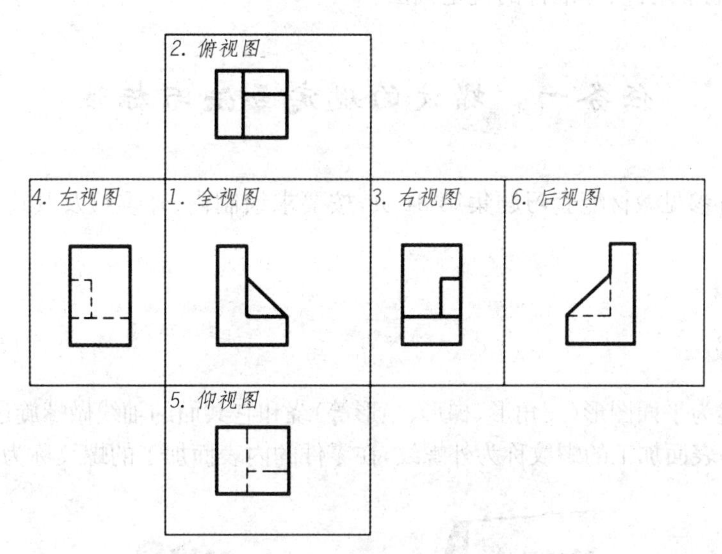

图 4-57　第三角投影

若采用第三角画法时，在图样上必须画出如图 4-58 所示的第三角画法识别符号。

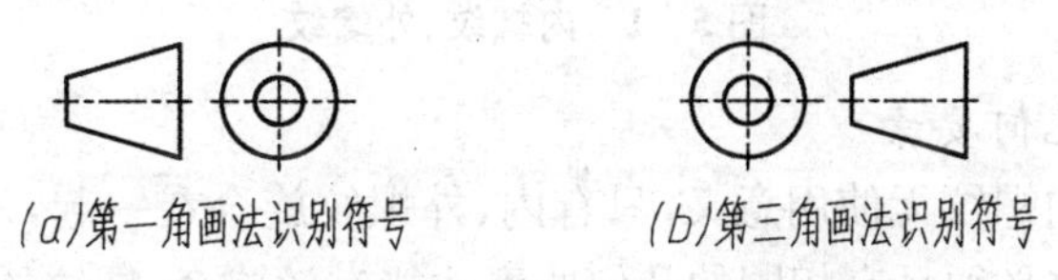

图 4-58　第一角和第三角画法识别符号

按照国家标准的规定，我国工程图绘制优先采用第一角投影画法，必要时允许使用第三角投影画法，有时为了便于看图，表示凸台或孔、槽形状的局部视图可按第三角画法配置，而不必画上识别符号，如图 4-46、4-47 所示。

项目 5　标准件与常用件的规定画法

【学习目标】

1. 掌握螺纹的规定画法和标注。
2. 掌握常用螺纹紧固件的简化画法。
3. 掌握圆柱齿轮的规定画法。
4. 掌握键、销连接的规定画法与标记。
5. 了解其他常用件、标准件的规定画法。

任务一　螺纹的规定画法与标注

【任务引入】参见教材配套习题集第 34 页，按要求绘制内、外螺纹及其连接图；标注螺纹尺寸。

【相关知识】

5.1　螺纹

螺纹可描述为平面图形（三角形、梯形、矩形等）绕和它共面的轴线做螺旋运动所形成的轨迹。在零件的外表面加工的螺纹称为外螺纹，在零件的内表面加工的螺纹称为内螺纹，外形如图 5－1 所示。

图 5－1　内螺纹、外螺纹

5.1.1　螺纹的几何要素

单独的外螺纹或内螺纹无使用意义，只有内、外螺纹旋合在一起，才能起到应有的连接和紧固作用，而内、外螺纹必须具有相同的几何要素才能有效旋合，螺纹的基本几何要素如下：

1. 牙型

用与螺纹轴线平行的剖切平面剖切所得的螺纹断面轮廓形状称为螺纹的牙型。螺纹常用的牙型有三角形、梯形、矩形等。螺纹断面凸起部分顶端称为牙顶，沟槽的底部称为牙底。

2. 直径

螺纹直径有大径（d、D）、小径（d_1、D_1）和中径（d_2、D_2）之分，如图 5－2 所示，小写字母表示外螺纹直径，大写字母表示内螺纹直径。大径是指与外螺纹牙顶或内螺纹牙底相重合的假想圆柱面或圆锥面的直径；小径是指与外螺纹牙底或内螺纹牙顶相重合的假想圆柱面或圆锥面的直径；中径是位于大径与小径之间的一个假想圆柱面或圆锥面的直径，该圆柱面或圆锥面通过牙型上沟槽和凸起宽度相等的部位，中径是用来控制螺纹精度的主要参数之一。

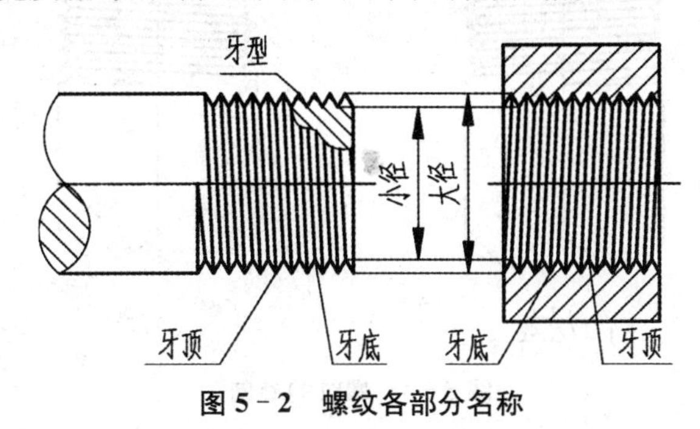

图 5－2　螺纹各部分名称

代表螺纹尺寸的直径称为公称直径，一般指螺纹大径(管螺纹除外)。

3. 线数

螺纹有单线和多线之分。如图 5－3 所示，沿一条螺旋线形成的螺纹为单线螺纹；沿轴线方向用两条或两条以上等距分布的螺旋线形成的螺纹为多线螺纹。工程上常用的是单线螺纹。

4. 螺距和导程

在中径线上相邻两牙对应两点间的轴向距离称为螺距，用 P 表示；同一螺旋线上相邻两牙在中径线上对应两点间的轴向距离称为导程，用 L 表示。单线螺纹的导程等于螺距；多线螺纹的导程等于线数乘以螺距，即 $L=nP$，对于如图 5－3(b)所示的双线螺纹，$L=2P$。

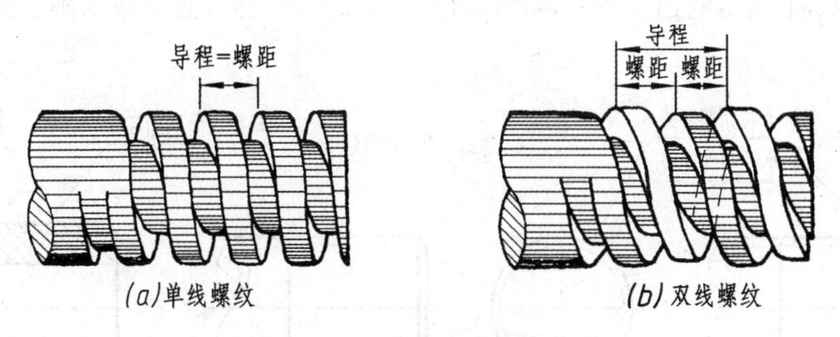

图 5－3　螺纹线数、螺距和导程

5. 旋向

螺纹有右旋和左旋两种，如图5－4 所示。当内外螺纹旋合时，顺时针方向旋进的为右旋螺纹，逆时针方向旋进的为左旋螺纹。工程上常用的是右旋螺纹。

在螺纹连接中，牙型、直径、线数、螺距、旋向五项几何要素都相同的内、外螺纹才能旋合。

国家标准对螺纹的牙型、公称直径、螺距作了统一规定，普通螺纹大径、中径、小径、螺距之间的关系参看附录Ⅰ－1。凡是牙型、公称直径和螺距均符合国标规定的螺纹，称为标准螺纹(如普通螺纹、梯形螺纹、锯齿形螺纹等)；国标规定，在牙型、公称直径和螺距三项几何要素中，只要有一项不符合国标规定，则称为非标准螺纹。

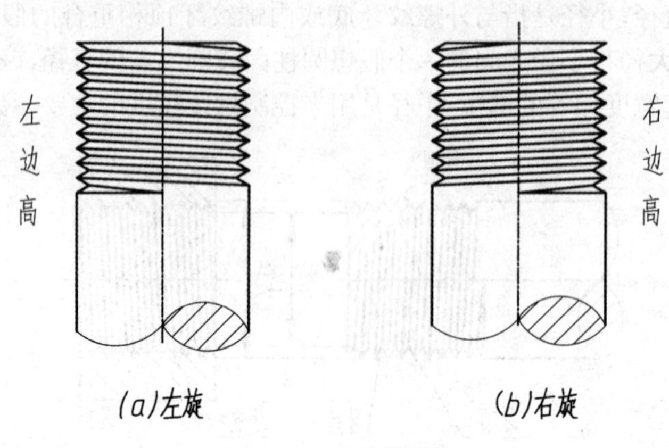

图 5-4　螺纹的旋向

5.1.2　螺纹的规定画法

国家标准规定，在图样上绘制螺纹应按规定画法作图，而不必画出螺纹的真实投影。

1. 外螺纹的规定画法

(1) 在平行于螺纹轴线的视图上，外螺纹的大径(牙顶线)用粗实线绘制；小径(牙底线)用细实线绘制，并应画入倒角区；螺纹终止线用粗实线绘制，如图 5-5(a)所示。为了简化作图，螺纹小径一般按大径的 0.85 倍绘制。

(2) 在垂直于螺纹轴线的视图上，螺纹的大径用粗实线绘制；小径用细实线绘制，并只画约 3/4 圈；轴端的倒角圆省略不画，如图 5-5(a)所示。

(3) 当需要表示螺纹收尾时，螺纹收尾处用与轴线成 30°角的细实线绘制，如图 5-5(b)所示。

(4) 在水、油、气等管道工程中，常常使用管螺纹连接管路，管螺纹的画法如图 5-5(c)所示。

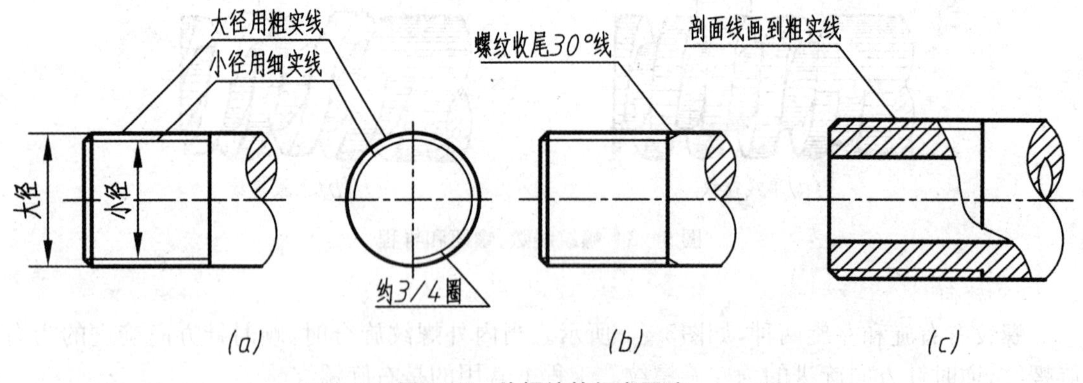

图 5-5　外螺纹的规定画法

2. 内螺纹的规定画法

加工直径较小的螺孔时，可先用直径等于螺纹小径的钻头钻出光孔，再用丝锥攻丝得到螺纹。

(1) 在平行于螺纹轴线的视图上，一般画成全剖视图，螺纹的大径(牙底线)用细实线绘制；小径(牙顶线)用粗实线绘制，且不画入倒角区，为了简化作图，螺纹小径亦按大径的0.85

倍绘制；在绘制不通孔时，应画出螺纹终止线和钻孔深度线(钻孔深度＝螺孔深度＋0.5×螺纹大径；钻孔直径＝螺纹小径；钻孔顶角＝120°)；剖面线应画到粗实线处，如图5-6(a)所示。

(2) 在垂直于螺纹轴线的视图上，螺纹的小径用粗实线绘制；大径用细实线绘制，且只画3/4圈；倒角圆省略不画，如图5-6(a)所示。

(3) 当内螺纹不剖时，除螺纹轴线外，有关螺纹的其他图线均用虚线绘制，如图5-6(b)所示。

(4) 当内螺纹为通孔时，其画法如图5-6(c)所示。

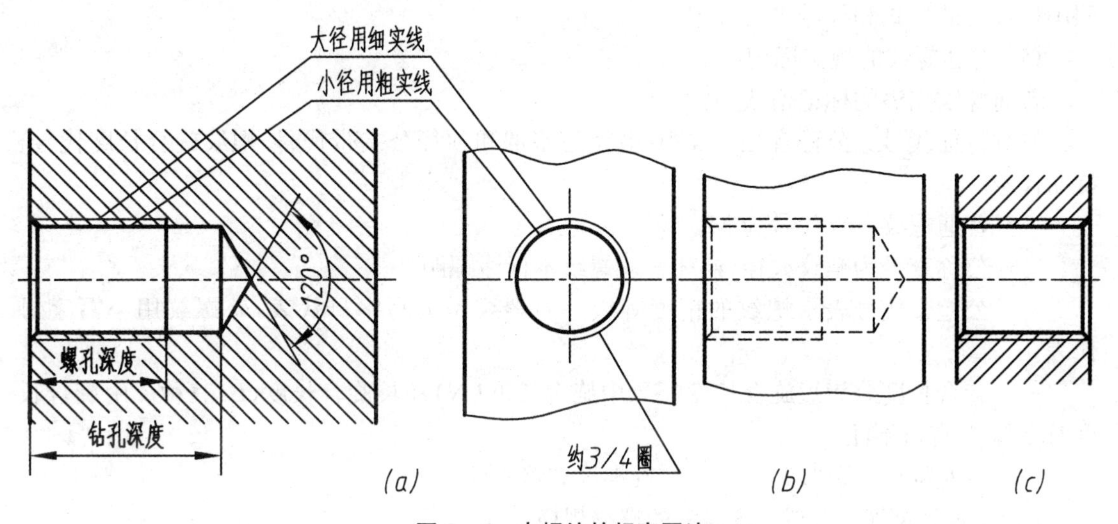

图5-6　内螺纹的规定画法

3. 内、外螺纹连接的规定画法

内、外螺纹连接时，常画出其剖视图。国家标准规定，旋合部分按外螺纹绘制，其余部分按各自的规定画法绘制。当沿螺纹的轴线剖开时，国标规定若螺杆为实心零件则按不剖绘制，绘图时应注意：表示内、外螺纹大径与小径的粗、细实线应分别对齐；在垂直于螺纹轴线的剖面图上，螺杆处应画剖面线，内外螺纹零件的剖面线方向应不同，如图5-7所示。

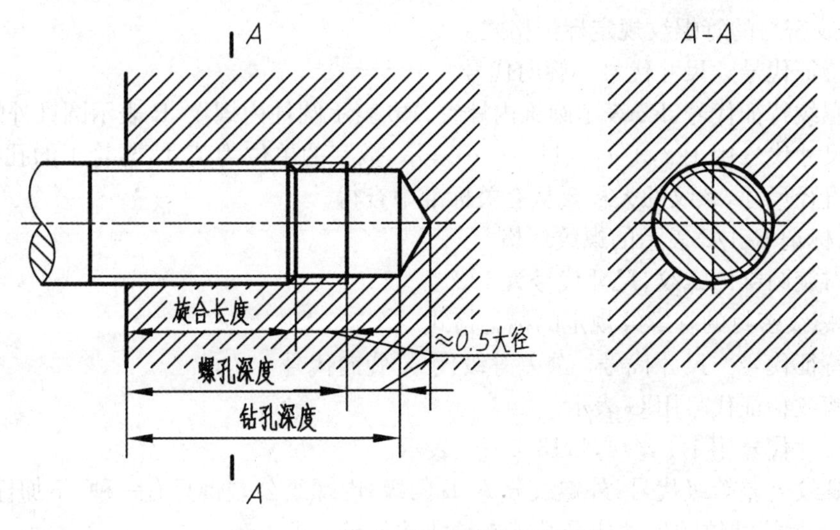

图5-7　内、外螺纹连接的规定画法

5.1.3 螺纹的种类和标注

1. 螺纹的种类

螺纹按用途可分为连接螺纹和传动螺纹两大类。连接螺纹起连接作用，又分为普通螺纹和管螺纹；传动螺纹用来传递动力和运动，按牙型分为梯形螺纹和锯齿形螺纹两种。

2. 螺纹的规定标记

由于螺纹的规定画法不能表示螺纹的种类和几何要素，因此，绘制螺纹图样时，必须按照国标规定的格式和代号进行标记。

(1) 普通螺纹的规定标记

普通螺纹完整的标记格式为：

螺纹特征代号　公称直径×螺距-中径公差带和顶径公差带代号-螺纹旋合长度代号-旋向代号

——普通螺纹特征代号为M。

——公称直径为螺纹大径，粗牙普通螺纹不标注螺距。

——公差带代号表示螺纹的精度等级。内螺纹用大写字母代表，外螺纹用小写字母代表。

——旋合长度分为短旋合长度(S)、中旋合长度(N)和长旋合长度(L)三种。中旋合长度时字母N省略不注。

———左旋螺纹以“LH”表示，右旋螺纹省略不注。

例如：标记M20－5g6g－S表示的螺纹规格。

表示粗牙普通外螺纹，公称直径为20 mm，螺距查附录Ⅰ－1可知为2.5 mm，中径公差带为5g，顶径公差带为6g，短旋合长度，右旋。

例如：标记M12×1－7H－LH表示的螺纹规格。

表示细牙普通内螺纹，公称直径为12 mm，螺距为1 mm，中径和顶径公差带均为7H，中等旋合长度，左旋。

(2) 管螺纹的规定标记

① 螺纹密封的管螺纹规定标记格式

螺纹特征代号　尺寸代号　旋向代号

——螺纹特征代号：Rc表示圆锥内螺纹，Rp表示圆柱内螺纹，R表示圆锥外螺纹。

——尺寸代号用1/2,3/4,1,11/4……表示，数字的单位为英寸，与管子的孔径相近，不是螺纹的直径尺寸，螺纹的大径要从有关标准中查得。

例如：标记Rc1/2表示的螺纹规格。

表示右旋圆锥内螺纹，尺寸代号为1/2。

② 非螺纹密封的管螺纹规定的标记格式

螺纹特征代号　尺寸代号　公差等级代号-旋向代号

——螺纹特征代号用G表示。

——尺寸代号用1/2,3/4,1,13/4……表示。

——螺纹公差等级代号：外螺纹分A、B两级；内螺纹公差带只有一种，不加标记。

55°非密封管螺纹的尺寸代号及基本尺寸见附录Ⅰ。

(3) 传动螺纹标记的规定格式

单线螺纹:螺纹特征代号　公称直径×螺距旋向代号-中径公差带代号-旋合长度代号

多线螺纹:螺纹特征代号　公称直径×导程(P 螺距)旋向代号-中径公差带代号-旋合长度代号

——梯形螺纹的特征代号用 Tr 表示,锯齿形螺纹特征代号用 B 表示。

——旋合长度分为中等旋合长度(*N*)和长旋合长度(*L*)两种,中等旋合长度不标注。

【例 5-1】 标记 Tr22×10(P5)LH-7H 表示的螺纹规格。

表示双线梯形内螺纹,公称直径为 22 mm,导程为 10 mm,螺距为 5 mm,左旋,中径公差带为 7H,中等旋合长度。

梯形螺纹的直径与螺距系列见附录Ⅰ-2。

3. 标准螺纹在图样上的标注

在图样上标注标准螺纹时,应注出螺纹的规定标记。对于普通螺纹、梯形螺纹和锯齿形螺纹,应将标记直接注写在标注螺纹大径的尺寸线上或其指引线上,如图 5-8(a)、5-8(b)和 5-8(c)所示。管螺纹的标记一律注在指引线上,指引线应由大径引出,在垂直于螺纹轴线的视图上,应从中心线交点处引出,如图 5-8(d)、5-8(e)和 5-8(f)所示。

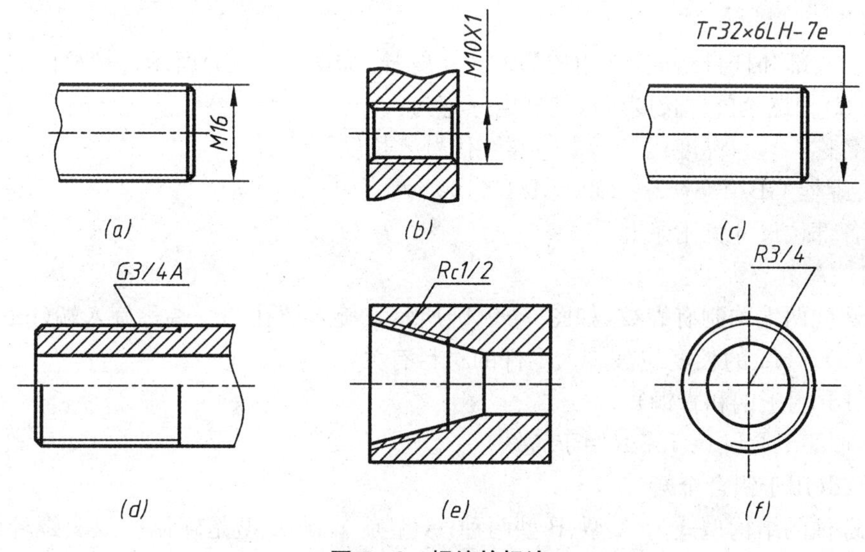

图 5-8　螺纹的标注

【任务实施】 完成教材配套习题集第 34 页,绘制内、外螺纹及其连接图;标注螺纹尺寸。

任务二　螺纹紧固件的规定画法

【任务引入】 参见教材配套习题集第 35 页,按要求绘制螺纹紧固件连接图。

【相关知识】

5.2 螺纹紧固件及其连接画法

常用的螺纹紧固件有螺栓、螺柱、螺钉、螺母、垫圈等，如图 5－9 所示，它们的结构形状和尺寸都已标准化，并由专门标准件厂进行批量生产，根据规定标记就可在有关国家标准中查到它们的形状和尺寸。

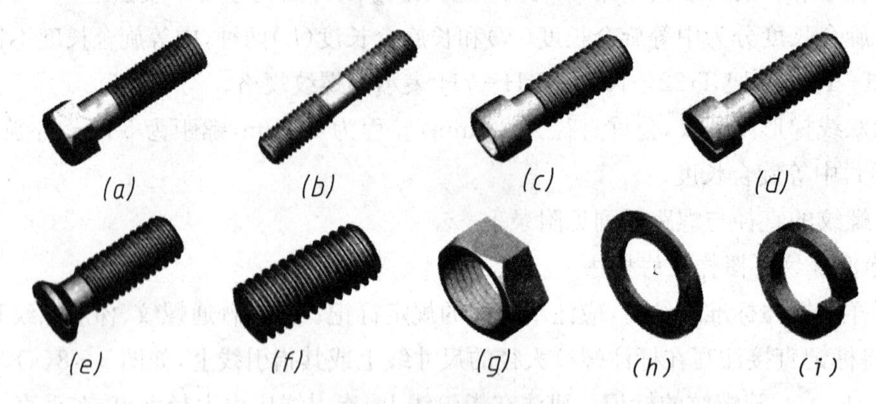

图 5－9 螺纹紧固件

5.2.1 常用螺纹紧固件的规定标记与画法

1. 螺栓

螺栓由头部和杆身组成，常用的为六角头螺栓，如图 5－9(a)所示。螺栓的规格尺寸是螺纹大径(d)和螺栓公称长度(l)，其规定标记为：

名称　　标准代号　　螺纹代号×长度

例如：螺栓 GB/T 5782—2000 M24×100

螺栓各部位尺寸见附录Ⅱ－1。

2. 双头螺柱

双头螺柱两端均制有螺纹，如图 5－9(b)所示。旋入螺孔的一端称旋入端(bm)，另一端称紧固端(b)。bm 的长度与被旋入零件的材料有关：

bm＝1d(用于钢和青铜)

bm＝1.25d 或 bm＝1.5d(用于铸铁)

bm＝2d(用于铝合金)

双头螺柱的结构型式为 A 型、B 型两种，A 型是车制，B 型是辗制。双头螺柱的规格尺寸是螺纹大径(d)和双头螺柱公称长度(l)，其规定标记为：

名称　　标准代号　类型　螺纹代号×长度

例如：螺柱 GB/T 897—1998 AM10×50

双头螺柱各部位尺寸见附录Ⅱ－2。

3. 螺钉

螺钉按其功用可分为连接螺钉和紧定螺钉，如图 5－9(c)、(d)、(e)、(f)所示。螺钉的规格尺寸是螺纹大径(d)和螺钉公称长度(l)，其规定标记为：

名称　　标准代号　螺纹代号×长度

例如：螺钉 GB/T 67—2000 M5×20

螺钉各部位尺寸见附录Ⅱ-3、Ⅱ-4。

4. 螺母

螺母有六角螺母、方螺母和圆螺母等，工程上常用的为六角螺母，如图5-9(g)所示。螺母的规格尺寸是螺纹大径(D)，其规定标记为：

名称　　标准代号　螺纹代号

例如：螺母 GB/T 6170—2000 M12

螺母各部位尺寸见附录Ⅱ-5。

5. 垫圈

垫圈一般置于螺母与被连接零件之间。常用的有平垫圈和弹簧垫圈。平垫圈有A级和C级标准系列。在A级标准系列平垫圈中，分带倒角和不带倒角两类结构，如图8-9(h)、(i)所示。垫圈的规格尺寸为螺栓直径 d，其规定标记为：

名称　　标准代号　公称尺寸

例如：垫圈 GB/T 97.2—2002　24

垫圈各部位尺寸见附录Ⅱ-6和附录Ⅱ-7。

常用螺纹紧固件的规定标记与简化画法见表5-1。

表5-1　常用螺纹紧固件的规定标记示例

名称和标准代号	简化画法	标记及其说明
六角头螺栓 GB/T 5782—2000	2d　d　0.7d　l	螺栓 GB/T 5782 M10×30 表示：A级六角头螺栓，螺纹规格 M10，公称长度为 30 mm。
双头螺柱 GB/T 898—1998	d　l	螺柱 GB/T 898 M10×40 表示：B型双头螺柱，螺纹规格 M10，公称长度为 40 mm。
开槽沉头螺钉 GB/T 68—2000	90°　d　0.5d　l	螺钉 GB/T 68 M6×16 表示：开槽沉头螺钉，螺纹规格 M6，公称长度为 16 mm。
开槽圆柱头螺钉 GB/T 65—2000	1.5d　d　0.5d　l	螺钉 GB/T 65 M5×20 表示：开槽圆柱头螺钉，螺纹规格 M5，公称长度为 20 mm。
开槽平端紧定螺钉 GB/T 73—1985	d　l	螺钉 GB/T 73 M5×12 表示：开槽平端紧定螺钉，螺纹规格 M5，公称长度为 12 mm。

续表

名称和标准代号	简化画法	标记及其说明
六角螺母 GB/T 41—2000	0.8d　2d　d	螺母 GB/T 41 M12 表示：C级六角螺母，螺纹规格 M12，不经表面处理。
平垫圈 GB/T 97.1—2002	0.15d　1.1d　2.2d	垫圈 GB/T 97.1 8 表示：A级平垫圈，公称尺寸 8 mm(螺纹公称直径)。
弹簧垫圈 GB/T 93—1987	60°　0.1d　0.2d　1.5d　1.1d	垫圈 GB/T 93 16 表示：公称尺寸 16 mm 标准型弹簧垫圈。

5.2.2　螺纹紧固件的连接画法

螺纹紧固件已经标准化，一般不要求单独画出它们的零件图，但在装配图中要表示零件之间的连接关系，一般可采用简化画法绘制。

常用螺纹紧固件的连接形式有：螺栓连接、双头螺柱连接和螺钉连接。

1. 螺栓连接

螺栓用来连接两个厚度都不太大，并能钻成通孔的零件。连接时将螺栓从一端穿入两个零件的光孔，另一端放上垫圈，然后旋紧螺母，即完成了螺栓连接，如图 5-10 所示。

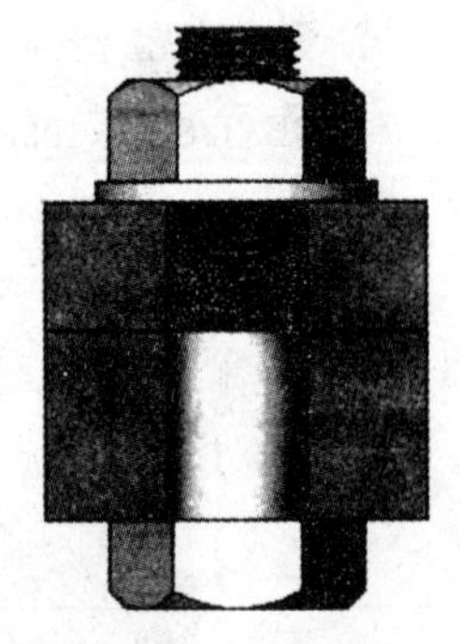

图 5-10　螺栓连接

为了适应连接不同厚度的零件，标准中规定了螺栓的公称长度系列，选用时可从标准中查表选用。螺栓公称长度可按下式估算：

$$l \geqslant \delta_1 + \delta_2 + h + m + a$$

式中 δ_1、δ_2 为被连接零件的厚度，h 为垫圈厚度，m 为螺母厚度，a 为螺栓伸出螺母的长度。h、m 均以 d 为参数按比例绘制，比例尺寸如表 5-1 所示，$m=0.8d$，$h=0.15d$，$a\approx(0.2\sim0.3)d$。根据计算出的 l 从相应的螺栓公称长度系列中选取与它相近的标准值，螺栓连接的比例画法如图 5-11 所示。

螺纹连接图实际上是局部的装配图，按国家标准规定画图时应注意以下几点：

(1) 两相邻零件的非接触面，应画两条轮廓线(间隙过小时应夸大画出)；两相邻零件的接触面只画一条轮廓线。

(2) 在剖视图中，相邻两零件的剖面线应加以区别(方向或间距不同)，而同一零件在各视图中的剖面线必须相同。

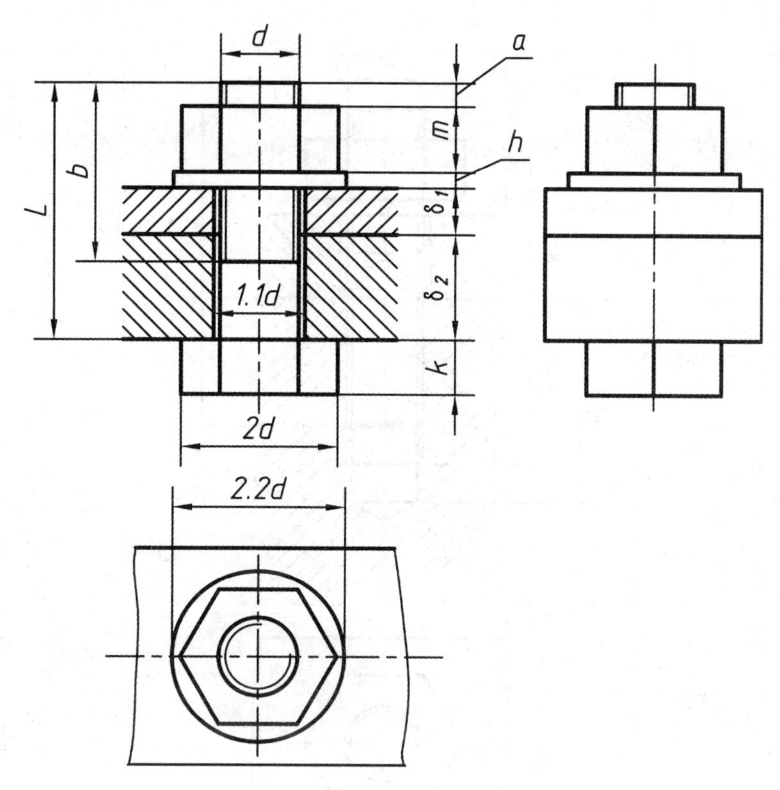

图 5－11　螺栓连接的比例画法

(3) 当连接图画成剖视图且剖切平面通过螺栓轴线时，对螺栓、螺母、垫圈等标准件均按不剖绘制。

2. 双头螺柱连接

当被连接零件之一较厚，或因结构的限制不适宜用螺栓连接，或因拆卸频繁不宜采用螺钉连接时，可采用双头螺柱连接。双头螺柱的一端（旋入端）旋入较厚零件的螺孔中，另一端（紧固端）穿过另一零件上的通孔，套上垫圈，用螺母拧紧，即完成双头螺柱连接，如图 5－12 所示。

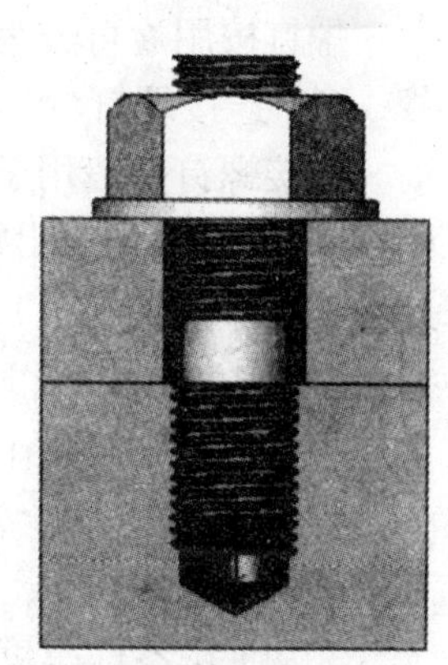

图 5－12　双头螺柱连接

螺柱的公称长度可用下式计算：

$$l \geqslant \delta + h + m + a$$

式中各参数含义与螺栓连接相同。计算出的 l 值应在相应的螺柱公称长度系列中选取与其相近的标准值。

双头螺柱连接的比例画法，如图 5－13 所示。画图时，应注意以下几点：

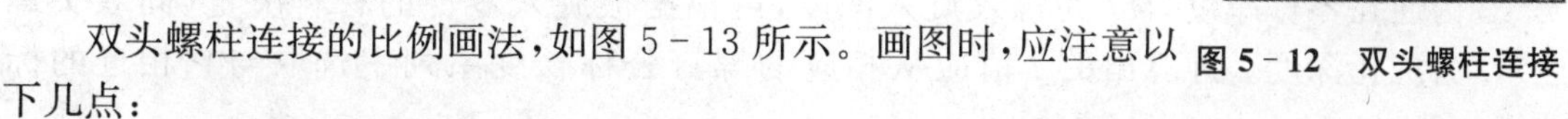

(1) 螺柱旋入端的螺纹终止线应与零件的结合面平齐，表示旋入端全部旋入并拧紧。

(2) 上部紧固部分与螺栓连接相同。

(3) 图中弹簧垫圈用作防松，外径比螺母小，弹簧垫圈的开槽方向应是阻止螺母松动方向，应画成图示 60°方向的两条细实线。

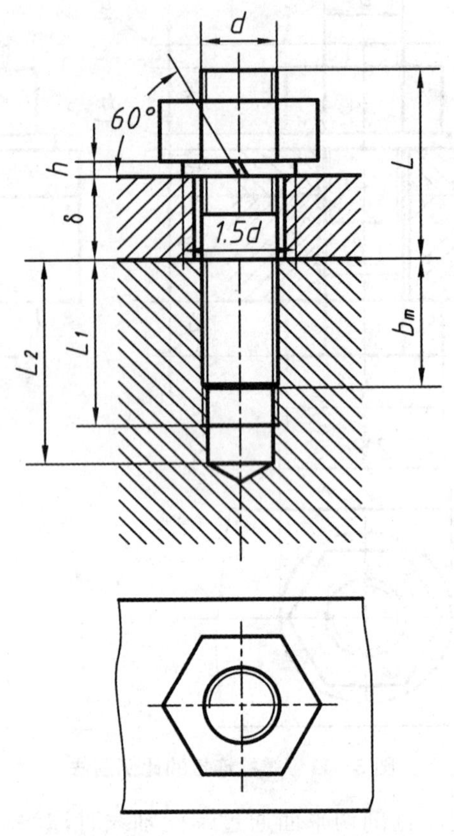

图 5-13　双头螺柱连接的比例画法

3. 螺钉连接

螺钉按用途可分为连接螺钉和紧定螺钉两种。

(1) 连接螺钉

连接螺钉一般用于受力不大而又不需经常拆装的两零件的连接中，较厚的零件加工出螺孔，较薄的零件加工出带沉孔(或埋头孔)的通孔，沉孔(或埋头孔)直径稍大于螺钉头直径，将螺钉直接穿过通孔拧入螺孔中，如图 5-14 所示。

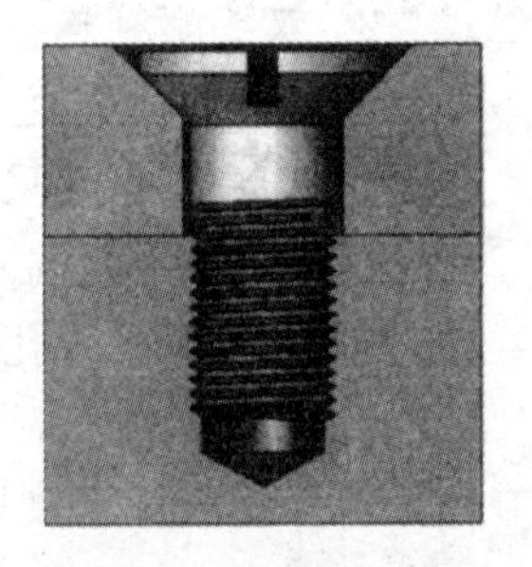

图 5-14　螺钉连接

螺钉的公称长度 l 可用下式计算：

没有沉孔时　$l \geqslant \delta + bm$

有沉孔时　$l \geqslant \delta + bm - t$

δ 为通孔零件厚度，bm 为螺纹旋入深度，可根据被旋入零件的材料决定(同双头螺柱)，t 为沉孔深度。计算出的 l 值应从相应的螺钉公称长度系列中选取与它相近的标准值。

连接螺钉的比例画法如图 5-15(a)、(b)、(c)所示，画图时，应注意以下几点：

① 在规定画法中螺纹终止线应高于两零件的接触面，螺钉上螺纹部分的长度约 $2d$；

② 螺钉与通孔间有间隙，应画两条轮廓线；

③ 螺钉头部的一字槽，平行于轴线的视图放正，画在中间位置，垂直于轴线的视图，规

定画成与中心线成45°角，也可用加粗的粗实线简化表示。

(2) 紧定螺钉

紧定螺钉用来固定两个零件的相对位置，使它们不发生相对运动。紧定螺钉连接的规定画法如图5-15(d)、(e)所示。

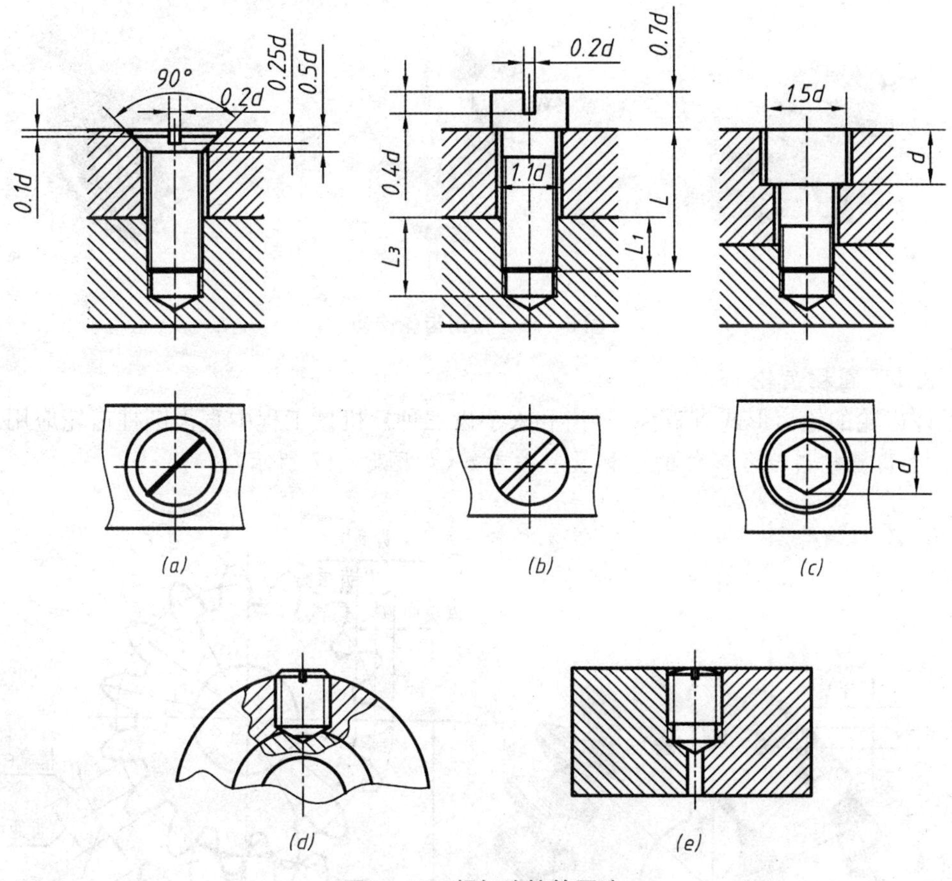

图5-15　螺钉连接的画法

【任务实施】完成教材配套习题集第35页绘制螺纹紧固件的连接图。

任务三　齿轮的规定画法

【任务引入】参见教材配套习题集第36、37页，计算齿轮轮齿部分尺寸，按要求补全直齿圆柱齿轮的视图。

【相关知识】

5.3　齿轮

齿轮是机械工程中常用的传动零件，可用来传递动力，改变转速和旋转方向。齿轮的种类很多，常用的有圆柱齿轮、圆锥齿轮、蜗杆蜗轮，如图5-16所示。齿轮在机械工程中称为常用件，标准齿轮轮齿部分的结构尺寸是标准化的。

① 圆锥齿轮——用于两平行轴之间的传动(图 5-16(a))；

② 圆锥齿轮——用于两相交轴之间的传动(图 5-16(b))；

③ 蜗杆蜗轮——用于两交叉轴之间的传动(图 5-16(c))。

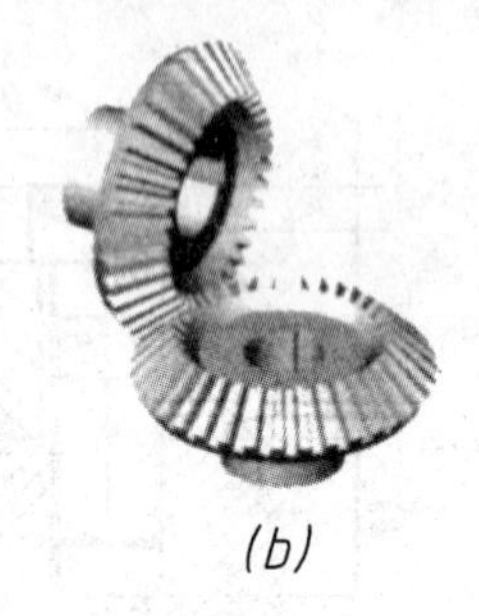

图 5-16 常用齿轮传动

5.3.1 圆柱齿轮

圆柱齿轮的轮齿形式有直齿、斜齿和人字齿三种。机械工程中直齿圆柱齿轮应用最广。

1. 直齿圆柱齿轮各部位的名称及有关参数(如图 5-17 所示)

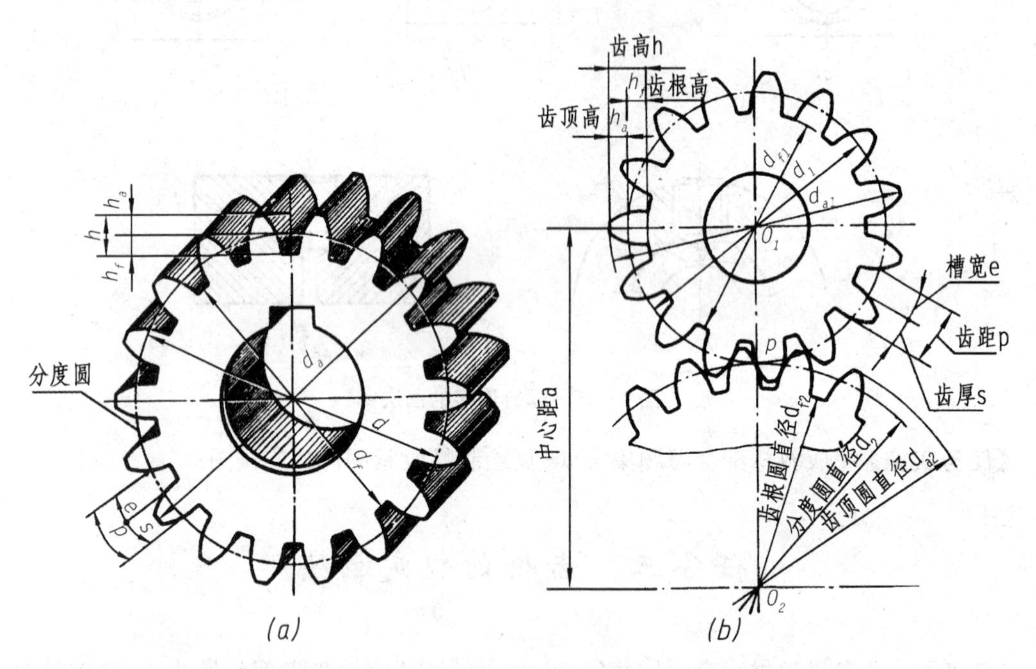

图 5-17 直齿圆柱齿轮各部位的名称及代号

① 齿顶圆

通过轮齿顶部的圆柱面，称为齿顶圆，其直径用 d_a 表示。

② 齿根圆

通过轮齿根部的圆柱面，称为齿根圆，其直径用 d_f 表示。

③ 分度圆

齿轮设计和加工时，用以计算轮齿尺寸的基准圆称为分度圆，它位于齿顶圆和齿根圆之间，是一个约定的假想圆，其直径用 d 表示。

④ 齿高、齿顶高、齿根高

齿顶圆与齿根圆之间的径向距离，称为齿高，用 h 表示；齿顶圆与分度圆之间的径向距离，称为齿顶高，用 h_a 表示；齿根圆与分度圆之间的径向距离，称为齿根高，用 h_f 表示。$h=h_a+h_f$。

⑤ 齿距、齿厚、槽宽

在分度圆上，相邻两齿对应两点间的弧长称为齿距，用 p 表示；轮齿的弧长称为齿厚，用 s 表示；轮齿之间的弧长称为槽宽，用 e 表示。$p=s+e$，对于标准齿轮 $s=e$。

⑥ 模数

由图 5-17(b)所示，分度圆周长可用下式描述：

$$\pi d = pz$$

其中 z 表示齿轮的齿数，因此计算分度圆直径公式：

$$d=z\times p/\pi$$

由于 p 与 π 均为无理数，我们把齿距 p 与 π 的比值称为齿轮的模数，用 m 表示(单位：毫米)，即：

$$m = p/\pi$$

这样，我们就可用下式计算齿轮分度圆直径：

$$d = mz$$

由于 m 与 p 成正比，而 p 决定了轮齿的大小，所以 m 的大小反映了轮齿的大小。模数大，轮齿就大；模数小，轮齿就小。

为了便于设计和制造，国家标准对齿轮的模数作了统一规定，见表 5-2。标准齿轮轮齿部分的结构尺寸是标准化的，所以齿轮在机械工程中称为常用件。

表 5-2　标准模数系列　　单位：mm

第一系列	1,1.25,1.5,2,2.5,3,4,5,6,8,10,12,16,20,25,32,40,50
第二系列	1.75,2.25,2.75,(3.25),3.5,(3.75),4.5,5.5,(6.5),7,9,(11),14,18,22,28,36,45

注：1. 选用模数应优先选用第一系列，其次选用第二系列，括号内的模数尽可能不用。
2. 本表未摘录小于 1 的模数。

⑦ 压力角

相互啮合的两圆柱齿轮的在接触点处的受力方向与运动方向所夹的锐角，称为压力角，用 α 表示，如图 5-18 所示。标准齿轮的压力角为 20°。

⑧ 中心距

两啮合齿轮轴线间的距离称中心距，用 a 表示。装配准确的标准齿轮的中心距：

$$a = (d_1 + d_2)/2 = m(z_1 + z_2)/2$$

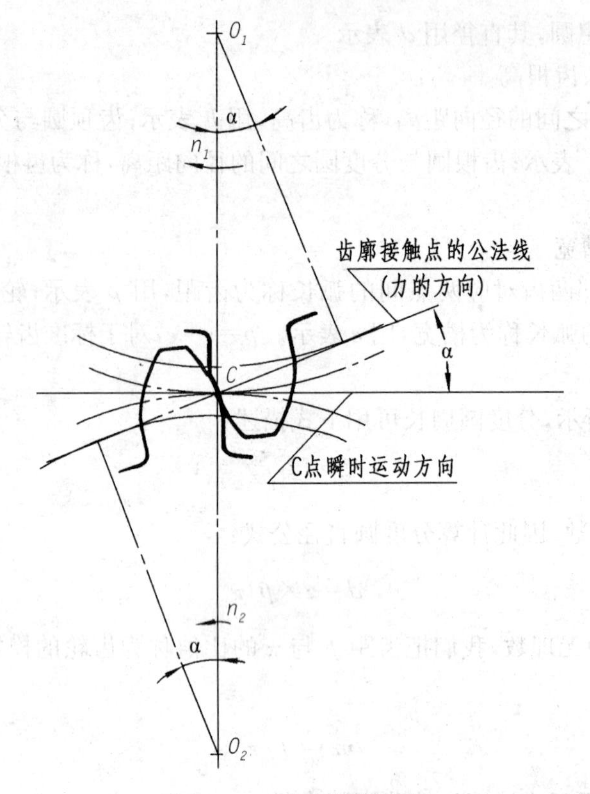

图 5-18　齿轮的压力角

2. 标准直齿圆柱齿轮基本尺寸的计算

在设计齿轮时，先要确定齿数和模数，其他各部位尺寸都可由齿数和模数计算出来，见表 5-3。

表 5-3　标准直齿圆柱齿轮各部分尺寸的计算公式

基本参数：模数 m　齿数 z

名称	符号	计算公式
模数	m	$m=d/z=p/\pi$
齿顶高	h_a	$h_a=m$
齿根高	h_f	$h_f=1.25\,m$
齿高	h	$h=2.25\,m$
分度圆直径	d	$d=mz$
齿顶圆直径	d_a	$d_a=m(z+2)$
齿根圆直径	d_f	$d_f=m(z-2.5)$
中心距	a	$a=m(z_1+z_2)/2$

3. 直齿圆柱齿轮的规定画法

(1) 单个圆柱齿轮的画法

① 在表示外形的两个视图中，齿顶圆和齿顶线用粗实线绘制；分度圆和分度线用细点画线绘制；齿根圆和齿根线用细实线绘制，也可省略不画。如图 5-19(a)所示。

② 平行于齿轮轴线的视图一般画成半剖或全剖视图。此时轮齿按不剖处理(轮齿部分不画剖面线)，齿根线用粗实线绘制，且不能省略，如图5-19(b)所示。

③ 若为斜齿或人字齿，需在非圆视图的外形部分用三条与齿线方向一致的细实线表示齿向，如图5-19(c)所示。

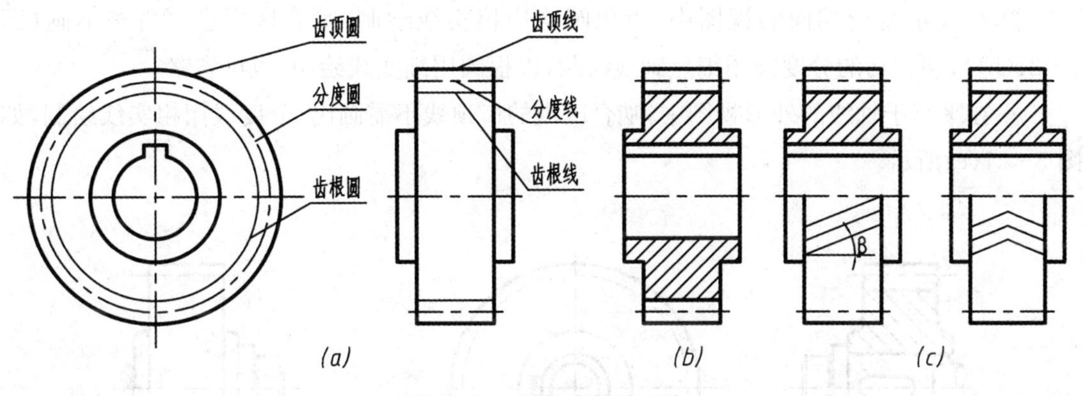

图5-19　圆柱齿轮的画法

图5-20为直齿圆柱齿轮零件图。

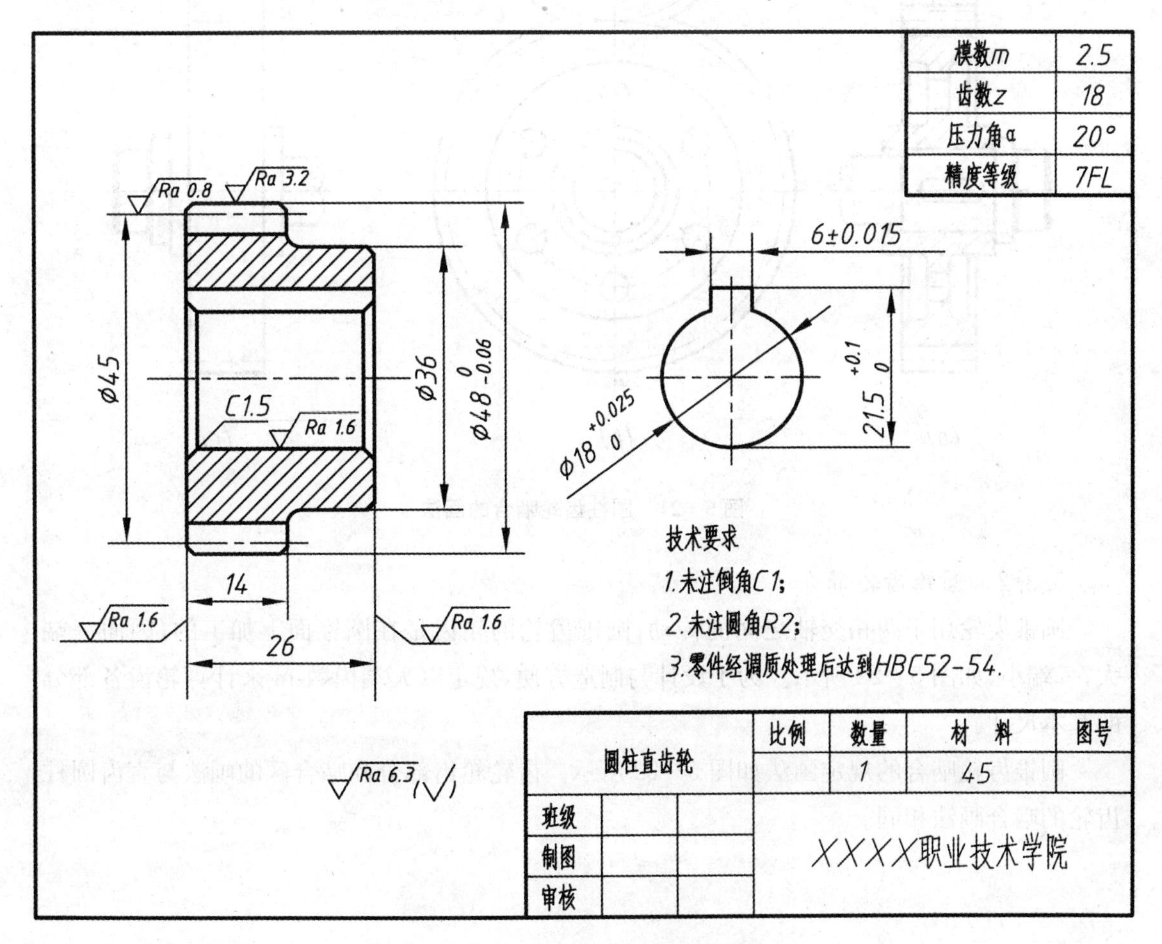

图5-20　直齿圆柱齿轮零件图

(2) 两齿轮啮合的规定画法

① 在平行于轴线的剖视图中,两齿轮啮合区的分度线重合为一条线,用细点画线绘制;一个齿轮的齿顶线用粗实线绘制,另一个齿轮的齿顶线用细虚线绘制(也可省略),如图5-21(a)所示。

② 在表示齿轮端面的视图中,齿顶圆均用粗实线绘制,啮合区内也可省略不画(图5-21(b));两相切的分度圆用细点画线绘制;齿根圆用细实线绘制,也可省略。

③ 在平行于轴线的外形视图中,啮合区内的齿顶线不需画出,分度线用粗实线绘制,如图5-21(c)所示。

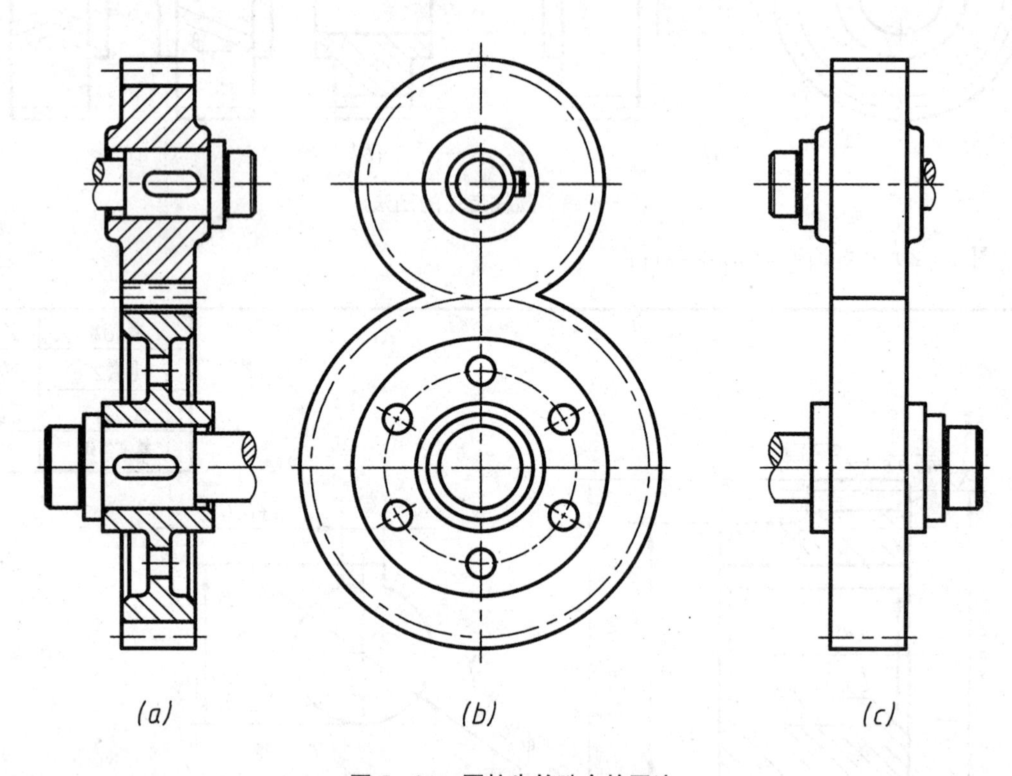

图5-21 圆柱齿轮啮合的画法

5.3.2 圆锥齿轮简介

圆锥齿轮用于两相交轴之间的传动,圆锥齿轮的轮齿是在圆锥面上加工的,因而一端大,一端小,如图5-22所示。为了设计与制造方便,规定以大端模数 m 来计算轮齿各部分的基本尺寸。

圆锥齿轮啮合的规定画法如图5-22所示。齿轮轮齿部分和啮合区的画法与直齿圆柱齿轮的啮合画法相同。

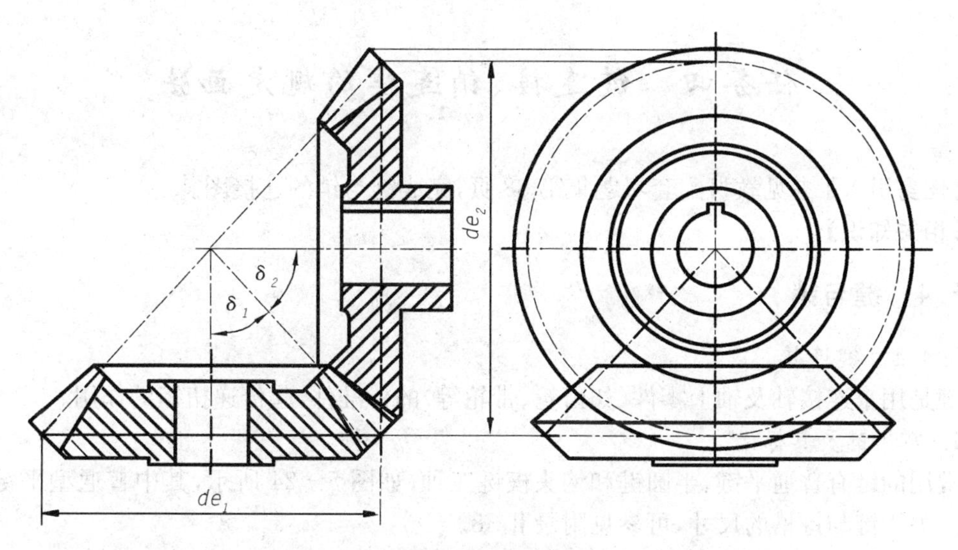

图 5 - 22　圆锥齿轮啮合的规定画法

5.3.3　蜗杆、蜗轮简介

蜗杆、蜗轮用来传递交叉两轴间的运动和动力，如图 5 - 23 所示。常用蜗杆的轴向剖面与梯形螺纹相似，蜗杆的齿数称为头数，相当于螺纹的线数。蜗轮相当于斜齿圆柱齿轮，其轮齿顶部为环面，使轮齿能包住蜗杆，以改善接触状况，延长使用寿命。

蜗杆、蜗轮成对使用，可得到很大的传动比。缺点是摩擦大，发热多，效率低。

蜗杆、蜗轮啮合的规定画法如图 5 - 23 所示，在蜗轮投影为圆的视图上，蜗杆和蜗轮按各自的规定画法绘制，蜗轮节圆与蜗杆节线相切；在蜗杆投影为圆的视图上，蜗轮与蜗杆重合部分只画蜗杆。

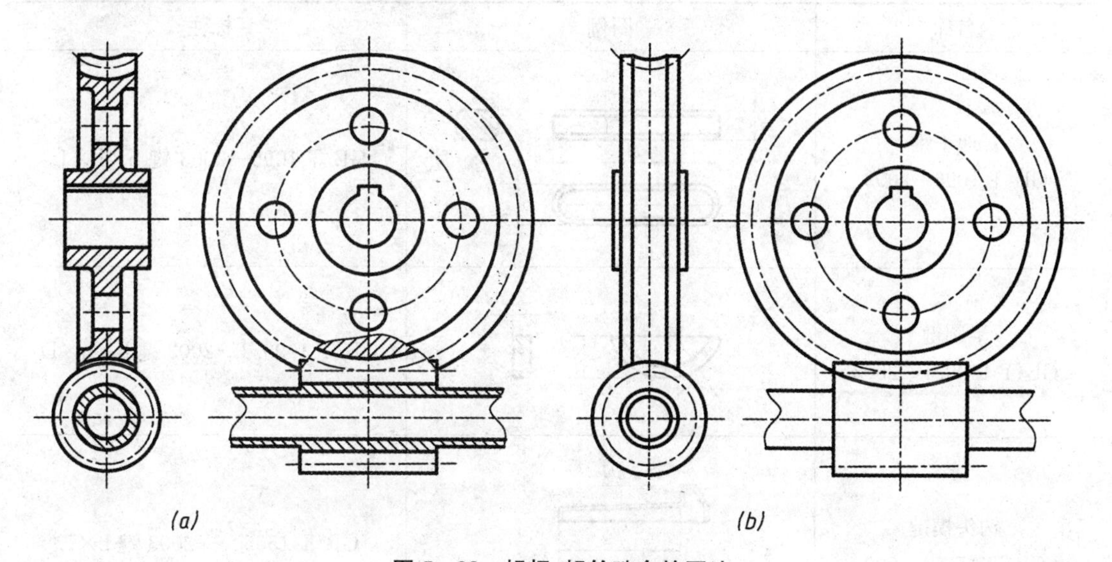

图 5 - 23　蜗杆、蜗轮啮合的画法

【任务实施】完成教材配套习题集第 36、37 页计算齿轮尺寸并补全直齿圆柱齿轮的视图与啮合图。

任务四　键连接、销连接的规定画法

【任务引入】参见教材配套习题集第 38 页,完成键与销的连接图。

【相关知识】

5.4　键与销

5.4.1　键连接

键是用来连接轴及轴上零件(如齿轮、带轮等)的标准件,起传递扭矩的作用。

1. 常用键及其标记

常用的键有普通平键、半圆键和钩头楔键三种,如图 5 - 24 所示,其中普通型平键应用最广。关于键与键槽的尺寸,可参见附录Ⅱ-8。

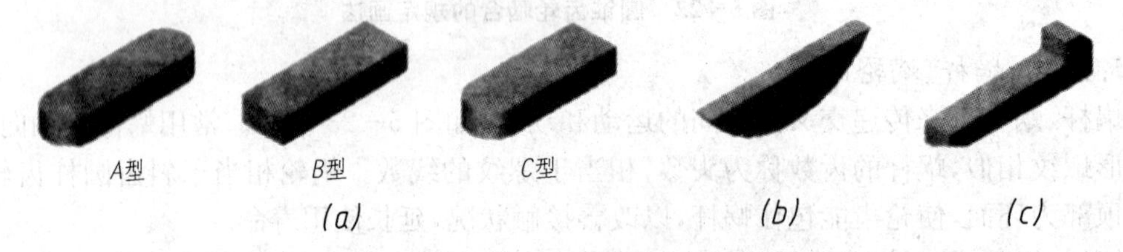

图 5 - 24　常用键的型式

常用键的型式和规定标记见表 5 - 4。

表 5 - 4　键的型式和标记示例

名称	图例	标注
普通平键 GB/T 1096—2003	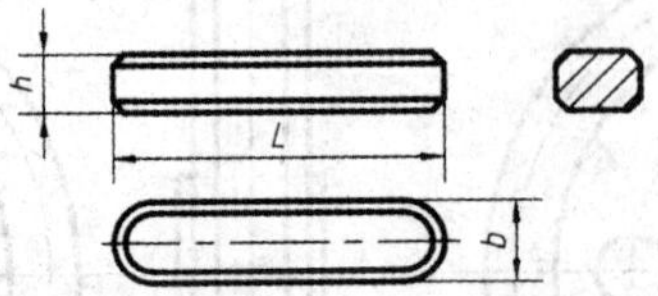	GB/T 1096—2003 键 b×h×L
半圆键 GB/T 1099.1—2003	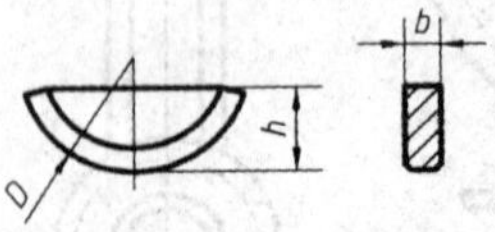	GB/T 1099.1—2003 键 b×h×D
钩头楔键 GB/T 1565—2003	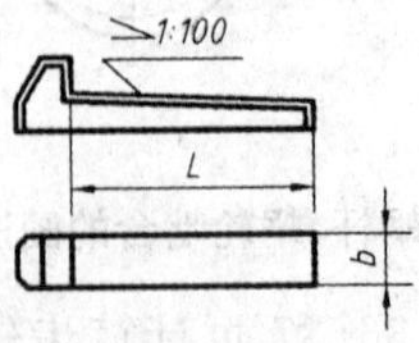	GB/T 1565——2003 键 b×L

2. 键连接的画法

(1) 普通平键连接

普通平键连接应用最为广泛，键连接装配图画法如图5－25所示。在画图时应注意以下几点：

① 普通平键的两个侧面是工作面，键的侧面与键槽侧面以及键的底面与轴之间为接触面，应画一条线。

② 键的顶面是非工作面，它与轮毂的键槽之间应留有空隙，画两条线。

③ 当剖切平面通过轴的轴线以及键的纵向平面时，轴和键均按不剖处理，为了表达键与轴的连接关系，可采用局部剖视。

④ 倒角、圆角省略不画。

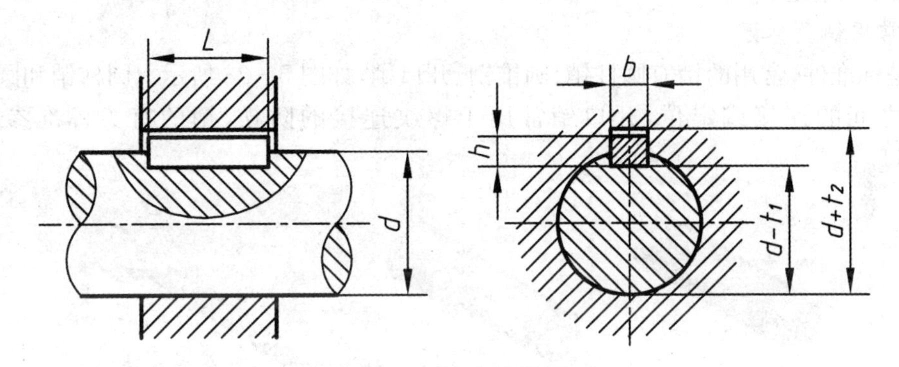

图5－25　普通平键连接画法

(2) 半圆键连接

半圆键连接常用于载荷不大的情况，其连接画法与普通平键类似，如图5－26所示。

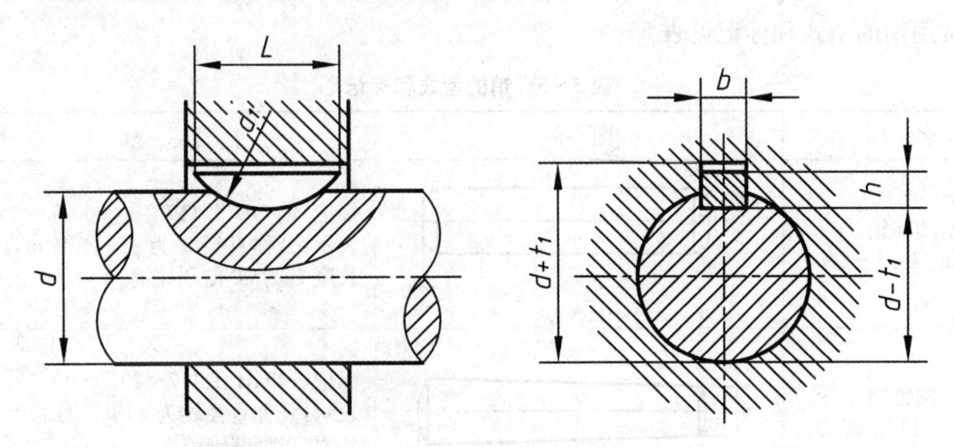

图5－26　半圆键连接画法

(3) 钩头楔键连接

钩头楔键的顶面加工有1∶100的斜度，装配时将键打入键槽，依靠键的顶面、底面与轮、轴之间挤压的摩擦力连接。因此，楔键的顶面与底面均为工作面，画图时键的顶面、底面与轴、毂的键槽之间应画一条线，如图5－27所示。

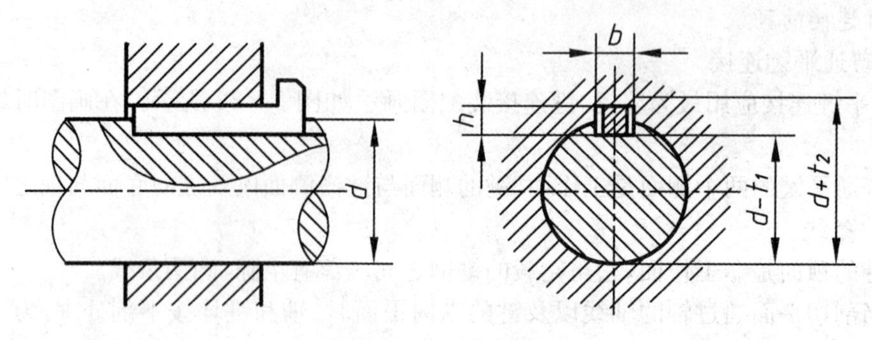

图 5－27　钩头楔键连接

5.4.2　销连接

1. 常用销及标记

销是标准件，常用的销有圆柱销、圆锥销、开口销，如图 5－28 所示。圆柱销和圆锥销用于零件之间的连接或定位，开口销常用于螺纹连接的防松，销的有关标准参见附录Ⅱ-9～11。

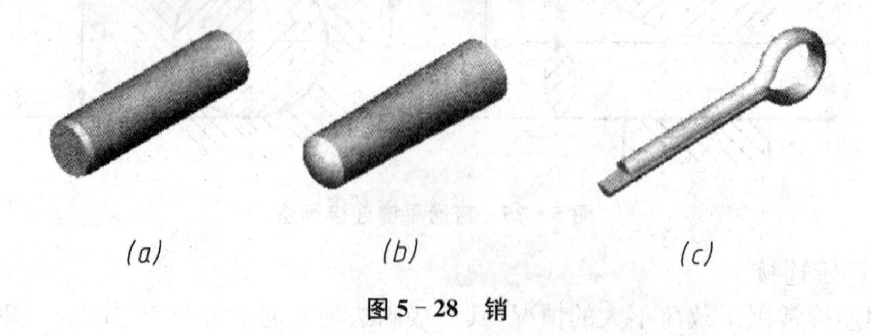

图 5－28　销

常用销的型式和标记见表 5－5。

表 5－5　销的型式和标记

名　称	图　例	标　准
圆柱销 GB/T 119.1—2000		标记：销 GB/T 119.1—2000 6m6×30 表示：公称直径 d 为 ϕ6、公差 m6、公称长度 L 为 30 的圆柱销。
圆锥销 GB/T 117—2000		标记：销 GB/T 117—2000 10×50 表示：公称直径 d 为 ϕ10、公称长度 L 为 50 的 A 型圆锥销。
开口销 GB/T 91—2000		标记：销 GB/T 91—2000 5×50 表示：公称直径 d 为 ϕ5、公称长度 L 为 50 的开口销。

2. 销连接的画法

如图 5－29 为圆柱销、圆锥销连接的画法。在连接图中，当剖切平面通过销孔轴线时，销按不剖处理。

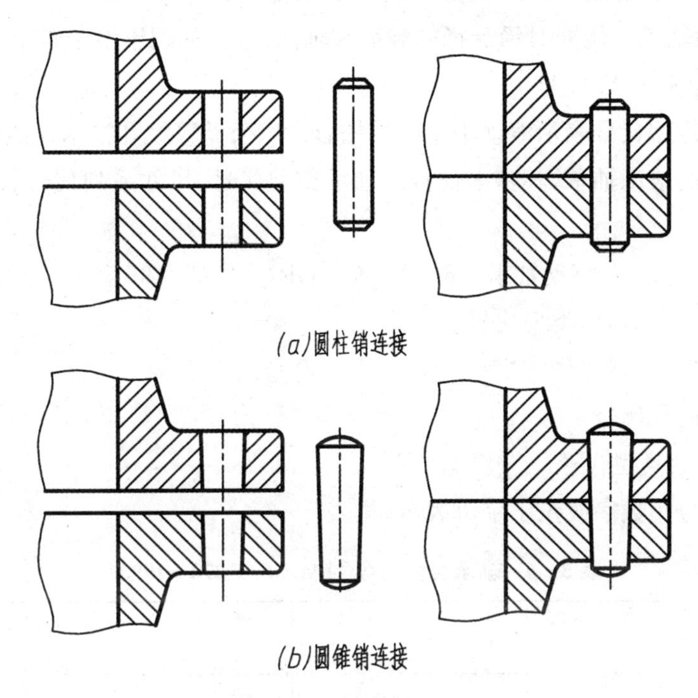

(a)圆柱销连接

(b)圆锥销连接

图 5－29　销连接的画法

【任务实施】完成教材配套习题集第 38 页键与销的连接图。

【知识拓展】

5.5　滚动轴承

滚动轴承是用来支承旋转轴的组件，由于具有结构紧凑、效率高、摩擦阻力小和便于维护等优点，因而在各种机器中应用广泛。滚动轴承是标准组件，其结构、尺寸均已标准化，由专门标准件厂生产，机械设计时，可根据结构、载荷等要求从标准手册中选用。

5.5.1　滚动轴承的种类

滚动轴承的种类很多，但结构相似，一般由外圈、内圈、滚动体和保持架组成，如图5－30 所示。

(a)

(b)

(c)

图 5－30　滚动轴承的结构

滚动轴承按承受载荷的方向可分为三类：

① 向心轴承　主要承受径向载荷，如深沟球轴承(图 5-30(a))。

② 推力轴承　仅能承受轴向载荷，如推力球轴承(图 5-30(b))。

③ 向心推力轴承　能同时承受径向载荷和轴向载荷，如圆锥滚子轴承(图 5-30(c))。

5.5.2　滚动轴承的代号

国家标准规定用代号表示滚动轴承的结构、尺寸、公差等级和技术性能等特性。外形尺寸符合标准规定的滚动轴承，其基本代号由轴承类型代号、尺寸系列代号、内径系列代号构成。例如：

滚动轴承　6　2　08　GB/T 276—1994

6　———深沟球轴承类型代号

2　———尺寸系列代号

08　———内径代号

1. 滚动轴承的类型代号

轴承类型代号用数字或拉丁字母表示，见表 5-6。

表 5-6　轴承类型代号(摘自 GB/T 272—1993)

代号	0	1	2		3	4	5	6	7	8	N	U	QJ
轴承类型	双列角接触球轴承	调心球轴承	调心滚子轴承	推力调心滚子轴承	圆锥滚子轴承	双列深沟球轴承	推力球轴承	深沟球轴承	角接触球轴承	推力圆柱滚子轴承	圆柱滚子轴承	外球面球轴承	四点接触球轴承

2. 尺寸系列代号

由轴承的宽(高)度系列代号和直径系列代号组合而成，用一位或两位阿拉伯数字表示。它的主要作用是区别内径相同而宽度和外径不同的轴承，具体代号需查阅相关标准。附录Ⅳ-1、Ⅳ-2 为深沟球轴承、圆锥滚子轴承部分尺寸系列的轴承尺寸。

3. 内径代号

表示轴承的公称内径，一般用两位阿拉伯数字表示：当轴承代号数字为 00、01、02、03 时，分别表示轴承内径 $d=10$、12、15、17(mm)；代号数字为 04 至 96 时，轴承内径等于代号数字与 5 的乘积。

5.5.3　滚动轴承的规定画法

滚动轴承为标准部件，不必绘制零件图。在装配图中，当不需要确切地表示滚动轴承的形状和结构时，可采用规定画法和特征画法画出。表 5-7 为滚动轴承的规定画法与特征画法。

表5-7 滚动轴承的规定画法与特征画法

轴承类型	规定画法	特征画法
深沟球轴承 GB/T 276—1994 类型代号6	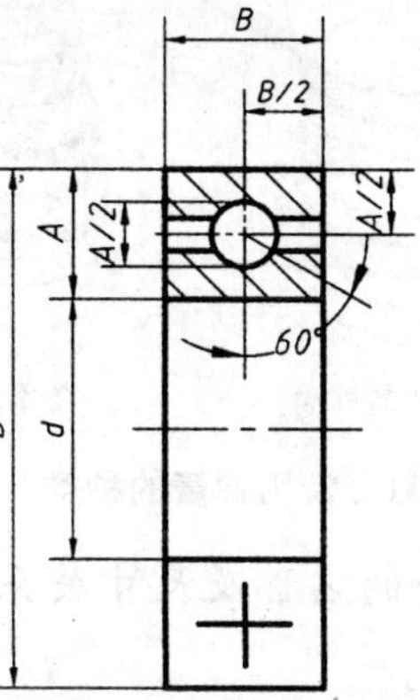 B, B/2, A, A/2, 60°, D, d	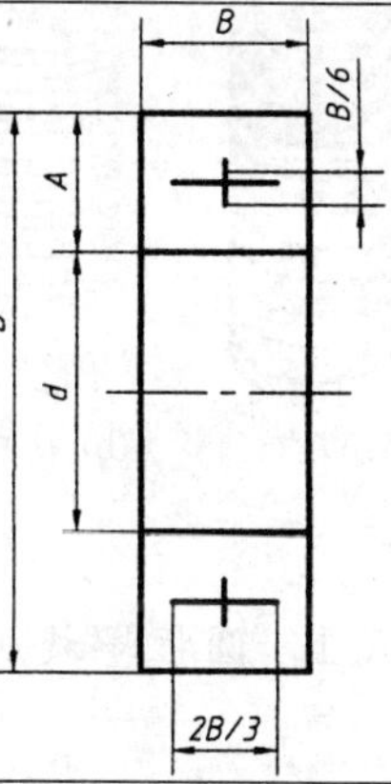 B, B/6, A, D, d, 2B/3
推力球轴承 GB/T 301—1995 类型代号5	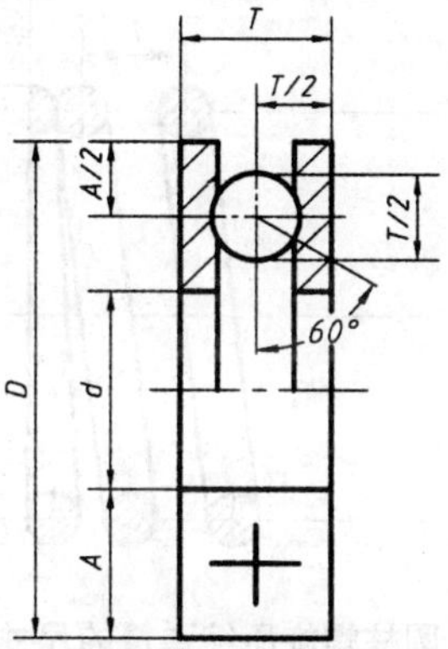 T, T/2, A/2, 60°, D, d, A	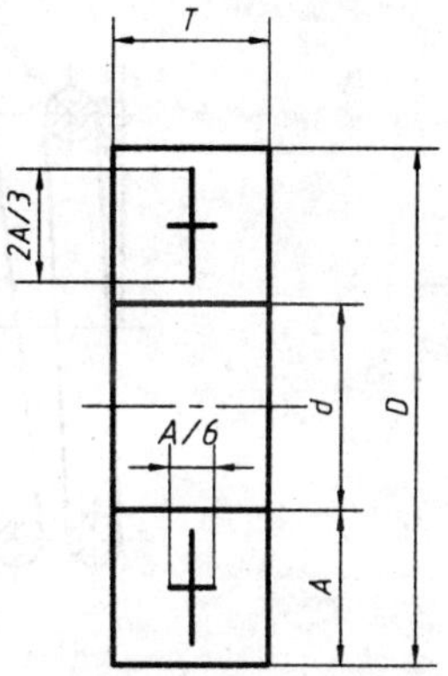 T, 2A/3, A/6, d, D, A
圆锥滚子轴承 GB/T 297—1994 类型代号3	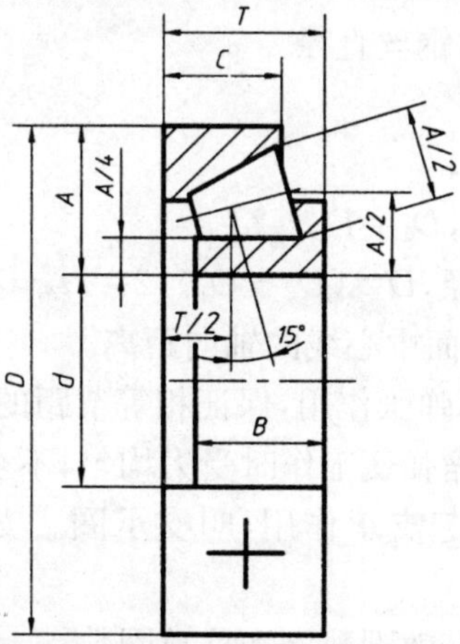 T, C, A, A/4, A/2, T/2, 15°, D, d, B	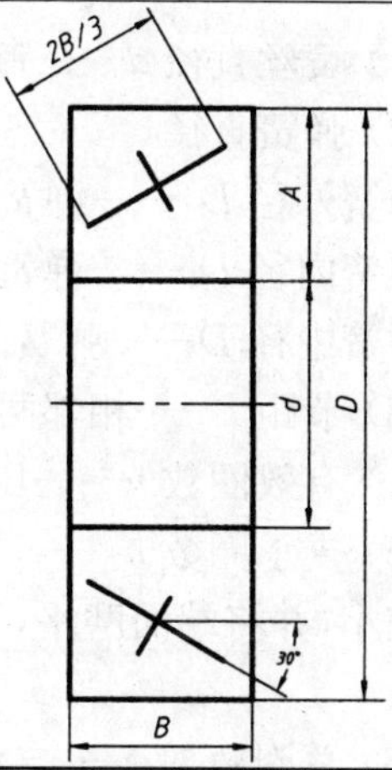 2B/3, A, d, D, 30°, B

注:规定画法中,轴承滚动体不画剖面线,其内、外圈可画成方向和间隔相同的剖面线。

5.6 弹簧

弹簧是常用件,可用来减震、夹紧、测力、储存能量等。弹簧种类很多,应用很广,常见的有螺旋弹簧、板弹簧、碟形弹簧、平面涡卷弹簧等。根据受力情况的不同,螺旋弹簧根据用途可分为压缩弹簧、拉伸弹簧和扭转弹簧等,如图5-31所示。

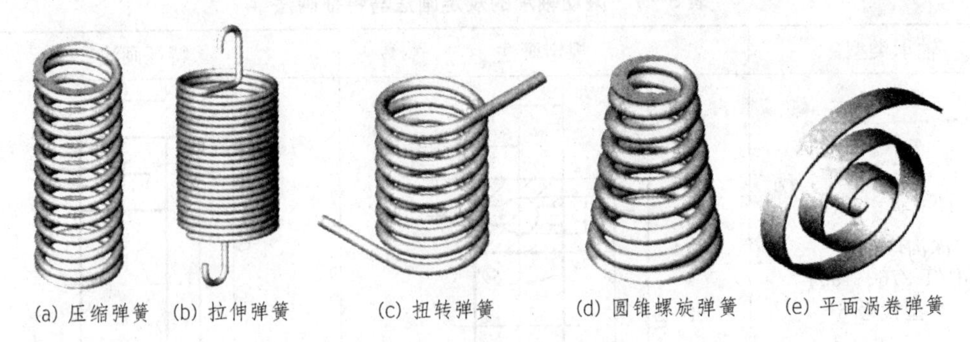

图 5-31 常用弹簧的种类

5.6.1 圆柱螺旋压缩弹簧各部分的名称及尺寸关系(如图 5-32 所示)

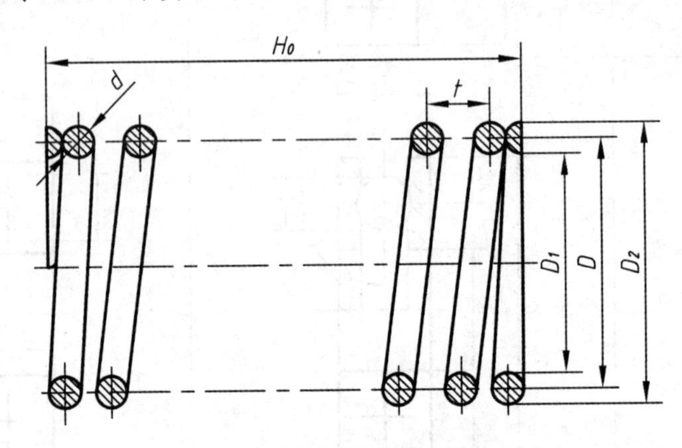

图 5-32 圆柱螺旋压缩弹簧的尺寸

(1) 簧丝直径 d——制造弹簧的钢丝直径。

(2) 弹簧直径

弹簧外径 D_2——弹簧最大直径。

弹簧内径 D_1——弹簧最小直径，$D_1=D_2-2d$。

弹簧中径 D——弹簧的平均直径，$D=(D_2+D_1)/2=D_2-d=D_1+d$。

(3) 节距 t——相邻两有效圈截面中心线的轴向距离。

(4) 有效圈数 n——压缩弹簧起弹张作用，保证相等节距的圈数称有效圈数。

(5) 支承圈数 n_2——为了使压缩弹簧工作时受力均匀，不至弯曲，在制造时两端节距要逐渐缩小，并将端面磨平，这部分只起支承作用，叫支承圈。支承圈的圈数通常取 1.5、2、2.5。

(6) 总圈数 n_1——支承圈数和有效圈数之和称总圈数，$n_1=n+n_2$。

(7) 自由高度(长度)H_0——弹簧无负荷时的高度，$H_0=nt+(n_2-0.5)d$。

5.6.2 圆柱螺旋压缩弹簧的规定画法

圆柱螺旋压缩弹簧的画法步骤，如图 5-33 所示，画图时应注意以下几点：

(1) 圆柱螺旋弹簧在平行于轴线的投影面上的视图中，各圈的轮廓形状应画成直线。

(2) 螺旋弹簧均可画成右旋，对于左旋螺旋弹簧，不论画成左旋还是右旋，一律要注出"LH"表示旋向。

（3）螺旋压缩弹簧，如要求两端并紧且磨平时，无论支承圈的圈数多少和末端贴紧情况如何，均按图 5－33 绘制，必要时也可按支承圈的实际情况绘制。

（4）有效圈数在四圈以上的螺旋弹簧，其中间部分可省略不画。省略后，允许适当缩短图形的长度。

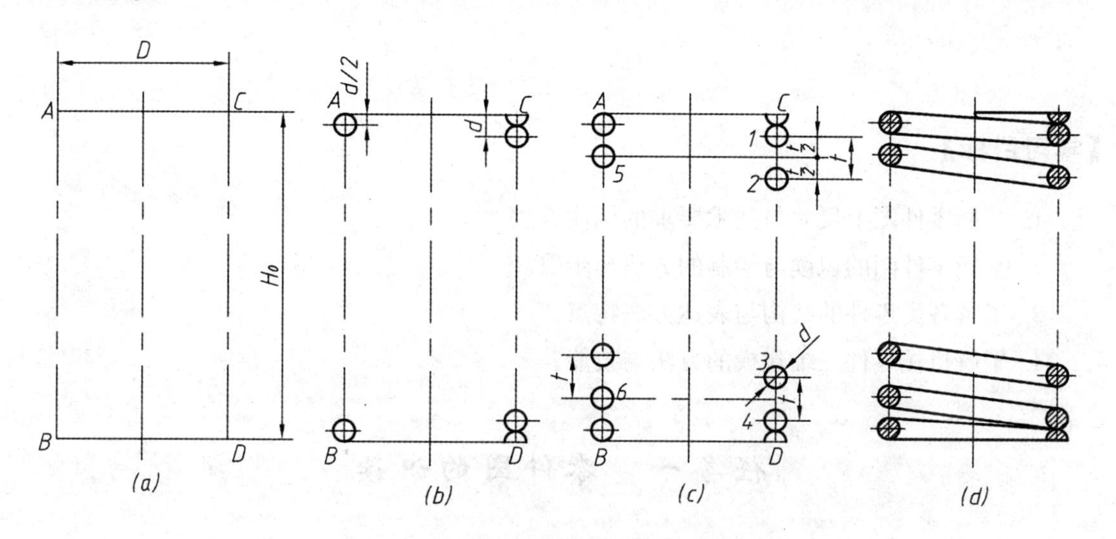

图 5－33　圆柱螺旋压缩弹簧的画图步骤

项目 6　零件图的识读与绘制

【学习目标】

1. 掌握零件图上尺寸与技术要求的标注方法。
2. 掌握零件图的识读与绘制的方法与步骤。
3. 了解各类零件的结构与表达方法特点。
4. 了解机械零件三维建模的方法与技能。

任务一　零件图的识读

【任务引入】参见教材配套习题集第 43 至 46 页，按要求识读所给零件图。

【相关知识】

6.1　零件图的用途与内容

任何机器都是由各种零件组成的，制造机器必须从加工与订购零件开始。零件的加工和检验应以零件图为依据，一张完整的零件图(如图 6-1 所示)一般包含以下内容：

1. 一组图形：用一组视图、剖视图、断面图等，正确、完整、清晰、简便地表示出零件的内外结构形状。

2. 完整的尺寸：正确、完整、清晰、合理地标注出制造和检验该零件所需的全部尺寸。

3. 技术要求：用国家标准中规定的符号、数字或文字(字母)等，说明零件在制造、检验、材质处理等过程中应达到的各项技术要求，如表面粗糙度、尺寸公差、形位公差及表面热处理等。

4. 标题栏：填写零件的名称、数量、材料、图号、比例以及责任人员签名和日期等内容。

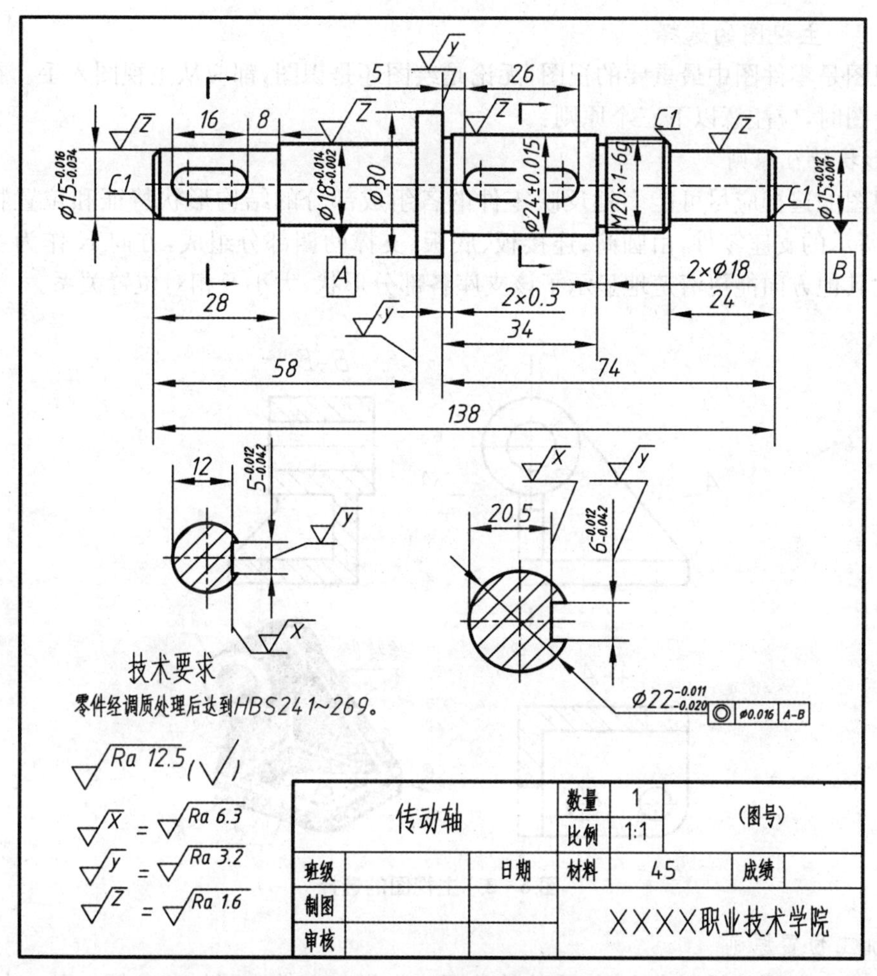

图 6-1　传动轴零件图

6.2　零件图的视图选择

在绘制零件图时，首先要根据零件的结构形状、加工方法和在机器中的位置合理选择零件的表达方案，即主视图的选择、其他视图及其表达方法的确定。

6.2.1　零件的种类

根据零件的结构特点和用途，大致可将零件分为轴套类、盘盖类、叉架类和箱体类四种，如图 6-2 所示。

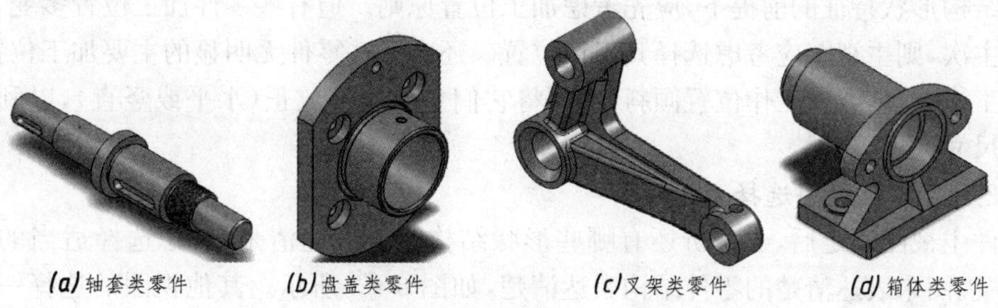

图 6-2　四类典型零件示例

6.2.2 主视图的选择

主视图是零件图中最重要的视图，无论是绘图还是识图，都应从主视图入手。在选择零件的主视图时，应注意以下三个原则：

1. 形状特征原则

主视图的选择应尽可能多地反映零件的各组成部分的结构形状特征和位置特征。如图 6-3 所示的支座零件，由圆筒、连接板、底板、支撑肋四部分组成，方向 K 作为主视图投射方向比其他方向能更清楚地显示了该支座各部分形状、大小及相对位置关系。

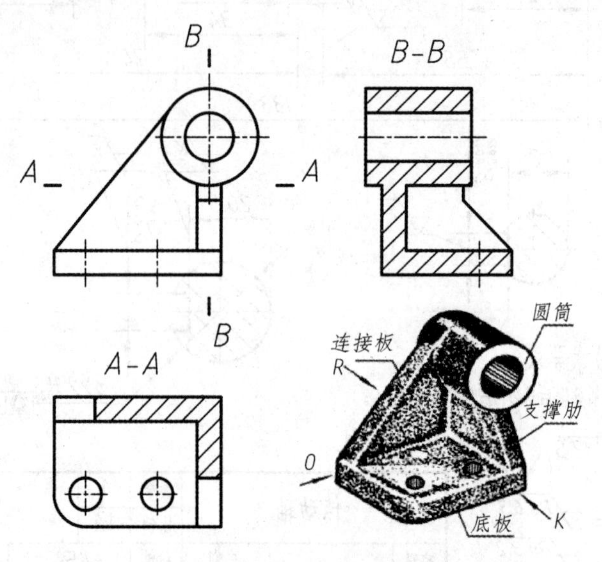

图 6-3 主视图的选择

2. 加工位置原则

在确定主视图的投射方向时，零件的放置应尽量与零件主要加工位置一致。如图 6-3 所示，轴类零件的加工主要在车床上完成，因此，零件主视图应选择其轴线水平放置，以便于看图加工。对轴套、轮盘类等回转体零件，选择主视图时，一般应遵循这一原则。

3. 工作位置原则

在确定主视图的投射方向时，零件的放置应尽可能符合零件在机器中的工作位置。对于叉架、箱体等加工方法和加工位置多变的零件，选择主视图时一般应按工作位置选择，以便与装配图直接对照。

以上所述零件主视图的选择原则，在运用时必须灵活掌握。三项原则中，在保证清楚表达零件结构形状特征的前提下，应先考虑加工位置原则。但有些零件加工位置多变，加工位置难分主次，则主视图应考虑选择其工作位置。还有一些零件无明显的主要加工位置，又无固定的工作位置，或者工作位置倾斜，则可将它们主要部分放正（水平或竖直），以利于布图和标注尺寸。

6.2.3 其他视图选择

零件主视图确定后，要分析还有哪些形状结构没有表达清楚，考虑选择适当的其他视图，将主视图未表达清楚的零件结构表达清楚，如图 6-3 所示。其他视图的选择一般应遵循以下几点：

(1) 根据零件的复杂程度和内、外结构特点，综合考虑所需要的其他视图，使每一个视图都有表达的重点，并使视图的数量最少。

(2) 优先考虑采用基本视图，并在基本视图上作适当剖视，各视图尽可能按投射关系配置。

(3) 在视图上尽量避免使用细虚线。

6.3　零件图的尺寸标注

6.3.1　零件图尺寸标注的基本要求

零件图上的尺寸是加工和检验零件的重要依据。零件图上的尺寸标注必须做到：正确、清晰、完整、合理。关于正确、完整、清晰的有关要求，前面有关章节中已经作了介绍，这里主要介绍零件图尺寸标注的合理性。

所谓零件图尺寸标注的合理性，是指标注的尺寸要满足设计要求和工艺要求。也就是所注尺寸既要满足使用性能，又要满足零件的制造、加工、测量和检验要求。

为了达到标注尺寸合理性的要求，在标注尺寸时应注意以下几点：

① 应了解零件的使用要求。

② 必须对零件进行结构分析与工艺分析。

③ 正确选择零件的尺寸基准。

要做到以上要求，必须掌握有关机械制造的专业知识和生产经验。

6.3.2　合理选择尺寸基准

尺寸基准是标注尺寸和量取尺寸的起点，有设计基准和工艺基准两种。

1. 设计基准

根据零件的结构和设计要求而确定的基准称为设计基准。任何零件都有长、宽、高三个方向的尺寸，每个方向只能选择一个设计基准。常见的设计基准有以下几个：

① 零件上主要回转结构的轴线；

② 零件结构的对称面；

③ 零件的重要支承面，机器中相邻两零件的重要结合面、配合面；

④ 零件主要加工面。

如轴类零件的轴线为径向尺寸的设计基准，箱体、支座类零件的底面为高度方向的设计基准，如图 6-4 所示。

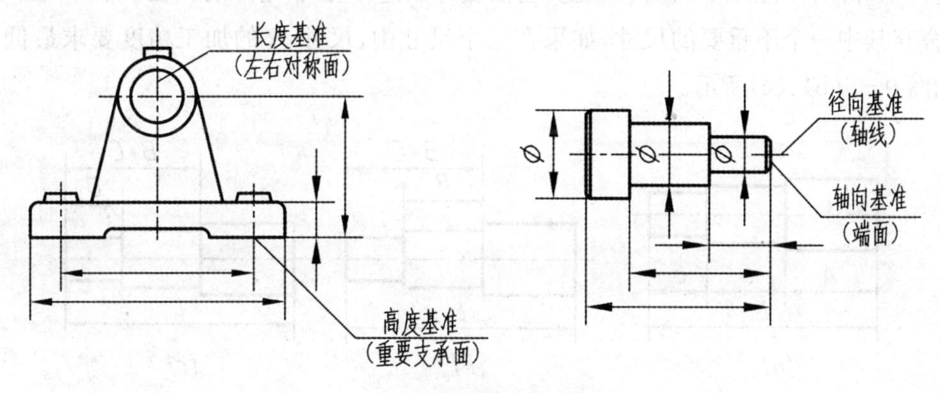

图 6-4　零件的尺寸基准

2. 工艺基准

在零件的加工过程中,为满足加工和测量要求而确定的基准称为工艺基准。

在选择基准时,最好使设计基准和工艺基准重合,以减小误差,保证零件的设计要求。

当零件较为复杂时,一个方向如果只选一个基准标注尺寸很难做到满足工艺要求,就要附加一些基准,其中起主要作用的称为主要基准,起辅助作用的称为辅助基准。辅助基准之间应标注直接联系的尺寸。

6.3.3 尺寸标注的注意事项

1. 功能尺寸应直接注出

零件的功能尺寸是指影响机器规格性能、工作精度和零件在部件中的装配要求的尺寸,这些尺寸应该直接注出,而不应由计算得出。如图 6-5 所示的尺寸 40H7/f6。

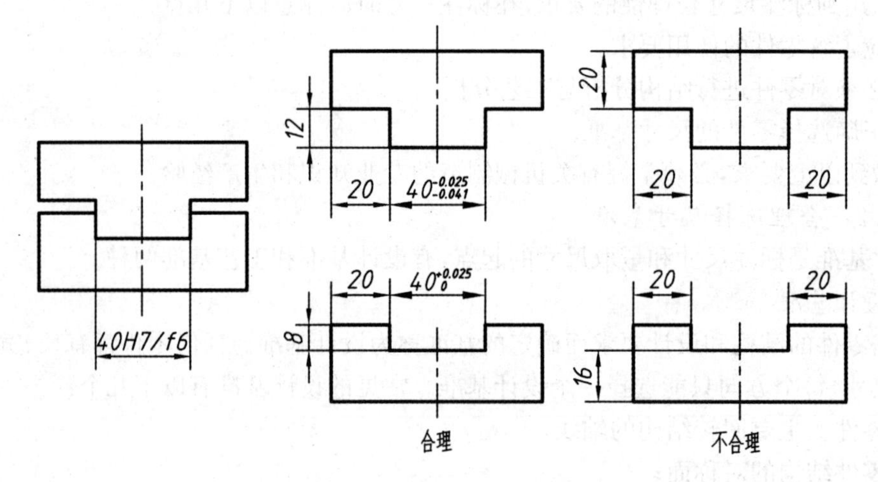

图 6-5 功能尺寸应直接注出

2. 避免注成封闭的尺寸链

如图 6-6(a)所示,标注阶梯轴长度方向的尺寸,除了标注总长尺寸外,又对轴的各段长度进行了标注,即注成了封闭尺寸链,这在设计制造中是不允许的。在 A、B、C 三个尺寸中,应舍弃其中一个不重要的尺寸,如果在三个尺寸中,尺寸 A 的加工精度要求最低,正确标注如图 9-6(b)、(c)所示。

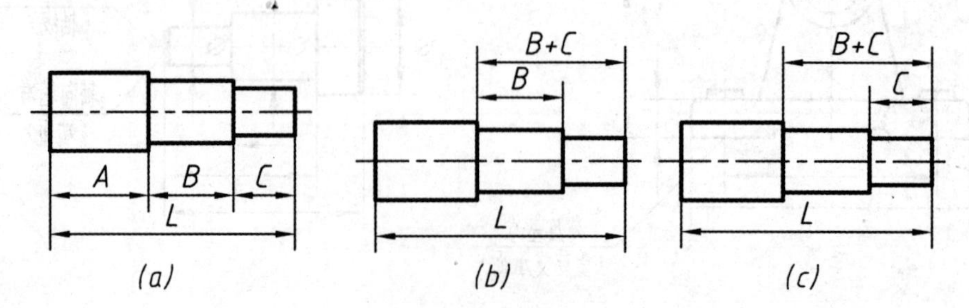

图 6-6 避免注成封闭的尺寸链

3. 标注尺寸要注意便于测量

如图 6－7(a)所示的尺寸标注是错误的，因为测量时几何中心是无法实际测量的。如图 6－7(c)所示，当台阶孔中小孔的直径较小时，这样标注将不利于孔深的测量，所以是错误的标注。

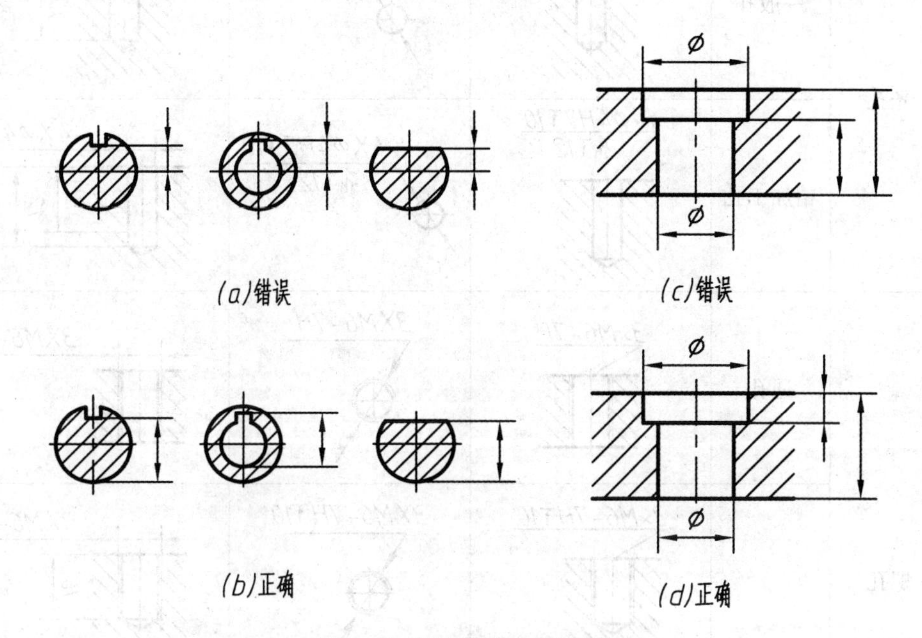

图 6－7　标注尺寸应便于测量

4. 同一个工序的尺寸应尽量集中标注

同一个工序的尺寸应尽量集中标注，如图 6－8 所示。

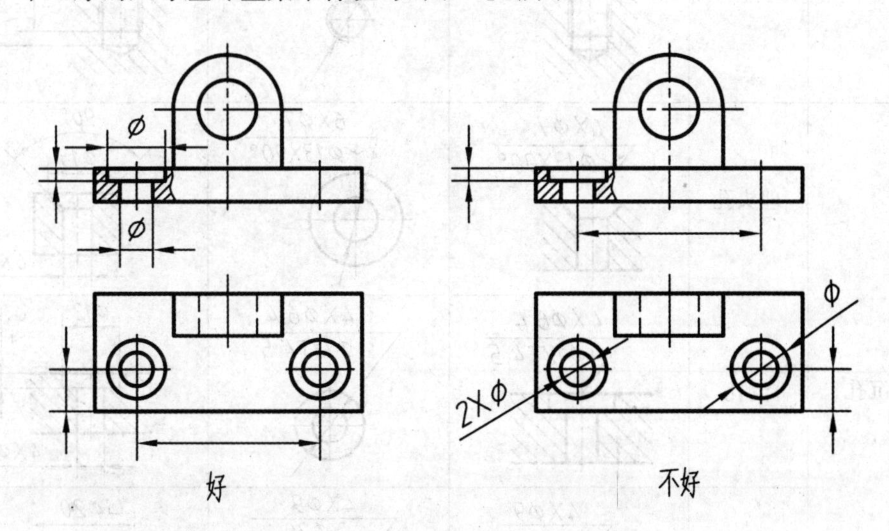

图 6－8　同一个工序的尺寸应集中标注

6.3.4　零件上常见结构的尺寸标注

零件上常见结构的尺寸标注见表 6－1。

表 6-1　零件上常见结构的尺寸标注

序号	类型		旁注方法		普通标注方法
1	光孔	一般孔	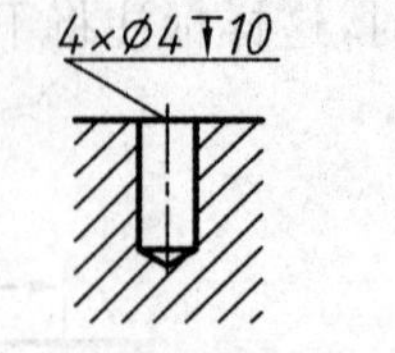 4×Ø4↧10	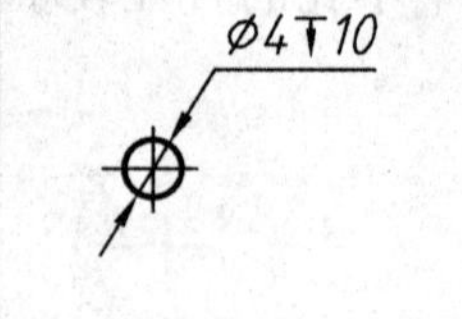 Ø4↧10	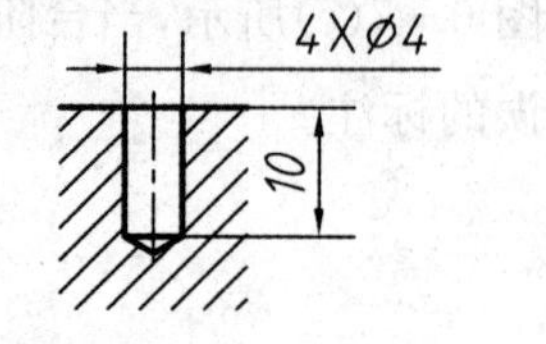 4XØ4; 10
2		精加工孔	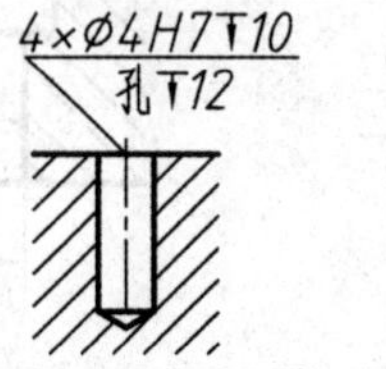 4×Ø4H7↧10 孔↧12	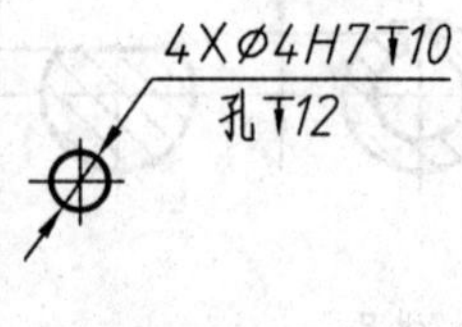 4XØ4H7↧10 孔↧12	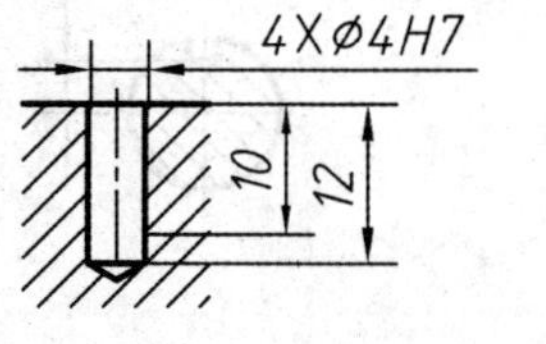 4XØ4H7; 10; 12
3	螺孔	通孔	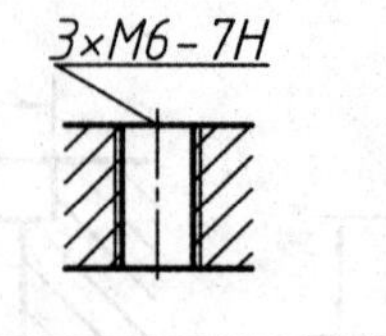 3×M6-7H	 3XM6-7H	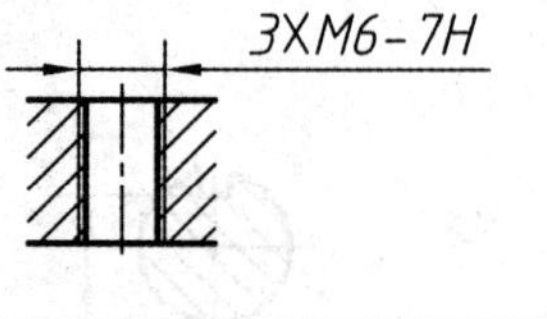 3XM6-7H
4		盲孔	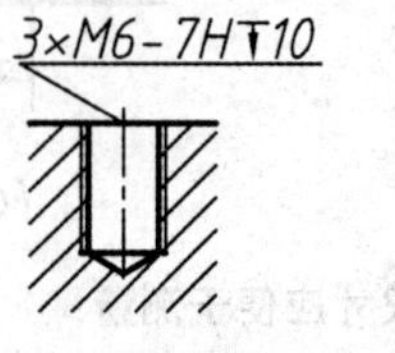 3×M6-7H↧10	 3XM6-7H↧10	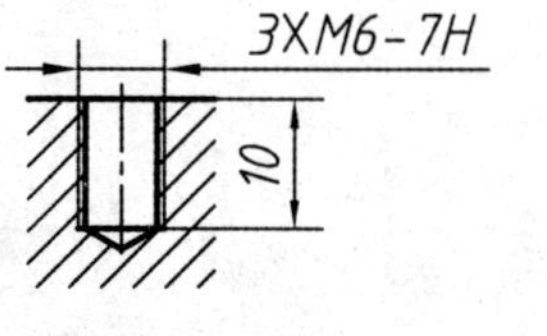 3XM6-7H; 10
5			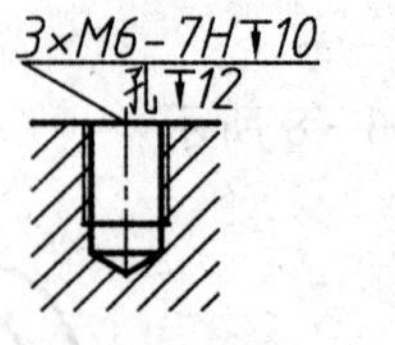 3×M6-7H↧10 孔↧12	 3XM6-7H↧10 孔↧12	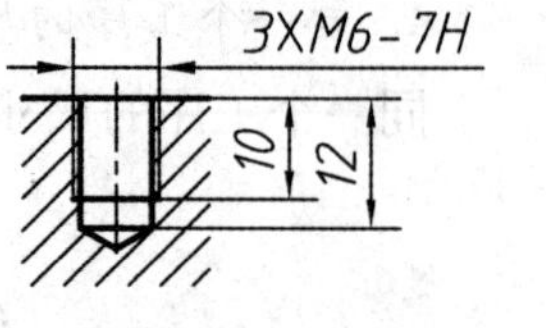 3XM6-7H; 10; 12
6	沉孔	理头孔	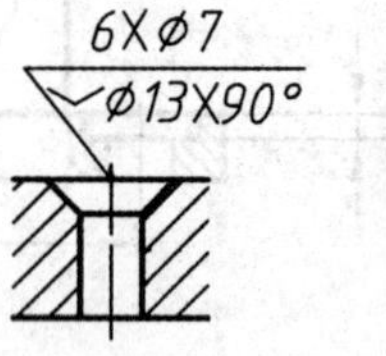 6XØ7 ⌵Ø13X90°	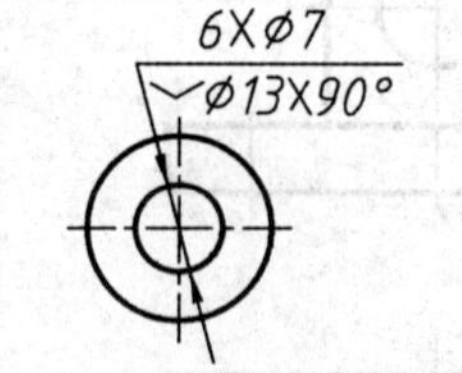 6XØ7 ⌵Ø13X90°	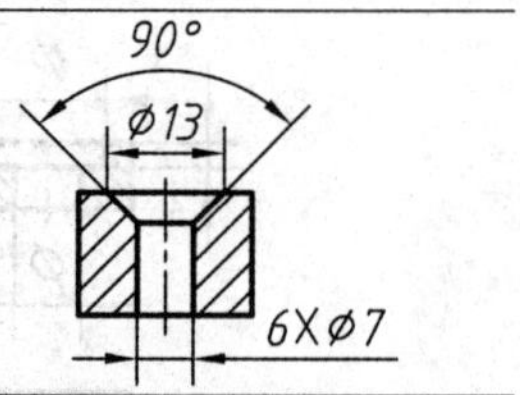 90°; Ø13; 6XØ7
7		沉孔	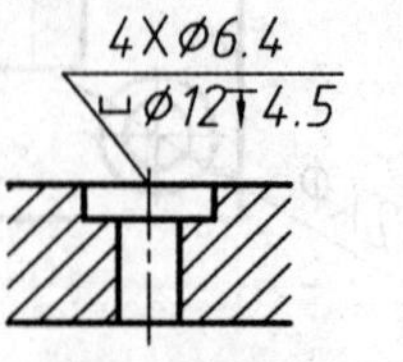 4XØ6.4 ⌴Ø12↧4.5	 4XØ6.4 ⌴Ø12↧4.5	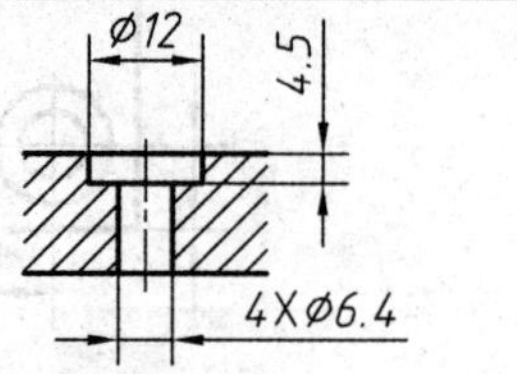 Ø12; 4.5; 4XØ6.4
8		锪孔	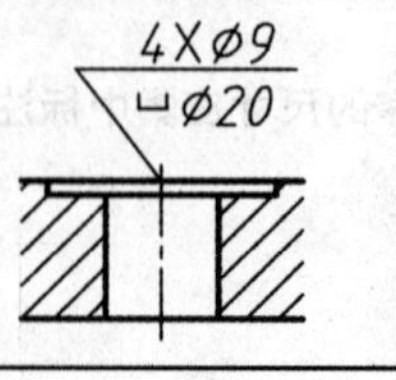 4XØ9 ⌴Ø20	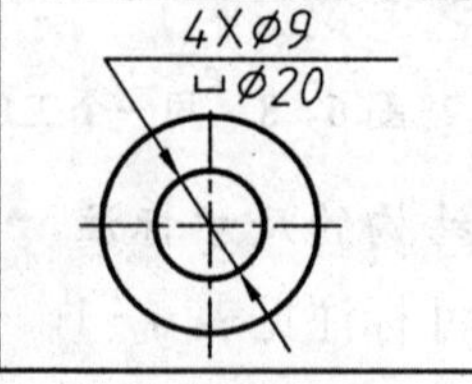 4XØ9 ⌴Ø20	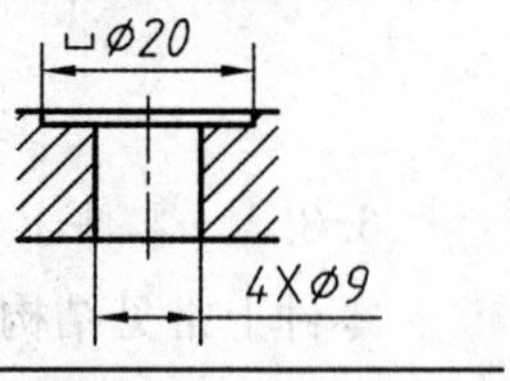 ⌴Ø20; 4XØ9

6.4　零件图上的技术要求

机械零件的技术要求主要是指零件几何精度方面的要求，主要有表面结构、尺寸公差、形状和位置公差等。技术要求还包括物理化学性能方面的要求，如对材料热处理和表面处理等方面的要求。

零件上的技术要求一般采用规定的代(符)号、数字、字母等标注在视图上，当不能用代(符)号标注时，允许在图纸的空白区域用文字加以说明。由于技术要求涉及的专业知识很广，本节只介绍表面结构、极限与配合、形位公差的基本知识与标注方法。

6.4.1　表面结构

1. 表面结构的基本概念

国家标准规定在零件图上必须标注出零件每个表面的表面结构要求，其中不仅包括直接反映表面微观几何特性的参数值，而且还可以包含说明加工方法、加工纹理方向以及表面镀覆前后的表面结构要求等。

由于零件表面是刀具与零件间的相对运动形成的，因此加工后的零件表面看似光滑平坦，如果将零件表面横向剖切，放在显微镜下观察，就会发现有高低不平的表面轮廓，如图 6-9 所示。表面结构是评定零件表面质量的一项重要技术指标，对于零件的配合、耐磨性、抗腐蚀性以及密封性都有显著的影响，所以表面结构是零件图中必不可少的一项技术要求。

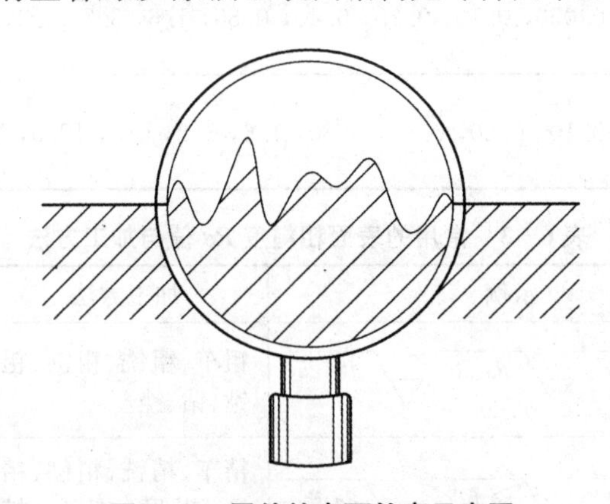

图 6-9　零件的表面轮廓示意图

2. 评定表面结构的主要参数

按照测量和计算方法的不同，表面轮廓可以分为以下三种：

① 原始轮廓(P 轮廓)——评定原始轮廓参数的基础；

② 粗糙度轮廓(R 轮廓)——评定粗糙度轮廓参数的基础；

③ 波纹度轮廓(W 轮廓)——评定波纹度轮廓参数的基础。

对于机械零件的表面结构要求，一般采用粗糙度(R 轮廓)参数评定。一般来说，凡是零件上有配合要求或有相对运动的表面，R 值要小。R 值越小，表面质量要求越高，加工成本也越高。因此，在满足使用要求前提下，尽可能选用较大的 R 值。

评定 R 轮廓参数的指标，有轮廓算术平均偏差 Ra、轮廓最大高度 Rz。推荐优先选用轮

廓算术平均偏差 Ra 。Ra 的定义为:在取样长度 l 内,轮廓偏距绝对值的算术平均值,如图 6-10 所示,其值为:

$$Ra = 1/l\int_0^l y(x)\mathrm{d}x$$

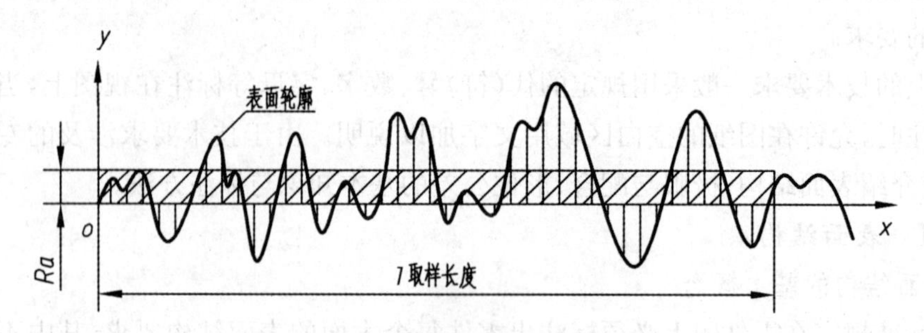

图 6-10　轮廓算术平均偏差(Ra)

Ra 值用电动轮廓仪测量,运算过程由仪器自动完成。国家标准规定的轮廓算术平均偏差 Ra 及轮廓最大高度 Rz 的数值系列见表 6-2。

Ra 的值与加工方法有关,Ra 值与加工方法的对应关系可参阅表 6-3。

表 6-2　轮廓算术平均偏差(Ra)的数值系列

Ra	0.012, 0.025, 0.050, 0.10, 0.20, 0.40, 0.80, 1.6, 3.2, 6.3, 12.5, 25, 50, 100
Rz	0.025, 0.050, 0.10, 0.20, 0.40, 0.80, 1.6, 3.2, 6.3, 12.5, 25, 50, 100,200,400,800

表 6-3　常用的表面粗糙度 Ra 值与加工方法

表面特征		示例	加工方法	适用范围
加工面	粗加工面	√Ra 100　√Ra 50　√Ra 25	粗车、粗铣、粗刨、粗镗、钻、锉	非接触表面,如钻孔、倒角、轴端面等
	半光面	√Ra 12.5　√Ra 6.3　√Ra 3.2	精车、精铣、精刨、精镗、粗磨、细锉、扩孔、粗铰	接触表面:不甚精确定心的配合表面
	光面	√Ra 1.6　√Ra 0.8　√Ra 0.4	精车、精磨、刮、研、抛光、铰、拉削	要求精确定心的重要的配合表面
	最光面	√Ra 0.2 至 √Ra 0.012	研磨、超精磨、镜面磨、精抛光	高精度、高速运动零件的配合表面;重要的装饰面
毛坯面		(不去除材料符号)	铸、锻、轧制等,经表面清理	无需进行加工的表面

3. 表面结构的图形符号、代号及意义

(1) 国家标准规定了粗糙度轮廓(R 轮廓)的符号及其标注。表面结构的图形符号的画法如图 6 - 11 所示。图中，$d=h/10$，$H_1=1.4h$，$H_2=2.1h$，（h 为字体高度，d 为图线宽）。

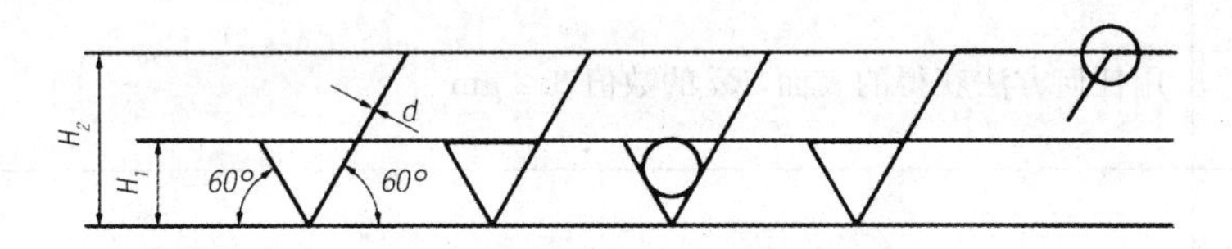

图 6 - 11　表面结构的图形符号

（2）国家标准规定的表面特征符号及其含义见表 6 - 4。

表 6 - 4　表面特征符号及其含义

符号	含义
	基本符号，表示表面可用任何方法获得。
	完整符号，表示表面特征用不去除材料的方法获得，如铸、锻、冲、压、热轧、冷轧和粉末冶金等。
	完整符号，表示表面特征用去除材料的方法获得，如车、铣、钻、磨、抛光、腐蚀和电火花加工等。

（3）在表面结构的完整图形符号中，表面结构参数代号和数值，以及加工工艺、表面纹理和方向、加工余量等补充要求应注写在规定位置，如图 6 - 12 所示。

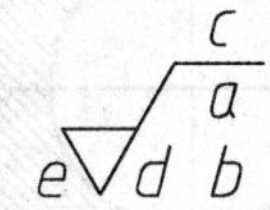

图 6 - 12　表面结构各参数的规定注写位置

① 位置 a。注写表面结构的单一要求，或者注写第一个表面结构要求。

② 位置 b。必要时注写第二个表面结构要求，若要注写第三个或更多个表面结构要求时，图形符号应在垂直方向扩大，留出足够注写空间。

③ 位置 c。必要时注写指定的加工方法（如车、铣、磨等）、表面处理、涂层等。

④ 位置 d。必要时注写表面的加工纹理方向符号。

⑤ 位置 e。必要时注写加工余量（单位为毫米）。

（4）表面结构参数的标注方法及含义，如表 6 - 5 所示。

表 6-5　表面结构参数的标注方法及含义

代　号	含　义
√Ra 3.2	用任何方法获得的表面，*Ra* 的数值 3.2 μm
Ra 3.2	用去除材料方法获得的表面，*Ra* 的数值为 3.2 μm
Ra 3.2	用不去除材料方法获得的表面，*Ra* 的数值为 3.2 μm
U Ra 3.2 L Ra 1.6	用去除材料方法获得的表面，*Ra* 的上限值为 3.2 μm，下限值为 1.6 μm

4. 表面结构参数在图样中的标注方法

（1）表面结构符号应标注在轮廓上，符号尖端必须从材料外指向材料表面。必要时，表面结构符号也可以标注在用带箭头的指引线引出的基准线上。表面结构在不同位置表面的标注可选用图 6-13 所示的方式。

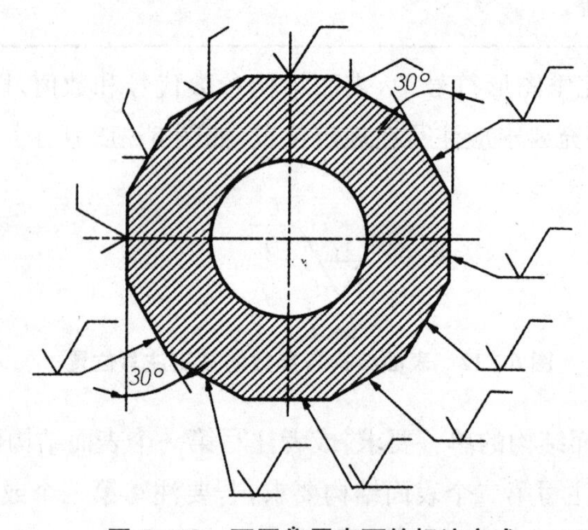

图 6-13　不同位置表面的标注方式

（2）表面结构在图样上的注写。

① 无论是标注粗糙度轮廓参数还是其他轮廓参数，必须在数值前标注出参数代号（如 *Ra*、*Rz* 等），不得省略。在参数代号和数值之间留有空格，例如："*Ra*　6.4"。

② 表面结构符号可以标注在相关尺寸线上（所标注尺寸的后面或公差框格的上方），如图 6-14 所示。

③ 表面结构符号可以标注在表面轮廓的延长线上、尺寸界限及其延长线上，如图 6-14 所示。

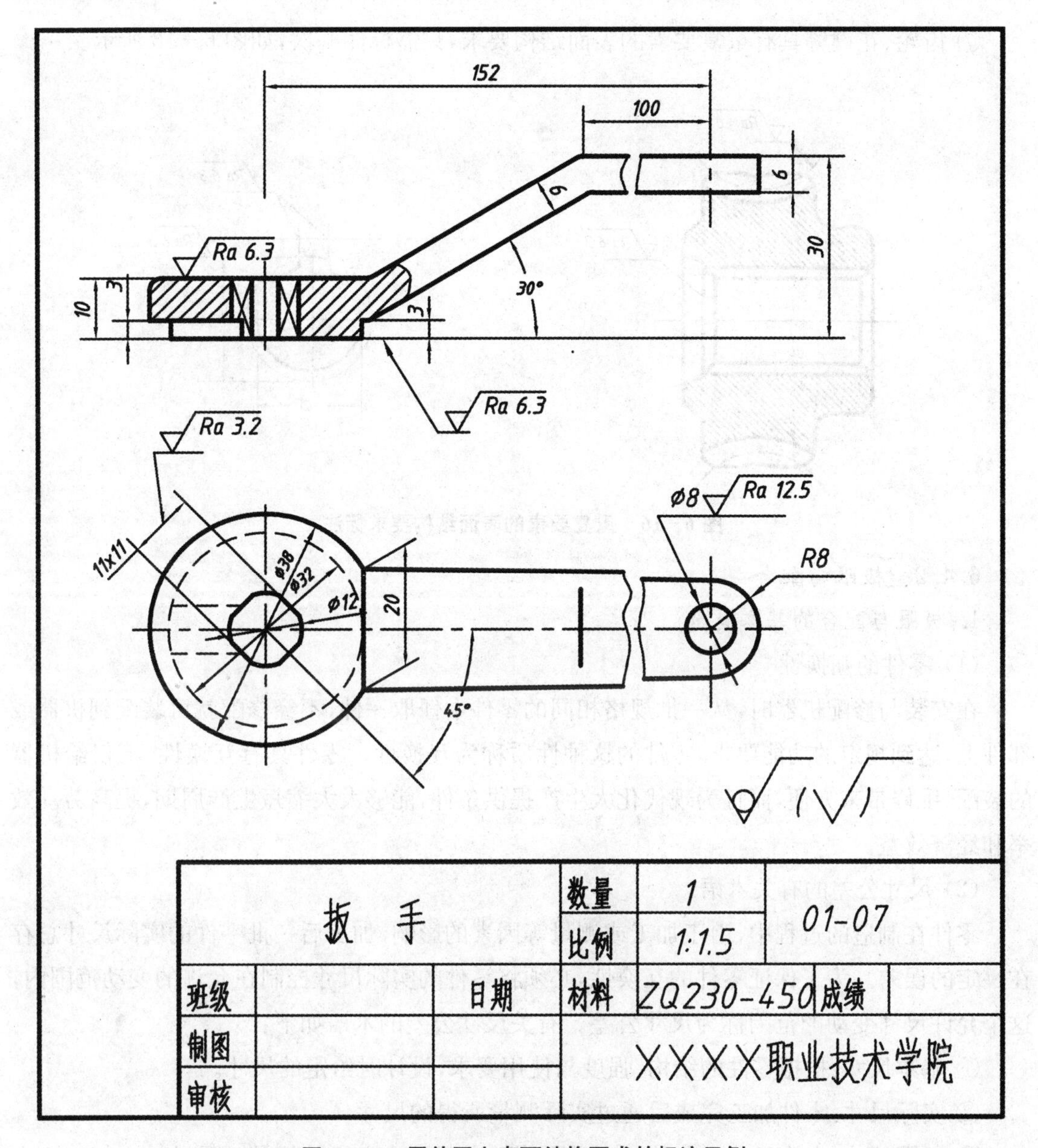

图 6－14　零件图上表面结构要求的标注示例

④ 当图形上标注空间有限时可用带字母的完整符号，以等式的形式在图形或标题栏附近对有相同表面结构要求的表面进行简化标注，如图 6－1 所示。

⑤ 当零件的多数表面结构具有相同的表面结构要求时，可以在图样的标题栏附近统一标注，并在圆括号内给出无任何其他标注的基本图形符号，或在圆括号内给出图中已经标注的几个不同的表面结构要求，如图 6－14 所示。

⑥ 零件上不连续的同一表面，用细实线连接后，可只标注一次表面结构要求，如图 6－15 所示。

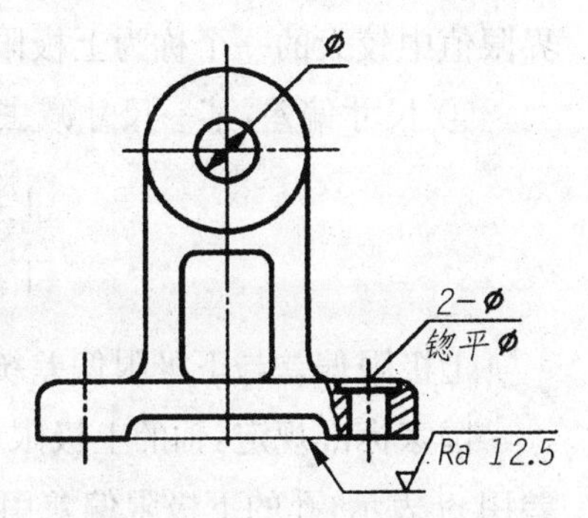

图 6－15　不连续的同一表面的表面结构要求标注

⑦ 齿轮、花键等具有重复要素的表面结构要求，只需标注一次，如图 6-16 所示。

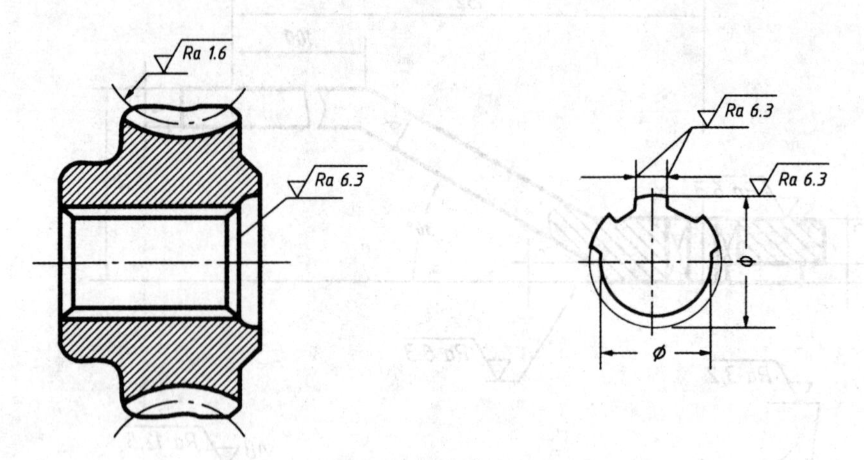

图 6-16　重复要素的表面结构要求标注

6.4.2　极限与配合

1. 极限与配合的基本概念

(1) 零件的互换性

在安装与修配机器时，从一批规格相同的零件中任取一件，不经修配就可装配到机器或部件上，达到规定的功能要求，零件的这种性质称为互换性。零件具有互换性，不仅给机器的装配、维修带来方便，而且为现代化大生产提供条件，能够大大缩短生产周期，提高劳动效率和经济效益。

(2) 尺寸公差的有关术语

零件在制造的过程中，由于加工或测量等因素的影响，加工后一批零件的实际尺寸总存在一定的误差。为了保证零件的互换性，必须将零件的实际尺寸控制在允许的变动范围内，这个允许尺寸变动的范围称为尺寸公差。有关尺寸公差的术语如下：

① 基本尺寸：根据零件的结构、强度与使用要求，设计时给定的尺寸。

② 实际尺寸：零件加工完成后通过实际测量所得的尺寸。

③ 极限尺寸：允许尺寸变化的两个界限值。实际尺寸应位于两个极限尺寸之间。两个界限值中较大的一个称为上极限尺寸；较小的一个称为下极限尺寸。

④ 尺寸偏差：某一尺寸减去基本尺寸所得的代数差。

上极限偏差＝上极限尺寸－基本尺寸

下极限偏差＝下极限尺寸－基本尺寸

上极限偏差与下极限偏差统称为极限偏差，其值可以为正值、负值或零。

国家标准规定：轴的上极限偏差用 es 表示，孔的上极限偏差用 ES 表示；轴的下极限偏差用 ei 表示，孔的下极限偏差用 EI 表示。

⑤ 尺寸公差(简称公差):允许尺寸的变动量。

尺寸公差＝上极限尺寸－下极限尺寸

＝上极限偏差－下极限偏差

由于上极限尺寸总是大于下极限尺寸,因此尺寸公差总为正值。

⑥ 公差带与公差带图:为了直观地表示上、下极限偏差与尺寸公差,用图解的形式绘制的极限尺寸的图形,称为公差带图,如图 6－17 所示。在公差带图中,由代表上、下极限偏差的两条直线所限定的区域称为公差带。

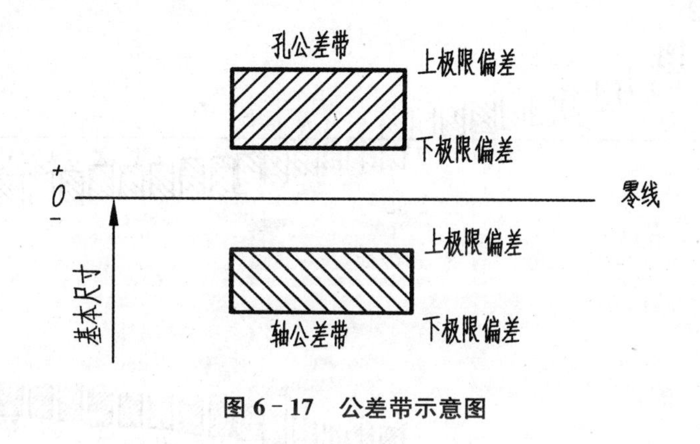

图 6－17　公差带示意图

⑦ 零线:在公差带图中,表示基本尺寸的一条直线,称为零线,以此作为基准确定上、下极限偏差和公差。

⑧ 标准公差:国家标准规定了一系列的级别与相应基本尺寸对应的数值,用以确定公差带大小。

标准公差分为 20 个等级,即:IT01、IT0、IT1……IT18。其中,IT 表示标准公差,阿拉伯数字表示公差等级,从 IT01 到 IT18 等级依次降低。各级标准公差与基本尺寸对应的数值见附录Ⅲ－1。

⑨ 基本偏差:国家标准规定的,用以确定公差带相对于零线位置的上偏差或下偏差,称为基本偏差。一般为靠近零线的那个偏差。

基本偏差的代号用拉丁字母表示,孔基本偏差代号用大写字母,为 A、B、C……ZA、ZB、ZC;轴的基本偏差代号用小写,为 a、b、c……za、zb、zc,各 28 个。孔的基本偏差中 A～H 为下偏差,J～ZC 为上偏差;轴的基本偏差中 a～h 为上偏差,j～zc 为下偏差;JS 和 js 的公差带均匀地分布在零线两边,孔和轴的上、下偏差分别为＋IT/2 和－IT/2。基本偏差系列如图 6－18 所示。基本偏差只表示公差带在公差带图中的位置,公差带大小由标准公差确定。从图中可以看出,除 JS 和 js 之外,公差带一边是开口的,闭合的一边为基本偏差,开口的一端由标准公差确定。

(3) 配合的概念与种类

在机器装配中,基本尺寸相同、相互结合的孔和轴公差带之间的关系,称为配合。

孔的尺寸减去相配合的轴的尺寸所得的代数差称为间隙或过盈，代数差值为正值时称为间隙，为负值时称为过盈。

① 间隙配合：具有间隙（包括最小间隙等于零）的配合。此时，孔的公差带在轴的公差带之上，如图 6－19 所示。

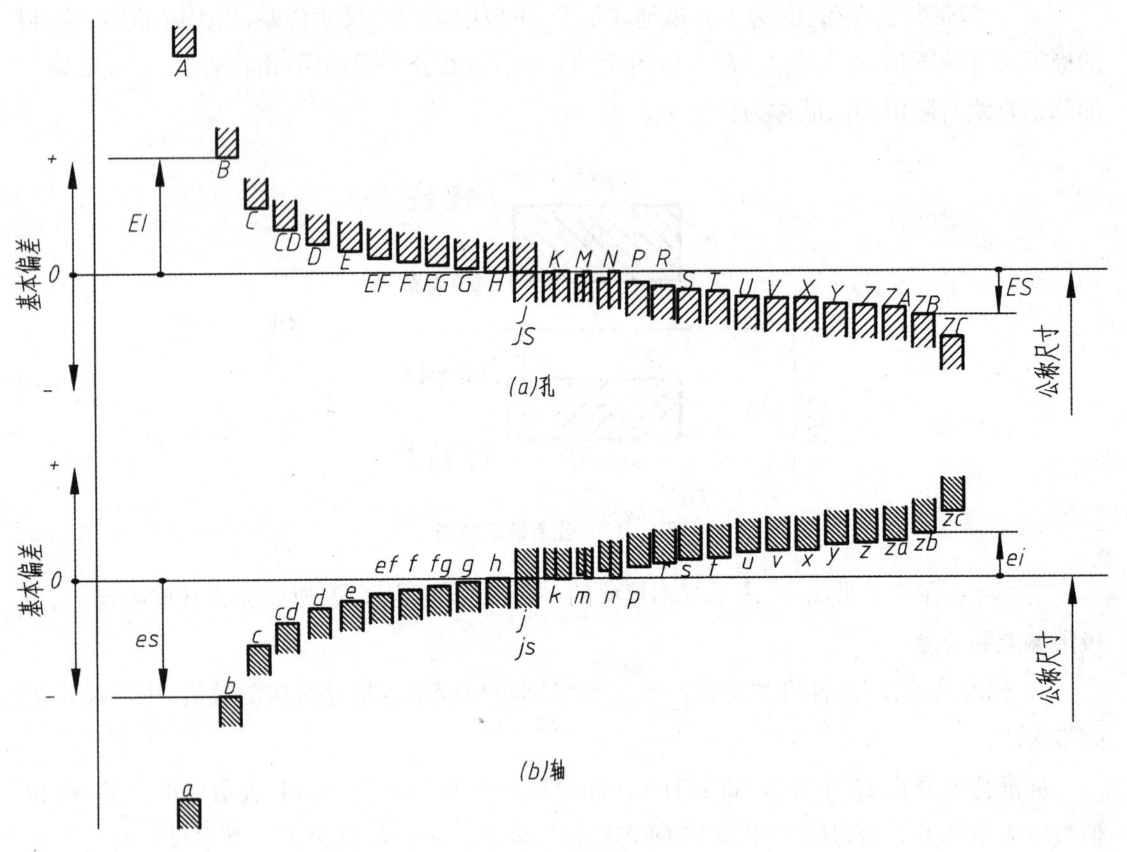

图 6－18　基本偏差系列

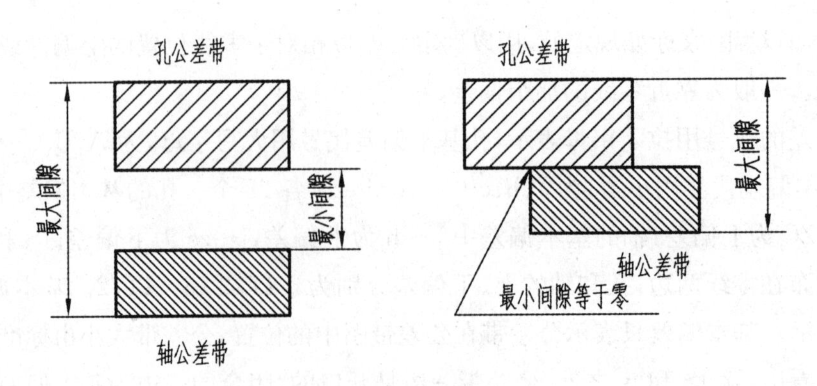

图 6－19　间隙配合

② 过盈配合：具有过盈（包括最小过盈等于零）的配合。此时，孔的公差带在轴的公差带之下，如图 6－20 所示。

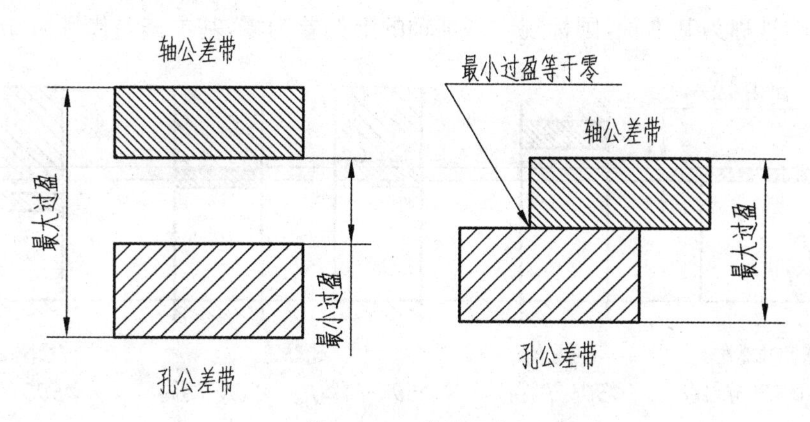

图 6－20　过盈配合

③ 过渡配合：可能具有间隙或过盈的配合。此时，孔的公差带与轴的公差带相互交叠，如图 6－21 所示。

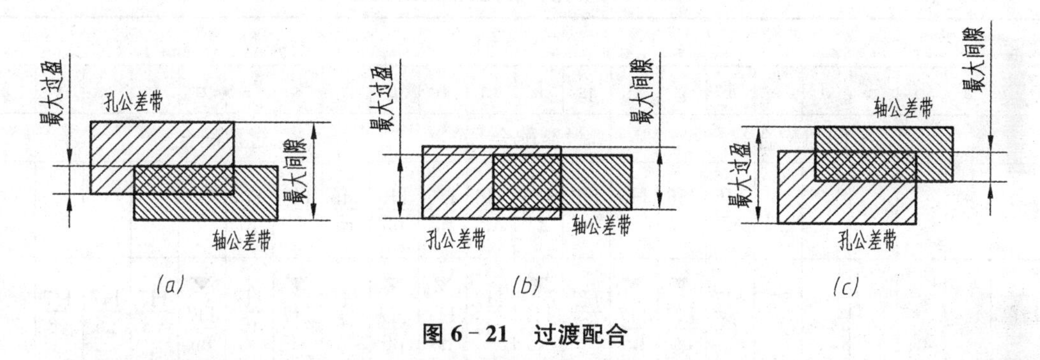

图 6－21　过渡配合

(4) 配合的基准制

① 基孔制：基本偏差为一定的孔的公差带，与不同基本偏差的轴的公差带形成各种配合的一种制度，如图 6－22 所示。

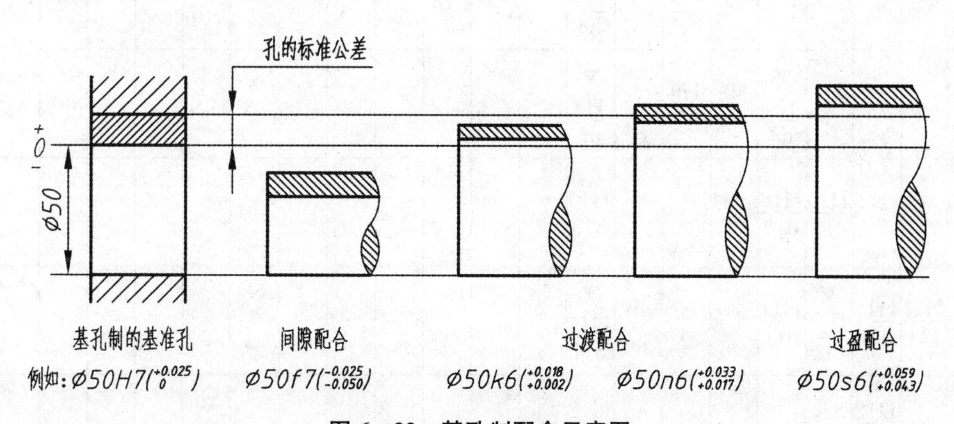

图 6－22　基孔制配合示意图

基孔制的孔称为基准孔，国标规定基准孔的下偏差为零，基本偏差代号为“H”。

② 基轴制：基本偏差为一定的轴的公差带，与不同基本偏差的孔的公差带形成各种配合的一种制度，如图 6－23 所示。

基轴制的轴称为基准轴，国标规定基准轴的上偏差为零，基本偏差代号为“h”。

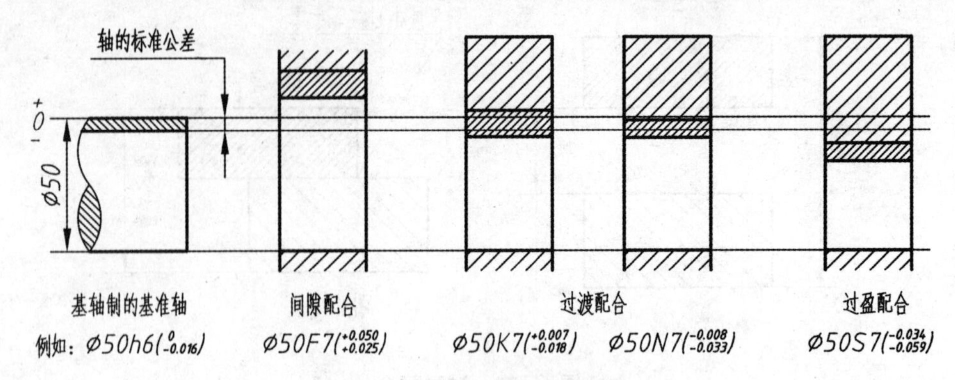

图 6－23　基轴制配合示意图

表 6－6 是基孔制优先、常用的配合，表 6－7 是基轴制优先、常用的配合。

表 6－6　基孔制优先、常用的配合

基准孔	轴																				
	a	b	c	d	e	f	g	h	js	k	m	n	p	r	s	t	u	v	x	y	z
	间隙配合								过渡配合			过盈配合									
H6						$\frac{H6}{f5}$	$\frac{H6}{g5}$	$\frac{H6}{h5}$	$\frac{H6}{js5}$	$\frac{H6}{k5}$	$\frac{H6}{m5}$	$\frac{H6}{n5}$	$\frac{H6}{p5}$	$\frac{H6}{r5}$	$\frac{H6}{s5}$	$\frac{H6}{t5}$					
H7						$\frac{H7}{f6}$	▼$\frac{H7}{g6}$	▼$\frac{H7}{h6}$	$\frac{H7}{js6}$	▼$\frac{H7}{k6}$	$\frac{H7}{m6}$	▼$\frac{H7}{n6}$	▼$\frac{H7}{p6}$	$\frac{H7}{r6}$	▼$\frac{H7}{s6}$	$\frac{H7}{t6}$	▼$\frac{H7}{u6}$	$\frac{H7}{v6}$	$\frac{H7}{x6}$	$\frac{H7}{y6}$	
H8				$\frac{H8}{d8}$	$\frac{H8}{e7}$ $\frac{H8}{e8}$	▼$\frac{H8}{f7}$ $\frac{H8}{f8}$	$\frac{H8}{g7}$	▼$\frac{H8}{h7}$ $\frac{H8}{h8}$	$\frac{H8}{js7}$	$\frac{H8}{k7}$	$\frac{H8}{m7}$	$\frac{H8}{n7}$	$\frac{H8}{p7}$	$\frac{H8}{r7}$	$\frac{H8}{s7}$	$\frac{H8}{t7}$	$\frac{H8}{u7}$				
H9			$\frac{H9}{c9}$	▼$\frac{H9}{d9}$	$\frac{H9}{e9}$	$\frac{H9}{f9}$		▼$\frac{H9}{h9}$													
H10			$\frac{H10}{c10}$	$\frac{H10}{d10}$				$\frac{H10}{h10}$													
H11	$\frac{H11}{a11}$	$\frac{H11}{b11}$	▼$\frac{H11}{c11}$	$\frac{H11}{d11}$				▼$\frac{H11}{h11}$													
H12		$\frac{H12}{b12}$						$\frac{H12}{h12}$													

注：① $\frac{H6}{n5}$、$\frac{H7}{p6}$在基本尺寸小于或等于 3 mm 和$\frac{H8}{r7}$在小于或等于 100 mm 时，为过渡配合。

② 注有▼的配合有优先配合。表中总共 59 种，其中优先配合 13 种。

表 6－7　基轴制优先、常用的配合

基准孔	轴																				
	A	B	C	D	E	F	G	H	JS	K	M	N	P	R	S	T	U	V	X	Y	Z
	间隙配合								过渡配合			过盈配合									
h5						$\frac{F6}{h5}$	$\frac{G6}{h5}$	$\frac{H6}{h5}$	$\frac{JS6}{h5}$	$\frac{K6}{h5}$	$\frac{M6}{h5}$	$\frac{N6}{h5}$	$\frac{P6}{h5}$	$\frac{R6}{h5}$	$\frac{S6}{h5}$	$\frac{T6}{h5}$					
h6						$\frac{F7}{h6}$	▼ $\frac{G7}{h6}$	▼ $\frac{H7}{h6}$	$\frac{JS7}{h6}$	$\frac{K7}{h6}$	$\frac{M7}{h6}$	▼ $\frac{N7}{h6}$	▼ $\frac{P7}{h6}$	$\frac{R7}{h6}$	▼ $\frac{S7}{h6}$	$\frac{T7}{h6}$	▼ $\frac{U7}{h6}$				
h7					$\frac{E8}{h7}$	▼ $\frac{F8}{h7}$		▼ $\frac{H8}{h7}$	$\frac{JS8}{h7}$	$\frac{K8}{h7}$	$\frac{M8}{h7}$	$\frac{N8}{h7}$									
h8				$\frac{D8}{h8}$	$\frac{E8}{h8}$	$\frac{F8}{h8}$		$\frac{H8}{h8}$													
h9				▼ $\frac{D9}{h9}$	$\frac{E9}{h9}$	$\frac{F9}{h9}$		▼ $\frac{H9}{h9}$													
h10				$\frac{D10}{h10}$				$\frac{H10}{h10}$													
h11	$\frac{A11}{h11}$	$\frac{B11}{h11}$	▼ $\frac{C11}{h11}$	$\frac{D11}{h11}$				▼ $\frac{H11}{h11}$													
h12		$\frac{B12}{h12}$						$\frac{H12}{h12}$													

注：注有▼的配合有优先配合。表中总共 47 种，其中优先配合 13 种。

2. 极限与配合在图样中的标注

(1) 在装配图中的注法

在装配图上标注极限与配合时，其代号必须在基本尺寸的右边，用分数形式注出，分子为孔的公差带代号，分母为轴的公差带代号，如图 6－24 所示。当标注标准件、外购件与零件的配合关系时，可仅标注相配零件的公差带代号，如图 6－24(c)所示滚动轴承与孔和轴的配合尺寸 ϕ62JS7 和 ϕ30k6。

(2) 在零件图中的标注

极限与配合在零件图中标注有三种形式，如图 6－25 所示。

① 标注公差带代号

如图 6－25(a)所示，公差带代号由基本偏差代号及标准公差等级代号组成，注在基本尺寸的右边，代号字体与尺寸数字字体的高度相同。这种注法一般用于大批量生产，由专用量具检验零件的尺寸。

② 标注极限偏差

如图 6－25(b)所示，上极限偏差标注在基本尺寸的右上方，下极限偏差与基本尺寸注在同一底线上，偏差数字的字体比尺寸数字字体小一号。这种注法用于少量或单件生产。

当上、下偏差值相同时，偏差值可与基本尺寸同行标注，并在偏差值与基本尺寸之间注出"±"符号，偏差数值的字体高度与基本尺寸数字的字体相同，如图 6－25(c)所示。

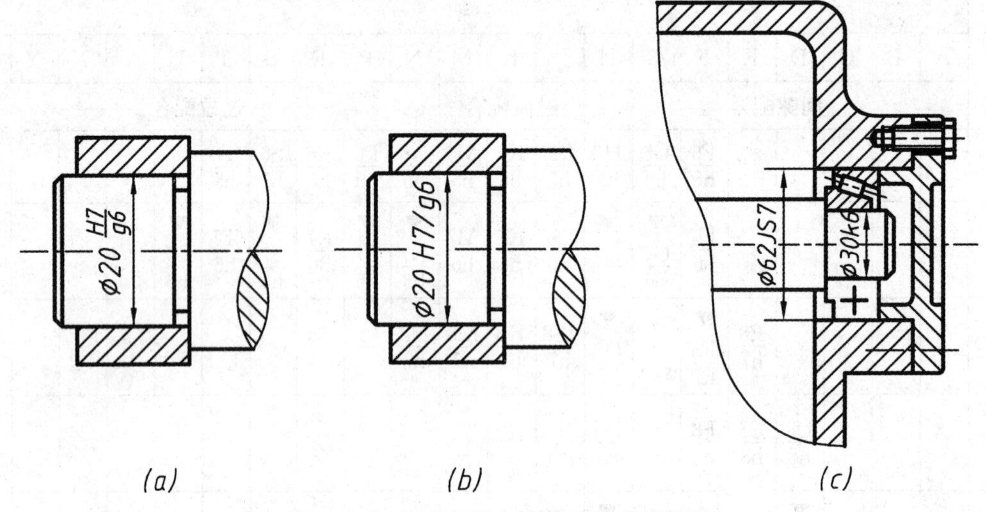

图 6－24 极限与配合在装配图中的标注

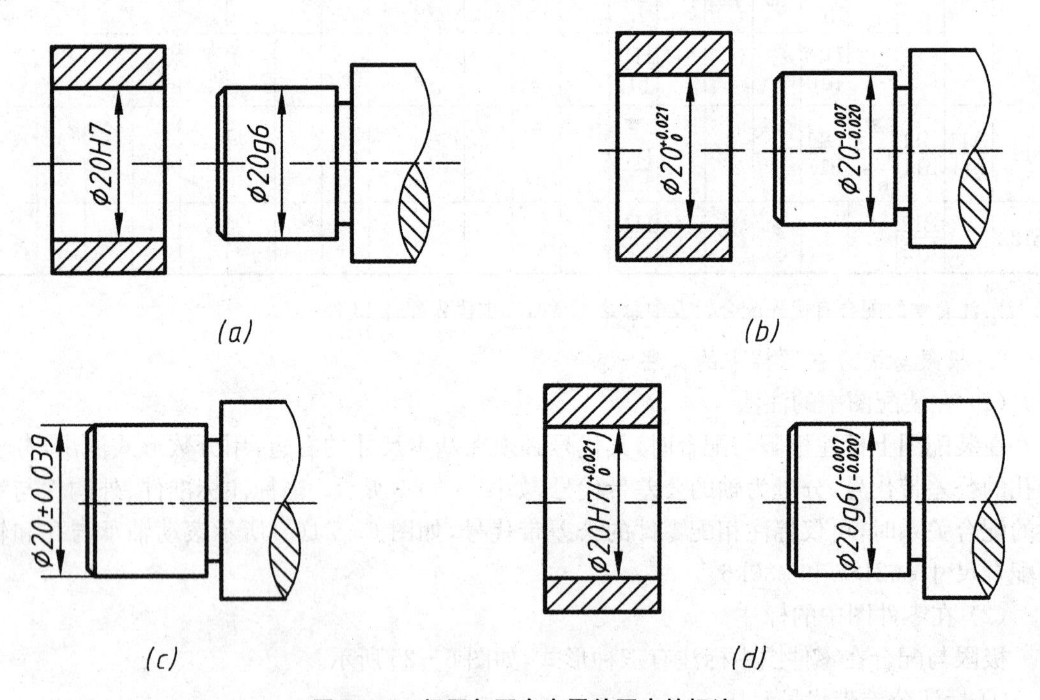

图 6－25 极限与配合在零件图中的标注

③ 标注公差带代号与极限偏差

如图 6－25(d)所示，偏差数值注在尺寸公差带代号之后，并加圆括号。这种注法在设计过程中便于审图。

注意：在标准中查到的公差与偏差数值的单位为 μm，标注在图样上的上、下偏差单位为mm。

【例 6－1】 试查表确定 $\phi 50K7/h6$ 中孔和轴的上、下极限偏差，并画出它们的公差带图。

由基本尺寸 $\phi50$ 和轴的公差带代号 h6 从附录Ⅲ-1 查得轴的标准公差为 IT7＝16 μm；基准轴的基本偏差即上偏差 es＝0，则下偏差 ei ＝－16 μm。由基本尺寸 $\phi50$ 和孔的公差带代号 K7 从附表Ⅲ－1 查得孔的标准公差为 IT7＝25 μm；从附录Ⅲ-3 查得孔的基本偏差即上偏差 ES＝7 μm，则下偏差值为 EI＝7－25＝－18 μm。因此，轴的尺寸为 $\phi50_{-0.016}^{\ 0}$，孔的尺寸为 $\phi50_{-0.018}^{+0.007}$。孔和轴的公差带图如图 6-26 所示，显然，该孔与轴的配合为过渡配合。

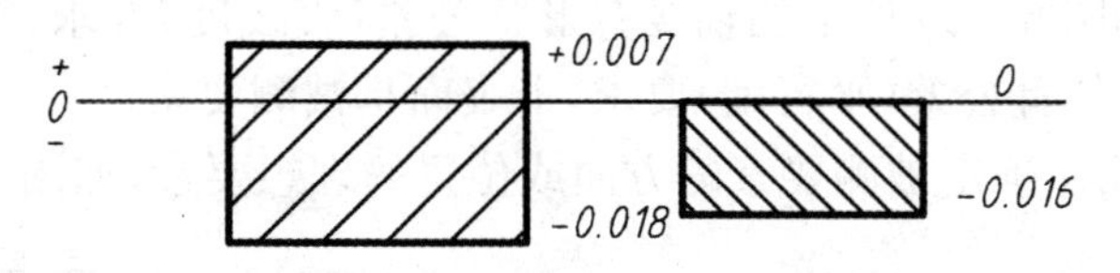

图 6-26　ϕ50K7/h6 的公差带图

6.4.3　形状和位置公差简介

1. 形状和位置公差的基本概念

在机器制造中，经过加工的零件，除了会产生尺寸误差，还会产生形状和位置误差。图 6-27(b)所示的为一理想形状的轴，加工后虽然其直径尺寸精度符合要求，但其实际形状却是轴线弯曲了，如图 6-27(c)所示，也就是产生了形状误差。当把它与图 6-27(a)所示的孔配合时，则达不到装配要求，甚至不能装配。

如图 6-28 所示的箱体上两个安装圆锥齿轮轴的孔，其轴线的理想形状是垂直相交的，加工后如果两孔的轴线垂直相交的精度不够，就会影响两锥齿轮的啮合传动，也就是产生了位置误差。

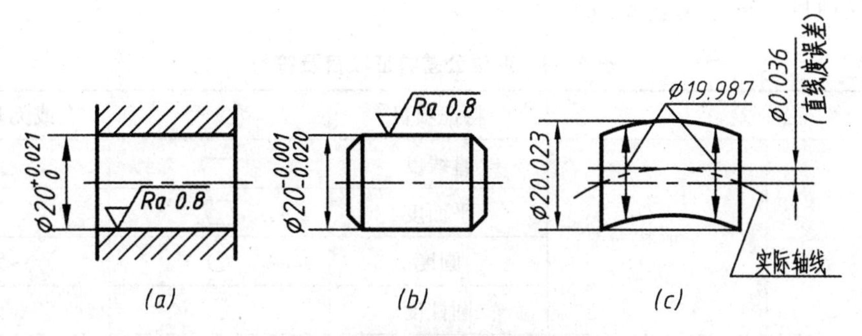

图 6-27　形状公差示意图

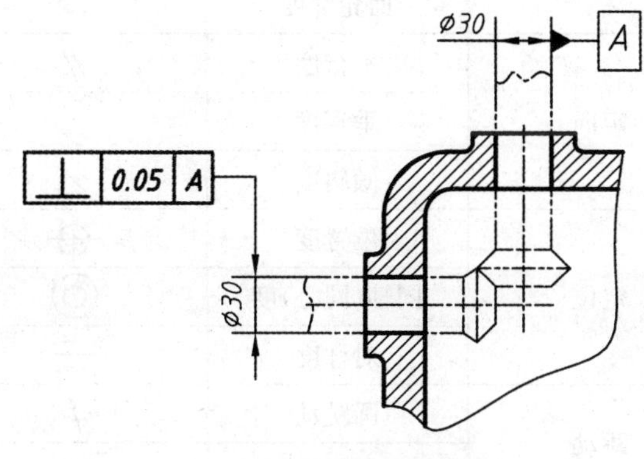

图 6-28　位置公差示意图

我们把零件的实际形状和实际位置对理想形状和理想位置的允许变动量，称为形状和位置公差，简称形位公差。定义与测量形位公差有以下基本要素。

(1) 理想要素：具有几何学意义的点、线、面。

(2) 实际要素：零件上实际存在的点、线、面。

(3) 被测要素：具有形状或位置公差要求的理想要素，一般为机件的轮廓线、面、轴线、对称面及球心等。如图 6－29 所示的轴线有形状公差(直线度)要求，轴线为被测要素。如图 6－30 的上表面有位置公差(平行度)要求，上表面是被测要素。

(4) 基准要素：用来确定被测要素的方向或位置的理想要素，如图 6－30 所示的底面。

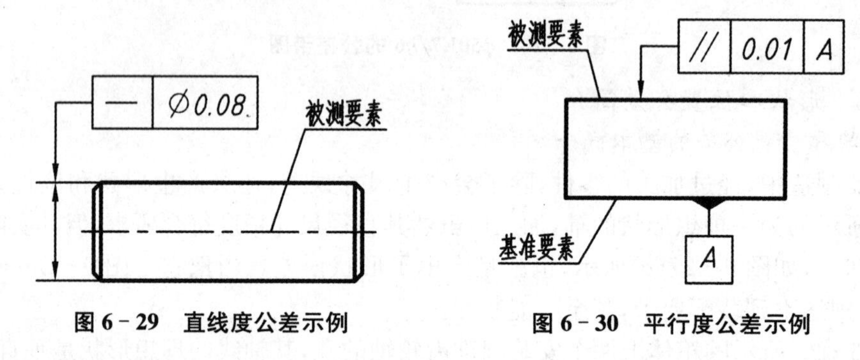

图 6－29　直线度公差示例　　**图 6－30　平行度公差示例**

2. 形位公差的代号及画法

国家标准对形位公差的特征项目、名词、代号、数值、标注方法等都作了明确规定。形位公差的特征项目及符号见表 6－8。

表 6－8　形位公差特征项目及符号

公　差		特征项目	符　号	有或无基准要求
形状	形状	直线度	—	无
		平面度	▱	无
		圆度	○	无
		圆柱度	⌭	无
形状或位置	轮廓	线轮廓度	⌒	有或无
		面轮廓度	⌓	有或无
位置	定向	平行度	//	有
		垂直度	⊥	有
		倾斜度	∠	有
	定位	位置度	⌖	有或无
		同轴(同心)度	◎	有
		对称度	⌯	有
	跳动	圆跳动	↗	有
		全跳动	⌰	有

在零件图中，形位公差采用相应的代号标注，代号的组成如图 6－31(a)所示，包括形位公差框格及指引线、形位公差特征项目符号、形位公差数值和其他有关符号、基准符号。基准代号由基准符号、圆圈、连线和字母组成，画法如图 6－31(b)所示。

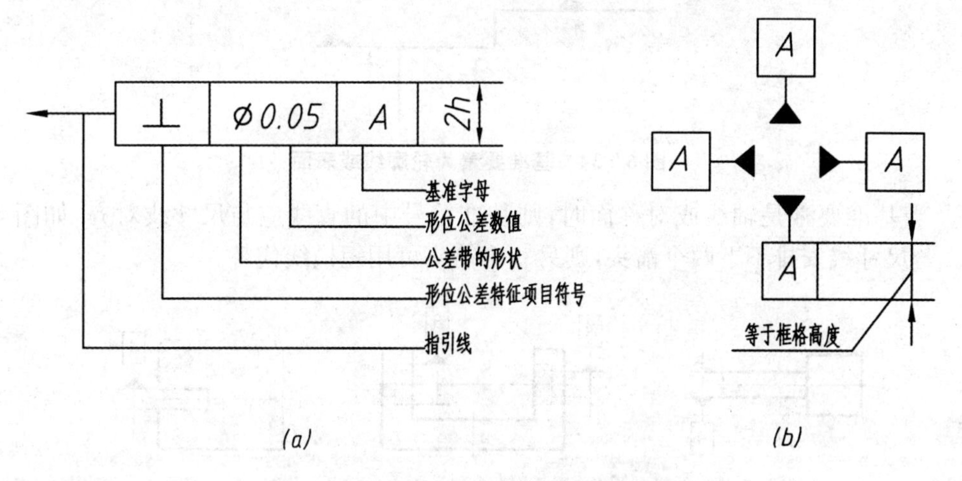

图 6－31　形位公差代号及基准代号画法

3. 形位公差代号标注方法

(1) 形位公差框格

① 当被测要素为轮廓线或表面时，如图 6－32 所示，将箭头置于被测要素的轮廓线或轮廓线的延长线上，但必须与尺寸线明显地错开。

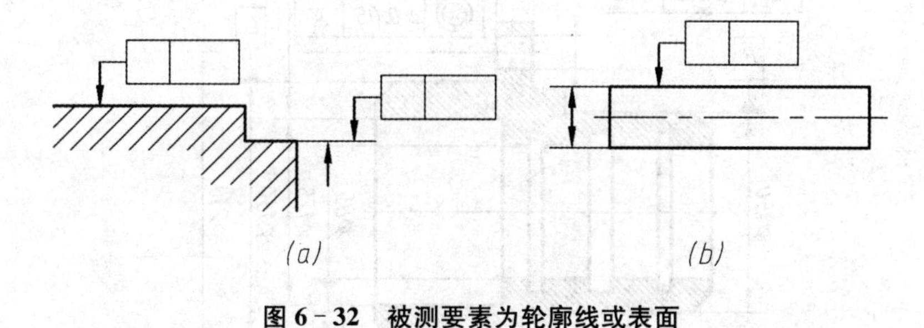

图 6－32　被测要素为轮廓线或表面

② 当被测要素为轴线、对称面时，则带箭头的指引线应与尺寸线对齐，如图 6－33 所示。

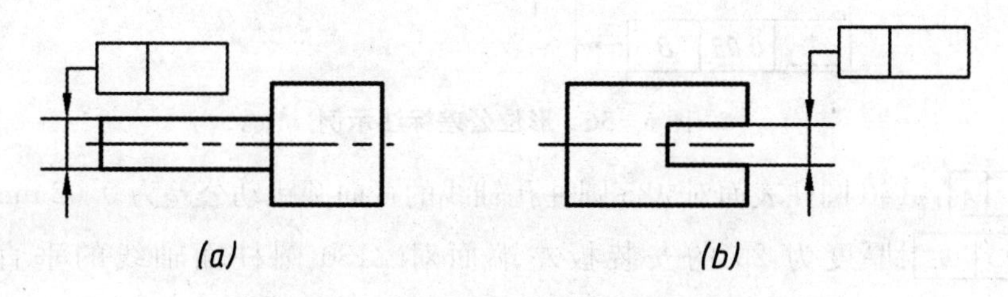

图 6－33　被测要素为轴线或对称面

(2) 基准代号

① 当基准要素是轮廓线或表面时，如图 6－34 所示，基准符号置于要素的外轮廓线上

或它的延长线上，但应与尺寸线明显地错开。

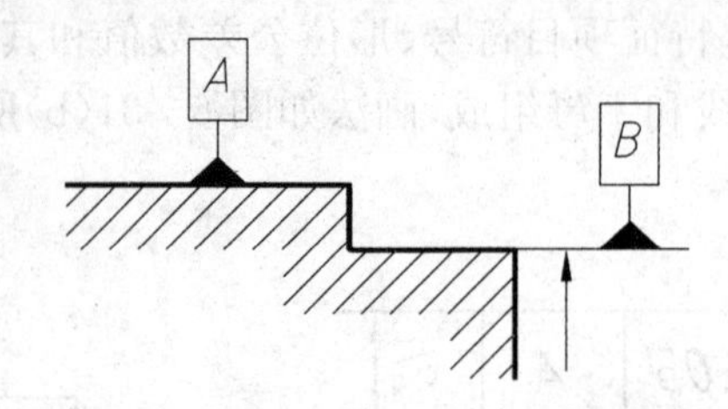

图 6－34　基准要素为轮廓线或表面

② 当基准要素是轴线或对称面时，则基准符号中的直线应与尺寸线对齐，如图 6－35 所示。若尺寸线安排不下两个箭头，则另一个箭头可用短横线代替。

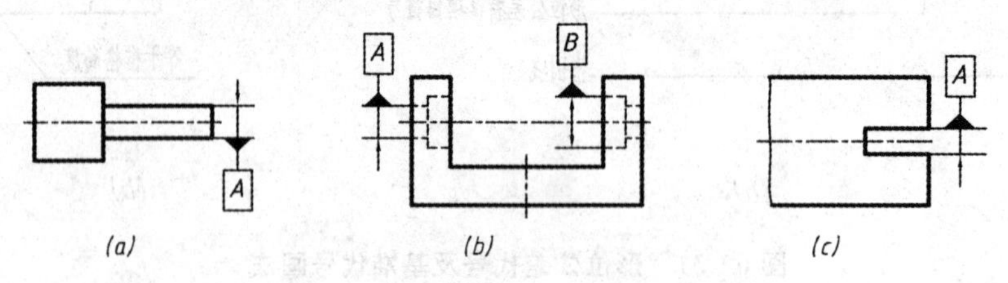

图 6－35　基准要素为轴线或对称面

【例 6－2】 说明图 6－36 所示形位公差代号的含义。

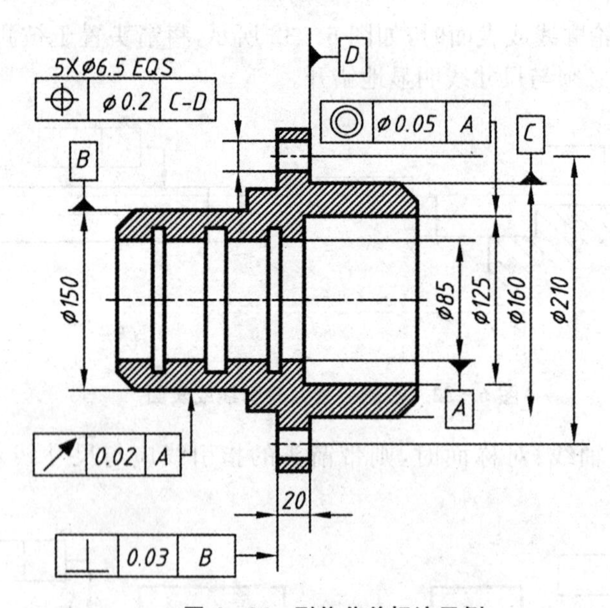

图 6－36　形位公差标注示例

| ↗ | 0.02 | A |：ϕ150 圆柱表面对 ϕ85 圆柱孔轴线的径向圆跳动公差为 0.02 mm。

| ⊥ | 0.03 | B |：厚度为 20 的安装板左端面对 ϕ150 圆柱面轴线的垂直度公差为 0.03 mm。

| ◎ | ϕ0.05 | A |：ϕ125 圆柱孔轴线对 ϕ85 圆柱孔轴线的同轴度公差为 ϕ0.05 mm。

| ⌖ | ϕ0.2 | C-D |：均布于 ϕ210 圆周上的 5 个 ϕ6.5 的孔对 ϕ160 圆柱面轴线和安装板右端

面的位置度公差为 ϕ0.2 mm。

6.5　零件的工艺结构

零件的结构形状主要取决于它在机器中的作用、位置以及与其他零件之间的关系，还要考虑便于加工制造和装配。零件上一些为满足加工制造、装配和测量等工艺需要而设计的结构称为零件的工艺结构。

6.5.1　铸造零件的工艺结构

机器中许多零件是铸造形成的，称为铸件。铸造零件常见的工艺结构有以下几种：

1. 拔模斜度

在铸造零件的生产中，为了便于从砂型中取出模型而不破坏砂型，常沿模型的起模方向做成一定的斜度，这种斜度称为拔模斜度，如图 6－37(a)所示。

拔模斜度的大小：木模常为 1°～3°；金属模用手工造型时常为 1°～2°，用机械造型时常为 0.5°～1°。较小的拔模斜度在图样上可以不必画出，可在技术要求中加以说明。

2. 铸造圆角

为了便于造型时脱模，避免在浇注时金属液体使砂型尖角落砂，使铸件尖角处产生裂纹和缩孔等缺陷，在铸件表面转角处常做成圆角，称为铸造圆角。

铸件的有些表面需要加工，此时圆角被切除，在零件的表面形成了尖角，如图 6－37 所示。

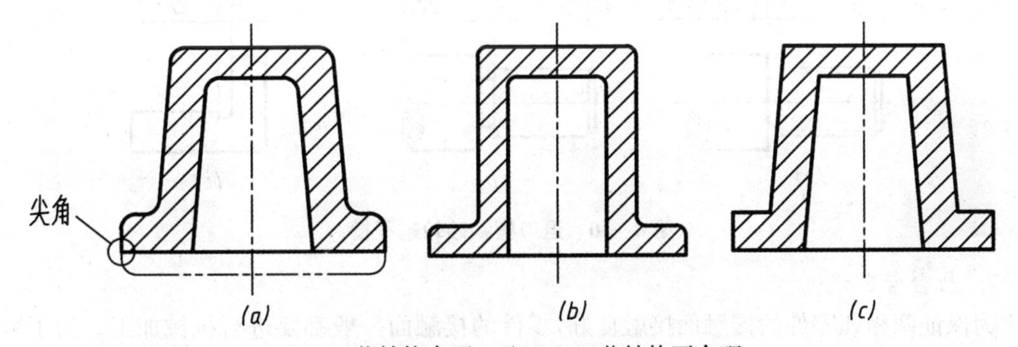

(a) 工艺结构合理　(b)(c) 工艺结构不合理

图 6－37　拔模斜度、铸造圆角

3. 铸件壁厚

为了保证铸件的质量，防止在浇铸时因冷却速度不同而产生缩孔和裂纹，设计时铸件的壁厚要均匀变化，避免忽然改变壁厚或局部肥大现象，如图 6－38 所示。

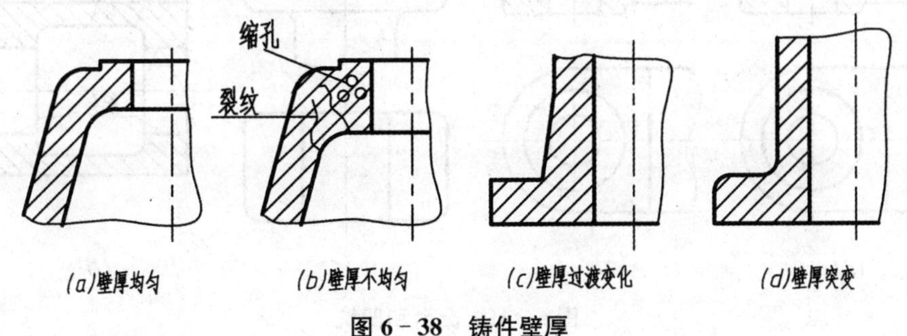

图 6－38　铸件壁厚

6.5.2 机械加工工艺结构

1. 倒角和倒圆

为了去除零件在机械加工后形成的锐边、毛刺及便于装配，常在零件的轴肩或孔的端部加工成45°或30°、60°倒角。为避免应力集中而产生裂纹，在轴肩处常采用圆角过渡，称为倒圆，如图6-39所示。

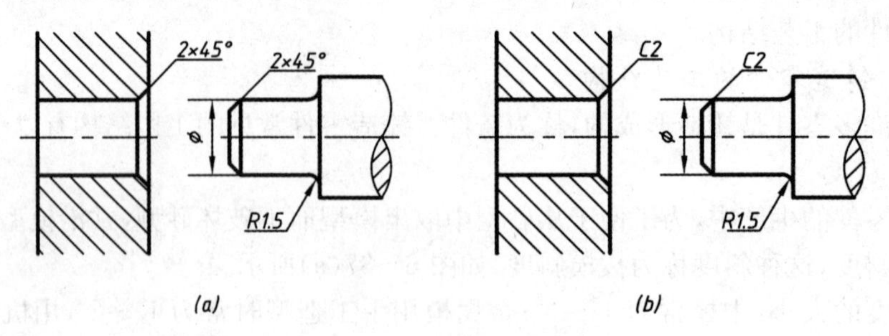

图6-39 倒角和倒圆

2. 退刀槽和砂轮越程槽

在零件的车削或磨削加工时，为便于车刀的进入或退出，以及砂轮的越程的工艺需要，常在轴肩处、孔的台肩处预先车削出退刀槽或砂轮越程槽，如图6-40所示。具体尺寸与结构可查阅有关标准和设计手册。

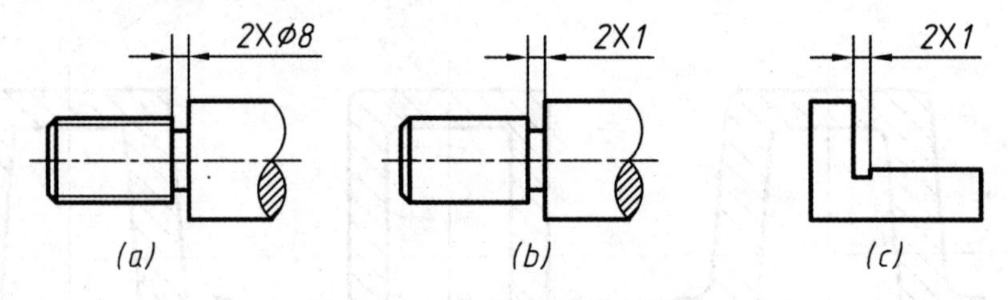

图6-40 退刀槽和砂轮越程槽

3. 凸台与凹坑

为保证两相邻零件的接触面接触良好，零件的接触面一般都要进行机械加工。为了减少加工面，节省加工成本，常常只在零件相接触的局部区域做成凸台或凹坑，如图6-41所示。

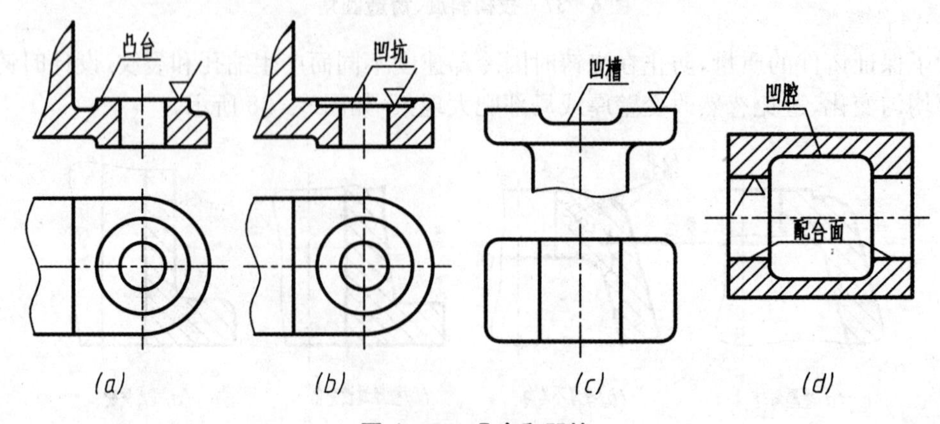

图6-41 凸台和凹坑

4. 钻孔结构

用钻头钻孔时，钻头的轴线必须与被加工表面垂直，保证钻孔位置准确并防止钻头折断；当孔所处结构面倾斜时，可设置为凸台或凹坑，如图 6－42 所示。

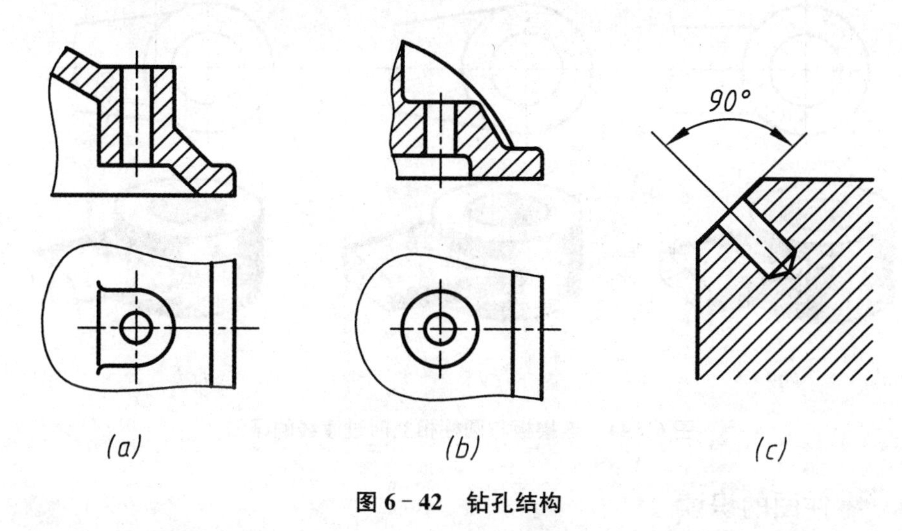

图 6－42　钻孔结构

6.5.3　过渡线

由于铸造零件的表面相交处有圆角，因而两表面之间的交线就不像加工面之间的交线那么明显了。为了使看图时能分清不同表面的界限，在视图中仍应画出理论位置的交线，这种线称为过渡线。

过渡线的画法和相贯线的画法相同，但为了区别于相贯线，在过渡线的两端与圆角的轮廓线之间应留有间隙，如图 6－43 所示。

连接板与圆柱相交时，其过渡线的形状与连接板的截断面形状、连接板与圆柱的组合形式有关，如图 6－44 所示。

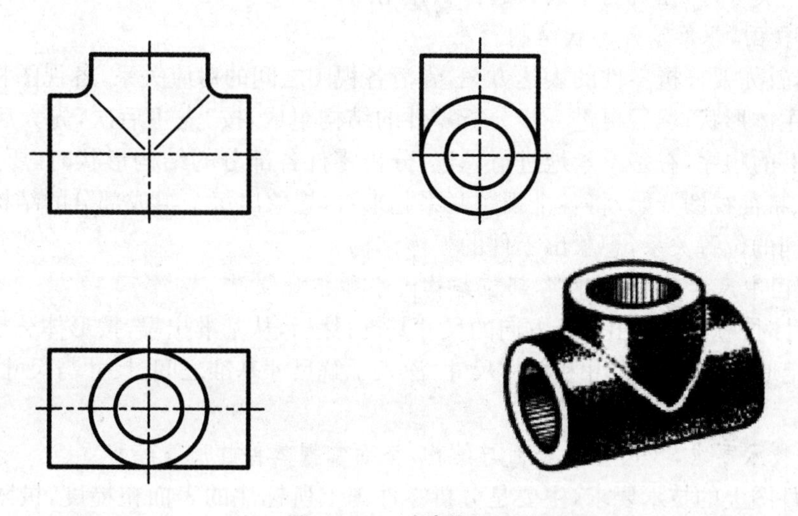

图 6－43　过渡线画法

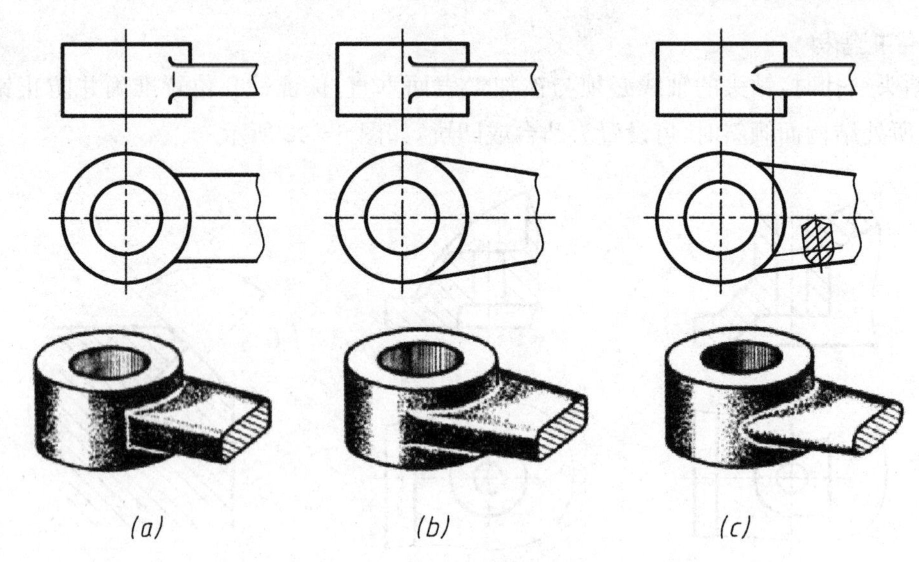

图 6-44 连接板与圆柱相交时过渡线的画法

6.6 零件图的识读

正确、熟练地识读零件图，是工程技术人员必须具备的基本功。

6.6.1 识读零件图的目的要求

识读零件图，主要根据零件图想象出零件的结构形状，弄清零件的尺寸大小和技术要求等，以便在制造零件时采用合理的加工方法。另外，通过阅读零件图还应了解零件的名称、材料和在机器(或部件)中的作用。

6.6.2 识读零件图的方法与步骤

1. 看标题栏，对零件概括了解

从标题栏入手，先了解零件的名称、材料、绘图比例等基本情况，然后浏览全图，弄清该零件属于哪一类零件，在机器中大致起什么作用。

2. 分析视图，想象零件形状结构

看图时，首先要分析零件的表达方案，弄清各视图之间的对应关系，各视图相互对照，想象出零件的主体形状；然后再进一步分析零件的结构组成，按“先主后次，先大后小，先外后内，先粗后细”的顺序，有条不紊地进行识读；分析零件各部分的结构形状时，要灵活应用形体分析法，从特征视图开始，将各个视图联系起来看，想象出每个组成部分的结构形状；最后分析各部分间的位置关系，想象出零件的整体结构。

3. 分析图中尺寸，弄清零件各部位结构大小和相对位置

阅读尺寸时，应首先找出三个方向的尺寸基准；然后，从基准出发，按形体分析法，找出组成各部分的定形尺寸、定位尺寸和总体尺寸，深入了解尺寸基准之间、尺寸与尺寸之间的相互关系。

4. 阅读技术要求，找出重要表面与结构，全面掌握零件的质量指标

阅读零件图上的技术要求，主要是分析零件图上所标注的表面粗糙度、极限与配合、形位公差、热处理及表面处理等技术要求。一般来讲，零件上有配合要求的部位，为零件的重要表面与结构，无论表面粗糙度还是尺寸精度要求都比较高，看图时应引起重视。

5. 归纳总结，认识零件的全貌

通过对零件图上述内容的分析，对零件的结构形状、尺寸大小与技术质量指标等有比较细致的了解和认识，对制造该零件所使用的材料以及所要达到的技术要求也有了全面的了解，最后，对上述内容归纳总结进一步认识零件的全貌。

6.6.3　典型零件的结构与表达方法分析

下面，以几张零件图为例，来分析常见典型零件的结构、表达方法、尺寸标注、技术要求等特点，以便从中找出一些规律，为阅读同类零件图提供参考。

1. 轴套类零件

轴套类零件主要有轴、套筒和衬套等。轴在机器中起着支承和传动的作用；套类零件通常是安装在轴上，起定向定位、传动或连接等作用。

(1) 看标题栏，概括了解零件

图6-1是一传动轴的零件图，材料为45号钢，绘图比例1∶1。

(2) 分析视图，想象零件形状

如图6-1所示，该轴由若干段同轴回转体组成，主视图按其加工位置选择，即轴线水平放置，由主视图结合尺寸标注(直径ϕ)就能看懂阶梯轴各段形状、相对位置以及轴上各种局部结构如键槽、螺纹、退刀槽、倒角等结构的轴向位置；两个断面图表达了轴上键槽的形状大小。零件结构形状如图6-2(a)所示。

(3) 分析尺寸基准，看懂图中尺寸

轴套类零件主要结构为回转体，所以只有径向(高度和宽度)和轴向(长度)两个方向的主尺寸基准。径向尺寸的尺寸基准为回转轴线，轴向尺寸的尺寸基准为轴上$\phi 24 \pm 0.015$处的齿轮端面定位面(即轴肩)。

(4) 阅读技术要求，把握重要结构

① 对有配合要求或有相对运动的轴段，其表面粗糙度、尺寸公差和形位公差比其他轴段要求较高。如图6-1所示，四段有极限偏差要求的轴段各项技术要求都比较高。

② 为了提高轴套类零件的强度和韧性，往往需要对零件进行调质处理，热处理方法和要求应在技术要求中注写清楚，如图6-1中的“调质处理241～269 HBS”。

2. 盘盖类零件

盘盖类零件主要有齿轮、皮带轮、手轮、法兰盘和端盖等。这类零件在机器中主要起传动、支承、密封、定向定位等作用。

(1) 看标题栏，概括了解零件

如图6-45所示是一法兰盘的零件图，材料为15号钢，绘图比例1∶1。

(2) 分析视图，想象零件形状

该零件用主、左两个视图来表达。主视图采用全剖视(由两个相交的剖切面剖切)，左视图表示其轴向外形和盘上孔的分布情况，另外还用一个局部放大图表达退刀槽的详细结构。从图中可以看出，该零件的基本形状为扁平的具有同轴回转体外形与内孔结构，零件上有均匀分布的孔，零件结构形状如图6-2(b)所示。

(3) 分析尺寸基准，看懂图中尺寸

盘盖类零件主要有两个方向的尺寸，即径向尺寸和轴向尺寸。该零件的径向尺寸以轴线为基准，轴向尺寸以与机器中其他零件表面相接触的较大的端面为基准(图6-45为

ϕ130 圆柱面的左端面)。

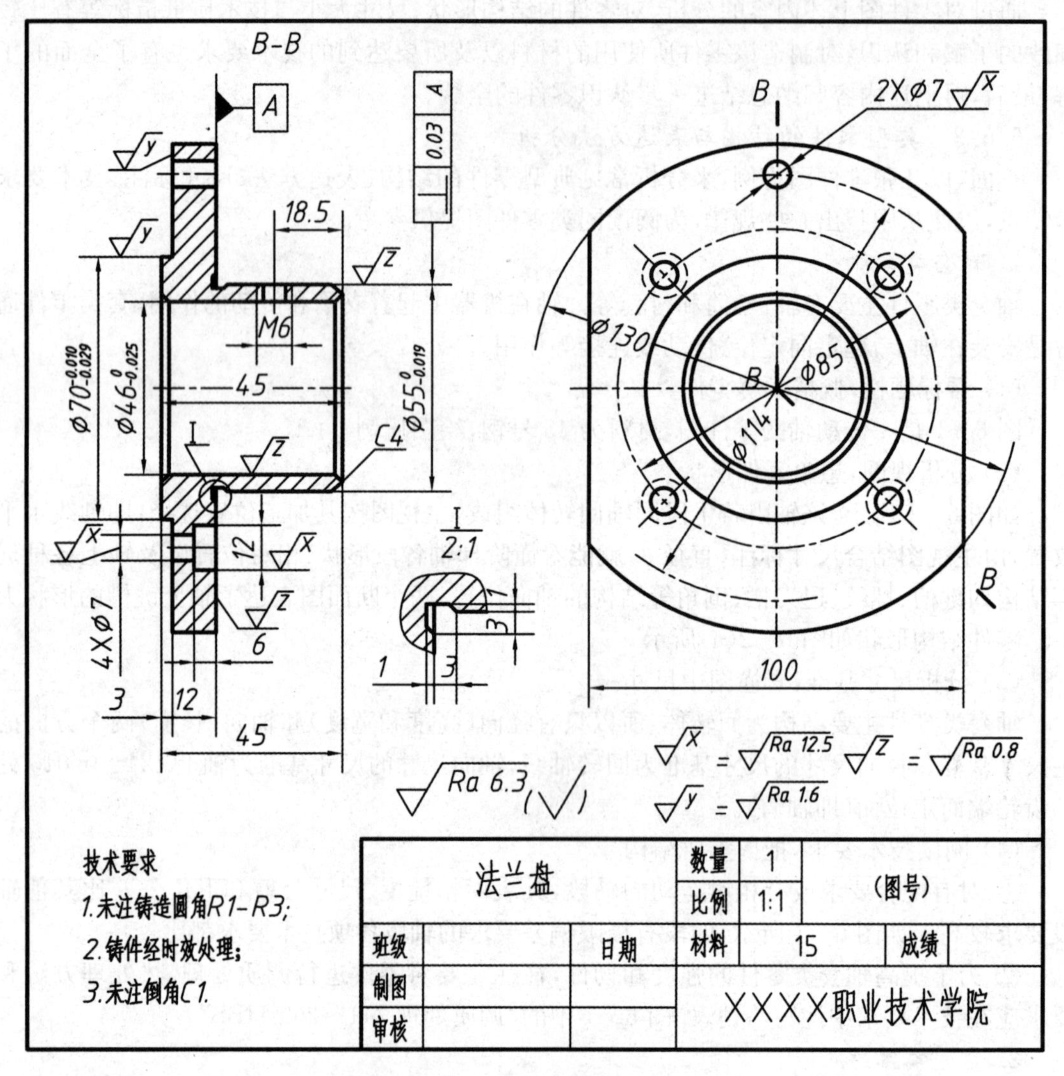

图 6-45　法兰盘零件图

(4) 阅读技术要求,把握重要结构

盘盖类零件有配合关系的内、外表面及起轴向定位作用的端面,其粗糙度值相对要小(图 6-45 中 ϕ130 圆柱面的右端面 Ra 的值为 0.8)。

图中标注尺寸公差的部位都是有配合关系的表面;有形位公差要求的结构要素为零件上的重要结构,如运动零件相接触的表面等。

3. 叉架类零件

叉架类零件主要有拨叉、连杆和各种支架等,该类零件一般由支承部分、工作部分与连接部分组成。拨叉主要用在各种机器的操纵机构上,起操纵、调速作用;连杆起传动作用;支架主要起支承和连接作用。

(1) 看标题栏,概括了解零件

图 6-46 是一连杆的零件图,材料为 HT200,绘图比例 1∶1。

(2) 分析视图，想象零件形状

主视图最能体现零件的结构形状和位置特征，俯视图上用局部剖视表达连杆水平部分的形状结构，A－A 斜剖视图表达连杆倾斜部分的形状结构，并用断面图表达肋板的断面形状，零件结构形状如图 6－2(c)所示。

(3) 分析尺寸基准，看懂图中尺寸

该连杆零件长度方向的尺寸基准为 $\phi 9H9$ 孔轴线；高度方向的尺寸基准为连接水平部分的对称面；宽度方向的尺寸基准为连杆的前端面，如图 6－46 所示。

(4) 阅读技术要求，把握重要结构

该类零件对表面粗糙度、尺寸公差和形位公差一般情况没有特别的要求，按一般的设计与使用要求给出即可。

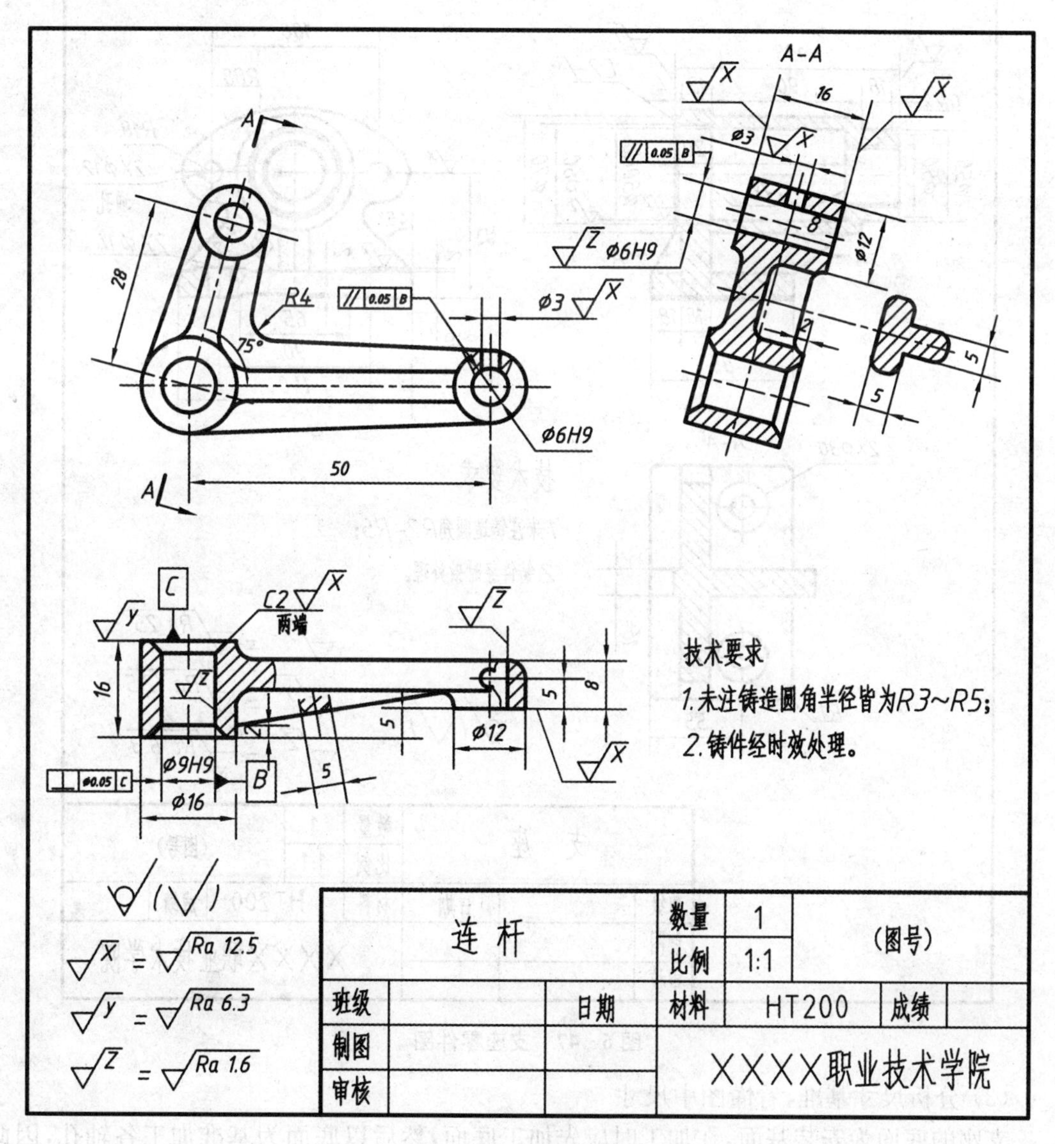

图 6－46　连杆零件图

4. 箱体类零件

箱体类零件主要有泵体、阀体、变速箱体、机座等，其作用是在机器或部件中用于容纳和支承其他零件。

(1) 看标题栏，概括了解零件

图 6-47 是一支座的零件图，属箱体类零件，材料为 HT200，绘图比例 1∶1。

(2) 分析视图，想象零件形状

如图 6-47 所示，支座的表达方案共用了三个视图，即主、左视图和 A－A 剖视图，主视图按形状特征和工作位置原则选择的投影方向，并采用全剖，左视图上有一处局部剖视，各视图各有表达重点。零件结构形状如图 6-2(d)所示。

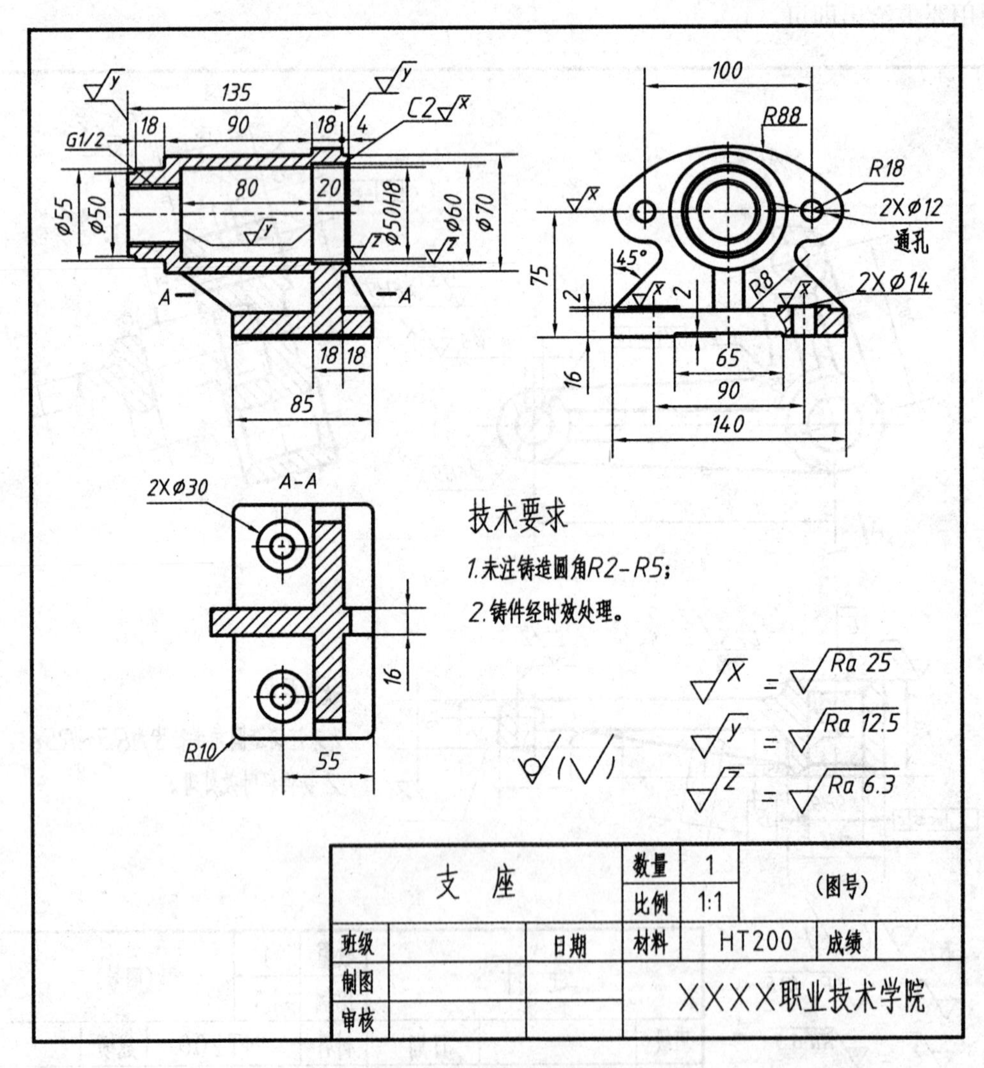

图 6-47 支座零件图

(3) 分析尺寸基准，看懂图中尺寸

支座的底面为安装基面，在加工时应先加工底面，然后以底面为基准加工各轴孔，因此支座的底面既是高度方向尺寸的设计基准，又是工艺基准。宽度方向以前后对称平面为基准,长度方向尺寸以右端面为基准。

(4) 阅读技术要求,把握重要结构

支座零件上重要的孔和表面,其粗糙度的值要低。如支座孔的表面粗糙度 Ra 的值为 6.3 μm,未标注表面粗糙度的表面为非加工面。

在支座零件图中对重要的孔注出了尺寸公差带代号,如图中的尺寸 ϕ50H8。由于该零件的精度要求一般,因此没有形位公差要求。

【任务实施】完成教材配套习题集第 43～46 页零件图的识读练习。

任务二　零件图的绘制

【任务引入】参见教材配套习题集第 47、48 页,按要求绘制零件图。

【相关知识】

6.7　画零件图的方法与步骤

下面以图 6-48 示的夹具体零件为例介绍零件图的绘图方法与步骤。

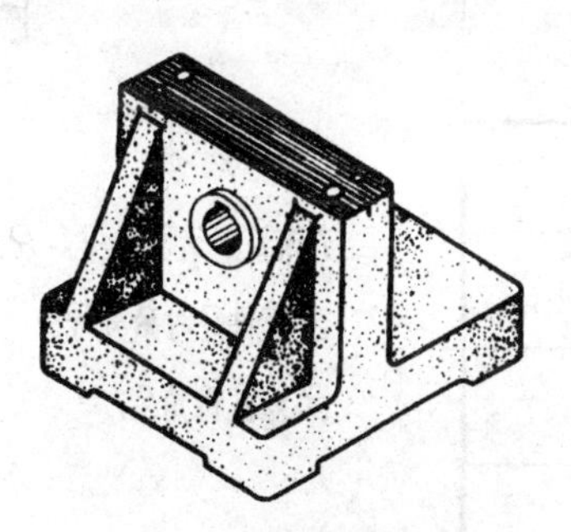

图 6-48　夹具体立体图

6.7.1　确定表达方案

画零件图时,应根据其结构特点与工作位置,选择主视图的投影方向,所需要的其他视图,以及各视图的表达方案。对于如图 6-48 所示的夹具体,表达方案如图 6-49 所示,主视图采用全剖表达零件的主体形状与轴孔的内形;俯视图主要表达外形以及筋板、销孔、螺孔的位置;左视图有两处采用局部剖视,表示销孔与螺孔的形状。

6.7.2　绘制视图

绘制零件视图的方法与步骤与组合体相同,但注意应将零件的工艺结构画全,如倒角、倒圆、退刀槽、越程槽、轴的中心孔等。

6.7.3　尺寸标注

首先确定尺寸基准,再根据零件图尺寸标注的要求进行标注。对于如图 6-48 所示的夹具体,长度方向的主要尺寸基准应为立板的右端面,底板的右端面为辅助基准;宽度方向的尺寸基准为前后对称面;高度方向的尺寸基准为底面,如图 6-49 所示。

6.7.4　确定表面粗糙度、尺寸偏差、形位公差等技术要求

技术要求各项内容应根据零件的使用要求和本身特点,根据本章第四节介绍的相关内

容进行选择。该零件为铸造零件，不与其他零件接触的表面不需加工，在图纸的右上角以“其余”形式统一标注，与其他零件接触的表面要进行加工，根据不同情况选择不同的 Ra 值；轴孔与键槽处有配合要求，应查表确定尺寸公差；该零件的顶面与立板右端面为重要表面，应有形位公差要求，如图 6－49 所示。

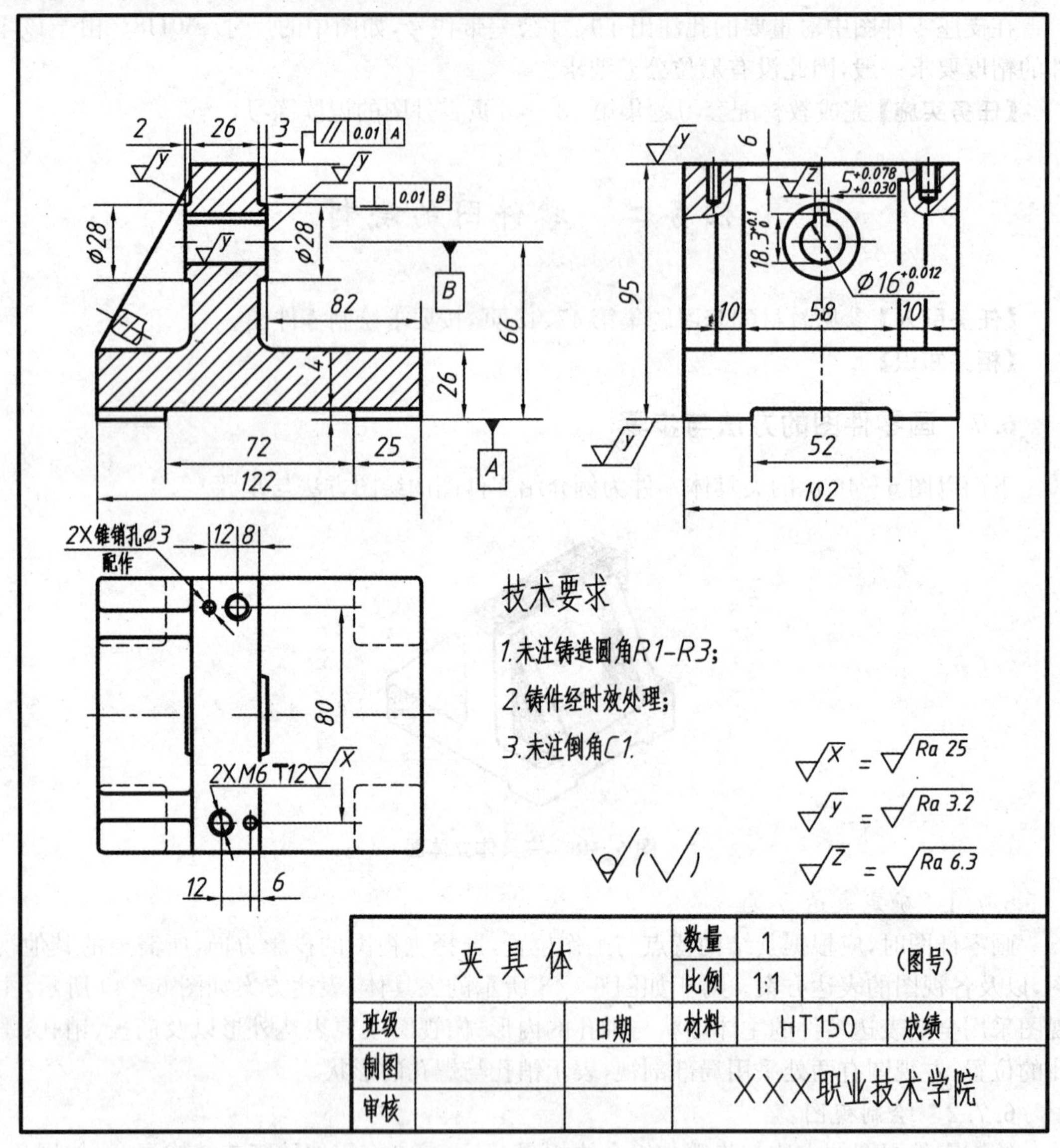

图 6－49　夹具体零件图

【任务实施】完成教材配套习题集第 47、48 页，根据零件的结构特点选择适当的表达方法，绘制零件图。

【知识拓展】

6.8　AutoCAD 创建零件的三维模型

【例 6－3】　按照如图 6－50(a)所示轴的视图，创建其实体模型。

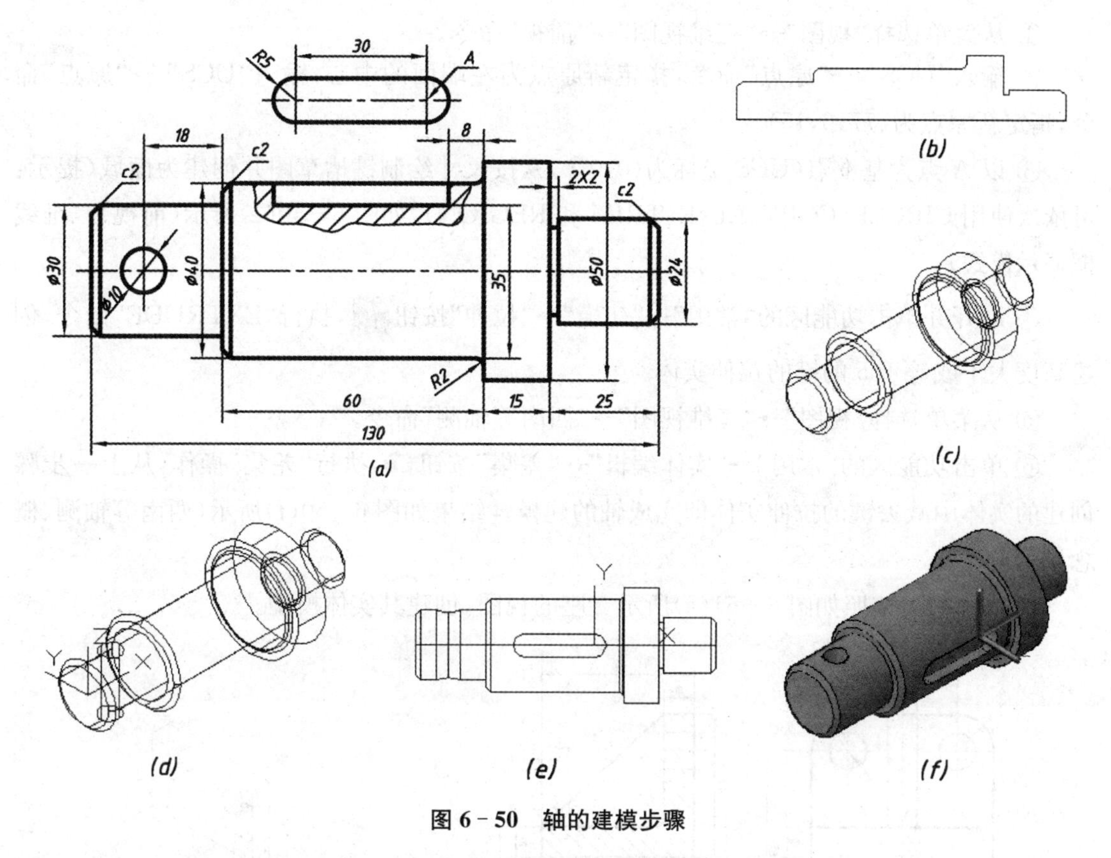

图 6 - 50　轴的建模步骤

第一步：创建新图形文件。

① 启动 AutoCAD 2014，执行 NEW 命令以 acadiso3D. dwt 为样板文件建立一新图形文件。

② 使用“保存”或“另存为”命令把图形赋名存盘（文件名如：小轴 1. dwg）。

第二步：创建轴的旋转体部分模型。

① 按照视图中尺寸，绘制轴的纵截面轮廓（图中圆角与倒角也可不画，在生成实体后进行倒角、倒圆角），如图 6 - 50(b)所示（俯视、二维线框显示模式）。

② 从“绘图”菜单选择“面域”或“边界”命令按钮或，把纵截面轮廓创建为一个面域（或一条多段线）。

③ 展开并单击功能区的“常用”→“建模”→“旋转”按钮，执行“旋转”命令，由多段线生成轴的旋转体部分模型，如图 6 - 50(c)所示（西南等轴测、二维线框显示模式）。

第三步：创建左端直径为 10 的圆柱孔。

① 输入“UCS” →“原点”命令，指定新原点为左端面的中心。

② 展开并单击功能区的“常用”→“建模”→“圆柱体”按钮，执行“CYLINDER”命令，创建直径为 10，高为 30，底面中心点为(12，0，−15)的圆柱体。

③ 单击功能区的“常用”→“实体编辑”→“差集”按钮，执行“差集”操作，从上一步骤创建的实体中减去直径为 10 的圆柱体，如图 6 - 50(d)所示（西南等轴测、二维线框显示模式）。

第四步：创建键槽。

① 从菜单选择“视图”→“三维视图”→“前视”命令。

② 输入“UCS” →“原点”命令，指定新原点为左端面的中心；输入“UCS” →“原点”命令，指定新原点为(77,0,15)。

③ 以 A 点为基准点(UCS 坐标为(0,0,0))，按尺寸绘制键槽草图并创建为面域(提示：可依次使用 CIRCLE、COPY、LINE、TRIM 和 REGION)，如图 6－50(e)所示(前视、二维线框显示模式)。

④ 展开并单击功能区的“常用”→“建模”→“拉伸”按钮，执行“EXTRUDE”命令，创建高度大于或等于 5 的键的拉伸实体。

⑤ 从菜单选择“视图”→“三维视图”→“西南等轴测”命令。

⑥ 单击功能区的“常用”→“实体编辑”→“差集”按钮，执行“差集”操作，从上一步骤创建的实体中减去键的拉伸实体即完成轴的建模。结果如图 6－50(f)所示(西南等轴测、概念显示模式)。

【例 6－4】 按照如图 6－51(a)所示支座的视图，创建其实体模型。

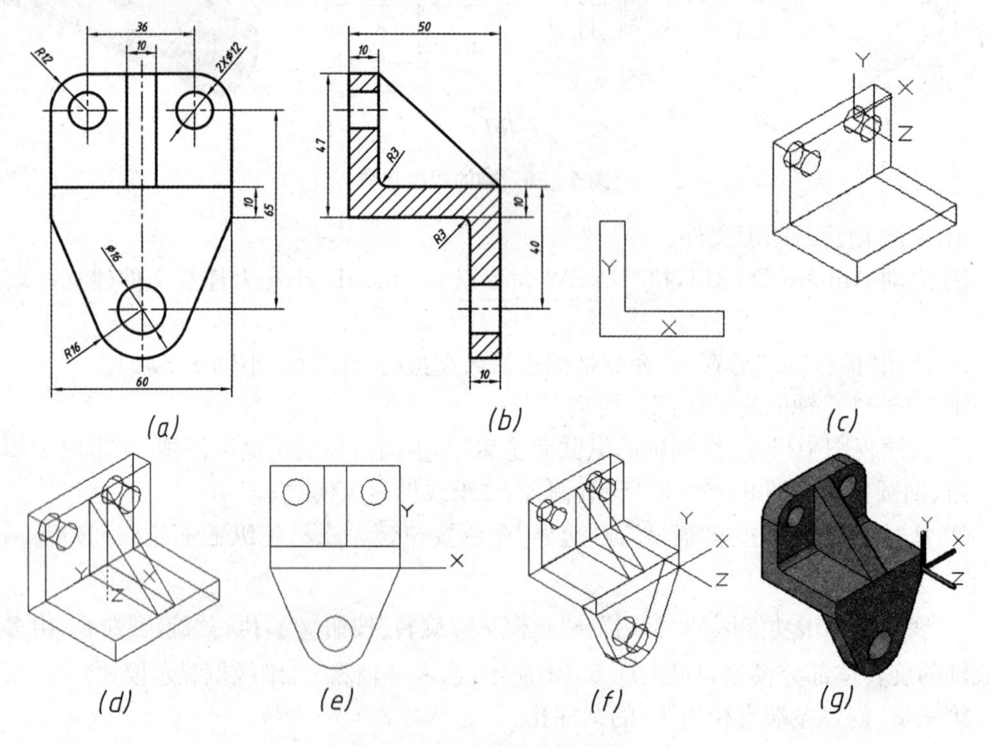

图 6－51　支座的建模步骤

第一步：创建新图形文件。

① 启动 AutoCAD 2014，执行 NEW 命令以 acadiso3D. dwt 为样板文件建立一新图形文件。

② 使用“保存”或“另存为”命令把图形赋名存盘(文件名如：支座 1. dwg)。

第二步：创建支座上部“L”形板的实体。

① 从菜单选择“视图”→“三维视图”→“左视”命令。

② 按照视图中尺寸，绘制上部“L”形板的截面轮廓，如图 6-51(b)所示(左视、二维线框显示模式)。

③ 从“绘图”菜单选择“面域”或“边界”命令按钮或，把截面轮廓创建为一个面域(或一条多段线)。

④ 展开并单击功能区的“常用”→“建模”→“拉伸”按钮，执行“拉伸”命令，由多段线生成“L”形板的拉伸实体。

⑤ 输入“UCS” →“Y”命令，指定坐标系绕 Y 轴旋转 90°。

⑥ 输入“cylinder(圆柱体)”命令，创建直径为 12，高为 10，底面中心点为(－12,35,0)的圆柱体。

⑦ 重复“cylinder(圆柱体)”命令，创建直径为 12，高为 10，底面中心点为(－36,0,0)的圆柱体。

⑧ 单击功能区的“常用”→“实体编辑”→“差集”按钮，执行“差集”操作，从“L”形板的拉伸实体中减去两圆柱体，如图 6-51(c)所示(西南等轴测、二维线框显示模式)。

第三步：创建支座三角形肋板的实体模型。

① 从菜单选择“视图”→“三维视图”→“西南等轴测”命令。

② 输入“UCS” →“原点”命令，指定新原点为(10,10,25)；输入“UCS” →“X”命令，指定坐标系绕 X 轴旋转 90°。

③ 输入“wedge(楔体)”命令，创建长为 40，宽为 10，高为－37，底面中心点为(0,0,0)楔体。命令提示及操作如下：

_wedge
指定第一个角点或［中心(C)］：0,0,0↙
指定其他角点或［立方体(C)/长度(L)］：l↙
指定长度 <50.0000>：40↙
指定宽度 <20.0000>：10↙
指定高度或［两点(2P)］<60.0000>：－37↙

结果如图 6-51(d)所示(二维线框显示模式)。

第四步：创建下部连接板的实体模型。

① 从菜单选择“视图”→“三维视图”→“前视”命令。

② 输入“UCS” →“原点”命令，指定新原点为为(0,0,50)。

③ 按照视图中尺寸，绘制下部连接板的外形轮廓。

④ 从“绘图”菜单选择“面域”或“边界”命令按钮或，把所绘轮廓创建为一个面域(或一条多段线)。如图 6-51(e)所示(二维线框显示模式)。

⑤ 展开并单击功能区的“常用”→“建模”→“拉伸”按钮，执行“拉伸”命令，由多段线

生成连接板的拉伸实体，如图 6－51(f)所示(西南等轴测、二维线框显示模式)。

第五步:执行并集、差集操作,创建圆角完成建模。

① 单击功能区的“常用”→“实体编辑”→“并集”按钮,对“L”形板、肋板、连接板执行“并集”操作。

② 单击功能区的“常用”→“实体编辑”→“差集”按钮,执行“差集”操作,从上一步骤创建的实体中减去直径为 16 的圆柱体。

③ 在菜单中选择 “修改”→“实体编辑”→“圆角边”命令,对实体作半径为 3、12 的倒圆角。建模结果如图 6－51(g)所示(西南等轴测、概念显示模式)。

项目 7　装配图的识读与绘制

【学习目标】

1. 掌握装配图上尺寸与技术要求的标注方法。
2. 掌握装配图的表达方法。
3. 掌握识读装配图的方法与技能。
4. 掌握绘制装配图的方法与步骤。

任务一　装配图的识读

【任务引入】 参见教材配套习题集第 49～51 页，按要求识读所给装配图。

【相关知识】

7.1　装配图的用途与内容

表达机器或部件的组成及装配关系的图样称为装配图。装配图同时还表达机器或部件的工作原理和功能结构，是进行装配、检验、安装、调试和维修的重要依据。图 7-1 为球阀的装配图，一张完整的装配图应具备以下内容：

1. 一组图形

选择一组视图，采用适当的表达方法，将机器或部件的工作原理、零件的装配关系、零件的连接和传动情况以及各零件的主要结构形状表达清楚。

2. 必要的尺寸

装配图上应标注机器或部件的规格(性能)、安装、外形和各零件间的配合关系等方面的尺寸。

3. 技术要求

用文字说明或标记代号指明机器或部件在装配、检验、调试、运输和安装等方面所需达到的技术要求。

4. 零件的序号、明细栏和标题栏

对各零件标注序号并编入明细栏；明细栏画在标题栏之上，填写组成装配体的零件序号、名称、材料、数量、标准件代号等。标题栏表明装配图的名称、图号、比例和责任者签字等。

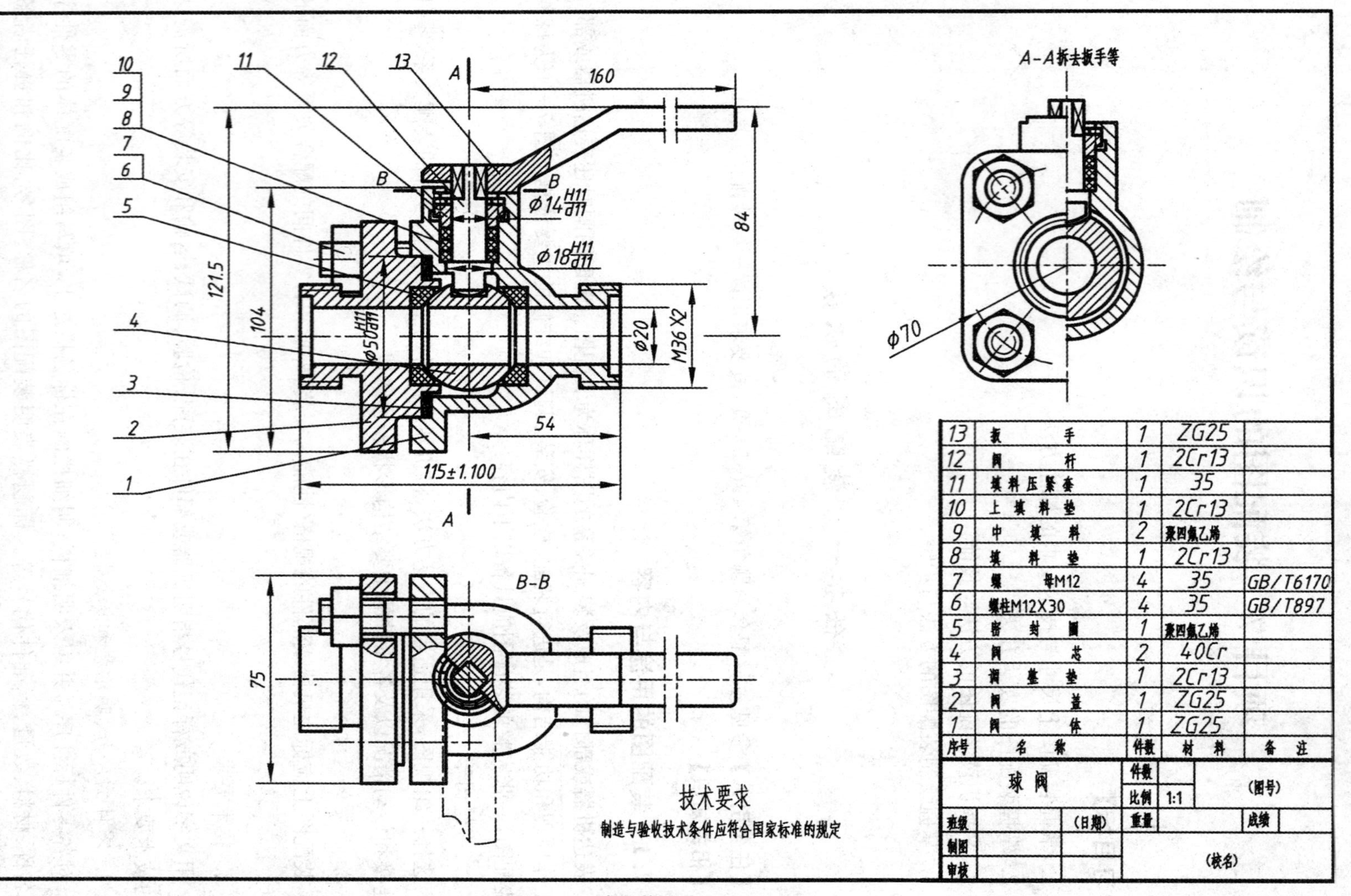

序号	名称	件数	材料	备注
13	扳手	1	ZG25	
12	阀杆	1	2Cr13	
11	填料压紧套	1	35	
10	上填料垫	1	2Cr13	
9	中填料	2	聚四氟乙烯	
8	填料垫	1	2Cr13	
7	螺母M12	4	35	GB/T6170
6	螺柱M12X30	4	35	GB/T897
5	密封圈	1	聚四氟乙烯	
4	阀芯	2	40Cr	
3	调整垫	1	2Cr13	
2	阀盖	1	ZG25	
1	阀体	1	ZG25	

球阀		件数		(图号)
		比例	1:1	
班级	(日期)	重量		成绩
制图		(校名)		
审核				

图 7-1 球阀装配图

7.2　装配图的表达方法

零件的各种表达方法同样适用于装配图，但装配图以表达机器或部件的工作原理、各零件间的装配关系为主，所以国家标准还规定了一些表达机器或部件的规定画法和特殊表达方法。

7.2.1　装配图的规定画法

1. 零件间接触面、配合面的画法

两相邻零件的接触面或配合面只用一条轮廓线表示，如图 7－2 中的①。而对于未接触的两表面、非配合面(基本尺寸不同)，用两条轮廓线表示，如图 7－2 中③。若间隙很小或狭小剖面区域，可以夸大表示，如图 7－2 中的⑦。

2. 剖面线的画法

相邻的两个金属零件，剖面线的倾斜方向应相反，或者方向一致而间隔不等以示区别，如图 7－2 中④处所示。同一零件在不同视图中的剖面线方向和间隔必须一致。剖面区域厚度小于 2 mm 的图形可以以涂黑来代替剖面符号，如图 7－2 中的⑦。

3. 标准件、实心零件的画法

在装配图中，对于紧固件以及轴、连杆、球、键、销等实心零件，若按纵向剖切，且剖切平面通过其纵向平面或轴线时，则这些零件均按不剖绘制，如图 7－2 中的⑤处所示。如果需要特别表明这些零件上的局部结构，如凹槽、键槽、销孔等，可用局部剖视表示，如图 7－2 中的②。

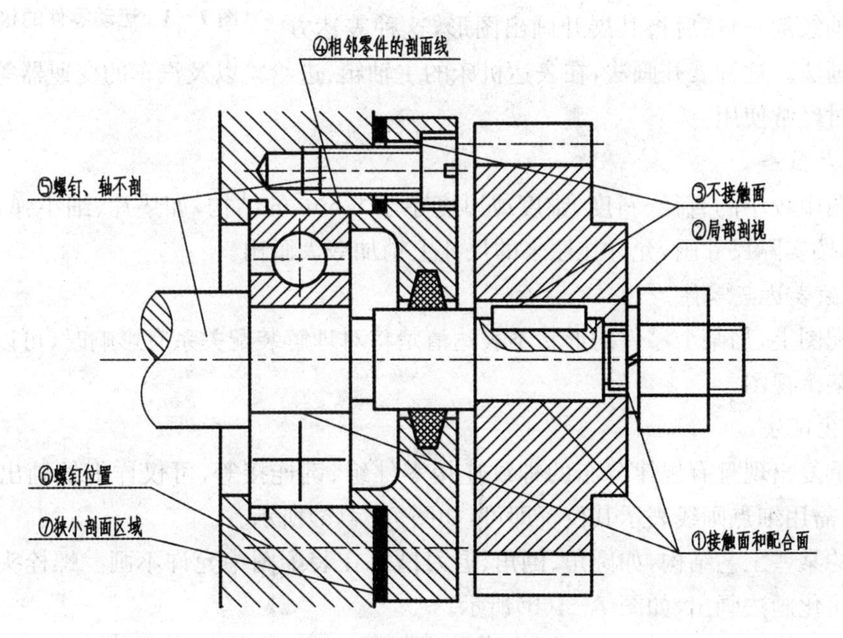

图 7－2　装配图画法的基本规定

7.2.2 装配图的特殊表达方法

1. 拆卸画法

当装配体上一些零件,其位置和基本连接关系等在某些视图上已经表达清楚时,为了避免它们遮盖其他零件的投影,在某个视图上可假想将这些零件拆去不画。如图 7-1 的左视图就是拆去扳手等之后的投影。当需要说明时,可在所得视图上方注出“拆去×××”字样。

2. 沿结合面剖切画法

在装配图中,可假想沿某些零件的结合面剖切,即将剖切平面与观察者之间的零件拆掉后再进行投射,此时在零件结合面上不画剖面线。但被切部分(如螺杆、螺钉等)必须画出剖面线。如图 7-18 中的左视图,为了表示齿轮油泵的工作原理,图的右半部就是沿左端盖与泵体的结合面剖开画出的。

3. 假想画法

部件中某些零件的运动范围和极限位置,可用细双点画线画出其轮廓。如图 7-3 所示,用细双点画线画出了车床尾座上手柄的另一个极限位置。

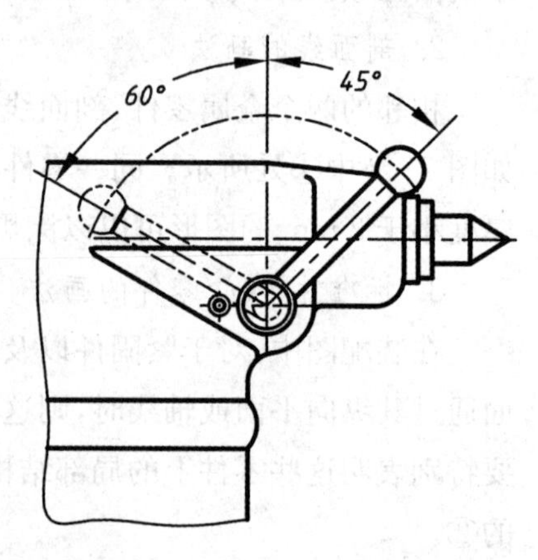

图 7-3 运动零件的极限位置

在部件装配图中,需要表示与本部件有关但不属于本部件的相邻零、部件之间的连接关系时,可用细双点画线画出它们的连接轮廓。

4. 展开画法

当轮系的各轴线不在同一平面内时,为了表示传动关系及各轴的装配关系,可假想用剖切平面按传动顺序沿它们的轴线剖开,然后将其展开画出图形,这种表达方法称展开画法。这种展开画法,在表达机床的主轴箱、进给箱以及汽车的变速器等较复杂的变速装置时经常使用。

5. 夸大画法

装配图中较小的直径、斜度、锥度或厚度小于 2 mm 的结构,如垫片、细小弹簧、金属丝等,可以不按实际尺寸画,允许在原来的尺寸上稍加夸大画出。

6. 单独表达某零件

在装配图上,当某个零件的形状不表达清楚将对理解装配关系有影响时,可以单独画出该零件的某个视图。

7. 简化画法

对于重复出现且有规律分布的螺纹连接零件组、键连接等,可仅详细地画出一组或几组,其余只需用细点画线表示其位置即可,如图 7-4(a)所示。

零件的某些工艺结构,如圆角、倒角、退刀槽等在装配图中允许不画。螺栓头部和螺母也允许按简化画法画出,如图 7-4(b)所示。

在装配图中,可用粗实线表示带传动中的带,如图 7-4(c)所示,用细点画线表示链传动中的链,如图 7-4(d)所示。

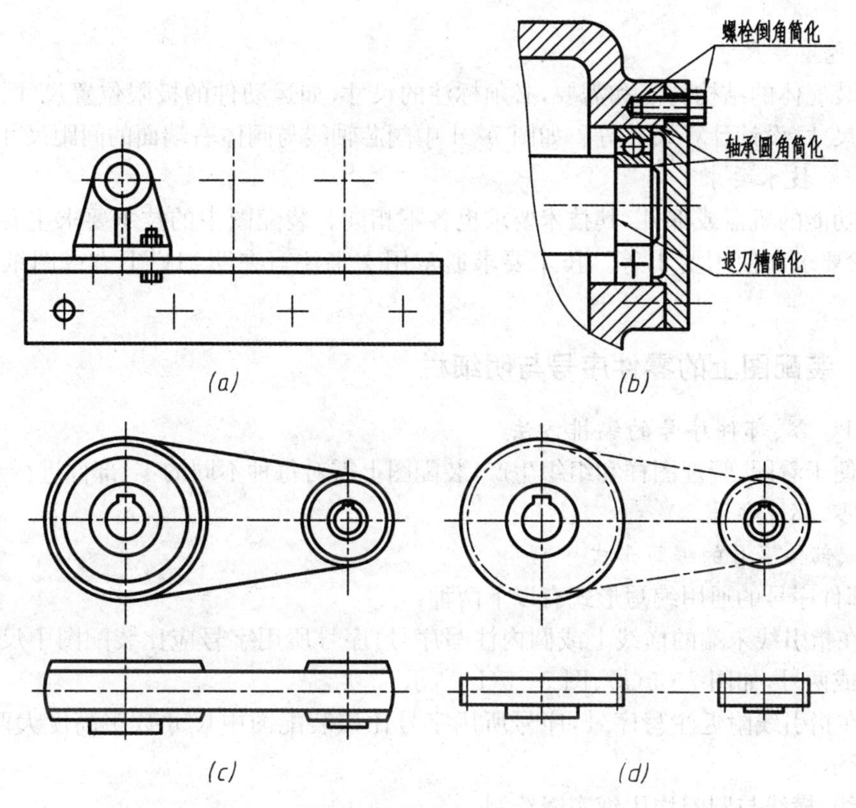

图 7-4　装配图中的简化画法

7.2.3　装配图的尺寸标注

装配图与零件图的作用不同，对尺寸标注的要求也不相同。装配图一般应标注如下尺寸：

1. 规格(性能)尺寸

表示装配体的产品规格或工作性能的尺寸。这类尺寸是设计或选用产品的依据，如图 7-1 所示球阀孔的尺寸 $\phi20$，表示球阀所能连接油路管道的直径。

2. 装配尺寸

用以保证机器(或部件)装配性能的尺寸。装配尺寸有两种：

(1) 配合尺寸

零件间有配合要求的尺寸，如图 7-1 中配合尺寸 $\phi50H11/d11$、$\phi18H11/d11$ 等。

(2) 相对位置尺寸

表示装配体在装配时需要保证的零件间较重要的距离尺寸和间隙尺寸。

3. 安装尺寸

表示零、部件安装在机器上或机器安装在固定基础上所需要的对外安装时连接用的尺寸，如图 7-1 中的 M36×2。

4. 总体尺寸

表示装配体所占有空间大小的尺寸，即总长、总宽和总高尺寸，如图 7-1 中的尺寸 115±1.100、75、121.5。总体尺寸可为包装、运输和安装使用时提供所需要占有空间大小的信息。

5. 其他重要尺寸

根据装配体的结构特点和需要，必须标注的尺寸，如运动件的极限位置尺寸、零件间的主要定位尺寸、设计计算尺寸等。如图 7-1 中阀芯轴线与阀体右端面的间距尺寸 54。

7.2.4　技术要求

不同功能的机器或部件，其技术要求也各不相同。装配图中的技术要求主要包括装配要求、检验要求和使用要求等。技术要求通常用文字注写在明细栏上方或图纸下方的空白处。

7.3　装配图上的零件序号与明细栏

7.3.1　零、部件序号的编排方法

为了便于看图、管理图样和组织生产，装配图上需对每种不同的零、部件进行编号，这种编号称为零、部件序号。

1. 零、部件序号的编写形式

零、部件序号的通用编写形式有以下两种：

(1) 在指引线末端的横线上或圆内注写序号，序号所用字号应比装配图中尺寸数字高度大一号或两号，如图 7-5(a)、图 7-5(b)所示。

(2) 在指引线附近注写序号，序号所用字号比该装配图中尺寸数字高度大两号，如图 7-5(c)所示。

指引线、横线与圆圈均用细实线绘制。

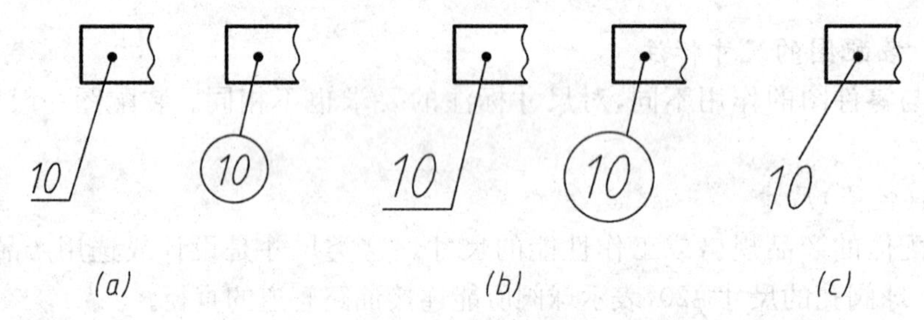

图 7-5　零部件序号的表示方法

2. 序号的编排要点

(1) 同一装配图中编写序号的形式应一致。

(2) 相同的零、部件用一个序号，一般只标注一次。

(3) 指引线应自所指零件投影的可见轮廓内引出，并在末端画一圆点，如图 7-5 所示。若所指零件的投影内不便画圆点(零件太薄或涂黑的剖面区域)时，可在指引线的末端画出箭头，并指向该部分的轮廓，如图 7-6 所示。指引线不能相交。当通过有剖面线的区域时，指引线不应与剖面线平行。

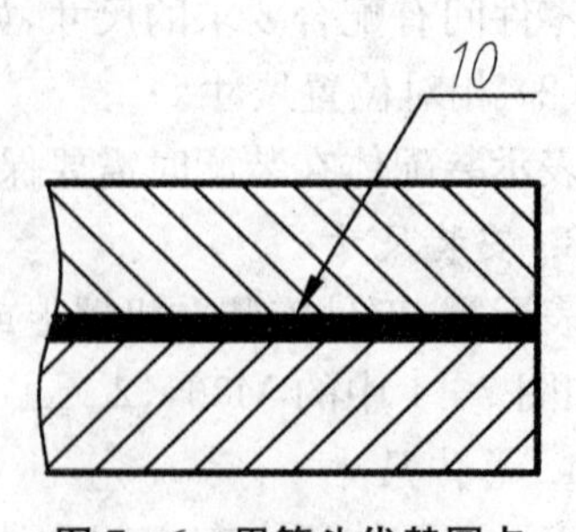

图 7-6　用箭头代替圆点

(4) 一组紧固件以及装配关系清楚的标准化组件(如油杯、滚动轴承等),可以采用公共指引线,如图7-7所示。

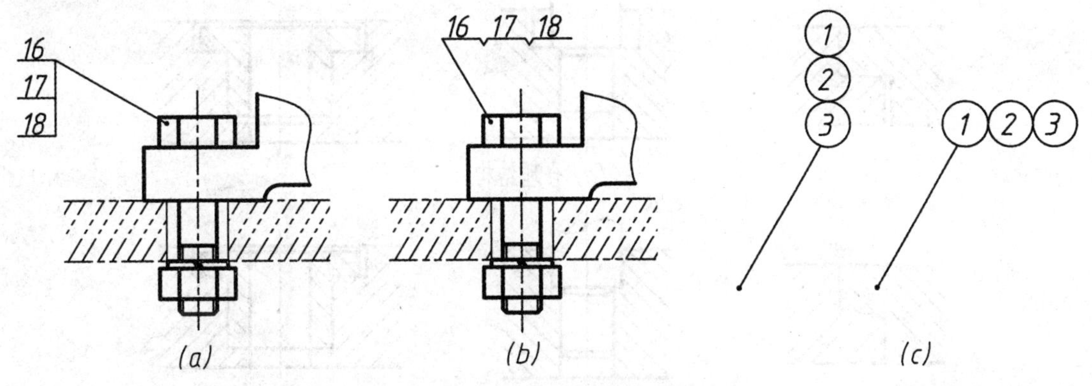

图7-7　组件序号的表示法

(5) 装配图中的序号应按水平或竖直方向排列整齐。序号的顺序应按顺时针或逆时针方向顺次排列,零件序号应与明细栏中的序号一致,如图7-1所示。

7.3.2　明细栏

明细栏可按国家标准中推荐使用的格式绘制。

明细栏是全部零件的详细目录,包括序号、代号、数量、名称、材料、质量、备注等内容。

明细栏通常画在标题栏上方,应自下而上顺序填写,如图7-1所示。如位置不够,可紧靠在标题栏的左边自下而上延续。

7.4　装配工艺结构

为使零件装配成机器后,既能达到性能要求,又给零件的拆装带来方便,应设计合理的装配工艺结构。

7.4.1　接触面转折处结构

孔与轴配合且两端面相贴合时,为保证轴肩和孔端面接触良好,孔端应制成倒角或轴根部切槽,如图7-8所示。

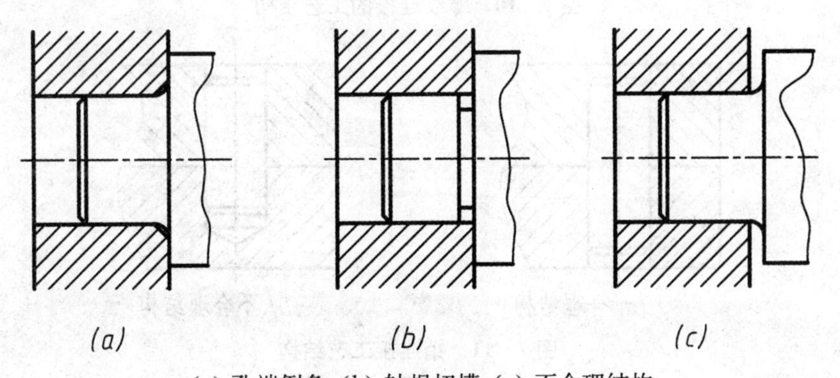

(a) 孔端倒角;(b) 轴根切槽;(c) 不合理结构

图7-8　倒角与切槽

7.4.2　单方向接触结构

当两零件接触时,在同一个方向上只能有一个接触面,如图7-9(a)所示。图7-9(b)

为不合理结构。

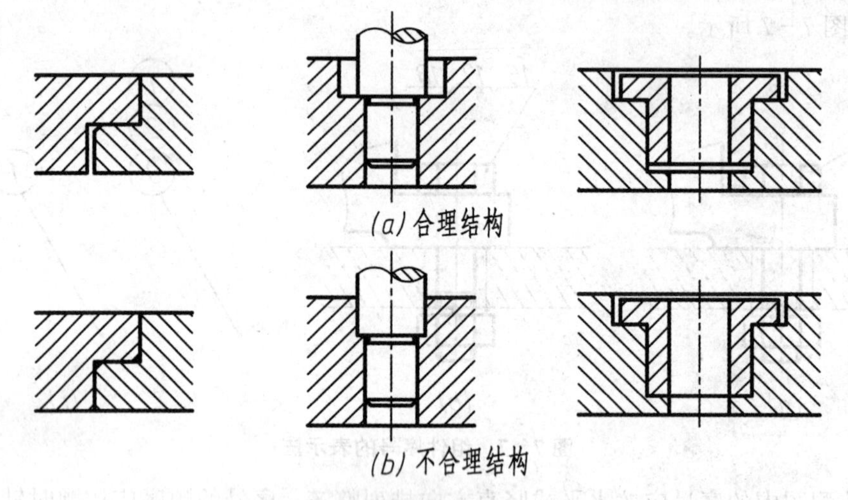

(a) 合理结构

(b) 不合理结构

图 7-9　接触面及配合面工艺结构

7.4.3　便于拆装的结构

(1) 在用螺纹连接件连接时，为保证拆装方便，必须留出工具的活动空间，如图 7-10 所示。

(2) 在用圆柱销或圆锥销定位两零件时，为便于加工、拆装，应将销孔做成通孔，如图 7-11 所示。

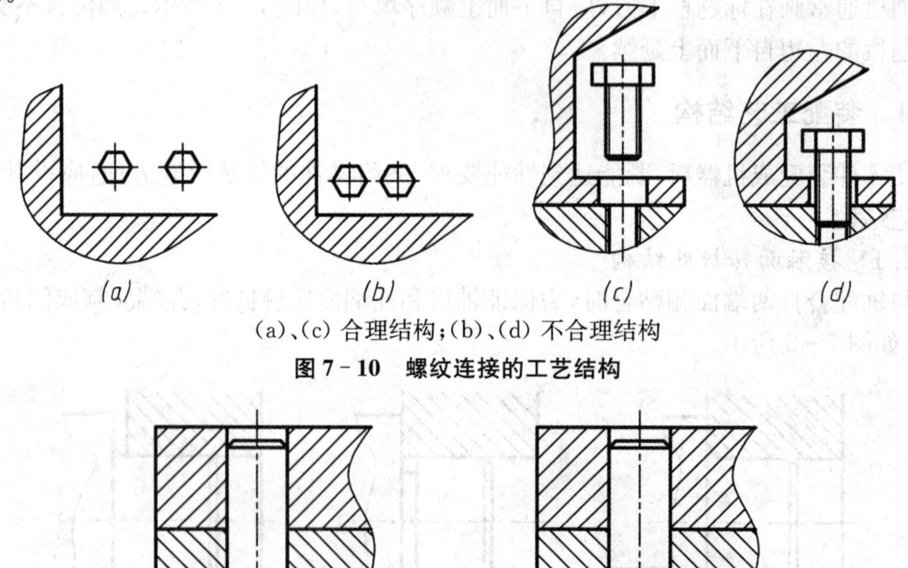

(a)、(c) 合理结构；(b)、(d) 不合理结构

图 7-10　螺纹连接的工艺结构

(a) 合理结构　(b) 不合理结构

图 7-11　销连接工艺结构

(3) 安装滚动轴承时，应避免轴肩过高、内孔过小，造成拆卸轴承时顶不到轴承内、外圈，使轴承无法拆卸，如图 7-12(a)所示。对于此类结构，可通过减小轴肩、加大内孔或设计拆卸孔等方法，方便轴承拆卸，如图 7-12(b)所示。

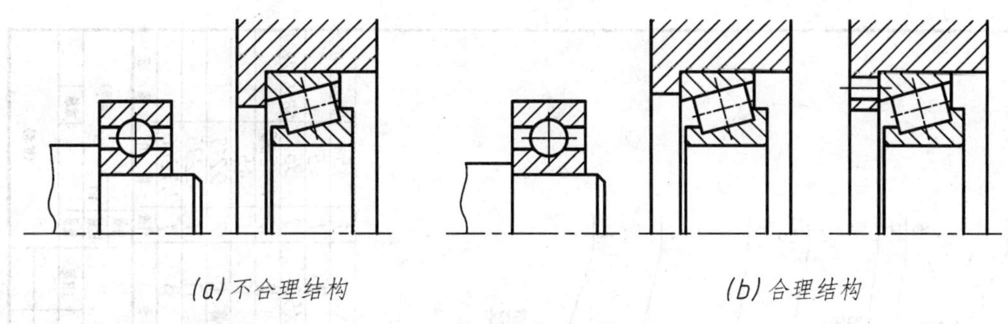

图7-12　轴承的拆卸结构

7.5　识读装配图的方法和步骤

读装配图的目的，是从装配图中了解部件中各个零件的装配关系，分析部件的工作原理，并能分析和读懂其中主要零件及其他有关零件的结构形状。工程技术人员必须具备熟练地识读装配图的能力。

7.5.1　读装配图的步骤和方法

1. 概括了解

看标题栏了解部件的名称，对于复杂部件可通过说明书或参考资料了解部件的构造、工作原理和用途。

看零件编号和明细栏，了解零件的名称、数量和它在图中的位置。

2. 分析视图

分析各视图的名称及投影方向，弄清剖视图、剖面图的剖切位置，从而了解各视图的表达意图和重点。

3. 分析装配关系、传动关系和工作原理

分析各条装配干线，弄清各零件间相互配合的要求，以及零件间的定位、连接方式、密封等问题。再进一步搞清运动零件与非运动零件的相对运动关系。

4. 分析零件、了解零件的主要结构形状

7.5.2　识读装配图举例

下面我们以图7-13所示的蝶阀装配图为例，介绍读装配图的方法与步骤：

第一步：概括了解

由标题栏知，该部件是蝶阀；由明细栏知它由13种零件组成，是较为简单的部件。它是连接在管路上，用来控制气体流量或截止气流的装置。

第二步：分析视图

蝶阀采用三个视图。主视图表示了阀的主要件阀体、阀盖的外形结构，两个局部视图分别表示了阀盖与阀体 $\phi30H7/h6$ 的配合关系以及阀杆与阀门的连接关系。俯视图采用全剖视，表明了齿杆与齿轮的传动关系，并表达了阀体的外形结构和阀盖的内外形结构。左视图采用全剖视，表达了阀体 $\phi55$ 的通路和阀盖的内外形结构，表达了阀杆与齿轮、阀体、阀盖的关系，紧定螺钉与齿杆的防转关系以及阀盖与阀体由螺钉连接的关系。

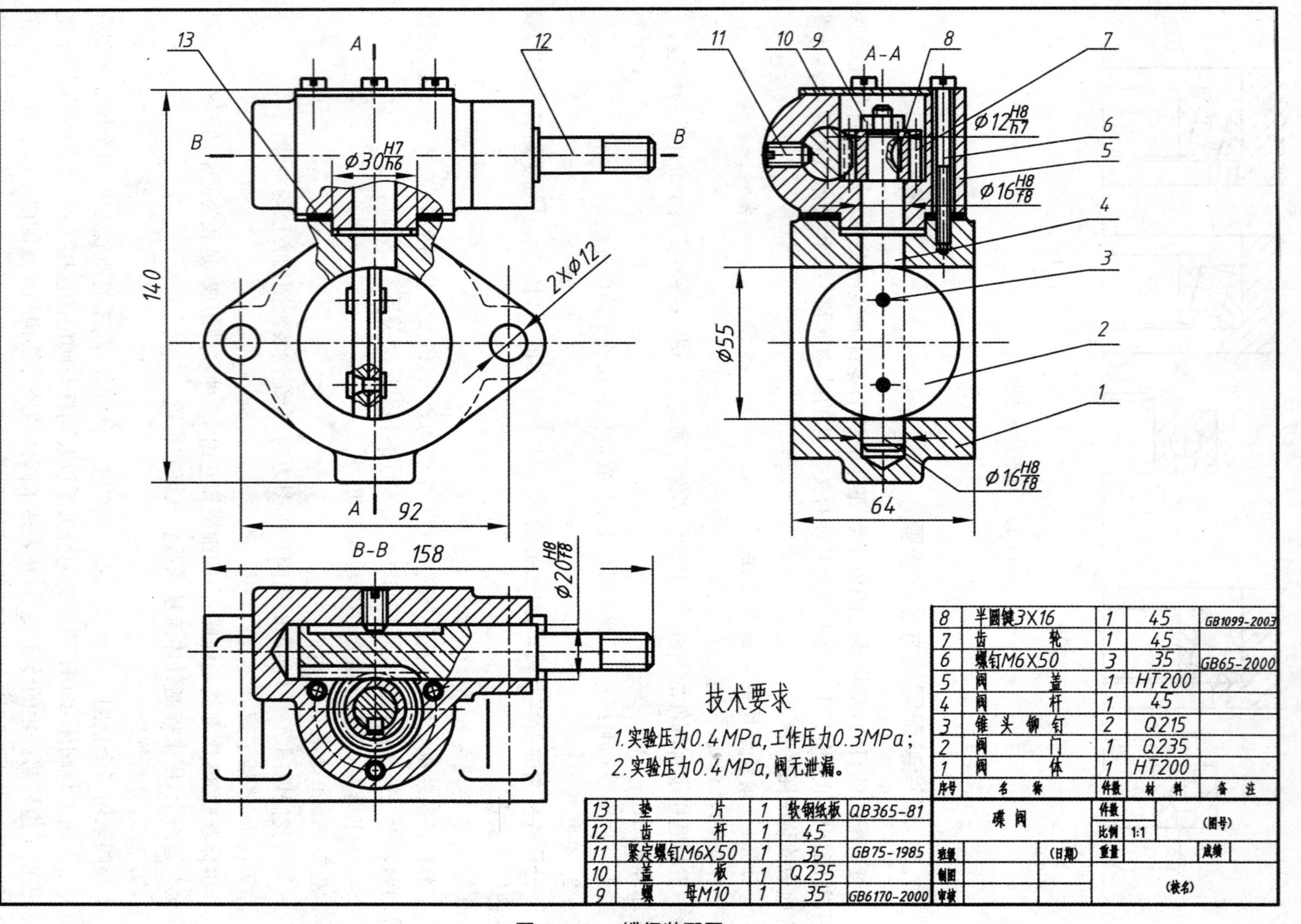
A-A
B-B
A
B
1
2
3
4
5
6
7
8
9
10
11
12
13
Φ30H7/h6
2XΦ12
140
92
158
Φ20H8/f8
Φ12H8/h7
Φ16H8/f8
Φ55
64
技术要求
1.实验压力0.4MPa,工作压力0.3MPa;
2.实验压力0.4MPa,阀无泄漏。
8 半圆键3X16 1 45 GB1099-2003
7 齿轮 1 45
6 螺钉M6X50 3 35 GB65-2000
5 阀盖 1 HT200
4 阀杆 1 45
3 锥头铆钉 2 Q215
2 阀门 1 Q235
1 阀体 1 HT200
序号 名称 件数 材料 备注
13 垫片 1 软钢纸板 QB365-81
12 齿杆 1 45
11 紧定螺钉M6X50 1 35 GB75-1985
10 盖板 1 Q235
9 螺母M10 1 35 GB6170-2000
蝶阀
件数
比例 1:1
(图号)
班级
(日期)
重量
成绩
制图
审核
(校名)

图 7-13 蝶阀装配图

第三步：分析装配关系、传动关系和工作原理

配合关系：齿杆 12 与阀盖 5 的配合为 ϕ12H8/h7（基孔制间隙配）；阀杆 4 与阀体 1 和阀盖 5 的配合为 ϕ16H8/f8；阀盖与阀体由基孔制的间隙配合 ϕ30H7/h6。

定位、连接关系与传动路线：齿杆上有长槽由紧定螺钉 11 限制齿杆转动，当齿杆沿轴向滑动时齿杆上的齿条就带动齿轮 7 转动。齿轮由半圆键 8 和螺母 9 与阀杆 4 连接，由阀杆轴肩在阀盖中实现轴向定位。阀盖与阀体由三个螺钉连接。阀杆与阀门 2 由锥头铆钉 3 连接。

工作原理：当齿杆带动齿轮转动时，阀杆也随之转动，并使阀门开启或关闭。

第四步：了解零件的结构形状

在分析了解各零件的结构形状时，应先看主要零件，再看次要零件；先看容易分离的零件，再看其他零件；先分离零件，再分析零件的结构形状。

如图 7－14 所示，为蝶阀的立体图。

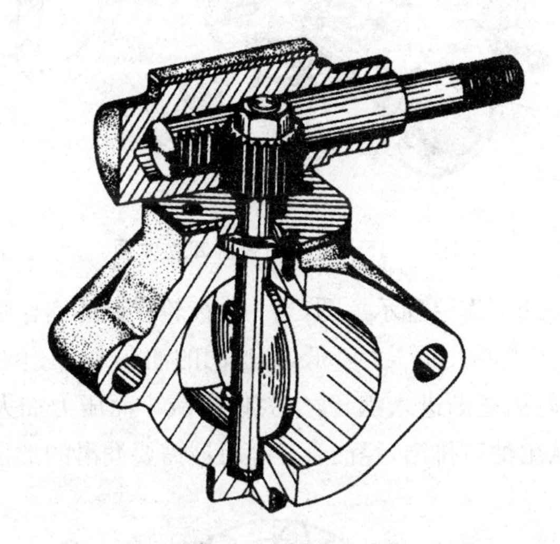

图 7－14　蝶阀立体图

【任务实施】完成教材配套习题集第 49～51 页装配图的识读练习。

任务二　装配图的绘制

【任务引入】参见教材配套习题集第 52～57 页，根据所给零件图拼画装配图。

【相关知识】

7.6　画装配图的方法与步骤

装配图的作用是表达机器或部件的工作原理、装配关系以及主要零件的结构、形状。现以图 7－15 的齿轮油泵为例，说明画装配图的方法及步骤。

7.6.1 了解部件的装配关系与工作原理

可通过拆装部件观察实物、分析立体图等了解组成部件的各零件间的装配关系与相对位置，了解部件的工作原理。

齿轮油泵是机器润滑、供油系统中的一个常用部件，主要由泵体、左右端盖、传动齿轮轴、齿轮轴、标准件、密封零件等构成。图 7－15 为齿轮油泵的拆卸立体图。

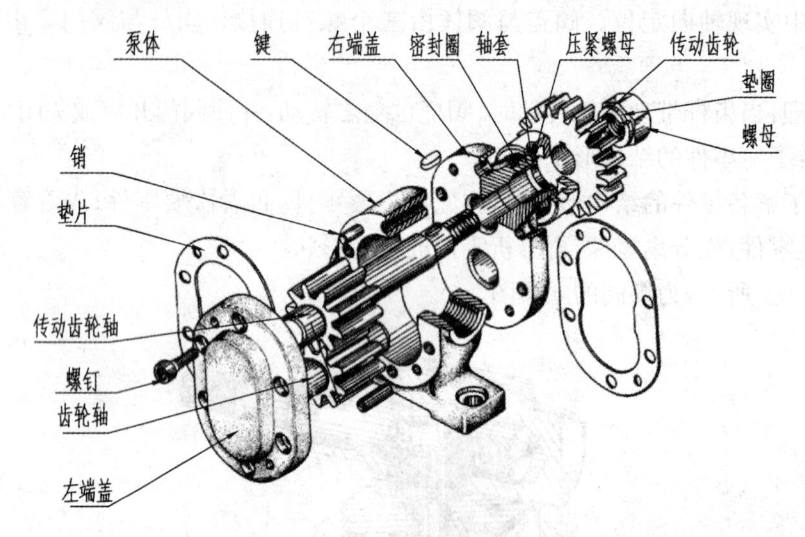

图 7－15 齿轮油泵拆卸立体图

图 7－16 为齿轮油泵的工作原理示意图，当一对齿轮在泵体内作啮合传动时，啮合区右边轮齿逐渐脱开啮合，空腔体积增大而压力降低，油池内的油在大气压的作用下通过进油口被吸入泵内；而啮合区左边的轮齿逐渐进入啮合，空腔体积减小而压力加大，随着齿轮的转动而被齿槽带至左边的油液就从出油口排出，经油管送至机器需要润滑的部位。

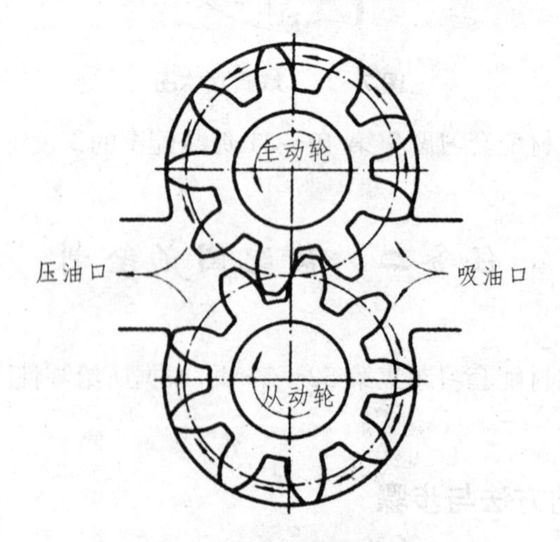

图 7－16 齿轮油泵工作原理示意图

7.6.2 绘制装配示意图

装配示意图是用规定符号和较形象的图线绘制的图形，是一种表意性的图示方法，用以标记部件中各零件间的相互位置、连接关系和配合性质，标明零件的名称与编号等。

绘制装配示意图时，对一般零件可按其外形和结构特点形象地画出零件的大致轮廓。通常从主要零件和较大的零件入手，按装配顺序和零件的位置逐个画出。画装配示意图时，可将零件看作透明体，其表示可不受前后层次的限制，并尽量把所有零件都集中在一个视图上表达出来，必要时才画出第二个图形。齿轮油泵的装配示意图，如图 7－17 所示。

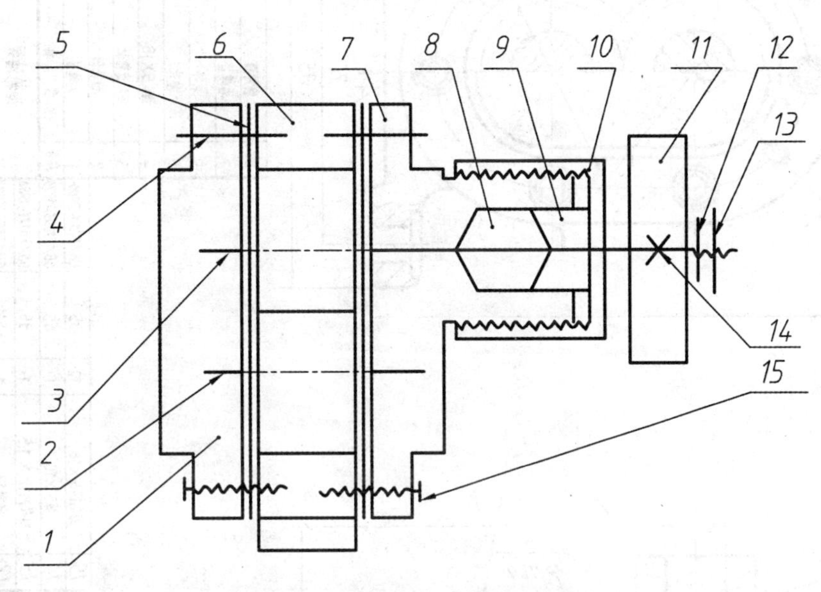

图 7－17　齿轮油泵装配示意图

7.6.3　确定装配图的表达方案

1. 主视图的选择

装配图应以工作位置和清楚反映主要装配关系、零件间的相对位置关系的那个方向作为主视图的投射方向，并尽可能反映其工作原理。如图 7－15 所示，应以齿轮油泵的前方作为主视图的投射方向，并采用全剖视图。

2. 其他视图的选择

简单部件有时一个视图就能满足表达要求，当机器或部件复杂时需要选择更多视图，其他视图作为主视图的补充。如图 7－18 所示，为进一步表达装配关系和齿轮油泵的工作原理，选择了沿结合面剖切的 B—B 半剖视图。

【任务实施 1】根据教材配套习题集第 52～54 页齿轮油泵的零件图拼画其装配图。

通过以上分析与准备工作，根据配套习题集中齿轮油泵零件图拼画如图 7－18 所示齿轮油泵装配图的方法与步骤如下：

第一步：选择图幅。根据齿轮油泵主要零件的尺寸，并考虑尺寸标注、零件编号、标题栏及明细栏等，选择图纸幅面尺寸。

第二步：布置图形。画图框线、标题栏外框线，预留明细栏位置，在两视图之间留适当空间，画两视图的定位线，如图 7－19 所示。

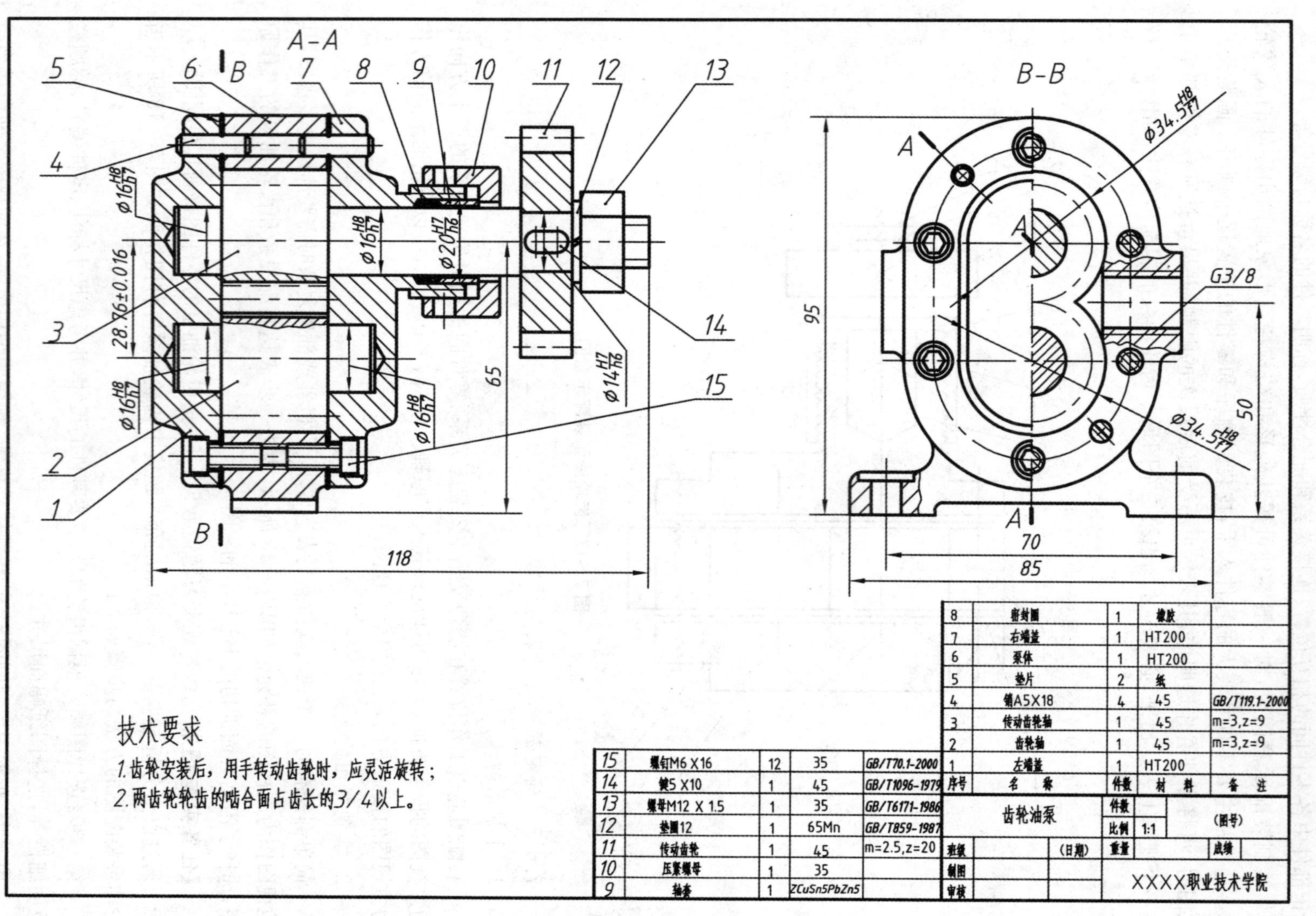

图 7-18 齿轮油泵装配图

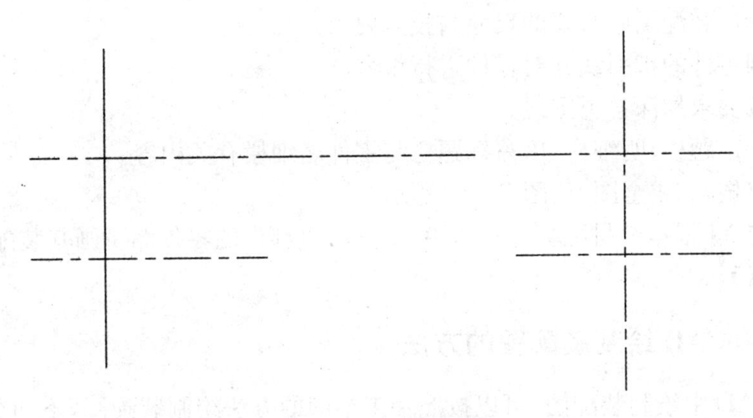

图 7-19　布置图形

第三步：画底稿。按齿轮油泵各零件的装配次序与装配连接关系，把各零件的图形绘制到装配图中去，如图 7-20 所示。

（1）画主视图的次序为：泵体、传动齿轮轴、齿轮轴、左端盖、右端盖、轴套、压紧螺母、传动齿轮。

（2）画左视图的次序为：泵体、左端盖、传动齿轮轴、齿轮轴。

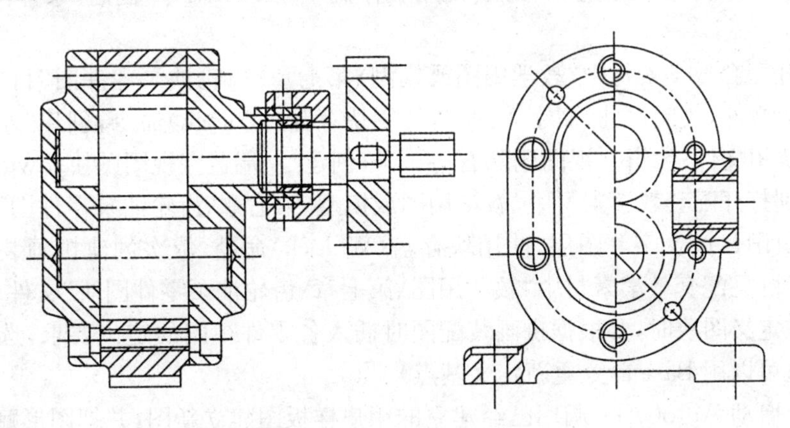

图 7-20　绘制非标准件

第四步：画标准件。按规定画法绘制装配图中标准件的投影，完成装配图的各个视图，如图 7-21 所示。

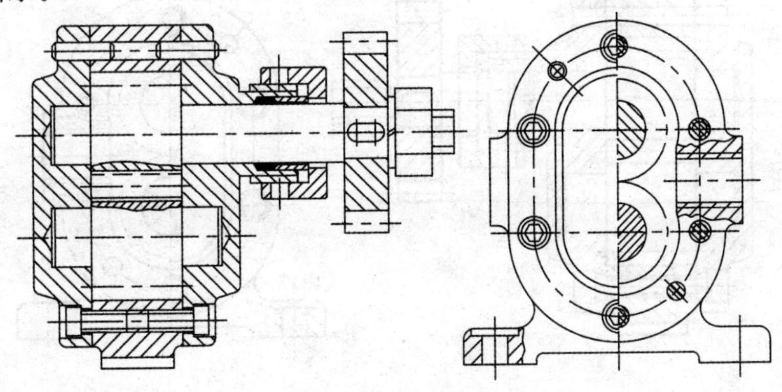

图 7-21　绘制标准件

第五步:标注装配图中必要的尺寸与技术要求。

第六步:画零件的指引线并对零件进行编号。

第七步:按要求加深各类图线。

第八步:画标题栏、明细栏,填写标题栏与零件名细栏有关内容。

第九步:审核,完成全图,如图 7-18 所示。

【任务实施 2】 根据教材配套习题集第 52~57 页部件的零件图拼画其装配图。

【知识拓展】

7.7 AutoCAD 绘制装配图的方法

在 AutoCAD 中绘制装配图,可以按照手工绘图的方法绘制装配图,下面介绍一种根据已知各零件的零件图,使用 AutoCAD 图块的插入功能拼画装配图的方法。

【例 7-1】 根据配套教学素材中"教学用图或模型\第七章\齿轮油泵零件图"目录下的零件图,在 AutoCAD 中拼画如图 7-18 所示齿轮油泵装配图。

第一步:利用零件图,创建拼画装配图时用到的图块。

(1) 打开配套教学素材中"教学用图或模型\第七章\齿轮油泵零件图"目录下的"泵体.dwg"图形文件,关闭尺寸、文字等图层,使用块存盘(Wblock)命令,创建"泵体图块.dwg"块图形文件。

(2) 打开配套教学素材中"教学用图或模型\第七章\齿轮油泵零件图"目录下的"左端盖.dwg"图形文件,关闭尺寸、文字等图层,使用块存盘(Wblock)命令,创建"左端盖主视图图块.dwg"块图文件;编辑左视图删除右边一半,创建"左端盖左视图图块.dwg"块图文件。

(3) 分别打开配套教学素材中"教学用图或模型\第七章\齿轮油泵零件图"目录下的其他零件图,关闭尺寸、文字等图层,使用块存盘(Wblock)命令,依次创建拼画装配图中用到的块图形文件(见配套教学素材中"教学用图\第七章\齿轮油泵零件图块"文件目录)。

注意:在定义图块时,要根据拼画装配图时插入各零件视图的定位要求,选择合适的插入基准点(也可以用 Base 命令重新定义基点)。

第二步:启动 AutoCAD,调用已经建立的用户样板图建立新图,并把图形赋名存盘。

第三步:按齿轮油泵各零件的装配次序,把已创建的图块插入到装配图中去,如图7-22 所示。

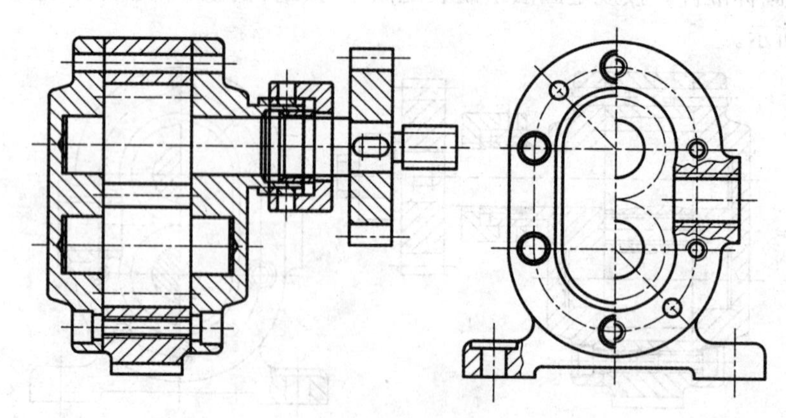

图 7-22 插入图块

① 插入"泵体图块.dwg"块图形文件。

② 依次插入主视图图块。插入次序为：传动齿轮轴、齿轮轴、左端盖、右端盖、轴套、压紧螺母、传动齿轮。

③ 依次插入左视图图块。插入次序为：左端盖、传动齿轮轴、齿轮轴。

第四步：使用分解命令(Explode)把需要修改的图块分解，按照零件的遮挡关系与绘制装配图的有关规定，对图形进行编辑(必要时要修正零件设计中的错误)。然后按规定画法绘制装配图中标准件的投影，完成装配图的各个视图，如图 7－23 所示。

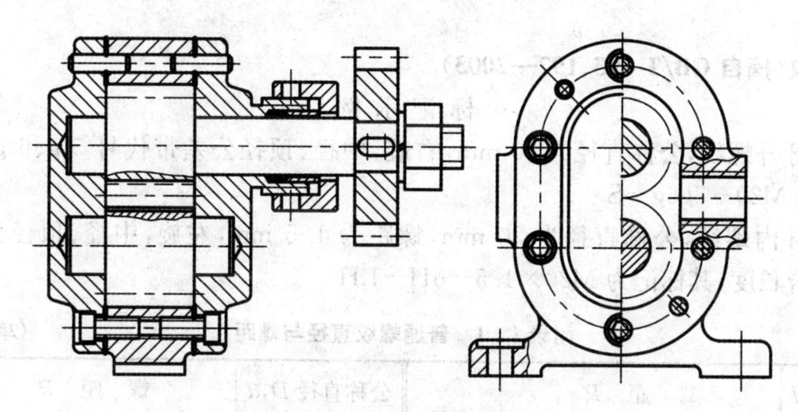

图 7－23　编辑视图、绘制标准件

第五步：标注装配图中必要的尺寸与技术要求。

第六步：画零件的指引线并对零件进行编号。

第七步：画图框线并插入装配图标题栏图块，填写标题栏与零件名细栏有关内容。

第八步：审核，完成全图，如图 7－18 所示。

附　录

附录Ⅰ　标准结构

一、普通螺纹(摘自 GB/T 193、197—2003)

标 记 示 例

普通粗牙外螺纹,公称直径为 20 mm,右旋,中径、顶径公差带代号 5 g、6 g,短旋合长度,其标记为 M20－5g6g－S

普通细牙内螺纹,公称直径为 20 mm,螺距为 1.5 mm,左旋,中径、顶径公差带代号 6H,中等旋合长度,其标记为 M20×1.5－6H－LH

附录Ⅰ-1　普通螺纹直径与螺距　　(单位:mm)

公称直径 D,d		螺　距 P		小径 D_1,d_1
第一系列	第二系列	粗牙	细牙	
3		0.5	0.35	2.459
	3.5	0.6		2.850
4		0.7	0.5	3.242
	4.5	0.75		3.688
5		0.8		4.134
6		1	0.75,(0.5)	4.917
8		1.25	1,0.75,(0.5)	6.647
10		1.5	1.25,1,0.75,(0.5)	8.376
12		1.75	1.5,1.25,1,(0.75),(0.5)	10.106
	14	2	15,(1.25),1,(0.75),(0.5)	11.835
16		2	1.5,1,(0.75),(0.5)	13.835
	18	2.5	2,1.5,1,(0.75),(0.5)	15.294
20		2.5	2,1.5,1	17.294

公称直径 D,d		螺　距 P		粗牙小径 D_1,d_1
第一系列	第二系列	粗牙	细牙	
	22	2.5	2,1.5,1,(0.75),(0.5)	19.294
24		3	2,1.5,1,(0.75)	20.752
	27	3	2,1.5,1,(0.75)	23.752
30		3.5	(3),2,1.5,1,(0.75)	26.211
	33	3.5	(3),2,1.5,(1),(0.75)	29.211
36		4	3,2,1.5,(1)	31.670
	39	4		34.670
42		4.5	(4),3,2,1.5,(1)	37.129
	45	4.5		40.129
5	48			42.587
	52	5		46.587
56		5.5	4,3,2,1.5,(1)	50.046

注:优先选用第一系列。

二、梯形螺纹(摘自 GB/T 5796.2—2005)

标记示例

单线右旋梯形内螺纹,公称直径为 36 mm,螺距为 6 mm,中径公差带代号为 7H,其标记为 Tr36×6－7H

双线左旋梯形外螺纹,公称直径为 36 mm,导程为 12 mm,中径公差带代号为 7e,其标记为 Tr36×12(p6)LH－7e

附录Ⅰ-2　梯形螺纹直径与螺距系列　　　　(单位:mm)

公称直径 *d*		螺距 *P*	公称直径 *d*		螺距 *P*	公称直径 *d*		距 *P*
第一系列	第二系列		第一系列	第二系列		第一系列	第二系列	
8		1.5		22	(3)	32		(10)
	9	(1,5)			5		34	(3)
		2			(8)			6
10		(1.5)	24		(3)			(10)
		2			5	36		(3)
	11	2			(8)			6
		(3)		26	(3)			(10)
12		(2)			5		38	(3)
		3			(8)			7
	14	(2)	28		(3)			(10)
		(3)			5	40		(3)
16		(2)			(8)			7
		(4)		30	(3)			(10)
	18	(2)			6		42	(3)
		(4)			(10)			7
20		(2)	32		(3)			(10)
		4			6	44		7

注:1. 优先选用第一系列;

2. 在每个公称直径所对应的螺距中,优先选用不带括号的数值。

三、55° 非密封管螺纹(摘自 GB/T 7307—2001)

标 记 示 例

尺寸代号为 3/4 的 55°非密封的 A 级左旋管螺纹标记为 G3/4A－LH

附录Ⅰ-3　管螺纹尺寸代号及基本尺寸　(单位:mm)

尺寸代号	每 25.4 mm 中的螺纹牙数 n	螺距 P	螺纹直径		尺寸代号	每 25.4 mm 中的螺纹牙数 n	螺距 P	螺纹直径	
			大径 D,d	小径 D_1,d_1				大径 D,d	小径 D_1,d_1
$\frac{1}{16}$	28	0.907	7.723	6.561	$1\frac{1}{8}$	11	2.309	37.897	34.939
$\frac{1}{8}$			9.728	8.566	$1\frac{1}{4}$			41.910	38.952
$\frac{1}{4}$	19	1.337	13.157	11.445	$1\frac{1}{2}$			47.803	44.845
$\frac{3}{8}$			16.662	14.950	$1\frac{3}{4}$			53.746	50.788
$\frac{1}{2}$	14	1.814	20.955	18.631	2			59.614	56.656
$\frac{5}{8}$			22.911	20.587	$2\frac{1}{4}$			65.710	62.752
$\frac{3}{4}$			26.411	24.117	$2\frac{1}{2}$			75.184	72.226
$\frac{7}{8}$			30.201	27.877	$2\frac{3}{4}$			81.534	78.576
1	11	2.309	33.249	30.291	3			87.884	84.926

四、倒角与圆角

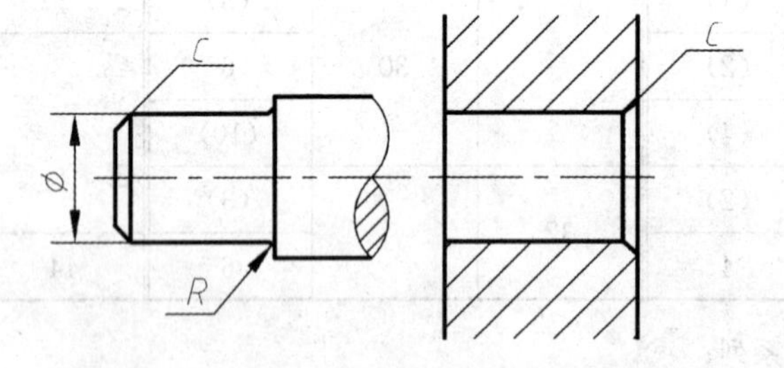

附录Ⅰ-4　与直径 ϕ 相应零件的倒角宽度 C 与倒圆半径 R 的推荐值　(单位:mm)

直径	～3	＞3～6	＞6～10	＞10～18	＞18～30	＞30～50	＞50～80	＞80～120	＞120～180	＞180～250
C 或 R	0.2	0.4	0.6	0.8	1.0	1.6	2.0	2.5	3.0	4.0

五、砂轮越程槽(摘自 GB/T 6403.5—1986)

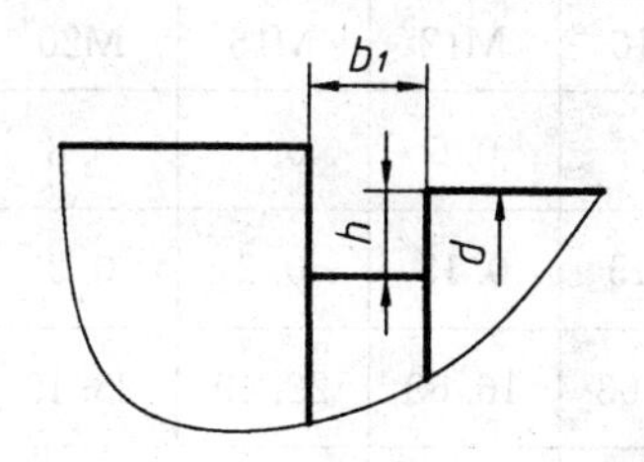

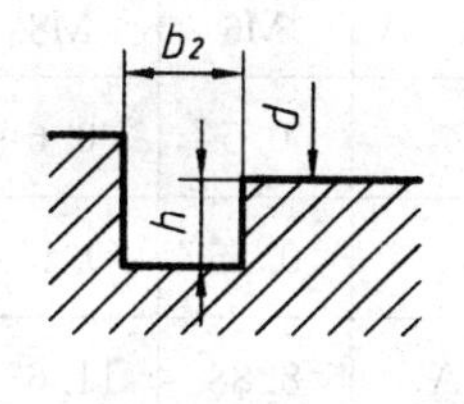

附录Ⅰ-5　砂轮越程槽尺寸　　　　(单位:mm)

d	~10			>10~15		>50~100		>100	
*b*1	0.6	1.0	1.6	2.0	3.0	4.0	5.0	8.0	10
*b*2	2.0	3.0		4.0		5.0		8.0	10
h	0.1	0.2		0.3	0.4		0.6	0.8	1.2

附录Ⅱ　标 准 件

一、螺栓

六角头螺栓—A 级和 B 级　　六角头螺栓—全螺纹—A 级和 B 级

GB/T 5782—2000　　GB/T 5783—2000

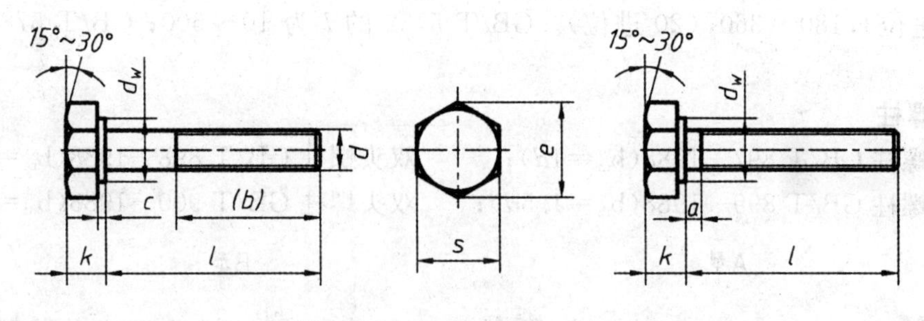

标 记 示 例

螺纹规格 d=12 mm,公称长度 l=80 mm,性能等级为 8.8 级,表面氧化处理,A 级的六角头螺栓标记为螺栓 GB/T 5782　M12×80

若为全螺纹,则标记为 GB/T 5783　M12×80

附录Ⅱ-1　六角头螺栓各部分尺寸　　　　(单位:mm)

螺纹规格 d			M6	M8	M10	M12	M16	M20	M24	M30
l_{min}	产品等级	A	11.05	14.38	17.77	20.03	26.75	33.53	39.98	50.85
		B	10.89	14.20	17.59	19.85	26.17	32.95	39.55	
s_{max}=公称			10	13	16	18	24	30	36	46
k 公称			4	5.3	6.4	7.5	10	12.5	15	18.7

续表

螺纹规格 d			M6	M8	M10	M12	M16	M20	M24	M30
c	max		0.5	0.6	0.6	0.6	0.8	0.8	0.8	0.8
	min		0.15	0.15	0.15	0.15	0.2	0.2	0.2	0.2
d_{max}	产品等级	A	8.88	11.63	14.63	16.63	22.49	28.19	33.61	—
		B	8.74	11.47	14.47	16.47	22	27.7	33.25	42.75
GB/T 5782	b 参考	$l\leqslant125$	18	22	26	30	38	46	54	66
		$125<l\leqslant200$	24	28	32	36	44	52	60	72
		$l>200$	37	41	45	49	57	65	73	85
	l 公称		30～60	35～80	40～100	45～120	55～160	65～200	80～240	90～300
GB/T 5783	a_{max}		3	3.75	4.5	5.25	6	7.5	9	10.5
	1 公称		12～60	16～80	20～100	25～100	35～100	40～100	40～100	40～100

注：国家标准规定螺栓的螺纹规格 d＝M1.6～M64。

螺栓 l 的长度系列为：2，3，4，6，8，10，12，16，20，25，30，35，40，45，50，55，60，65，70～160，（10 进位），180～360，（20 进位）。GB/T 5782 的 l 为 10～500；GB/T 5783 的 l 为 2～200。

二、双头螺柱

双头螺柱 GB/T 897—1988（b_m＝1d）；　　双头螺柱 GB/T 898—1988（b_m＝1.25d）

双头螺柱 GB/T 899—1988（b_m＝1.5d）；　　双头螺柱 GB/T 900—1988（b_m＝2d）

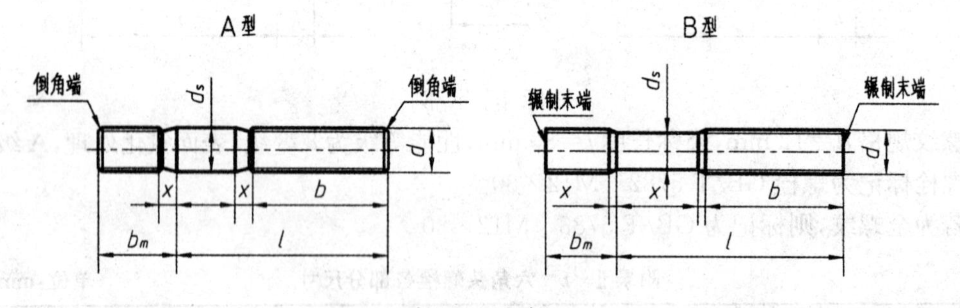

标 记 示 例

两端为粗牙普通螺纹，d＝10 mm，l＝50 mm，性能等级为 4.8 级，不经表面处理，B 型，b_m＝1d 的双头螺柱标记为

螺柱 GB/T 897　M10×50

附录Ⅱ-2　双头螺柱各部分尺寸　　　　　　（单位:mm）

螺纹规格 d	b_m				d		b	l公称
	GT/T 897	GB/T 898	GB/T 899	GB/T 900	max	min		
M5	5	6	8	10	5	4.7	10	16～(22)
							16	25～50
M6	6	8	10	12	6	5.7	10	20,(22)
							14	25,(28),30
							18	(32)～(75)
M8	8	10	12	16	8	7.64	12	20,(22)
							16	25,(28),30
							22	(32)～90
M10	10	12	15	20	10	9.64	14	25,(28)
							16	30～(38)
							26	40～120
							32	130
M12	12	15	18	24	12	11.57	16	25～30
							20	(32)～40
							30	45～120
							36	130～180
M16	16	20	24	32	16	15.57	20	30～(38)
							30	40～50
							38	60～120
							44	130～200
M20	20	25	30	40	20	19.48	25	35～40
							35	45～60
							46	(65)～120
							52	130～200

注:l的长度系列为:12,(14),16,(18),20,(22),25,(28),30,(32),35,(38),40,45,50,(55),60,(65),70,(75),80,(85),90,(95),100～200(10进位),括号内的数值尽可能不用。

三、螺钉

开槽圆柱头螺钉(GB/T 65—2000);开槽盘头螺钉(GB/T 67—2000);开槽沉头螺钉(GB/T 68—2000)

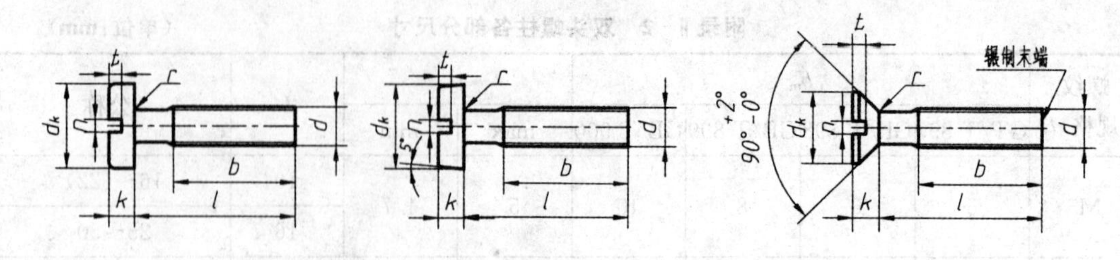

标记示例

螺纹规格 d=M5，公称长度 l=20，性能等级为 4.8 级，不经表面处理的 A 级开槽圆柱头螺钉标记为　　螺钉　B/T 65　M5×20

附录Ⅱ-3　螺钉各部分尺寸　　　　**（单位：mm）**

规格 d		M3	M4	M5	M6	M8	M10
b　min		25	38	38	38	38	38
x　max		1.25	1.75	2	2.5	3.2	3.8
n　公称		0.8	1.2	1.2	1.6	2	2.5
d_k　max		3.6	4.7	5.7	6.8	9.2	11.2
GB/T 65	d_k	5.5	7	8.5	10	13	16
	k	2	2.6	3.3	3.9	5	6
	t	0.85	1.1	1.3	1.6	2	2.4
	l	4～30	5～40	6～50	8～60	10～80	12～80
GB/T 67	d_k	6.5	8	9.5	12	16	20
	k	1.8	2.4	3.00	3.6	4.8	6
	t	0.7	1	1.2	1.4	1.9	204
	l	4～30	5～40	6～50	8～60	10～80	1～80
GB/T 68	d_k	5.5	8.4	9.3	11.3	15.8	18.3
	k	1.65	2.7	2.7	3.3	4.65	5
	t	0.85	1.3	1.4	1.6	2.3	2.6
	l	5～30	6～40	8～45	8～45	10～80	12～80

注：1. 标准规定螺纹规格 d=M1.6～M10。

2. 螺钉公称长度系列 l 为：2，3，4，5，6，8，10，12，(14)，16，20，25，30，35，40，45，50，(55)，60，(65)，70，(75)，80，括号内的规格尽可能不采用。

3. GB/T 65 和 GB/T 67 的螺钉，公称长度 l≤40 mm 的，制出全螺纹。GB/T 68 的螺钉，公称长度 l≤45 mm 的，制出全螺纹。

四、紧定螺钉

开槽锥端紧定螺钉（GB/T 71—1985）　　开槽平端紧定螺钉（GB/T 73—1985）　　开槽长圆柱端紧定螺钉（GB/T 75—1985）

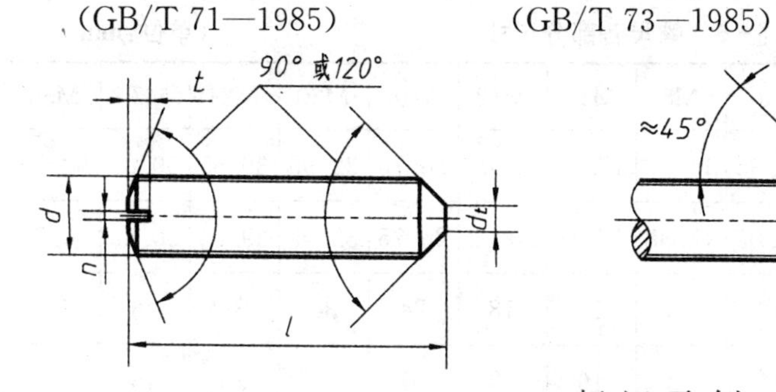

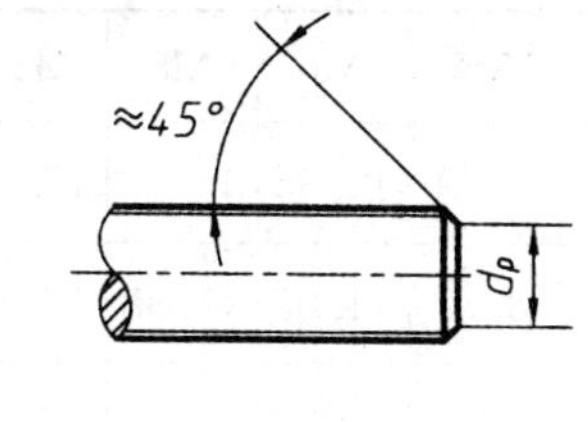

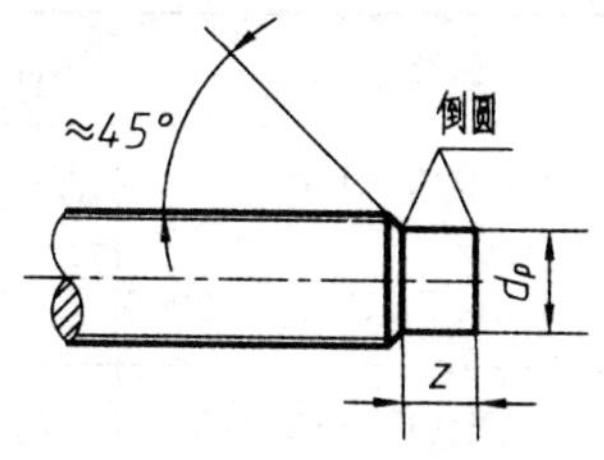

标 记 示 例

螺纹规格 d=M5、公称长度 l=12 mm、性能等级为 14H 级、表面氧化的开槽锥端紧定螺钉标记为　螺钉　GB/T 71　M5×12

附录Ⅱ-4　紧定螺钉各部分尺寸　　（单位:mm）

螺纹规格 d		M1.6	M2	M2.5	M3	M4	M5	M6	M8	M10	M12
P(螺距)		0.35	0.4	0.45	0.5	0.7	0.8	1	1.25	1.5	1.75
n		0.25	0.25	0.4	0.4	0.6	0.8	1	1.2	1.6	2
t		0.75	0.84	0.95	1.05	1.42	1.63	2	2.5	3	3.6
d_f		0.16	0.2	0.25	0.3	0.4	0.5	1.5	2	2.5	3
d_p		0.8	1	1.5	2	2.5	3.5	4	5.5	7	8.5
l		1.05	1.25	1.5	1.75	2.25	2.75	3.25	4.3	5.3	6.3
t	GB/T 71	2~8	3~10	3~12	4~16	6~20	8~25	8~30	10~40	12~50	14~60
	GB/T 73	2~8	2~10	2.5~12	3~16	4~20	5~25	6~30	8~40	10~50	12~60
	GB/T 75	2.5~8	3~10	4~12	5~16	6~20	8~25	10~30	10~40	12~50	14~60
l 系列		2,2.5,3,4,5,6,8,10,12,(14),16,20,25,30,35,40,45,50,(55),60									

注:l 为公称长度,括号内的规格尽可能不采用。

五、螺母

Ⅰ型六角螺母（GB/T 6170—2000）　　六角薄螺母（GB/T 6172.1—2000）

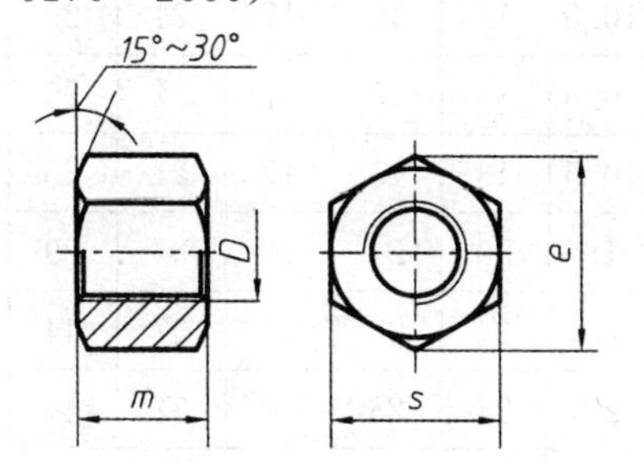

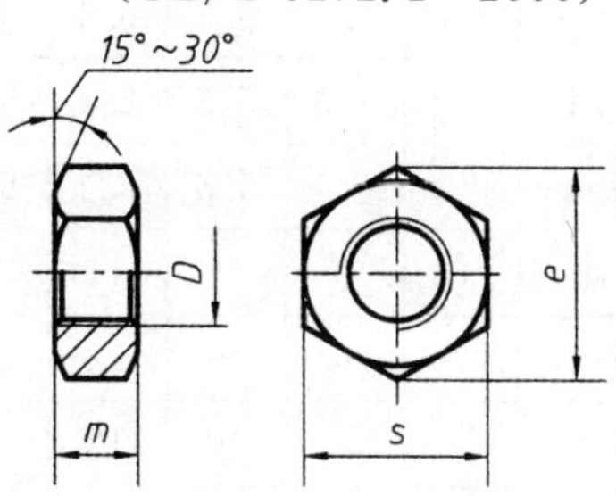

标 记 示 例

螺纹规格 D=M12,性能等级为 8 级,不经表面处理,A 级Ⅰ型六角螺母标记为
螺母　GB/T 6170　M12

附录Ⅱ-5　螺母各部分尺寸　　（单位:mm）

螺纹规格 D		M4	M5	M6	M8	M10	M12	M16	M20	M24	M30	M36
e	GB/T 6170—2000	7.66	8.79	11.05	14.38	17.77	20.03	26.75	32.95	39.55	50.85	60.79
	GB/T 6172.1—2000	7.66	8.79	11.05	14.38	17.77	20.03	26.75	32.95	39.55	50.85	60.79
s	GB/T 6170—2000	7	8	10	13	16	18	24	30	36	46	55
	GB/T 6172.1—2000	7	8	10	13	16	18	24	30	36	46	55
m	GB/T 6170—2000	3.2	4.7	5.2	6.8	8.4	10.8	14.8	18	21.5	25.6	31
	GB/T 6172.1—2000	2.2	2.7	3.2	4	5	6	8	10	12	15	18

六、垫圈

小垫圈—A 级（GB/T 848—2002）　　平垫圈—A 级（GB/T 97.1—2002）　　平垫圈倒角型—A 级（GB/T 97.2—2002）

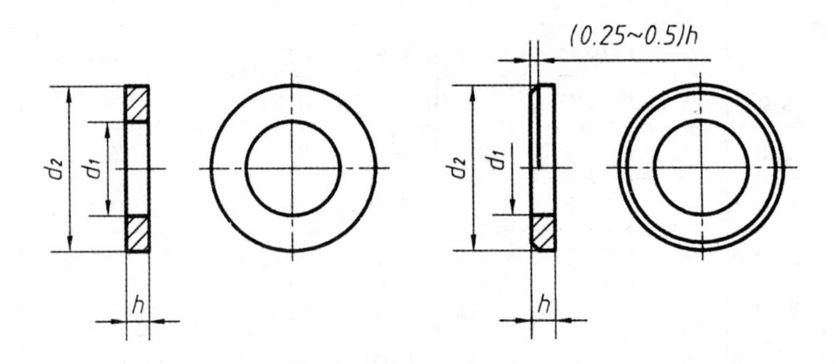

标 记 示 例

标准系列,基本尺寸 d=8 mm,硬度等级为 220HV 级,不经表面处理的平垫圈标记为
垫圈　GB/T 97.1　8

附录Ⅱ-6　垫圈各部分尺寸　　（单位:mm）

螺纹规格 d		M3	M4	M5	M6	M8	M10	M12	M14	M16	M20	M24	M30	M36
d_1	GB/T 848	3.2	4.3	5.3	6.4	8.4	10.5	13	15	17	21	25	31	37
	GB/T 97.1	3.2	4.3	5.3	6.4	8.4	10.5	13	15	17	21	25	31	37
	GB/T 97.2			5.3	6.4	8.4	10.5	13	15	17	21	25	31	37
d_2	GB/T 848	6	8	9	11	15	18	20	24	28	34	39	50	60
	GB/T 97.1	7	9	10	12	16	20	24	28	30	37	44	56	66
	GB/T 97.2			10	12	16	20	24	28	30	37	44	56	66

续表

螺纹规格 d		M3	M4	M5	M6	M8	M10	M12	M14	M16	M20	M24	M30	M36
h	GB/T 848	0.5	0.5	1	1.6	1.6	1.6	2	2.5	2.5	3	4	4	5
	GB/T 97.1	0.5	0.8	1	1.6	1.6	2	2.5	2.5	3	3	4	4	5
	GB/T 97.2			1	1.6	1.6	2	2.5	2.5	3	3	4	4	5

标准型弹簧垫圈
（GB/T 93—1987）

轻型弹簧垫圈
（GB/T 859—1987）

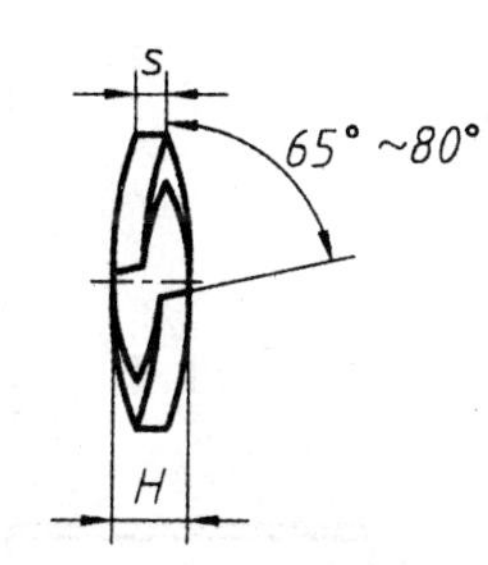

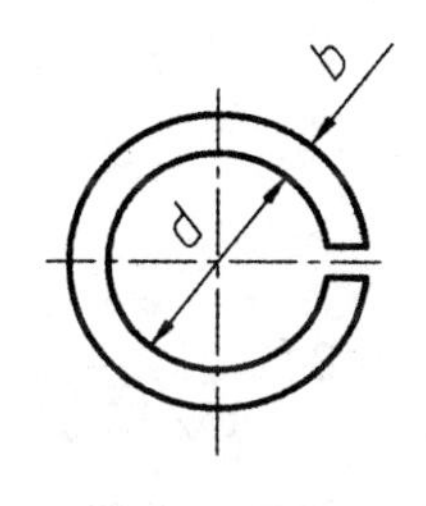

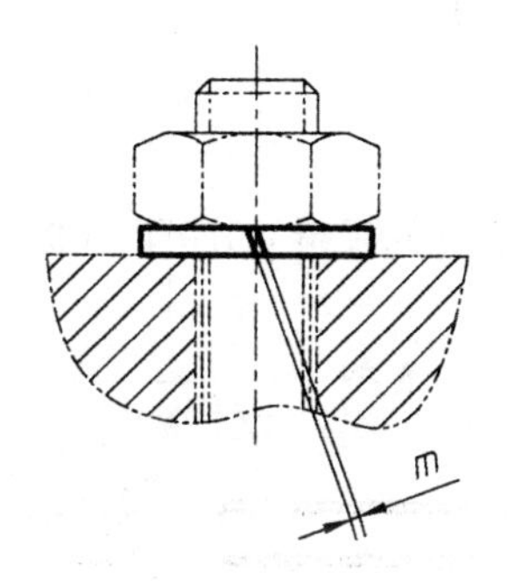

标 记 示 例

规格 16 mm、材料 65Mn、表面氧化的标准型弹簧垫圈：

垫圈　GB/T 93　16

附录Ⅱ-7　弹簧垫圈各部分尺寸　　（单位：mm）

螺纹规格 d		M4	M5	M6	M8	M10	M12	(M14)	M16	(M18)	M20	M24	M30
d(min)		4.1	5.1	6.1	8.1	10.2	12.2	14.2	16.2	18.2	20.2	24.5	30.5
H	GB/T 93	2.2	2.6	3.2	4.2	5.2	6.2	7.2	8.2	9	10	12	15
	GB/T 859	1.6	2.2	2.6	3.2	4	5	6	6.4	7.2	8	10	12
$S(b)$	GB/T 93	1.1	1.3	1.6	2.1	2.6	3.1	3.6	4.1	4.5	5	6	7.5
S	GB/T 859	0.8	1.1	1.3	1.6	2	2.5	3	3.2	3.6	4	5	6
$m\leqslant$	GB/T 93	0.55	0.65	0.8	1.05	1.3	1.55	1.8	2.05	2.25	2.5	3	3.75
	GB/T 859	0.4	0.55	0.65	0.8	1	1.25	1.5	1.6	1.8	2	2.5	3
b	GB/T 859	1.2	1.5	2	2.5	3	3.5	4	4.5	5	5.5	7	9

七、键

平键和键槽的剖面尺寸(GB/T 1096—2003)

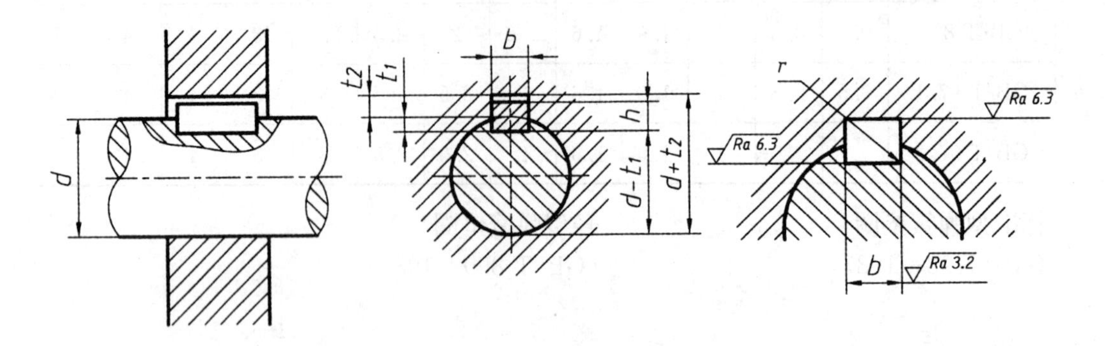

普通平键的尺寸(GB/T 1096—2003)

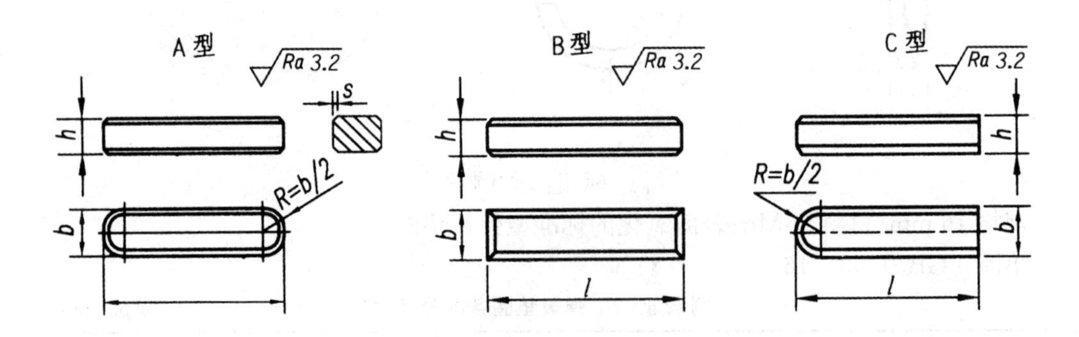

标 记 示 例

圆头普通平键(A 型)、b=18 mm、h=11 mm、l=100 mm:

GB/T 1096 键 18×11×100

方头普通平键(B 型)、b=18 mm、h=11 mm、l=100 mm:

GB/T 1096 键 B18×11×100

单圆头普通平键(C 型)、b=18 mm、h=11 mm、l=100 mm:

GB/T 1096 键 C18×11×100

附录Ⅱ-8 键及键槽的尺寸 （单位:mm）

键尺寸 $b\times h$	键槽											
	宽度 b						深度				半径 r	
	基本尺寸	偏差					轴 t_1		轴 t_2			
		松联结		正常联结		紧密联结						
		轴 H9	毂 D10	轴 N9	毂 JS9	轴和毂 P9	基本尺寸	极限偏差	基本尺寸	极限偏差	最小	最大
2×2	2	+0.025 0	+0.060 +0.020	−0.004 −0.029	±0.0125	−0.006 −0.031	1.2	+0.1 0	1	+0.1 0	0.08	0.16
3×3	3						1.8		1.4			
4×4	4	+0.030 0	+0.078 +0.030	0 −0.030	±0.015	−0.012 −0.042	2.5		1.8			
5×5	5						3.0		2.3		0.16	0.25
6×6	6						3.5		2.8			
8×7	8	+0.036 0	+0.098 +0.040	0 −0.036	±0.018	−0.015 −0.051	4.0	+0.2 0	3.3	+0.2 0		
10×8	10						5.0		3.3		0.25	0.40
12×8	12	+0.043 0	+0.120 +0.050	0 −0.043	±0.0215	−0.018 −0.061	5.0		3.3			
14×9	14						5.5		3.8			
16×10	16						6.0		4.3			
18×11	18						7.0		4.4			
20×12	20	+0.052 0	+0.149 +0.065	0 −0.052	±0.026	−0.022 −0.074	7.5		4.9		0.40	0.60
22×14	22						9.0		5.4			
25×14	25						9.0		5.4			
28×16	28						10.0		6.4			

公称长度系列:6,8,10,12,14,16,18,20,22,25,28,32,36,40,45,50,56,63,70,80,90,100,110,125,140,160,180,200,220,250,280

八、销

圆柱销（GB/T 119.1—2000）　圆锥销（GB/T 117—2000）　开口销（GB/T 91—2000）

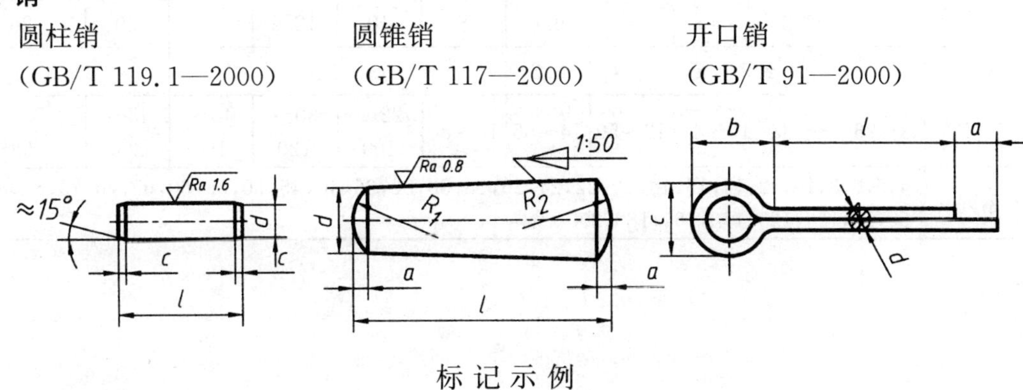

标 记 示 例

公称直径为 6 mm、公差为 m6、长 30 mm 的圆柱销标记为

销　GB/T 119.1　6 m 6×30

公称直径为 10 mm、长 60 mm 的圆锥销标记为

销　GB/T 117　10×60

公称直径为 5 mm、长 50 mm 的开口销标记为

销　GB/T 91　5×50

附录Ⅱ-9　圆柱销各部分尺寸　　（单位：mm）

d	4	5	6	8	10	12	16	20	25	30	40	50
$c\approx$	0.63	0.80	1.2	1.6	2.0	2.5	3.0	3.5	4.0	5.0	6.3	8.0
长度范围 l	8～40	10～50	12～60	14～80	18～95	22～140	26～180	35～200	50～200	60～200	80～200	95～200
l（系列）	6,8,10,12,14,16,18,20,22,24,26,28,30,32,35,40,45,50,55,60,65,70,75,80,85,90,95,100,120,140,160,180,200											

附录Ⅱ-10　圆锥销各部分尺寸　　（单位：mm）

d	4	5	6	8	10	12	16	20	25	30	40
$a\approx$	0.5	0.63	0.8	1	1.2	1.6	2	2.5	3	4	5
长度范围 l	14～55	18～60	22～90	22～120	26～160	32～180	40～200	45～200	50～200	55～200	60～200
l（系列）	6,8,10,12,14,16,18,20,22,24,26,28,30,32,35,40,45,50,55,60,65,70,75,80,85,90,95,100,120,140,160,180,200										

附录Ⅱ-11　开口销各部分尺寸　　（单位：mm）

d（公称）		1.2	1.6	2	2.5	3.2	4	5	6.3	8	10	12
c	max	2	2.8	3.6	4.6	5.8	7.4	9.2	11.8	15	19	24.8
	min	1.7	2.4	3.2	4	5.1	6.5	8	10.3	13.1	16.6	21.7
$b\approx$		3	3.2	4	5	6.4	8	10	12.6	16	20	26
a_{max}		2.5				3.2	4				6.3	
长度范围 l		8～26	8～32	10～40	12～50	14～65	18～80	22～100	30～120	40～160	45～200	70～200
l（系列）		4,5,6,8,10,12,14,16,18,20,22,24,26,28,30,32,36,40,45,50,55,60,65,70,75,80,85,90,95,100,120,140,160,180,200										

附录Ⅲ　公差与配合

附录Ⅲ-1　标准公差数值(GB/T 1800.3—1998)

基本尺寸		公差等级																	
		IT1	IT2	IT3	IT4	IT5	IT6	IT7	IT8	IT9	IT10	IT11	IT12	IT13	IT14	IT15	IT16	IT17	IT18
大于	至	μm											mm						
—	3	0.8	1.2	2	3	4	6	10	14	25	40	60	0.1	0.14	0.25	0.4	0.6	1	1.4
3	6	1	1.5	2.5	4	5	8	12	18	30	48	75	0.12	0.18	0.3	0.48	0.75	1.2	1.8
6	10	1	1.5	2.5	4	6	9	15	22	36	58	90	0.15	0.22	0.36	0.58	0.9	1.5	2.2
10	18	1.2	2	3	5	8	11	18	27	43	70	110	0.18	0.27	0.43	0.7	1.1	1.8	2.7
18	30	1.5	2.5	4	6	9	13	21	33	52	84	130	0.21	0.33	0.52	0.84	1.3	2.1	3.3
30	50	1.5	2.5	4	7	11	16	25	39	62	100	160	0.25	0.39	0.62	1	1.6	2.5	3.9
50	80	2	3	5	8	13	19	30	46	74	120	190	0.3	0.46	0.74	1.2	1.9	3	4.6
80	120	2.5	4	6	10	15	22	35	54	87	140	220	0.35	0.54	0.87	1.4	2.2	3.5	5.4
120	180	3.5	5	8	12	18	25	40	63	100	160	250	0.4	0.63	1	1.6	2.5	4	6.3
180	250	4.5	7	10	14	20	29	46	72	115	185	290	0.46	0.72	1.15	1.85	2.9	4.6	7.2
250	315	6	8	12	16	23	32	52	81	130	210	320	0.52	0.81	1.3	2.1	3.21	5.2	8.1
315	400	7	9	13	18	25	36	57	89	140	230	360	0.57	0.89	1.4	2.3	3.6	5.7	8.9
400	500	8	10	15	20	27	40	63	97	155	250	400	0.63	0.97	1.55	2.5	4	6.3	9.7
500	630	9	11	16	22	32	44	70	110	175	280	440	0.7	1.1	1.8	2.8	4.4	7	11
630	800	10	13	18	25	36	50	80	125	200	320	500	0.8	1.3	2	3.2	5	8	12.5
800	1000	11	15	21	28	40	56	90	140	230	360	560	0.9	1.4	2.3	3.6	5.6	9	14
1000	1250	13	18	24	33	47	66	105	165	260	420	660	1.05	1.65	2.6	4.2	6.6	10.5	16.5
1250	1600	15	21	29	39	55	78	125	195	310	500	780	1.25	1.95	3.1	5	7.8	12.5	19.5
1600	2000	18	25	35	46	65	92	150	230	370	600	920	1.5	2.3	3.7	6	9.2	15	23
2000	2500	22	30	41	55	78	110	175	280	440	700	1100	1.75	2.8	4.4	7	11	17.5	28
2500	3150	26	36	50	68	96	135	210	330	540	860	1350	2.1	3.3	5.4	8.6	13.5	21	33

附录Ⅲ-2　轴的基本偏差数值(GB/T 1800.3—1998)　　　　(单位:μm)

基本偏差		上偏差 es												下偏差 ei		
		a	b	c	ed	d	e	ef	f	fg	g	h	js	j		
基本尺寸(mm)		公差等级														
大于	至	所有等级												5.6	7	8
—	3	-270	-140	-60	-34	-20	-14	-10	-6	-4	-2	0	偏差=±ITn/2，式中ITn是IT数值	-2	-4	-6
3	6	-270	-140	-70	-46	-30	-20	-14	-10	-6	-4	0		-2	-4	—
6	10	-280	-150	-80	-56	-40	-25	-18	-13	-8	-5	0		-2	-5	—
10	14	-290	-150	-95	—	-50	-32	—	-16	—	-6	0		-3	-6	—
14	18															
18	24	-300	-160	-110	—	-65	-40	—	-20	—	-7	0		-4	-8	—
24	30															
30	40	-310	-170	-120	—	-80	-50	—	-25	—	-9	0		-5	-10	—
40	50	-320	-180	-130												
50	65	-340	-190	-140	—	-100	-60	—	-30	—	-10	0		-7	-12	—
65	80	-360	-200	-150												
80	100	-380	-220	-170	—	-120	-72	—	-36	—	-12	0		-9	-15	—
100	120	-410	-240	-180												
120	140	-460	-260	-200	—	-145	-85	—	-43	—	-14	0		-11	-18	—
140	160	-520	-280	-210												
160	180	-580	-310	-230												
180	200	-660	-340	-240	—	-170	-100	—	-50	—	-15	0		-13	-21	—
200	225	-740	-380	-260												
225	250	-820	-420	-280												
250	280	-920	-480	-300	—	-190	-110	—	-56	—	-17	0		-16	-26	—
280	315	-1050	-540	-330												
315	355	-1200	-600	-360	—	-210	-125	—	-62	—	-18	0		-16	-28	—
355	400	-1350	-680	-400												
400	450	-1500	-760	-440	—	-230	-135	—	-68	—	-20	0		-20	-32	—
450	500	-1650	-840	-480												

续附录Ⅲ-2　轴的基本偏差数值(GB/T 1800.3—1998)　　　(单位:μm)

基本偏差		下偏差 ei															
		k		m	n	p	r	s	t	u	v	x	y	z	za	zb	zc
基本尺寸(mm)		公差等级															
大于	至	4 至 7	≤3 >7	所有等级													
—	3	0	0	+2	+4	+6	+10	+14	—	+18	—	+20	—	+26	+32	+40	+60
3	6	+1	0	+4	+8	+12	+15	+19	—	+23	—	+28	—	+35	+42	+50	+80
6	10	+1	0	+6	+10	+15	+19	+23	—	+28	—	+34	—	+42	+52	+67	+97
10	14	+1	0	+7	+12	+18	+23	+28	—	+33	—	+40	—	+50	+64	+90	+130
14	18										+39	+45	—	+60	+77	+108	+150
18	24	+2	0	+8	+15	+22	+28	+35	—	+41	+47	+54	+63	+73	+98	+136	+188
24	30								+41	+48	+55	+64	+75	+88	+118	+160	+218
30	40	+2	0	+9	+17	+26	+34	+43	+48	+60	+68	+80	+94	+112	+148	+200	+274
40	50								+54	+70	+81	+97	+114	+136	+180	+242	+325
50	65	+2	0	+11	+20	+32	+41	+53	+66	+87	+102	+122	+144	+172	+226	+300	+405
65	80						+43	+59	+75	+102	+120	+146	+174	+210	+274	+360	+480
80	100	+3	0	+13	+23	+37	+51	+71	+91	+124	+146	+178	+214	+258	+335	+445	+585
100	120						+54	+79	+104	+144	+172	+210	+254	+310	+400	+525	+690
120	140	+3	0	+15	+27	+43	+63	+92	+122	+170	+202	+248	+300	+365	+470	+620	+800
140	160						+65	+100	+134	+190	+228	+280	+340	+415	+535	+700	+900
160	180						+68	+108	+146	+210	+252	+310	+380	+465	+600	+780	+1000
180	200	+4	0	+17	+31	+50	+77	+122	+166	+236	+284	+350	+425	+520	+670	+880	+1150
200	225						+80	+130	+180	+258	+310	+385	+470	+575	+740	+960	+1250
225	250						+84	+140	+196	+284	+340	+425	+520	+640	+820	+1050	+1350
250	280	+4	0	+20	+34	+56	+94	+158	+218	+315	+385	+475	+580	+710	+920	+1200	+1550
280	315						+98	+170	+240	+350	+425	+525	+650	+790	+1000	+1300	1700
315	355	+4	0	+21	+37	+62	+108	+190	+268	+390	+475	+590	+730	+900	+1150	+1500	+1900
355	400						+114	+208	+294	+435	+530	+660	+820	+1000	+1300	+1650	+210
400	450	+5	0	+23	+40	+68	+126	+232	+330	+490	+595	+740	+920	+1100	+1450	+1850	+2400
450	500						+132	+252	+360	+540	+660	+820	+1000	+1250	+1600	+2100	+2600

附录Ⅲ-3　孔的基本偏差数值　(GB/T 1800.3—1998)　　　(单位:μm)

基本偏差		下偏差 EI								上偏差 ES								
		D	E	EF	F	FG	G	H	JS	J			K		M		N	
基本尺寸(mm)		公差等级																
大于	至	所有等级								6	7	8	≤8	>8	≤8	>8	≤8	>8
—	3	+20	+14	+10	+6	+4	+2	0	偏差=$\pm\frac{ITn}{2}$,式中ITn是IT数值	+2	+4	+6	0	0	−2	−2	−4	−4
3	6	+30	+20	+14	+10	+5	+4	0		+5	+6	+10	−1+Δ	—	−4+Δ	−4	−8+Δ	0
6	10	+40	+25	+18	+13	+8	+5	0		+5	+8	+12	−1+Δ	—	−6+Δ	−6	−10+Δ	0
10	14	+50	+32	—	+16	—	+6	0		+6	+10	+15	−1+Δ	—	−7+Δ	−7	−12+Δ	0
14	18																	
18	24	+65	+40	—	+20	—	+7	0		+8	+12	+20	−2+Δ	—	−8+Δ	−8	−15+Δ	0
24	30																	
30	40	+80	+50	—	+25	—	+9	0		+10	+14	+24	−2+Δ	—	−9+Δ	−9	−17+Δ	0
40	50																	
50	65	+100	+60	—	+30	—	+10	0		+13	+18	+28	−2+Δ	—	−11+Δ	−11	−20+Δ	0
65	80																	
80	100	+120	+72	—	+36	—	+12	0		+16	+22	+34	−3+Δ	—	−13+Δ	−13	−23+Δ	0
100	120																	
120	140	+145	+85	—	+43	—	+14	0		+18	+26	+41	−3+Δ	—	−15+Δ	−15	−27+Δ	0
140	160																	
180	200	+170	+100	—	+50	—	+15	0		+22	+30	+47	−4+Δ	—	−17+Δ	−17	−31+Δ	0
200	225																	
225	250																	
250	280	+190	+110	—	+56	—	+17	0		+25	+36	+55	−4+Δ	—	−20+Δ	−20	−34+Δ	0
280	315																	
315	355	+210	+125	—	+62	—	+18	0		+29	+39	+60	−4+Δ	—	−21+Δ	−21	−37+Δ	0
355	400																	
400	450	+230	+135	—	+68	—	+20	0		+33	+43	+66	−5+Δ	—	−23+Δ	−23	−40+Δ	0
450	500																	

续附录Ⅲ－3　孔的基本偏差数值　(GB/T 1800.3－1998)　　　　**单位:μm**

基本偏差		上偏差ES													Δ					
		P至ZC	P	R	S	T	U	V	X	Y	Z	ZA	ZB	ZC						
基本尺寸(mm)		公差等级																		
大于	至	≤7	>7												3	4	5	6	7	8
—	3	在>7级的相应数值上增加一个Δ值	−6	−10	−14	—	−18	—	−20	—	−26	−32	−40	−60	0					
3	6		−12	−15	−19	—	−23	—	−28	—	−35	−42	−50	−80	1	1.5	1	3	4	6
6	10		−15	−19	−23	—	−28	—	−34	—	−42	−52	−67	−97	1	1.5	2	3	6	7
10	14		−18	−23	−28	—	−33	—	−40	—	−50	−64	−90	−130	1	2	3	3	7	9
14	16							−39	−45	—	−60	−77	−108	−150						
18	24		−22	−28	−35	—	−41	−47	−54	−63	−73	−98	−136	−188	1.5	2	3	4	8	12
24	30					−41	−48	−55	−64	−75	−88	−118	−160	−218						
30	40		−26	−34	−43	−48	−60	−68	−80	−94	−122	−148	−200	−274	1.5	3	4	5	9	14
40	50					−54	−70	−81	−97	−114	−136	−180	−242	−325						
50	65		−32	−41	−53	−66	−87	−102	−122	−144	−172	−226	−300	−405	2	3	5	6	11	16
65	80			−43	−59	−75	−102	−120	−146	−174	−210	−274	−360	−480						
80	100		−37	−51	−71	−91	−124	−146	−178	−214	−258	−335	−445	−585	2	4	5	7	13	19
100	120			−54	−79	−104	−144	−172	−210	−254	−310	−400	−525	−690						
120	140		−43	−63	−92	−122	−170	−202	−248	−300	−365	−470	−620	−800	3	4	6	7	15	23
140	160			−65	−100	−134	−190	−228	−280	−340	−415	−535	−700	−900						
160	180			−68	−108	−146	−210	−252	−310	−380	−465	−600	−780	−1000						
180	200		−50	−77	−122	−166	−236	−284	−350	−425	−520	−680	−880	−1150	3	4	6	9	17	26
200	225			−80	−130	−180	−258	−310	−385	−470	−575	−740	−960	−1250						
225	250			−84	−140	−196	−284	−340	−425	−520	−640	−820	−1050	−1350						
250	280		−56	−94	−158	−218	−315	−385	−475	−580	−710	−920	−1200	−1550	4	4	7	9	20	29
280	315			−98	−170	−240	−350	−425	−525	−650	−790	−1000	−1300	−1700						
315	355		−62	−108	−190	−268	−390	−475	−590	−730	−900	−1150	−1500	−1900	4	5	7	11	21	32
355	400			−114	−208	−294	−435	−530	−660	−820	−1000	−1300	−1650	−2100						
400	450		−68	−126	−232	−330	−490	−595	−740	−920	−1100	−1450	−1850	−2400	5	5	7	13	23	34
450	500			−132	−252	−360	−540	−660	−820	−1000	−1250	−1600	−2100	−2600						

附录Ⅳ　滚动轴承

深沟球轴承(GB/T 276—1994)

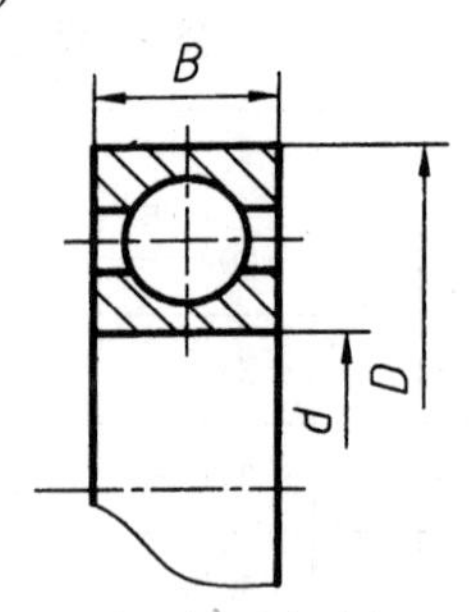

标 记 示 例

尺寸系列代号为(0)1,内圈孔径 d 为 40 mm、外圈直径 D 为 68 mm 的深沟球轴承,标记为　　滚动轴承 6008　GB/T 276

附录Ⅳ-1　深沟球轴承各部分尺寸

轴承代号	尺寸/mm			轴承代号	尺寸/mm		
	d	D	B		d	D	B
尺寸系列代号(0)1				尺寸系列代号(0)3			
606	6	17	6	633	3	13	5
607	7	19	6	634	4	16	5
608	8	22	7	635	5	19	6
609	9	24	7	6300	10	35	11
6000	10	26	8	6301	12	37	12
6001	12	28	8	6302	15	42	13
6002	15	32	9	6303	17	47	14
6003	17	35	10	6304	20	52	15
6004	20	42	12	6305	25	62	17
6005	25	47	12	6306	30	72	19
6006	30	55	13	6307	35	80	21
6007	40	68	15	6308	40	90	23
6008	40	68	15	6309	45	100	25
6009	45	75	16	6310	50	110	27
6010	50	80	16	6311	55	120	29
6011	55	90	18	6312	60	130	31
6012	60	95	18				

续表

轴承代号	尺寸/mm			轴承代号	尺寸/mm		
	d	D	B		d	D	B
尺寸系列代号(0)2				尺寸系列代号(0)4			
623	3	10	4	6403	17	62	17
624	4	13	5	6404	20	72	19
625	5	16	5	6405	25	80	21
626	6	19	6	6406	30	90	23
627	7	22	7	6407	35	100	25
628	8	24	8	6408	40	110	27
629	9	26	8	6409	45	120	29
9200	10	30	9	6410	50	130	31
6201	12	32	10	6411	55	140	33
6202	15	35	11	6412	60	150	35
6203	17	40	12	6413	65	160	37
6204	20	47	14	6414	70	180	42
6205	22	52	15	6415	75	190	45
6206	28	62	16	6416	80	200	48
6207	32	72	17	6417	85	210	52
6208	40	80	18	6418	90	225	54
6209	45	85	19	6419	95	240	55
6210	50	90	20	6420	100	250	58
62011	55	100	21	6422	110	280	65
6212	60	110	22				

圆锥滚子轴承（GB/T 297—1994）

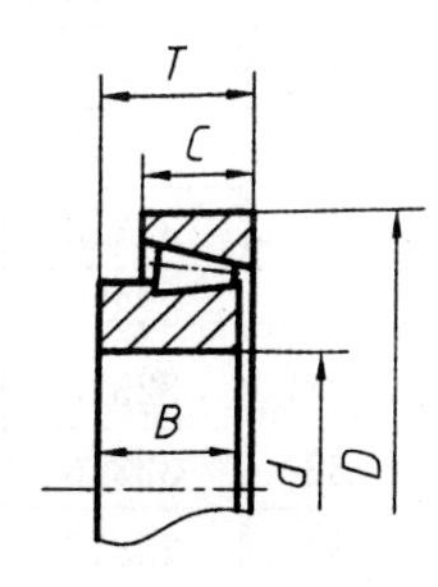

标 记 示 例

尺寸系列代号为 03，内圈孔径 d 为 30 mm，外圈直径 D 为 72 mm 的深沟球轴承的圆锥滚子轴承，标记为　　滚动轴承 30306 GB/T 297

附录Ⅳ-2　圆锥滚子轴承各部分尺寸

轴承代号	尺寸/mm					轴承代号	尺寸/mm				
	d	*D*	*T*	*B*	*C*		*d*	*D*	*T*	*B*	*C*
尺寸系列代号(02)						尺寸系列代号(22)					
30204	20	47	15.25	14	12	32204	20	47	19.25	18	15
30205	25	52	16.25	15	13	32205	25	52	19.25	18	16
30206	30	62	17.25	16	14	32206	30	62	21.25	20	17
30207	35	72	18.25	17	15	32207	35	72	24.25	23	19
30208	40	80	19.75	18	16	32208	40	80	24.75	23	19
30209	45	85	20.75	19	16	32209	45	85	24.75	23	19
30210	50	90	21.75	20	17	32210	50	90	24.75	23	19
30211	55	100	22.75	21	18	32211	55	100	26.75	25	21
30212	60	110	23.75	22	19	32212	60	110	29.75	28	24
30213	65	120	24.75	23	20	32213	65	120	32.75	31	27
30214	70	125	26.25	24	21	32214	70	125	33.25	31	27
30215	75	130	27.25	25	22	32215	75	130	33.25	31	27
30216	80	140	28.25	26	22	32216	80	140	33.25	33	28
30217	85	150	30.50	28	24	32217	85	150	38.50	36	30
30218	90	160	32.50	30	26	32218	90	160	42.50	40	34
30219	95	190	34.50	32	27	32219	95	170	45.50	43	37
30220	100	180	37	34	29	32220	100	180	49	46	39
尺寸系列代号(03)						尺寸系列代号(23)					
30304	20	52	16.25	15	13	32304	20	52	22.25	21	198
30305	25	62	18.25	17	15	32305	25	62	25.25	24	20
30306	30	72	20.75	19	16	32306	30	72	28.75	27	23
30307	35	80	22.75	21	18	32307	35	80	32.75	31	25
30308	40	90	25.25	23	20	32308	40	90	35.25	33	27
30309	45	100	27.25	25	22	32309	45	100	38.25	36	30
30310	50	110	29.25	27	23	32310	50	110	42.25	40	33
30311	55	120	31.50	29	25	32311	55	120	45.50	43	35
30312	60	130	33.50	31	26	32312	60	130	48.50	46	37
30313	65	140	36	33	28	32313	65	140	51	48	39
30314	70	150	38	35	30	32314	70	150	54	51	42
30315	75	160	40	37	31	32315	75	160	58	55	45
30316	80	170	42.50	39	33	32316	80	170	61.50	58	48
30317	85	180	44.50	41	34	32317	85	180	63.50	60	49
30318	90	190	46.50	43	36	32318	90	190	67.50	64	53
30319	95	200	49.50	45	38	32319	95	200	71.50	67	55
30320	100	215	51.50	47	39	32320	100	215	77.50	73	60

附录Ⅴ　常用材料名称及牌号

常见材料名称及牌号

材料名称	常用牌号(代号)
碳素结构钢	Q215、Q235、Q275
优质碳素结构钢	30、35、40、45、50、55、60、30Mn、65Mn
合金结构钢	40Cr、45Cr、18CrMnTi、30CrMnTi、40CrMnTi
铸钢	ZG230—450、ZG310—570
灰铸铁	HT150、HT200、HT350
球墨铸铁	QT800—2、QT700—2、QT500—5、QT420—10
可锻铸铁	KTH300—06、KTH330—08、KTB380—12、KTB400—05、KTB450—07
普通黄铜	H62
铸造黄铜	ZHMn58—2—2
铸造锡青铜	ZQSn5—5—5、ZQSn6—6—3
铸造铝青铜	ZQA19—2、ZQA19—4
铸造铝合金	ZL201、ZL301、ZL401
油浸石棉盘根	YS350、YS250
橡胶石棉盘根	XS550、XS450、XS350、XS250
毛毡	T112—65

参考文献

[1] 闫照粉主编,机械制图,苏州大学出版社,2010.8
[2] 安淑女、史俊青主编,机械制图,煤炭工业出版社,2006.8
[3] 孙力红主编,计算机辅助工程制图,第二版,清华大学出版社,2010.1
[4] 闫照粉主编,AutoCAD 工程绘图实训教程(2011 版),苏州大学出版社,2012.7
[5] 谢军主编,现代机械制图,机械工业出版社,2006.10
[6] 高玉芬、卜桂玲主编,机械制图,第二版,大连理工大学出版社,2005.6
[7] 吴为、冯志群主编,机械制图与 CAD, 天津大学出版社,2008.9
[8] 杨练根主编,互换性与技术测量, 华中科技大学出版社,2010.1
[9] 李爱军、陈国平主编,工程制图,高等教育出版社,2004.7
[10] 国家质量监督检验检疫总局发布,国家标准《机械制图》,中国标准出版社,2002.9
[11] 郭永成主编,机械制图,南京大学出版社,2011.8